MODERN TV
TECHNOLOGY 现代
电视技术

段永良　何光威　周洪萍　蔡莉莉　郭斌◎编著

中国广播影视出版社

图书在版编目（CIP）数据

现代电视技术 / 段永良等编著. -- 北京 ：中国广
播影视出版社，2020.5
新编高等院校专业课程特色教材
ISBN 978-7-5043-8358-7

Ⅰ．①现… Ⅱ．①段… Ⅲ．①电视－技术－高等学校
－教材 Ⅳ．①TN94

中国版本图书馆CIP数据核字(2019)第250623号

现代电视技术

段永良　何光威　周洪萍　蔡莉莉　郭斌　编著

责任编辑	余潜飞	
封面设计	智达设计	

出版发行	中国广播影视出版社	
电　　话	010 –86093580　010 –86093583	
社　　址	北京市西城区真武庙二条9号	
邮　　编	100045	
网　　址	www.crtp.com.cn	
电子信箱	crtp8@sina.com	

经　　销	全国各地新华书店
印　　刷	三河市人民印务有限公司

开　　本	787毫米×1092毫米　1/16
字　　数	490(千)字
印　　张	31.25
版　　次	2020年5月第1版　2020年5月第1次印刷

书　　号	ISBN 978-7-5043-8358-7
定　　价	78.00 元

前　言

自 1900 年开始出现"电视"这个词以来，电视技术经历了从机械电视到电子电视、从黑白电视到彩色电视、从地面电视到卫星电视、从无线电视到有线电视、从标清电视到高清电视、从平面电视到立体电视、从模拟电视到数字电视、从固定电视到移动电视、从广播电视到交互电视、从普通电视到智能电视的过程，正在朝着数字化、网络化、立体化、高清化、智能化的方向发展。

《现代电视技术》的编者具有多年从事电视技术应用、教学和研究的经验，在编写过程中力求简洁明了、图文并茂、原理与应用结合、传统技术与现代技术结合，反映电视技术的最新成果，突出基础性、应用性、先进性，以适应普通高等学校应用型本科学生的特点，也适合广播电视等行业的技术人员学习。

本书共分 12 章。

第一章介绍电视的基本概念和电视的发展，包括发展历史、发展方向、中国电视事业的发展；第二章介绍光的特性、人眼的视觉特性、三基色原理与计色系统；第三章介绍电子扫描、电子摄像器件、彩色全电视信号、PAL 制编码器、标准彩条信号、几个重要原理、电视系统的 γ 特性及其校正；第四章介绍声音基础知识、声音的常用单位、传声器、扬声器、立体声原理、5.1 声道环绕声原理；第五章介绍数字电视基本概念、数字电视信号获取；声音信号数字化；第六章介绍标清电视演播室规范、高清电视演播室规范、超高清电视演播室规范、4K 超高清电视技术应用；第七章介绍数字信号压缩的原因、数据压缩编码分类、数字音频压缩编码基础、数据压缩编码标准、数字音频压缩编码标准；第八章介绍信道噪声与干扰、差错控制编码、线性分组码、循环码、BCH 码、RS 码、交织码、卷积码、编码与调制相结合的卷积码（TCM）、Turbo 码、循环冗余校验码（CRCC）、校验和（CS）码、低密度奇偶校验（LDPC）码、信道编码技术的应用；第九章介绍电波特性、调制方式、电视信号的传输方式；第十章介绍卫星数字电视系统、有线数字电视系统、地面数字电视系统、IPTV 系统；第十一章介绍电视信号接收天线、常用的三种器件、卫星电视接收机、彩色电视接收机、数字电视接收与业务信息；第十二章介绍智能电视概述、智能电视的组成、智能电视的应用场景、电视与手机的互动、智能电视操作系统、智能电视未来技术的展望。

本书部分文稿的录入和插图的制作由我院广播电视工程专业学生完成。

本书在写作过程中参考了大量的相关教材、书籍和网络资料，在此向相关编者和作者表示感谢。

由于编者水平有限，书中难免存在不足或错误，诚望读者给予批评指正。

编者

2020 年 3 月写于南京传媒学院

目　录
CONTENTS

第一章　绪论 …………………………………………………………… 1

　　第一节　电视的基本概念 …………………………………………… 1

　　第二节　电视的发展 ………………………………………………… 3

第二章　光的特性与视觉特性 ………………………………………… 13

　　第一节　光的特性 …………………………………………………… 13

　　第二节　人眼的视觉特性 …………………………………………… 19

　　第三节　三基色原理与计色系统 …………………………………… 27

第三章　模拟电视信号 ………………………………………………… 33

　　第一节　电子扫描 …………………………………………………… 33

　　第二节　电视摄像器件 ……………………………………………… 40

　　第三节　彩色全电视信号 …………………………………………… 49

　　第四节　PAL 制编码器 ……………………………………………… 84

　　第五节　标准彩条信号 ……………………………………………… 86

　　第六节　几个重要原理 ……………………………………………… 96

　　第七节　电视系统的 γ 特性及其校正 …………………………… 101

第四章　声音信号 ……………………………………………………… 107

　　第一节　声音基础知识 ……………………………………………… 107

第二节　声音的常用单位 ……………………………………………… 112

第三节　传声器 ………………………………………………………… 114

第四节　扬声器 ………………………………………………………… 117

第五节　立体声原理 …………………………………………………… 121

第六节　5.1 声道环绕声原理 ………………………………………… 124

第五章　模拟电视数字化基础 ………………………………………… 129

第一节　数字电视基本概念 …………………………………………… 129

第二节　数字电视信号获取 …………………………………………… 133

第三节　声音信号数字化 ……………………………………………… 142

第六章　数字电视演播室规范 ………………………………………… 148

第一节　标清电视演播室规范 ………………………………………… 148

第二节　高清电视演播室规范 ………………………………………… 157

第三节　超高清电视演播室规范 ……………………………………… 164

第四节　4K 超高清电视技术应用 …………………………………… 168

第七章　数字电视信源编码技术 ……………………………………… 170

第一节　数字信号压缩的原因 ………………………………………… 170

第二节　数据压缩编码分类 …………………………………………… 173

第三节　数字音频压缩编码基础 ……………………………………… 195

第四节　数据压缩编码标准 …………………………………………… 201

第五节　数字音频压缩编码标准 ……………………………………… 235

第八章　数字电视信道编码技术 ……………………………………… 241

第一节　信道噪声与干扰 ……………………………………………… 242

第二节　差错控制编码 ………………………………………………… 245

第三节　线性分组码 …………………………………………………… 248

第四节　循环码 ·· 250

第五节　BCH 码 ··· 251

第六节　RS 码（里德—索罗蒙码）························· 256

第七节　交织码 ·· 257

第八节　卷积码 ·· 259

第九节　编码与调制相结合的卷积码（TCM）·········· 261

第十节　Turbo 码 ··· 262

第十一节　循环冗余校验码（CRCC）······················· 263

第十二节　校验和（CS）码 ··································· 265

第十三节　低密度奇偶校验（LDPC）码 ················· 265

第十四节　信道编码技术的应用 ····························· 269

第九章　电视信号传输 ····································· 271

第一节　电波特性 ·· 271

第二节　调制方式 ·· 275

第三节　电视信号的传输方式 ······························· 304

第十章　数字电视传输系统 ······························· 321

第一节　卫星数字电视系统 ·································· 321

第二节　有线数字电视系统 ·································· 341

第三节　地面数字电视系统 ·································· 359

第四节　IPTV 系统 ·· 383

第十一章　电视信号接收 ································· 390

第一节　电视信号接收天线 ·································· 390

第二节　常用的三种器件 ····································· 398

第三节　卫星电视接收机 ····································· 401

第四节　彩色电视接收机 ····································· 405

第五节　数字电视接收与业务信息 ·························· 448

第十二章　智能电视 ……………………………………………………… 469

第一节　智能电视概述 ………………………………………… 469

第二节　智能电视的组成 ……………………………………… 470

第三节　智能电视的应用场景 ………………………………… 473

第四节　电视与手机的互动 …………………………………… 477

第五节　智能电视操作系统 …………………………………… 480

第六节　智能电视未来技术的展望 …………………………… 489

第一章　绪　论

本章学习提要

1. 电视的基本概念：电视的定义、组成、特点、种类。
2. 电视的发展：发展历史、发展方向、中国电视事业的发展。

电视是 20 世纪最伟大的发明之一，是迄今为止人类在研究信息传播技术进程中取得的影响最大的成果。电视的诞生使其成为继报纸、广播之后的新兴媒体。电视机已普及寻常百姓家，看电视成为人们不可或缺的业余生活，电视丰富了人们的学习、娱乐等活动。

第一节　电视的基本概念

电视是将现场的或记录的活动图像和伴音变换成电信号，通过电磁波传送到远处，即时重现的技术系统。

最简单的电视系统由三部分组成，如图 1-1 所示。

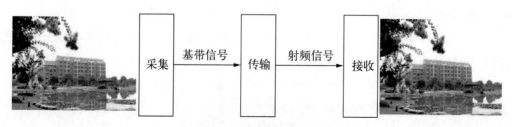

图 1-1　电视系统组成

1. 采集——光电转换（摄像机）、声电转换（话筒）。

2. 传输——基带信号（将光电转换和声电转换得到的视频信号和音频信号直接传输——电缆）、射频信号（将视音频信号调制到高频载波上传输——调制器、发射机）。

3. 接收——电光转换（显像管、LCD、PDP、OLED 等）、电声转换（喇叭）。

与报纸、杂志、书籍相比，电视有图像、有声音，更具形象性；与照片、音像带、音像光盘相比，电视更具及时性；与互联网相比，电视覆盖面最广、受众最多，更具广泛性。

电视可以分为以下种类：

1. 按颜色分

(1) 黑白电视（Monochrome Television），只传送景物亮度。

(2) 彩色电视（Colour Television），不仅传送景物亮度，还要传送景物色度（色调和饱和度）。

2. 按图像清晰度分

(1) 标准清晰度电视（SDTV，Standard Definition Television），每帧 625 行（有效行 575）或每帧 525 行（有效行 483）。

(2) 高清晰度电视（HDTV，High Definition Television），每帧 1125 行（有效行 1080）或每帧 1250 行（有效行 1152）。

(3) 超高清晰度电视（UHDTV，Ultra–High Definition Television），每帧有效像素数 $3840 \times 2160(4K)$ 或每帧有效像素数 $7680 \times 4320(8K)$。

3. 按信号形式分

(1) 模拟电视（Analog Television），用模拟信号表示图像和声音。

(2) 数字电视（Digital Television），用数字信号表示图像和声音。

4. 按传播方式分

(1) 卫星电视（Satellite Television），通过人造地球卫星传输电视信号，通过机顶盒＋电视机接收电视信号。

(2) 地面电视（Terrestrial Television），通过地面无线电波传输电视信号，通过电视机接收电视信号。

(3) 有线电视（CATV，Cable Television），通过光纤、同轴电缆传输电视信号，通过电视机接收电视信号。

(4) 网络电视（IPTV，Internet Protocol Television），通过 IP 网络传输数字电视信号，通过 PC 或机顶盒＋电视机接收电视信号。

5. 按用途分

(1) 广播电视（Broadcast Television），主要向大众提供电视节目，丰富人们的精神文化生活。

(2) 应用电视 (Application Television)，除广播电视系统以外，在其他领域中应用的电视系统，即广播电视之外所有电视的统称，又称为非广播电视。

第二节 电视的发展

本节主要介绍电视的发展历史、发展方向和中国电视事业的发展。

一、电视的发展历史

电视最早可追溯到 19 世纪末开始的机械电视。电视不是哪一个人的发明创造，它是处于不同时期、不同国家的人们共同研究的成果。

早在 19 世纪，人们就开始讨论和探索将图像转变成电信号的方法。

1900 年，开始出现"电视"一词。

电视的发展经历了四个阶段：机械电视、电子电视、彩色电视、数字电视。

（一）机械电视 (Mechanical Television)

1875 年，乔治·卡瑞 (George Carey) 在波士顿提出了一套将图像分为栅格形式的电视系统，如图 1-2 所示。

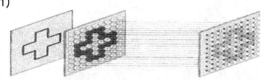

图 1-2 栅格电视

1883 年，德国电器工程师尼普科夫 (Nipkow) 发明了"机械扫描圆盘"——称为尼普科夫圆盘，并于 1884 年做了首次发射传送图像的实验，整幅画面只有 24 行扫描线，图像相当模糊，如图 1-3 所示。

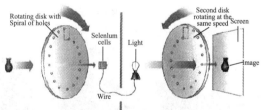

图 1-3 尼普科夫圆盘

1925 年，苏格兰人贝尔德 (Blaird) 对"尼普科夫圆盘"进行了新的研究，发明了机械扫描式电视摄像机和接收机，被称为"电视之父"，如图 1-4 所示。

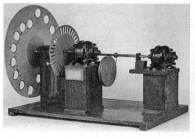

图 1-4 机械扫描式电视摄像机和接收机

（二）电子电视

1873 年，英国科学家约瑟夫·梅发现硒元素的光电特性。

1897 年，德国人布莱恩发明了阴极射线管，并将其运用于测试仪器上显示快速变化的电信号。

1908 年，英国人肯培尔·斯文顿、俄国人罗申克夫提出电子扫描原理，奠定了近代电视技术的理论基础。

1933 年，美国人兹沃尔金（V. K. Zworykin）发明了光电摄像管，可以把光图像变成电信号，为真正的电子电视奠定了基础，如图 1-5 所示。

1936 年，贝尔德电视公司在英国开始了电子方式的黑白电视广播，第一次播出了较高清晰度、能进入实用阶段的电视图像，从此开始了电子电视的时代。

阴极射线管作为电视机的核心部件一直沿用至今，这种电视机简称 CRT 电视机，如图 1-6、图 1-7、图 1-8 所示。

图 1-5　美国人 V.K. 兹沃尔金与光电摄像管

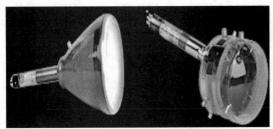

图 1-6　电视显像管（左）和摄像管（右）

图 1-7　1938 年无线电技术展览上的电视机

图 1-8　早期黑白显像管电视机

由于第二次世界大战的影响，延缓了电视广播的发展。

1945 年，二次世界大战结束，到 20 世纪 50 年代初期，黑白电视广播才在各国得到普及。

1954 年，美国德克萨斯公司研制出第一台全晶体管黑白电视接收机，黑白电视进入高速发展期。

（三）彩色电视（Color Television）

1941 年，贝尔德在伦敦南部西德纳姆月牙街的家里试验新的彩色电视，如图 1-9 所示。

1949 年，奥林匹亚展览：这就是你的家庭娱乐系统，一台使用阴极管的彩色电视机，如图 1-10 所示。

1951 年，美国试播了一种与黑白电视不兼容的场顺序制彩色电视，没有得到推广。

兼容制——彩色电视将色彩信息放到电视信号的彩色副载波上，加到黑白电视信号中一起播出。这样黑白电视机可以接收彩色电视信号，显示黑白图像，而彩色电视机则利用彩色信息重现彩色图像。

1953 年，美国联邦通信委员会（FCC）批准了以国家电视制式委员会命名的 NTSC（National Television System Committee）兼容制彩色电视。

1954 年，美国全国广播公司、哥伦比亚广播公司利用 NTSC 制式正式播出彩色电视节目，人类进入了彩色电视时代，如图 1-11 所示。

1956 年，法国提出 SECAM（Sequential Color Arec Memoire）彩色电视制式。

1957 年，日本利用 NTSC 制播出彩色电视。

1960 年，联邦德国提出了 PAL（Phase Alternation line-by-line）彩色电视制式并于 1967 年正式公布了 PAL 彩色电视制式。

同年，法国和前苏联广播了 SECAM 制彩色电视。

1966 年，加拿大利用 NTSC 制播出彩色电视。

1970 年彩色电视机得到了普及，如图 1-12 所示。

NTSC、SECAM、PAL 并列为当今世界上

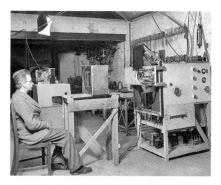

图 1-9 贝尔德和他的彩色电视机

图 1-10 使用阴极管的电视机

图 1-11 最早的彩色电视机

图 1-12 1970 年的彩色电视机

三大彩色电视制式，分别被世界各国使用，三大制式都与黑白电视兼容，但相互之间不兼容。

（四）数字电视（Digital Television）

数字电视的概念是美国在 20 世纪 80 年代提出的，90 年代得到快速发展。世界各国都把数字电视看成是电视发展的必然方向。

数字电视是指在电视信号产生后的处理、记录、传输和接收的过程中使用的都是由"0"和"1"组成的数字信号。相应的设备称为数字电视设备。

数字电视的出现使全世界都认识到下一代电视要将整个模拟系统转换成数字系统。

模拟电视广播按传播方式可分为地面无线电视、有线电视、卫星电视。

数字电视就是要将这三种方式全面数字化。

目前，国际上已经形成了多种不同的信源编码标准和信道编码标准。信源编码标准有四个：MPEG-2、MPEG-4、MPEG-4 AVC（简称 AVC，也称 JVT、H.264）和 AVS。信道编码标准包括地面、卫星和有线。地面数字电视标准有四种：美国标准 ATSC、欧洲标准 DVB-T、日本标准 ISDB、中国标准 DTMB，卫星数字电视标准和有线数字电视标准只有欧洲标准 DVB-S、DVB-C。

数字电视发展可分为三个阶段：20 世纪 70 年代开始个别电子设备数字化、80 年代开始使用全功能数字电视演播室、90 年代中期开始全电视系统的数字化。

数字电视包括标准清晰度电视、高清晰度电视、超高清晰度电视，简称标清电视、高清电视、超高清电视。

标清电视（SDTV）——现有电视扫描格式，分为 625/50 和 525/60 两种，我国标准规定整幅图像扫描 625 行。

高清电视（HDTV）——我国标准规定扫描行数可达 1125 行。

超高清电视（UHDTV）——我国标准规定每帧有效像素数为 3840×2160(4K) 或每帧有效像素数为 7680×4320(8K)。

无论是在模拟电视还是在数字电视中，高清电视都是一项重要的业务。

国际电联定义高清晰度电视：在屏幕高度 3 倍的距离观看电视节目时有身临其境的感觉；伴音采用多路环绕立体声，有家庭影院效果。

普通电视的观看距离是屏幕高度的 6 倍。

高清电视的图像相当于 35mm 的电影。

高清电视、超高清电视的宽高比为 16:9(标清电视为 4:3)，人眼的水平视角可达到 30 度。

标清图像清晰度与高清图像清晰度的区别如图 1-13 所示。

美国、欧洲、日本一直把发展数字电视和高清电视作为高新技术的重点，各国都制定了加快发展数字电视的相关标准、政策和法律及模拟电视向数字电视过渡的时间表。

美国已于 2009 年 6 月 12 日关闭模拟电视，欧洲各国已于 2010 年关闭模拟电视，日本已于 2011 年关闭模拟电视。

Television　　High-Definition Television

图 1-13　标清图像与高清图像

二、电视的发展方向

电视的发展方向是：数字化、网络化、超高清化、立体化、智能化。

数字化：以高清电视、超高清电视为目标，如图 1-14 所示。

网络化：以网络电视、手机电视为目标，如图 1-15 所示。

图 1-14　高清电视　　　　　　图 1-15　网络电视与手机电视

超高清化：以 8K（7680×4320）为目标。

立体化：以二维立体电视、三维立体电视为目标，如图 1-16 所示。

（a）二维立体电视　　　　　　（b）三维立体电视

图 1-16　立体电视

2010 年 4 月，在东京展出了 60 英寸的 3D 平板电视。它使用四原色，在传统三原色——红绿蓝的基础上增加了黄色，来补偿使用偏振眼镜观看电视时产生的光缺失，如图 1-17 所示。

智能化：以智能采集、智能传输、智能接收为目标，如图 1-18 所示。

图 1-17　60 英寸的 3D 平板电视机　　　　图 1-18　摄像机器人和智能电视机

三、中国电视事业的发展

1958 年 5 月，我国第一座电视台——北京电视台（中央电视台前身）试播黑白电视，北京的天空中第一次出现中国自己的电视信号，这是中国电视历史崭新的一页。

同年 9 月 2 日，北京电视台正式开播。

1969 年开始研究彩色电视，分别在北京、上海、天津和成都四个城市开展全国性彩色电视大会战，促进了我国电视工业的发展。

1973 年 5 月 1 日，我国试播彩色电视，采用 PAL 制，同年 10 月 1 日正式播出。

1985 年开始利用 C 波段通信卫星传输中央电视台第一套模拟电视节目。

1990 年 11 月，我国发布《有线电视管理暂行办法》，有线电视快速发展。

1996 年年底，中央电视台第一套、第二套、第四套、第七套和新疆、云南、贵州、四川、西藏、浙江、山东、中国教育电视台、山东教育电视台共 13 套模拟电视节目上星，主要卫星是中星 5 号、亚洲 1 号、亚太 1A 等。

同年，中央电视台最先利用卫星数字电视系统传输 3、5、6、8 四套节目，后来中央电视台和各省电视台卫星电视节目全部采用数字信号。

1999 年 10 月，各省电视台的电视节目全部上星，基本形成了星、网结合的广播电视传播体系。

2002 年，我国开始制定第一代 AVS 标准，指系列国家标准《信息技术 先进音视频编码》（简称 AVS1，国家标准代号 GB/T 20090）和广电系列标准《广播电视先进音视频编解码》（简称 AVS+）。AVS1 包括系统、视频、音频、数字版权管理等四个主要技术标准和符合性测试等支撑标准，目前共 14 个部分。

2003 年开始，我国在 49 个城市和地区开展了有线电视数字化试点工作，探索出了数字电视整体转换的"青岛模式"。我国有线数字电视采用欧洲标准 DVB-C。

2006 年 2 月颁布 GB/T 20090 视频标准，目前 GB/T 20090 系列国家标准已颁布 9 项。

2006 年 8 月 18 日，我国颁布地面数字电视标准 (DTMB)，标准的全称为《数字电视地面多媒体广播》，标准号为 GB20600-2006(数字电视地面广播传输系统帧结构、信道编码和调制)，从 2007 年 8 月 1 日起正式实施。

2007 年 8 月 1 日，由中星 1 号、亚太 2R、亚洲 3S、鑫诺 1 号、亚洲 4 号、亚太 6 号等 6 颗卫星共 36 个 C 波段转发器传送的中央台和各省市台 152 套电视节目和 155 套广播节目全部转到鑫诺 3 号和中星 6B 上传送。亚太 6 号 Ku 波段还传送 20 套"村村通"电视节目、34 套经国家广电总局批准的境外电视节目、中央教育电视台节目和部分省市远程教育广播节目。

2008 年 6 月 9 日晚上 8 时 15 分，我国第一颗直播电视卫星——中星 9 号发射成功。直播卫星信号可以直接到户，而不必经电视台转播。在地面只需要一个半米直径的"小锅"就可以接收。和地面、有线数字电视相比，卫星直播数字电视的优势是覆盖面积大，我国电视覆盖率可提高到 98%。中星 9 号直播卫星的投入使用将有效解决中国广大偏僻乡村无法收看卫星直播节目的难题。

2008 年 8 月北京奥运会全部采用高清转播，极大地推动了我国高清电视的发展。

2009 年 9 月 28 日，中央电视台第一套节目和北京卫视、上海东方卫视、江苏卫视、湖南卫视、黑龙江卫视、深圳卫视进行高、标清电视节目同步播出。

2010 年，全国很多大中城市已经实现了有线电视数字化，数字电视用户已超过 7000 万户。

2010 年 9 月 6 日 0 时 14 分，鑫诺 6 号（后改名为中星 6A）卫星发射成功，这是一颗重要的广播电视专用卫星，其功率高、容量大、信号覆盖范围广。它的成功发射，将进一步提高我国广播电视节目的传输容量和节目收视质量，对丰富我国广大人民群众，特别是边远山区群众的业余文化生活，将起到积极的推动作用。同时，对防灾减灾、国家安全等诸多领域也具有重要意义。鑫诺 6 号卫星还搭载一个 S 波段有效载荷，进行中国移动多媒体广播电视 (CMMB) 的卫星传播试验。CMMB 主要面向手机、PDA 等小屏幕便携式手持终端以及车载电视等终端提供广播电视服务。按照国家规定，CMMB 将采用"天地一体"的移动多媒体广播技术体制，其信号主要由 S 波段卫星覆盖网络和 U 波段地面覆盖网络实现信号覆盖。

2010 年 10 月，中星 6A（原名鑫诺 6 号）接替鑫诺 3 号传输广播电视节目。

2010 年 11 月 25 日零时 9 分，我国成功将"中星-20A"通信广播卫星送入太空预定轨道。"中星-20A"将为我国卫星通信与广播电视提供更好的服务，如图 1-19 所示。

目前，我国使用的电视广播卫星有：中星 6A 和中星 6B，主要传送中央电视台和各省直辖市、自治区电视台 152 套电视节目和 155 套广播节目；亚太 6 号，主要传送 20 套"村村通"电视节目、34 套经总局批准的境外电视节目、中央教育电视台节目和部分省市远程教育广播节目；中星 9 号，属于直播卫星，按照要求传输 47 套免费的高清和标清数字电视节目，对电视观众免费。

图 1-19 "中星-20A"发射

2011 年发布实施了 GB/T 26683-2011《地面数字电视接收器通用规范》和 GB/T 26686-2011《地面数字电视接收机通用规范》国家标准，标准要求地面数字电视接收机和接收器应支持 AVS 视频解码。

2011 年 12 月 6 日，我国 DTMB 成为国际标准。

2012 年 1 月 1 日，我国 3D 试验频道开播。

2012 年 3 月 18 日，工业和信息化部与广电总局共同成立了"AVS 技术应用联合推进工作组"，组织科研院所、芯片及设备企业、电视台、广电网络公司等产学研用各方力量，共同开展联合攻关。两年多来，两部委密切配合，依托联合工作组，组织各方力量，研发了 AVS 的优化和演进技术 AVS+，打造了从芯片、前端设备、接收终端到应用系统的 AVS+技术标准完整产业链，明确了推广应用计划。

2012 年 7 月，针对广电应用制定的行业标准《广播电视先进音视频编解码 第 1 部分：视频》获批，行标号为 GY/T 257.1—2012，简称 AVS+。

2012 年 12 月，AVS 系统、符合性测试、参考软件等三个部分也被颁布为国家标准，进一步完善了 AVS 标准体系。

2013 年 3 月 18 日，中央电视台经过长期的测试，进行了 3D 的 AVS+上星试验播出。

2014 年 1 月 1 日开始，中央电视台开始进行 AVS+编码格式的高清节目上星播出。

2014 年 3 月 18 日，国家新闻出版广电总局与工业和信息化部共同发布了《AVS+技术应用实施指南》（〔2014〕075 号），对 AVS+标准在卫星传输分发、直播卫星、地面电视、有线电视、互联网电视等领域的应用进行了明确的部署。

2014 年 3 月 18 日，工信部与国家新闻出版广电总局联合发布《广播电视先进视频编解码（AVS+）技术应用实施指南》，此指南按照"快速推进、平稳过渡、增量优先、兼顾存量"的原则，明确了分类、分步骤推进 AVS+在卫星、有线、地面数字电视及互联网电视和 IPTV 等领域应用的时间表，其中包括：自 2014 年 1 月 1 日起，各电视台新上星的高清数字电视频道应采用 AVS+，在 2014 年 12 月 31 日前，已上星的高清数字电视频道应转换为采用 AVS+标准。卫星直播高清数字电视频道视频应采用 AVS+标准，在 2014 年 5 月 31 日前，进行直播卫星高清频道开路技术试验；自 2014 年 7 月 1 日起，开始部署支持 AVS+高清解码的直播卫星户户通机顶盒。自 2014 年 7 月 1 日起，有线数字电视网络内新部署的高清机顶盒应支持 AVS+解码，有线数字电视网络中新增加的高清频道视频应优先采用 AVS+标准。自 2014 年 7 月 1 日起，具有 IPTV 和互联网电视集成播控平台牌照的企业，应将自有平台的新增视频内容优先采用 AVS+编码格式进行传输、分发和接收。自有平台上存量视频内容应逐步转换为 AVS+编码格式，IPTV 和互联网电视终端应同步具备相关格式的接收和解析能力。

2016 年年初，AVS 已启动 VR 国际标准和国家标准的制定，AVS VR 国际标准已完成立项。2017 年 1 月开始，AVS 工作组已启动《信息技术 虚拟现实内容高效编码》（简称 AVS VR 标准）系列标准的国家立项申请工作。

2016 年 3 月 15 日，AVS 2.0 标准《高效音视频编码第 1 部分：视频》通过审查，将作为广电行业标准。

2016 年 5 月，广电总局颁布 AVS2 视频为行业标准，2016 年 12 月 30 日，颁布为国家标准。第二代 AVS 标准包括系列国家标准《信息技术 高效多媒体编码》（简称 AVS2），AVS2 主要面向超高清电视节目的传输，定位在引领未来五到十年数字媒体产业的发展，并争取为相关国际标准的制定发挥关键作用。

2018 年年初，第二代 AVS 系统部分《信息技术 高效多媒体编码 第 1 部分：系统》和音频部分《信息技术 高效多媒体编码 第 3 部分：音频》进入国标委审批，等待颁布。

2018 年 6 月 7 日，我国第二代数字音频编码标准《信息技术 高效多媒体编码 第 3 部分：音频》（简称 AVS2 音频标准）由国家市场监督管理总局和国家标准化管理委员会颁布为国家标准（见"中华人民共和国国家标准公告 2018 年第 9 号"），标准代号 GB/T 33475.3-2018，将于 2019 年 1 月 1 日正式实施。AVS2 音频标准立足提供完整的高清三维视听技术方案，与第二代 AVS 视频编码（AVS2 视频）配套，是更适合超高清、3D 等新一代视听系统需要的高质量、高效率音频编解码标准。将应用于全景声电影、超高清电视、互联网宽带音视频业务、数字音视频广播无线宽带多媒体通信、虚拟现实和增强现实及视频监控等领域。

2018 年 10 月 1 日，中央广播电视总台首个上星超高清电视频道——CCTV4K 超高清频道开播，通过中星 6A 卫星和全国有线电视干线网向全国传输。

2019 年 1 月 13 日，中央广播电视总台联合中国移动、华为公司在广东深圳成功开展了 5G 网络 4K 电视传输测试。走过 36 年的央视春晚，将在今年的深圳分会场历史性地实现 4K 超高清内容的 5G 网络传输，这是我国首次进行的 5G 网络 4K 传输。这也是我国首个国家级 5G 新媒体平台建设后的又一个重要突破，标志着中央广播电视总台在打造具有强大引领力、传播力、影响力的国际一流新型主流媒体、加快推进 5G 规模试验和应用示范上迈出了坚实步伐。

2019 年 3 月 10 日 0 时 28 分，在西昌卫星发射中心用长征三号乙运载火箭将"中星 6C"通信卫星送入太空，卫星进入预定轨道。"中星 6C"通信卫星是一颗地球同步轨道卫星，主要为中国、东南亚、澳洲和南太平洋岛国等地区提供通信与广播业务。

我国的数字电视发展实施"三步走"战略：2003 年开始推进有线电视数字化、2006 年发展卫星直播电视、2008 年全面发展地面数字电视、2015 年关闭模拟电视（实际上只关闭有线模拟电视，2020 年才关闭地面模拟电视）。

我国拥有最大的广播电视节目制作播出系统、最大的电视广播综合传输覆盖网络、最多的受众，已成为名副其实的电视大国。

思考与练习：

1. 什么是电视？电视由哪些部分组成？各部分的作用是什么？各部分的常用设备有哪些？

2. 电视的特点是什么？

3. 简述电视的种类。

4. 简述电视的发展过程和发展方向。

5. 简述我国数字电视发展"三步走"战略。

6. 为什么说我国是电视大国？

第二章　光的特性与视觉特性

本章学习提要

1. 光的特性：电磁波与可见光、光源与色温、基准光源。

2. 人眼的视觉特性：黑白视觉特性、彩色视觉特性。

3. 三基色原理与计色系统：格拉兹曼法则、配色实验、三基色原理、物理三基色计色系统、标准三基色计色系统、显像三基色计色系统。

光的特性、人眼的视觉特性、三基色原理、计色系统是实现彩色电视的基础。

第一节　光的特性

光是电磁波，分为可见光和不可见光。可见光对人的眼睛有刺激作用，不可见光对人的眼睛没有刺激作用。光的特性是指可见光的特性。

一、电磁波与可见光

电磁波（又称电磁辐射）是同相振荡且互相垂直的电场与磁场在空间中移动而形成的一种波，其传播方向垂直于电场与磁场构成的平面，能有效地传递能量和动量。电磁辐射可以按照频率分类，从低频率到高频率，包括无线电波、微波、红外线、可见光、紫外光、X射线和伽马射线等。人眼可接收到的电磁辐射，波长大约在380~780纳米之间，称为可见光。只要是本身温度大于绝对零度的物体，都可以发射电磁辐射，而世界上并不存在温度等于或低于绝对零度的物体。电磁波的电场（或磁场）随时间变化，具有周期性。在一个振荡周期中传播的距离叫波长。振荡周期的倒数，即每秒钟振动（变化）的次数称频率。电磁波的划分如表 2-1 所示。

表 2-1　电磁波的划分

无线电波	3000 米~0.3 毫米	用于无线电广播与电视广播等
微波	0.1~100 厘米	微波炉
红外线	0.3 毫米~0.75 微米	用于遥控、热成像仪、红外制导导弹等
可见光	0.7 微米~0.4 微米	所有生物用来观察事物的基础
紫外线	0.4 微米~10 毫微米	用于医用消毒，验证假钞，测量距离，工程上的探伤等
X 射线	10 毫微米~0.1 毫微米	用于 CT 照相
γ 射线	0.1 毫微米~0.001 毫微米	用于治疗，使原子发生跃迁从而产生新的射线等

无线电波。无线电广播与电视都是利用电磁波来进行的。在无线电广播中，人们先将声音信号转变为电信号，然后将这些信号由高频振荡的电磁波带着向周围空间传播。而在另一地点，人们利用接收机接收到这些电磁波后，又将其中的电信号还原成声音信号，这就是无线电广播的大致过程。而在电视中，除了要像无线电广播中那样处理声音信号外，还要将图像的光信号转变为电信号，然后也将这两种信号一起由高频振荡的电磁波带着向周围空间传播，而电视接收机接收到这些电磁波后又将其中的电信号还原成声音信号和光信号，从而还原出喇叭里的声音和屏幕中的画面。

可见光能够使人眼产生颜色感觉，可见光在整个电磁波谱中只占极小的一段，如图 2-1 所示。

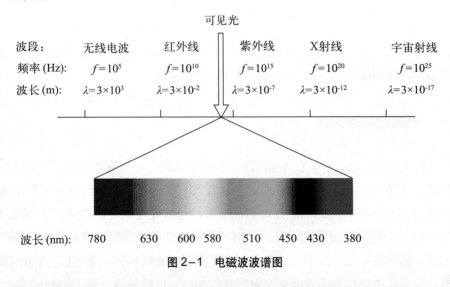

图 2-1　电磁波波谱图

可见光谱的波长由 780 nm 向 380 nm 变化时，人眼产生的颜色感觉依次是红、橙、黄、绿、青、蓝、紫七种颜色。780nm~630nm 为红色；630nm~600nm 为橙色；

600nm～580nm 为黄色；580nm～510nm 为绿色；510nm～450nm 为青色；450nm～430nm 为蓝色；430nm～380nm 为紫色。一定波长的光谱呈现的颜色称为光谱色。太阳光包含全部可见光谱，给人以白色感觉，如图 2-2 所示。

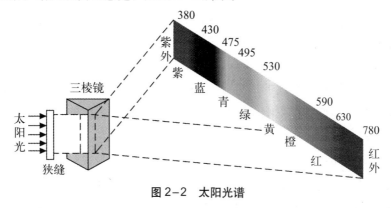

图 2-2　太阳光谱

光谱完全不同的光，人眼有时会有相同的色感。用波长 540nm 的绿光和 700nm 的红光按一定比例混合可以使人眼得到 580nm 黄光的色感。这种由不同光谱混合出相同色光的现象叫同色异谱。

正常视力的人眼对波长约为 555 纳米的电磁波最为敏感，这种电磁波处于光学频谱的绿光区域。

二、光源与色温

自然界的光线不总是相同的。可感知到的一个物体颜色依赖于照射到它的光源。人类的大脑可以很好地"校正"这些颜色变化，但是我们所使用的胶片或 CCD/CMOS 感光器却不能完成这样的任务。所以，在电视技术中需要引入一个概念"色温"。通过对各种光线色温的研究，来帮助摄像机进行颜色的校正。众所周知，如果一个物体燃烧起来，首先火焰是红色的，随着温度升高然后变成了橙黄色，然后变成白色，最后呢，蓝色出现了。苏格兰数学家和物理学家开尔文（Lord Kelvin）在 1848 年最早发现了热与颜色的紧密关系，并且留给世界一个伟大的"绝对零度"（-273.16 摄氏度）概念。从此创立了开氏温标（Kelvin temperature scale）。这就是我们今天谈论色温的理论基础。开氏温标示意图如图 2-3 所示。

图 2-3　开氏温标示意图

15

开氏温标用 K（kelvin 的缩写）作单位来表示温度，越低的数值表示越"红"，越高的数值表示越"蓝"。红和蓝并不是光线本身颜色，只是表明光谱中的红或蓝成分较多。下面看看开氏温标中的常见标准：

"绝对零度"在开氏温标中表示为 0K，对应的是−273.16 摄氏度或−459 华氏度，在这个温度下物质的热活性完全停止。

色温只表示光源的光谱成分，而不表明实际温度。色温高，表示短波成分多一些，偏蓝绿色；色温低，表示长波的成分多一些，偏红黄色。光源色温虽然与明暗度不是一个概念，但色温高低直接影响明暗度与对比度。同时，色温的高低与人眼对光色的感受关系很大。

色温即光源色品质量的表征。光源的色品质量，也就是说代表了一个光源的色相倾向和色饱和程度。在技术上，我们用色温（K）来表示光源的色品质量。对于色温与光源的色品质量，可以这样认为，色温越高，光越偏冷，色温越低，光越偏暖。

在色度学上，通常用光源的光与绝对黑体发出的光相比较，并用绝对黑体的绝对温度来表示，比如白炽灯的色温为 2854K。色温用来表示光源的光谱特性，并非光源的实际温度。在任何温度下能完全吸收照射其上辐射能的物体被称为绝对黑体。它是既不反射也不透射，能完全吸收入射光波的物体。对于一定温度的绝对黑体，必须有一定的光谱分布功率对应，一定的光谱分布又对应一定的颜色。人们将一绝对黑体加热到不同温度所发出的光色来表达一个光源的颜色，叫做一个光源的颜色温度，简称色温。例如：光源的颜色与黑体加热到 6500K 所发出的光色相同，则此光源的色温就是 6500K。色温常用等热力温标表示，也就是常说的"开尔文"（符号 K）。

不同光源环境的相关色温如表 2-2 所示。

表 2-2

光　源	色　温
北方晴空	8000—8500K
阴天	6500—7500K
夏日正午阳光	5500K
金属卤化物灯	4000—4600K
下午日光	4000K
冷色荧光灯	4000—5000K
高压汞灯	3450—3750K

续表

光　源	色　温
暖色荧光灯	2500—3000K
卤素灯	3000K
钨丝灯	2700K
高压钠灯	1950—2250K
蜡烛光	2000K

　　光源色温不同，光色也不同，色温在3300K以下有稳重的气氛、温暖的感觉；色温在3000—5000K为中间色温，有爽快的感觉；色温在5000K以上有冷的感觉。不同光源的不同光色组成的最佳环境，如表2-3所示。

表2-3　色温与光色

色　温	光　色	气氛效果
>5000K	清凉（带蓝的白色）	冷的气氛
3300−5000K	中间（白）	爽快的气氛
<3300K	温暖（带红的白色）	稳重的气氛

　　色温与亮度：高色温光源照射下，如亮度不高则给人们一种阴气的气氛；低色温光源照射下，亮度过高会给人们一种闷热感觉。

　　光色的对比：在同一空间使用两种光色差很大的光源，其对比将会出现层次效果，光色对比大时，在获得亮度层次的同时，又可获得光色的层次。

三、基准光源

　　人眼能够感觉到物体的颜色，是由于该物体在太阳光或其他光源照射下，反射或透射可见光光谱的某些成分，而吸收了其他成分，从而引起不同的彩色感觉。光分为单色光和复合光。单一波长电磁辐射发出的可见光称为单色光，通常把不是仅含有单一波长的光称为复合光。日常生活中的各种光源和反射进入人眼的光均为复合光。也就是说，实际照明中的各种"白光"的光谱成分分布并不相同，所以在电视系统中为了逼真重现彩色，需要设定基准光源。为了便于白光比较，电视技术中引入了"色温"的概念。

为了统一对颜色的认识，首先必须要规定标准的照明光源。因为光源的颜色与光源的色温密切相关，所以国际照明委员会（CIE）规定了 6 种标准照明体的色温标准：

基准光源 A（A 白）：色温为 2854K，相当于钨丝灯发出的光，略带黄色调，是一种能实现的基准光源。

基准光源 B（B 白）：色温为 4800K，接近于中午直射阳光，在实验室中可以用 A 光源加特制的滤色镜获得。

基准光源 C（C 白）：色温为 6770K，接近于阴天漫射光，略带蓝色调，在实验室中也可以用 A 光源加特制的滤色镜获得。

基准光源 D65(D65 白)：色温为 6500K，相当于白天的平均光照，用来作为照明光源时，被照射物体所呈现的颜色更接近于在日光照射下的真实颜色。所以，CIE 建议采用 D65 作为标准光源。它可以由彩色显像管所采用的红、绿、蓝三种荧光粉发出的光按适当比例混合得到。

E 光源（E 白）：色温为 5500K。是在色度学中采用的一种等能白光，就是当可见光谱范围内所有波长的光都具有相等辐射功率时形成的一种白光，这种白光在自然界中不存在，是一种假想光源。

6. 3200K 光源：色温为 3200K，略带淡黄色，是电视演播室使用的标准光源，可由新式卤钨灯获得。

基准光源的光谱特性如图 2-4 所示。

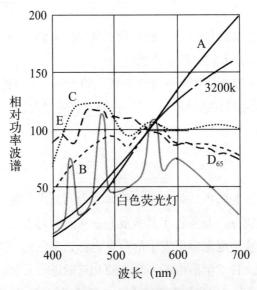

图 2-4　基准光源光谱特性

第二节　人眼的视觉特性

电视有黑白和彩色之分，黑白电视只传递景物的亮度，彩色电视在传递景物亮度的同时，还要传递景物的色度（包括色调和色饱和度）。

由于电视系统最终能重现的图像是供观众收看的，因此电视系统的相关参数必须根据人眼的视觉特性来选择，以供重现图像的质量能满足人眼的要求。

一、黑白视觉特性

下面主要介绍黑白电视系统涉及的人眼视觉特性。

（一）视敏特性

视敏特性是指人眼对不同波长的光具有不同灵敏度的特性，即对于辐射功率相同的各色光具有不同的亮度感觉。在相同的辐射功率条件下，人眼感到最亮的光是黄绿光，而感觉最暗的光是红光和紫光。视敏特性可用视敏函数和相对视敏函数来描述。

为了确定人眼对不同波长的光的敏感程度，可以在得到相同亮度感觉的条件下测量各个波长的光的辐射功率 $P_{r(\lambda)}$。显然，$P_{r(\lambda)}$ 越大，人眼对该波长的光越不敏感；而 $P_{r(\lambda)}$ 越小，人眼对它越敏感。因此，$P_{r(\lambda)}$ 的倒数可用来衡量人眼视觉上对各波长为 λ 的光的敏感程度。我们把 $1/P_{r(\lambda)}$ 就称为视敏函数（或称视敏度，视见度），用 $K_{(\lambda)}$ 表示：$K_{(\lambda)}=1/P_{r(\lambda)}$。

如上所述，在明亮环境下，人眼对波长为 555nm 的黄绿光最为敏感，这里可用 $K_{(555)}=K_{max}$ 来表示。于是，可以把任意波长光的视敏函数 $K_{(\lambda)}$ 与最大视敏函数 K_{max} 相比，将这一比值称为相对视敏函数，并用 $V_{(\lambda)}$ 表示。即：

$$V_{(\lambda)}=K_{(\lambda)}/K_{max}=K_{(\lambda)}/K_{(555)}=P_{r(555)}/P_{r(\lambda)}$$

显然，除 555nm 之外，各波长上的 $V_{(\lambda)}$ 都是小于 1 的数。通过对大量视力正常者的实验统计，可得到相对视敏函数曲线，如图 2-5 所示。

由图 2-5 可见，在辐射功率相同的条件下，人眼感觉 555nm 的黄绿光最亮，波长自 555nm 起向左和向右逐渐变化，亮度感觉逐渐下降。图中右边的那条 $V(\lambda)$ 曲线就是明视觉锥状细胞的相对视敏函数曲线，也称光谱灵敏度曲线或相对光谱响应曲线。图中左边的那条 $V'(\lambda)$ 曲线是暗视觉杆状细胞的相对视敏函数曲线，

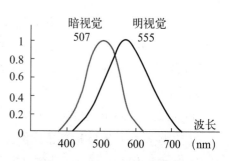

图 2-5　人眼的相对视敏函数曲线

曲线的最大值在 507nm 处。其曲线的变化规律与 $V(\lambda)$ 基本相同。

（二）亮度感觉和亮度视觉范围

亮度感觉不仅仅取决于景物给出的亮度值，而且还与周围环境的平均亮度有关，是一个主观量。

1. 人眼的感光作用具有适应性

适应性是指随着外界光的强弱变化，人眼能自动调节感光灵敏度的特性。这种适应性是由人眼瞳孔大小调节和视网膜的感光物质变化形成的：高亮度时瞳孔变小，进入视网膜的亮度减小，明视觉的锥体细胞起作用；低亮度时瞳孔变大，进入视网膜的亮度增加，暗视觉的杆状细胞起作用。人们由亮环境进入暗环境后，刚开始什么也看不见，过几分钟对暗环境适应后，才可能看清周围环境，这就是人眼适应性的例子。人眼可以感觉的亮度范围很宽，数量级从 $10^{-3}cd/m^2$ 到 $10^6cd/m^2$，达 $10^9:1$。

人眼的亮、暗适应性对电视系统的设计很有利，电视广播系统无需传送如此宽广的亮度范围，只要能正确传送图像一定范围的对比度就可以了。一般情况下，图像的亮度范围决定了景物的反射系数范围。在一定照度下最白的白石膏反射系数接近于1.0，最暗的黑丝线反射系数为 0.01，所以被传图像的对比度不会超过 100 倍。为了不失真地传送图像，要求重现的电视图像对比度也为 100，实际上由于环境光的影响，重现的图像对比度往往达不到 100，一般能达到 40~50 就相当不错了。同时长时间在高亮度、高对比度下观看电视，不仅对保护视力不利，而且会使图像临界闪烁频率增大，长此下去会引起恶心、头晕等不适感觉。

2. 人眼的亮度视觉范围

人眼的亮度感觉不仅仅取决于景物本身的亮度值，而且还与环境亮度有关。比如同样亮度的路灯，在夜里感到很亮，而在白天却感到很暗。经实验测得，在平均亮度适中时，能同时感觉的亮度上、下限之比最大可能接近 1000:1，而平均亮度过高或过低时，只有 10:1。

例如：晴朗的白天，环境亮度为 $10000cd/m^2$，人眼可分辨的亮度范围约为 $200cd/m^2 \sim 20000cd/m^2$，此时低于 $200cd/m^2$ 的亮度差异，人眼就无法分辨，感觉到的是相同的黑暗；而高于 $20000cd/m^2$ 的亮度差异，人眼感觉到的是相同的明亮。而当环境亮度为 $30cd/m^2$ 时，人眼可分辨的亮度范围变为 $1cd/m^2 \sim 100cd/m^2$。同样低于 $1cd/m^2$ 或高于 $100cd/m^2$ 的亮度差异，人眼也无法分辨了。

现代电影胶片能够按正常比例关系记录景物的亮度范围为 128:1，而电视摄录设备能按正常比例关系记录景物的亮度范围要低于它。

3. 人眼的亮度可见度阈值

人眼对亮度变化的分辨能力是有限的，人眼无法区分非常微弱的亮度变化。通常用亮度级差来表示人眼刚刚能感觉到的两者的差异。所谓亮度级差是指在亮度 L 的基础上增加一个最小亮度 $\triangle L$，人眼刚刚能感到亮度差异，则 $\triangle L$ 称为可见度阈值。

不同亮度 L 条件下，人眼能够察觉到的最小亮度变化 $\triangle L$ 是不同的，$\triangle L$ 随着 L 的增大而增大。在相当宽的亮度范围内，$\triangle L/L$ 基本为一个常数，称其为对比度灵敏度阈。通常为 0.005~0.02，当亮度很高或很低时可达 0.05。

4. 人眼视觉的掩盖效应

如果是在空间和时间上不均匀的背景中，测量可见度阈值，可见度阈值就会增大，即人眼会丧失分辨一些亮度的能力，这种现象称为视觉的掩蔽效应。

5. 亮度感觉与亮度的关系

人眼在适应了某一平均亮度后，就可在较小的亮度范围内产生黑白感觉，而且它与对比度灵敏度阈一样，不由绝对亮度决定，这种视觉特性给景物的传送和重现带来方便。

无需重现景物的真实亮度，只需保证重现图像与实际景物在主观感觉上具有相同的对比度 C 和亮度级差数 n 即可，就能给人以真实的感觉。例如：白天室外景物的亮度范围可能是 $200\text{cd}/\text{m}^2 \sim 20000\text{cd}/\text{m}^2$，而在进行实况转播时，虽然电视机屏幕上的亮度范围仅有 $2\text{cd}/\text{m}^2 \sim 200\text{cd}/\text{m}^2$，但观众仍可获得真实的主观感觉，因为对比度和亮度层次都相同。另一方面，人眼不察觉的亮度差别，比如过亮或过暗的部分，在重现图像时也无需精确复制出来。

（三）对比度和亮度层次

1. 对比度的定义

把景物或重现图像最大亮度 L_{max} 和最小亮度 L_{min} 的比值称为对比度，用 C 表示，即 $C=L_{max}/L_{min}$。

2. 亮度层次的定义

画面最大亮度与最小亮度之间可分辨的亮度级差数称为亮度层次或灰度层次。在正常情况下，画面对比度越大，可获得的亮度层次就越丰富。但另一方面，人眼能分辨的亮度层次还与人眼对比度灵敏度阈有关。

3. 亮度层次与对比度之间的关系

亮度层次是图像质量的一个重要参数，亮度层次多，图像显得明暗层次丰富，柔和细腻；反之，亮度层次少，图像则显得单调生硬。因此，提高电视系统显示设备所能呈现的对比度是十分重要的。

4. 电视图像的亮度

这里是指图像的平均亮度。根据人眼视觉特性，并不要求电视图像恢复原来景物的亮度，这就给确定电视图像的亮度较大的自由度；但是不同的环境亮度要求电视图像具有不同的平均亮度，以保证重现必需的对比度和亮度层次（灰度），使人长时间观看时不致于过分疲劳。根据实际要求,电视图像的平均亮度应不小于30nit,最大亮度应大于60nit~150nit。

5. 电视图像的对比度与灰度

根据人眼视觉特性,对主观感觉来说,重现图像应与实际景物具有相同的对比度和灰度,这样,就能给人以真实感觉。实际景物的对比度一般都不超过100。因为,在一定照度下,最白的莫过于白石膏,其反射系数接近于1;最黑的莫过于黑丝绒,其反射系数为0.01。因此,为了不失真地传送图像,要求重现图像的对比度也为100。由于实际环境亮度的影响,所以重现图像的对比度往往达不到100,一般能达到30~40也就满意了。

根据以上讨论可得出结论:只要重现图像与实际图像对主观感觉来说具有相同的对比度和亮度感觉级差数,重现的图像就能给人真实感。

(四)视觉惰性和闪烁感觉

1. 视觉惰性

人眼的视觉有惰性,这种惰性现象也称为视觉的暂留。当一幅图像在眼睛中成像后,图像的突然消失并不会使视觉神经和视觉处理中心的信号也突然消失,而是发生一个按指数规律衰减的过程,信号完全消失需要一个相当长的时间,如图2-6所示。

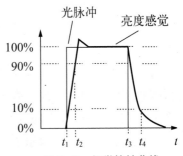

图2-6 视觉惰性曲线

通常这个过程叫视觉暂留,视觉暂留时间约为0.05s~0.2s。当人在黑暗中挥动一支点燃的香烟时,实际的景物是一个亮点在运动,然而看到的却是一个亮圈。这就是视觉惰性在生活中最常见的一个例子。

景物以间歇性光亮重复呈现,只要重复频率达20Hz以上,视觉便始终保持留有景物存在的印象,这一重复频率称为融合频率。

2. 闪烁感觉

如果让观察者观察按时间重复的亮度脉冲,当脉冲重复频率不够高时,人眼就有一亮一暗的感觉,称为闪烁;重复频率足够高,闪烁感觉消失,看到的则是一个恒定的亮点。闪烁感觉刚好消失时的重复频率叫做临界闪烁频率。脉冲的亮度越高,临界闪烁频率也相应地越高。假设屏幕最高亮度为$100cd/m^2$,环境亮度为0,临界闪烁频率为45.8Hz。

实验表明,人眼在高亮度下对闪烁的敏感程度高于在低亮度的情况。对于今天的高亮度的显像管而言,临界闪烁频率可能达到60Hz~70Hz。

视觉惰性现象已被人们巧妙地运用到电影和电视当中,使得本来在时间上和空间中都不连续的图像,给人以真实的、连续的感觉。在通常的电影银幕亮度下,人眼的临界闪烁频率约为46Hz 。所以电影中，普遍采用的标准是每秒钟向银幕上投射24幅画面，而在每幅画面停留的时间内，用一个机械遮光阀将投射光遮挡一次，从而得到每秒48次的重复频率，使观众产生连续、不闪烁的亮度感觉。人们也曾作过用遮光阀将每幅画遮挡两次的实验，这时可以在不产生闪烁感觉的前提下将每秒钟投影的画面幅数减少到16，从而能够进一步缩短电影拷贝所需的胶卷的长度。但是，每秒钟投影16幅画面时，对于速度稍高的运动物体，由于前一幅画面和后一幅画面中的物体在空间位置上的差别过大，会产生像动画片那样的动作不连续的感觉。

一般来说，要保持画面中物体运动的连续性，要求每秒钟摄取的画面数约为25左右，即帧率要求为25Hz，而临界闪烁频率则远高于这个频率。在传统的电视系统中由于整个通道中没有帧存储器，显示器上的图像必须由摄像机传送过来的画面刷新，所以摄像机摄取图像的帧率和显示器显示图像的帧率必须相同，而且互相是同步的。在数字电视和多媒体系统中，在最终显示图像之前插入帧存储器是很简单的事，因此摄像机的帧率只要保证动作连续性的要求，而显示器可以从帧存储器中反复取得数据来刷新所显示的图像，以满足无闪烁感的要求。现在市面上出现的100Hz的电视机，就是用这种办法将场频由50Hz提高到100Hz的。

（五）视角与分辨力

1. 视角

观看景物时，景物大小对眼睛形成的张角叫做视角。其大小既决定景物本身的大小，也决定于景物与眼睛的距离。人眼的视场是很宽的，垂直方向能超过80°，水平方向能超过160°，但通常在眼珠不转动、凝视物体时，能清晰地观看出物体内容的视场区域所对应的双眼视角大约是35°×20°（水平 × 垂直）。

2. 分辨力

当与人眼相隔一定距离的两个黑点靠近到一定程度时，人眼就分辨不出有两个黑点存在，而只能感觉到是连在一起的一个点。这种现象表明人眼分辨景物细节的能力是有一定极限的。我们可以用视敏角来定义人眼的分辨力。视敏角即人眼对被观察

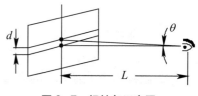

图2-7　视敏角示意图

物体刚能分辨出它上面最紧邻两黑点或两白点的视角，如图2-7所示。图中，L 表示人眼与图像之间的距离，d 表示能分辨的最紧邻两黑点之间的距离，θ 表示视敏角。若 θ 以分为单位，则得到：

$$\frac{d}{\theta} = \frac{2\pi L}{360 \times 60}$$

$$\theta = 3438 \frac{d}{L} (\,')$$

人眼的最小视敏角取决于相邻两个视敏细胞之间的距离。对于正常视力的人，在中等亮度情况下观看静止图像时，θ 为 $1'\sim 1.5'$。

人眼分辨景物细节的能力称为分辨力，又称为视觉锐度。它等于人眼视敏角的倒数，即分辨力 $=\dfrac{1}{\theta}$。

分辨力在很大程度上取决于景物细节的亮度和对比度，当亮度很低时，视力很差，这是因为亮度低时锥状细胞不起作用。但是亮度过大时，视力不再增加，甚至由于眩目现象，视力反而有所降低。此外，细节对比度愈小，也就愈不易分辨，会造成分辨力降低。在观看运动物体时，分辨力更低。

3．影响分辨力的因素

(1) 与物体在视网膜上成像的位置有关。黄斑区锥状细胞密度最大，分辨力最高。越是偏离黄斑区，光敏细胞的分布越稀，分辨力也越低。

(2) 与照明强度有关。照度太低，仅杆状细胞起作用，分辨力大大下降，且无彩色感；照度太大，分辨力不会增加，甚至由于"眩目"现象而降低。

(3) 与对比度 C 有关。$C=[(B-B_0)/B_0]\times 100\%$，其中 B 为物体亮度与背景亮度接近，分辨力自然要降低。

(4) 分辨力还与景物的运动速度有关。运动速度快，分辨率将降低。由于存在视觉暂留，故当一幅静止画面以高于 20Hz 的换幅频率间歇地重复呈现时，尽管有亮度闪烁，但在视觉上仍有连续感。然而，当景物运动时，即使换幅频率高于 20Hz，若前后相继两幅画面中景物内容移动的距离较大，人眼仍会感觉景物在做跳跃运动。可见，人眼对运动景物的连续感除与视觉暂留有关以外，还与分辨力有关。实验证明，对运动景物，当换幅频率高于 20Hz，且前后两次呈现的某物点的相对位置对眼睛张角不超过 $7.5'$ 时，就会产生连续运动而不会有跳跃运动的感觉。

二、彩色视觉特性

人眼视网膜上有大量的光敏细胞，按形状分为杆状细胞和锥状细胞，杆状细胞灵敏度很高，但对彩色不敏感，人的夜间视觉主要靠它起作用，因此，在暗处只能看到黑白形象而无法辨别颜色。锥状细胞既可辨别光的强弱，又可辨别颜色，白天视觉主要由它来完成。关于彩色视觉，科学家曾做过大量实验并提出视觉三色原理的假设，认为锥状细胞又可分成三类，分别称为红敏细胞、绿敏细胞、蓝敏细胞。它们各自的相对视敏函数曲线分别如图 2-8 所示。

$V_{R(\lambda)}$、$V_{G(\lambda)}$、$V_{B(\lambda)}$，其峰值分别在 580nm、540nm、440nm 处。图中 $V_{B(\lambda)}$ 曲线幅度很低，已将其放大了 20 倍。三条曲线的总和等于相对视敏函数曲线 $V_{(\lambda)}$。三条曲线

是部分交叉重叠的，很多单色光同时处于两条曲线之下，例如 600 nm 的单色黄光就处在 $V_R{}_{(\lambda)}$、$V_G{}_{(\lambda)}$ 曲线之下，所以 600 nm 的单色黄光既激励了红敏细胞，又激励了绿敏细胞，可引起混合的感觉。当混合红绿光同时作用于视网膜时，分别使红敏细胞、绿敏细胞同时受激励，只要混合光的比例适当，所引起的彩色感觉可以与单色黄光引起的彩色感觉完全相同。

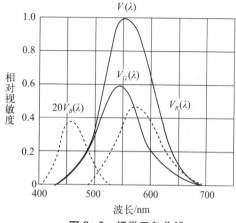

图 2-8　视觉三色曲线

不同波长的光对三种细胞的刺激量是不同的，产生的彩色视觉各异，人眼因此能分辨出五光十色的颜色。电视技术利用了这一原理，在图像重现时，不是重现原来景物的光谱分布，而是利用三种相似于红、绿、蓝锥状细胞特性曲线的三种光源进行配色，在色感上得到了相同的效果。

下面介绍彩色电视系统涉及的人眼视觉特性。

（一）辨色能力

彩色电视要表示景物的颜色需要三个独立的物理量，除亮度外，还需增加色调和饱和度，因此，亮度、色调和饱和度称为颜色的三要素。

亮度表示色光对人眼刺激程度的强弱，它与进入人眼色光的能量有关。

色调表示颜色的种类，通常所说的红色、绿色、蓝色等就是指的色调。

饱和度是指彩色的浓淡程度，即掺白程度，用百分率表示。谱色光的饱和度为 100%，谱色光掺入白光时颜色变淡，即饱和度降低。纯净白光或不同亮度的灰色、黑色的饱和度为零。

色调与饱和度合称为色度，彩色电视系统中的图像信号就分为亮度信号和色度信号两部分，色度信号传送色调和饱和度两个量值。

人眼对不同波长的谱色光有不同的色调感觉。理论上，对于一个连续光谱，应有无数种色调与之对应，但实际上对波长很接近的谱色光，人眼无法区分其色调差别，在 380nm~780nm 的波长范围内，人眼大体能分辨出 200 多种色调。人眼除了对纯净谱色光色调有分辨能力之外，对于一定波长的谱色光的掺白程度，也具有相当的分辨能力。通过实验，统计出人眼平均能分辨出 15~20 级的饱和度变化。

综上所述，人眼的彩色视觉的辨色能力总共有 3000~4000 种。

人眼对彩色感觉具有非单一性。颜色感觉相同，光谱组成不同，这种光称为同色异谱光。

（二）彩色细节分辨力

人眼对彩色细节的分辨力比对黑白细节的分辨力要低。统计结果分析表明：人眼的彩色分辨角一般比黑白分辨角大 3~5 倍，即人眼对彩色细节的分辨力只有对黑白细节分辨力的 1/3~1/5。因此，在彩色电视系统传输彩色电视信号时，可以用较宽的带宽（0Hz~6MHz）传送图像的亮度信息，用很窄的带宽（亮度信号带宽的 1/3~1/5）传送图像的色度信息。例如，黑白相间的等宽条子，相隔一定距离观看时，刚能分辨出黑白差别，如果用红绿相间的同等宽度条子替换它们，此时人眼已分辨不出红绿之间的差别，而是一片黄色。

实验还证明，人眼对不同彩色，分辨力也各不相同。如果眼睛对黑白细节的分辨力定义为 100%，则实验测得人眼对各种颜色细节的相对分辨力用百分数表示如表 2-4 所示。

表 2-4　人眼对各种颜色细节的相对分辨力

细节颜色	黑白	黑绿	黑红	黑蓝	红绿	红蓝	绿蓝
相对分辨力（%）	100	94	90	26	40	23	19

因为人眼对彩色细节的分辨力较差，所以在彩色电视系统中传送彩色图像时，只传送黑白图像细节，而不传送彩色细节，这样做可减少色信号的带宽，这就是大面积着色原理的依据。

（三）混色特性

混色特性包括时间混色、空间混色和双眼混色等。

时间混色：指人眼视觉暂留的结果，在同一个位置轮流投射两种或者两种以上的彩色光，当轮换速度高到一定值后，人眼所感觉到的是它们混合后的彩色。时间混色是顺序制彩色电视的基础，轮流投射红、绿、蓝三种颜色光进行时间混色的过程和结果如图 2-9 所示。

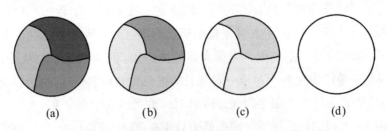

(a)　　　　(b)　　　　(c)　　　　(d)

图 2-9　时间混色

图 2-9 中：(a) 表示轮流投射三种颜色光的速度慢，(b) 表示速度较快，(c) 表示

速度更快，(d) 表示速度已达到人眼不能分辨三种颜色的程度。

　　空间混色：指人眼在较远的距离观看彼此间隔很近的不同色光的小光点时，由于受视觉分辨力的限制而不能区分出各个彩色的光点，感觉到的是混合颜色效果的特性。彩色显像管的荧光屏，彩色液晶显示屏和等离子体显示屏，都是根据人眼空间混色特性得到彩色图像的。同时投射红、绿、蓝三种颜色光进行空间混色的过程和结果如图2-10 所示。

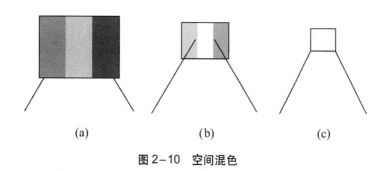

（a）　　　　　　　　（b）　　　　　　　　（c）

图 2-10　空间混色

　　图 2-10 中：(a) 表示投射的三种颜色光离人眼的距离近，(b) 表示距离较远，(c) 表示距离更远，已达到人眼不能分辨三种颜色的程度。

　　双眼混色：指左右两眼同时分别观看两种不同颜色的同一景象时，两束视神经给出的光刺激通过大脑综合给出混合色光的感觉。它具有立体感的特点，在立体彩色电视中，可利用此原理实现。

第三节　三基色原理与计色系统

　　三基色原理是根据色度学中著名的格拉兹曼法则和配色实验总结出来的，它把彩色电视系统需要传送成千上万种颜色的任务简化成只需传送三种基本颜色。计色系统能定量地表示和计算彩色。

一、三基色原理

色度学中有一个著名的格拉兹曼法则，其中有几条与电视技术关系密切：
一是人的视觉只能分辨颜色的三种变化，即亮度、色调和色饱和度。
二是任何彩色均可以由三种线性无关的彩色混合得到时，称这三种彩色为三基色。

三是合成彩色光的亮度等于三基色分量亮度之和，即符合亮度相加定律。

四是光谱组成成分不同的光在视觉上可能具有相同的颜色外貌，即相同的彩色感觉。

五是在由两个成分组成的混合色中，如果一个成分连续变化，混合色也连续变化，由这一定律可导出两个派生定律。

补色律：每种颜色都有一个相应的补色。所谓补色，就是它与另外一种颜色以适当的比例混合时，可得到白色或灰色，这两种颜色互称为补色，即另一种颜色为它的补色，而它也是另一种颜色的补色。当两个互补色以不是混合出白色或灰色的比例混合时，混合出的将是其中一种色调的非饱和色，其色调偏向于比重大的那种颜色的色调。

中间色律：任何两个非补色的色光相混合，可产生出它们两个色调之间的新的中间色调。比如红、绿两种颜色就可以混合出橙、黄、黄绿等许多新色调。

综上所述，可得彩色电视中的三基色原理：自然界中几乎所有的彩色都能由三种线性无关的颜色（三基色）按一定比例混配得到，合成彩色的亮度由三种色光的亮度之和决定，色度由三种色光所占比例决定。所谓线性无关是指任何一种基色都不能由其他两种基色混配得到。实践证明，选用红绿蓝作为三基色可混配出的颜色最多，使彩色电视所能重现的色域最宽。彩色电视技术中就是选用了红、绿、蓝三种基色混配出各种颜色的，如图2-11所示。

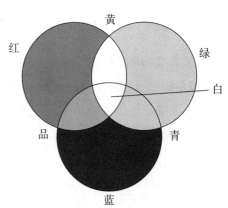

图2-11 彩色电视三基色

混配可以是相加混色和相减混色。电视技术中使用的是相加混色，而彩色电影、彩色印刷、织物印染和绘画颜料等彩色的形成属于相减混色。相减混色中采用品、黄、青三种颜色作为基色，它们各是绿、蓝、红的补色。

相加混色混配的方式包括时间混色、空间混色和双眼混色等。

混配某一色光所需的三基色光的量可通过配色实验获得，如图2-12所示。

图为三基色光混配试验装置，又称比色仪。比色仪中有两

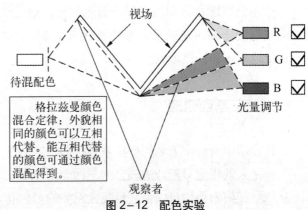

格拉兹曼颜色混合定律：外貌相同的颜色可以互相代替。能互相代替的颜色可通过颜色混配得到。

图2-12 配色实验

块互成直角的白板（屏幕），它们对任何波长的光几乎有相同的反射系数。两块白板将人眼的视场分为两部分，在左半视场的屏幕上投射待配彩色光，在右半视场的屏幕上投射三基色光。调节三基色光的光通量，使由三基色光混合得到的颜色与待配颜色完全相同，即达到颜色匹配，这时从调节器刻度上就可得出三基色光的量。

二、物理三基色（RGB）计色系统

物理三基色：为了准确对各种颜色进行计算，国际照明委员会（CIE）采用一套可以由物理手段产生的谱色光作为三基色，由于这三种基色光可以由物理手段产生，因此称它们为物理三基色。其中，红基色光的波长为 700nm，绿基色光的波长为546.1nm，蓝基色光的波长为 435.8nm。

实验结果表明：用 1 光瓦红基色光、4.5907 光瓦绿基色光和 0.0601 光瓦蓝基色光混合可得到等能白光 E 白。因此，物理三基色混配的数学表达式为：

$$|F|=R_{(R)}+G_{(G)}+B_{(B)}$$

式中，等式两边表示人眼在视觉上的感觉（包括亮度、色调和饱和度）相同，即等式两边是同色异谱色。色光 F 可以由 R 个单位的红基色光、G 个单位的绿基色光和 B 个单位的蓝基色光混配得到。$|1_{(R)}|=1$ 光瓦，$|1_{(G)}|=4.5907$ 光瓦，$|1_{(B)}|=0.0601$ 光瓦。

用物理三基色 (R)、(G)、(B) 和规定的基色量 RGB 建立的计色系统称为物理三基色（或 RGB）计色系统。

为了用色度图来表达这个 RGB 计色系统，并且这个计色系统只考虑色光的色度参量，而不必考虑其光通量（亮度信息），因此，我们仅需知道三色系数 R、G、B 的比例而不需要它们的绝对数值。在色度学中，三色系数的相对值称为相对色系数。为计算相对色系数，可令三色系数之和为 m，即

$$m=R+G+B,\ r=R/m,\ g=G/m,\ b=B/m$$

通常我们称 m 为色模；r、g、b 即为相对色系数。由于 $r+g+b=1$，因此各种色光的色度可以用两个相对色系数表示，一般选用 r、g 两个参量。

以 r、g 两值为直角坐标值 (r, g)，将各种颜色的色度在 $r\sim g$ 直角坐标系中找出对应的位置，这样得到的平面几何图形称为 RGB 色度图或 $r\sim g$ 色度图，如图 2–13 所示。

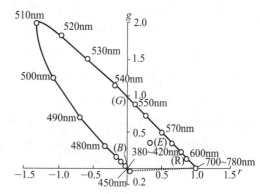

图 2–13　RGB（$r\sim g$）计色系统色度图

29

图 2-13 中，谱色轨迹即舌型曲线上是饱和度 100% 的各种色调；$r=g=b=1/3$ 的点是基准 E 白的坐标点，从 E 白点向四周伸展时，是饱和度渐增的一种色调。由 (R)、(G)、(B) 三点组成的三角形称为物理三基色三角形，其重心为等能白光 E 白。(R)、(G)、(B) 三角形内各色光，其 r、g、b 均为正值；三角形之外和舌型曲线内的色光，其 r、g、b 均为负值。舌型曲线外是不能用 (R)、(G)、(B) 混配出的色光，即自然界中不存在的颜色。

三、标准三基色（XYZ）计色系统

物理三基色计色系统尽管物理意义清楚，但使用起来很不方便。为了计算方便，CIE 规定了另外一种也就是现在常用的计色系统，称为标准三基色计色系统。在此计色系统中，三基色是假想的，并不存在实际的颜色，然而用它进行配色运算时，任意色光的三色系数 X、Y、Z 均为正值。

与 RGB 计色系统相似，在 XYZ 系统中色光的色度也只取决于三色系数 X、Y、Z 的比值，为此引入色模 m'，令 $m'=X+Y+Z$，得出三个相对色系数：

$x=X/m'$, $y=Y/m'$, $z=Z/m'$

$x+y+z=1$

同样可用 $x-y$ 直角坐标系表示各种彩色的色度，得到平面图形，这就是 XYZ 色度图，或称为 $x-y$ 色度图，如图 2-14 所示。

图中从 380nm 到 780nm 的谱色轨迹也围成一条舌型曲线，且全部位于第一象限内，舌型曲线上每一点对应于一种波长的谱色光，并用波长标记。将 380nm 和 780nm 两点连接起来，连线代表不同的品色（偏红或偏蓝），从而得到一个封闭的舌型曲线，自然界中一切实际彩色的色度在舌型区中都有对应的坐标位置。E 白的色度坐标应是 $x=y=z=1/3$。同时图中还给出了绝对黑体在不同温度下的辐射轨迹以及各种基准白的色度坐标位置。

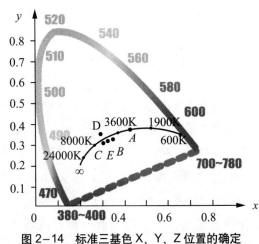

图 2-14 标准三基色 X、Y、Z 位置的确定

需要强调的是，色度图上各坐标点只表明各色光的色度，不能表明其亮度，即色度图只能描述色度而不能完整的代表一种颜色。

四、显像三基色计色系统

电视屏幕上呈现的彩色图像是由电视显像管中所用的红绿蓝荧光粉发光相加混色而成，所以电视三基色就是显像三基色。

选择显像三基色要考虑两点：一是三基色荧光粉发出的光（为复合光），其色光应尽可能接近物理三基色，使显像三基色构成的彩色三角形面积尽量大，以加大重现的色域；二是三基色荧光粉的发光效率要足够高，以提高彩色图像的亮度。

显像三基色和基准白确定后，就得到一个新的计色系统，称为显像三基色计色系统。

以第一套 NTSC 制式三基色荧光粉为例，设三基色单位量为 (R_e)、(G_e)、(B_e)，1 光瓦 C 白的配色方程可表示为：

$$1(R_e) + 1(G_e) + 1(B_e) = F_c \text{白}（1\text{ 光瓦}）$$

可以计算，1 单位显像三基色的光通量分别为：

$|1R_{el}| = 0.299$ 光瓦；$|1G_{el}| = 0.587$ 光瓦；$|1B_{el}| = 0.114$ 光瓦

如果某一彩色光 F 为：

$$F = R_e (R_e) + G_e (G_e) + B_e (B_e)$$

其光通量为：

$$|F| = 0.299R_e + 0.587G_e + 0.114B_e$$

通常把彩色光 F 的亮度用光通量来表示，即：

$$F = 0.299R + 0.587G + 0.114B$$

称为亮度公式。在彩色电视系统中，所传输的亮度信号就是由三基色信号按照式中三个系数分别加权后组成的。

亮度公式的意义：它表征了当用该套显像三基色混配出 1 光瓦 C 白时，各基色对亮度的贡献，或者说成 R_e、G_e、B_e 各为一单位时所含的亮度值，也表示了当选用该套三基色混配任何彩色时，三色系数确定后，亮度值是由亮度方程中的三个系数确定的。它在彩色电视系统中非常重要，因为彩色电视系统中重现色光的亮度即是按该方程系数综合给出的。按照亮度方程的三个系数对三基色信号电压进行计算即可以得到亮度信号，以供信号处理和传输所用。

电视系统定义的饱和度与色度学中的不同，电视系统规定，在以显像三基色为顶点的三角形中，其边上的饱和度为 100%。而彩色三角形内所有各点彩色的饱和度，都是以相对于三条边上的饱和度而言的。彩色电视中的 100% 饱和度并不位于谱色轨迹上，若按色度学的定义，它们为非饱和色。

随着高清电视和超高清电视的出现，人们希望电视系统尽可能重现自然界的彩色，传统显像管的重现色域已经不能满足要求，所以高清电视和超高清电视需要对传统的常规色域进行扩展。扩展色域的方法有两种：一种方法是重新选择一套新的三基色荧光粉，使其色度图上的基色三角形覆盖范围扩大，从而达到色域扩展的目的，但这种新的荧光粉色度坐标与目前应用的色度坐标不一致，若要在显示器端正确重现颜色，就需要增加复杂的信号处理电路；另一种办法就是保持现在的常规色域不变，通过改变 R、G、B 三基色信号的动态范围来实现，即在三基色坐标不变的情况下，通过增大信号的范围达到扩展色域的目的。

思考与练习：

1. 什么是可见光谱？其波长范围和颜色表现怎么样？

2. 什么叫绝对黑体、色温？光源的色温高，其实际温度一定高吗？

3. 何谓基准光源？几种常用基准光源的色温是多少？

4. 彩色电视系统中的三基色是什么颜色、是如何选定的？

5. 下列两色光重叠投影到（暗室）白幕上，应出现什么颜色？

(1) 淡红和淡绿；(2) 黄光和青光；(3) 青光和品光；(4) 红光和黄光。

6. 何谓视敏函数和相对视敏函数？

7. 何谓明视觉和暗视觉？比较在明视觉条件下对辐射功率相同的 510nm 绿光和 610nm 橙光的亮度感觉谁高谁低？

8. 何谓对比度和亮度层次？它们之间存在什么关系？

9. 被传送的景物中，有两点的亮度分别为 $B_1 = 1$nit、$B_2 = 10$nit，试说明 B_1、B_2 间能分辨的亮度等级（取 $\delta = 0.05$）。

10. 何谓视觉惰性，人眼视觉暂留的时间是多少？电视显示的 25 帧与视觉惰性有何关系？

11. 若观众与电视机屏幕的距离 L 为幕高 h 的 4 倍，人眼的最小分辨角 $\theta = 1.5'$，试说明人眼在垂直方向上能分辨多少对黑白相间的线数？

12. 在离荧光屏 2m 远处观看间歇呈现的运动景物，若重复呈现的频率为 20Hz，景物在荧光屏上的水平运动速度为 0.1m/s，问运动景物呈现的是跳跃式运动还是连续平滑运动？

13. 人眼彩色视觉对色调和色饱和度的分辨力怎样？

14. 人眼彩色视觉对彩色细节的分辨力怎样？它在彩色电视中得到怎样的利用？

第三章　模拟电视信号

本章学习提要

1. 电子扫描：像素、传像方式、扫描。

2. 电视摄像器件：电真空摄像管、CCD 固体摄像器件、CMOS 摄像器件。

3. 彩色全电视信号：三基色信号的形成、色度匹配和彩色校正、亮度信号和色差信号、正交平衡调幅、PAL 制色度信号与色同步信号。

4. PAL 制编码器：编码、编码器。

5. 标准彩条信号：100% 饱和度 100% 幅度未压缩彩条、色差信号幅度压缩系数、100% 饱和度 100% 幅度已压缩彩条、100% 饱和度 75% 幅度彩条、彩条色度信号的矢量图、标准彩条信号的数码表示法。

6. 几个重要原理：大面积着色原理、混合高频原理、频谱交错原理、恒定亮度原理。

7. 电视系统的 γ 特性及其校正：电视系统的 γ 特性、$\gamma \neq 1$ 对黑白图像的影响、$\gamma \neq 1$ 对重现彩色的影响。

电子电视采用电子扫描方式实现光电转换，电视摄像器件是光电转换器件，彩色全电视信号包括亮度信号、色度信号、色同步信号、复合消隐信号和复合同步信号。

第一节　电子扫描

电视摄像管和电视显像管都是利用电子扫描方式工作的，电视摄像管完成光电转换，电视显像管完成电光转换。

一、像素

"像素"（Pixel）是由 Picture（图像）和 Element（元素）这两个单词的字母所组成的，是用来计算影像的一种单位。我们如果将一幅影像放大数倍，会发现影像中的连续色调其实是由许多色彩相近的小方点所组成，这些小方点就是构成影像的最小单位"像素"（Pixel）。

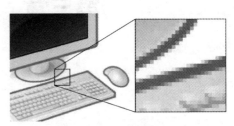

图 3-1　放大的像素点

一幅图像的像素越多，其拥有的颜色也就越丰富，越能表达图像的真实感，如图 3-1 所示。

电视像素在电视系统中的作用如下：

1. 决定图像清晰度

若屏幕面积不变，像素分得越小，画面的总像素就越多，图像也就越清晰。

2. 便于图像的传送

可以用扫描方式逐点顺次取出图像信息，并转变为可传送的电信号。

3. 便于电视显像

无论用什么形式显像，都用扫描方式逐点还原出像点。

二、传像方式

黑白电视传像时只需传送各像素的亮度信息即可。传输图像亮度信息一般分为同时传送制和顺序传送制两种方法。

同时传送制是指将图像上每个像素的亮度信息转换成相应的电信号后，分别用各自的通道同时传送出去，而在接收端同时接收所有通道的信息进行显示，如图 3-2 所示。

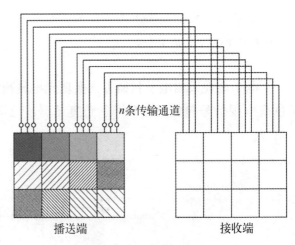

n 条传输通道

播送端　　　　　　　　　接收端

图 3-2　同时传送制示意图

按照现代电视技术的要求，一幅图像大约需分成 $766 \times 575 = 440450$ 个像素，如果采用同时传送，就需要 40 多万个通道，显然不可行。因此，实际上所有电视系统都毫无疑问的采用顺序制传送。

顺序传送制，即在发送端把图像上各像素的亮度信息按一定的时间顺序，逐一地转变为相应的电信号，并依次经同一个通道传送，在接收端按相同的顺序，将各个像素的电信号在电视机荧光屏相应位置上转变为不同亮度的光点。只要这种顺序传送的速度足够快，那么由于人眼的视觉惰性和发光材料的余晖特性，就会感觉到整幅图像在同时发光。这种顺序传送图像像素的方法构成的电视系统，称为顺序传送制电视系统，如图 3-3 所示。

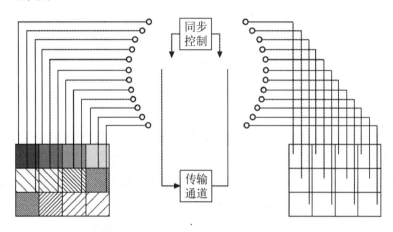

图 3-3　顺序传送制电视系统示意图

为了正确重现发送端所传输的图像，接收端必须将代表每个像素亮度的电信息，在与发送端相同的几何位置上进行电光转换，这在电视技术中称为同步。同步是电视系统一个非常基本而重要的技术。同步的准确定义应该是指收发两端扫描规律完全一致，即收发两端水平、垂直扫描同频同相。同频是指扫描速度一致，在相同时间内扫完一行和一幅；同相是指每行、每幅的起始扫描位置一致。不同步的结果是电视机呈现的图像不稳定，如图 3-4 所示。

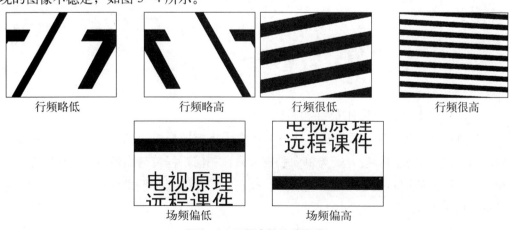

图 3-4　不同步的几种图像

三、扫描

将图像各像素的信息变成顺序传输电信号的过程，称为电视技术中的扫描。电视扫描的过程采用的是从左往右、自上而下一行一行进行的扫描方式，扫描完一幅画面后再重复扫描第二幅，如此循环。从左往右的扫描方式称为水平扫描，自上而下的扫描方式称为垂直扫描。

电视扫描一般可以分为逐行扫描和隔行扫描。

（一）逐行扫描

逐行扫描是指在图像上从上到下一行紧跟着一行的扫描方式。在摄像管和显像管中，为了实现电子束的逐行扫描，两对偏转线圈要分别通以水平扫描和垂直扫描锯齿波电流，如图 3-5(a) 所示。

图 3-5(a) 中，i_H 为行扫描电流，$t1 \sim t1'$ 为水平扫描的正程期间，它使电子束在荧光屏上从最左端移动到最右端；$t1' \sim t2$ 为水平扫描逆程期间，它使电子束从最右端迅速返回到最左端，再进行下一行扫描。i_v 为垂直扫描电流，$t1 \sim t8$ 为垂直扫描正程期间，它使电子束在荧光屏上从最上端移动到最下端，$t8 \sim t9$ 为垂直扫描逆程期间，它使电子束快速从最下端返回到最上端，再进行下一帧扫描。在两个磁场的共同作用下，每一条水平扫描线是略微倾斜的，电子束在摄像管的光敏靶上和显像管的荧光屏上的移位情况如图 3-5(b) 所示。

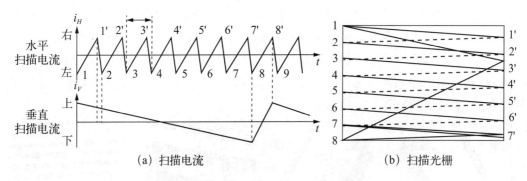

(a) 扫描电流　　　　　　　　　　(b) 扫描光栅

图 3-5　逐行扫描方式扫描电流示意图

下面我们要介绍一下扫描光栅的概念。

在电视技术中，不考虑图像内容，只由电子束扫描形成的扫描线结构称为扫描光栅。由于电视系统的扫描方式为单向扫描，只在扫描正程传送图像信息，所以在水平和垂直扫描逆程期间电子束是不发射的，故正常的扫描光栅只由垂直扫描正程中的水平正程扫描线构成。

扫描光栅的帧型比（宽高比）是指扫描光栅的水平宽度与垂直高度之比。为了符合人眼清晰视觉视场范围的要求以及当时的电路技术水平，国际统一规定帧型比为4：3，且规定了在画面高度的4~6倍距离观看图像为最适宜，这时对应的视角约为20°×15°（水平视角 × 垂直视角）。

当然，目前大家比较熟悉的是16：9的帧型比，因为科学家发现了人体眼睛的瞳孔比例也刚好是16：9，这个重大的发现也就带来电视行业的重大改革。根据人体工程学的研究，发现人的两只眼睛的视野范围并不是方的，而是一个长宽比例为16：9的长方形，所以，为了让电视画面更加符合人眼的视觉比例，现在的电影和连续剧大部分都做成了16：9的长方形画面，也称为宽银幕、宽屏等等，未来的高清晰度数字电视节目也都是16：9的画面。高清晰度数字电视节目的最佳观看距离为画面高度的3倍，因为在画面高度3倍的距离观看电视屏幕，会有临场感，而且对电视系统清晰度的要求也不会过高，这时对应的水平视角和垂直视角约为34°×19°。

（二）隔行扫描

经计算，逐行扫描所需带宽较大，在当时的技术条件下难以实现。如何在保证不降低图像分解力的前提下，减小图像信号的带宽，唯一可行的措施是采用隔行扫描的方式，如图3-6所示。

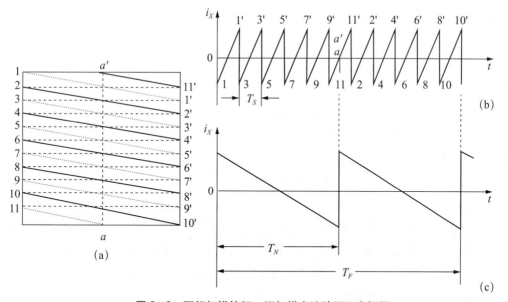

图3-6　隔行扫描的行、场扫描电流波形及光栅图

隔行扫描是指将一帧画面从上到下分两次进行扫描，先扫描1，3，5，7，9……奇数行，形成以奇数行光栅构成的奇数场；接着扫描画面上的2，4，6，8……偶数行，形成以偶数行光栅构成的偶数场。通常将隔行扫描默认为2：1隔行扫描。我国电视制式即采用这种方式。

因为隔行扫描后每帧图像分两场进行扫描，场频比帧频高一倍，达到了 50Hz，没有了闪烁感。在逐行扫描中，为了保证画面无闪烁感，往往需要提高帧频到 50Hz，与此同时行频增加了一倍，达到了 $625 \times 25 \times 2 = 31250(\text{Hz})$，625 为每帧画面的扫描行数，图像带宽较大。隔行扫描可以在保证图像质量的前提下，将图像信号带宽减少一半，行频为 $625 \times 25 = 15625(\text{Hz})$。

（三）扫描原理中几个需要注意的问题

1. 扫描正程与扫描逆程

水平扫描又称行扫描，一个行扫描周期 TH = 行正程时间 THt + 行逆程时间 THr。行逆程系数 $\alpha = THr/TH$，行频 $fH = 1/TH$。

垂直扫描又称帧扫描（场扫描），一帧分为两场。帧周期 TF = 帧正程时间 TFt + 帧逆程时间 TFr，场周期 Tv = 场正程时间 Tvt + 场逆程时间 Tvr。帧逆程系数 $\beta F = TFr/TF$，帧频 $fF = 1/TF$。场逆程系数 $\beta v = Tvr/Tv$，场频 $fv = 1/Tv$。显然 $TF = ZTH$，$fH = ZfF$，$fv = 2fF$，有效扫描行数为：

$$Z' = (1 - \beta F) Z$$

我国电视采用隔行扫描，规定电视扫描参数：$T_H = 64\mu s$，$T_{Ht} = 52\mu s$，$T_{Hr} = 12\mu s$，$\alpha = 18\%$，$f_H = 15625\text{Hz}$，$T_F = 40\text{ms}$，$T_v = 20\text{ms}$，$T_{vt} = 18388\mu s$，$T_{vr} = 1612\mu s$，$\beta = 8\%$，$f_F = 25\text{Hz}$，$f_v = 50\text{Hz}$。

2. 场频的选择

选择场扫描频率时，主要考虑光栅无闪烁、不受电源干扰、传送活动图像有连续感、图像信号占用带宽尽可能窄等方面的因素。

第一，若要求电视图像中人物的动作有连续感，即没有跳跃的感觉，根据人眼的视觉惰性，只要帧频高于 20Hz，就能很好地反映一般运动速度的活动景象的连续感。

第二，仅仅达到 20Hz 的频率，此时还存在着大面积的光栅闪烁，长时间观看，容易造成疲劳。为了避免光栅闪烁，场频一定要大于临界闪烁频率，即 $fv \geqslant 45.8\text{Hz}$。

第三，为了避免电源的干扰，场频应与电源频率相同并且锁定。若场频与电源频率不相同，接收机电源滤波器不完善，以及杂散电源磁场的影响，电视图像会产生扭曲摆动和"滚道"现象（即图像上出现一条宽的横亮暗带上下滚动）。如果场频与电源频率同步锁定后，上述干扰就会固定不动，眼睛就会逐步习惯这种干扰，不会产生不适应的感觉。

3. 扫描行数的确定

扫描行数的确定，主要考虑图像的清晰度与图像信号带宽两方面的因素。当行数 Z 增加时，图像清晰度增加。由于图像信号带宽 Δf 与行数 Z 的平方成正比，行数增加会使带宽急剧增加，视频带宽的增加会使在一定波段中可安排的电视频道数目减少；同时，视频带宽的增加将导致电视设备的复杂化。

人眼分辨力用分辨角表示，分辨角 θ 约为 1'~1.5'。假设一幅画面沿垂直方向均匀分布着等宽度的黑白相间的水平条纹，人在距离画面 4 倍高度（指画面高度）的位置上观看，可以证明当画面上有 573 条水平条纹时，人眼观看相邻两条黑白条纹的张角正好是 1.5'。这就是说，一帧的有效扫描行数 Z'=573 是合适的，它正好适应人眼分辨力的要求。根据公式 $Z'=(1-\beta F)Z$，可以算出 Z=620 行。综合考虑各种因素以后，PAL 制式选定了 625/25 作为标准。

为了进一步提高电视的质量，使之达到 35mm 电影的水平，世界上各国都在积极研究高清晰度电视，这种电视的扫描行数增加到 1000 行以上，视频信号带宽相应地在 30MHz 以上。

4. 隔行扫描的缺点

（1）存在行间闪烁。因为每一行在一秒钟只亮 25 次，相邻行之间会有闪烁感觉。比如在观看格子衣服、影片末尾向上移动的很小字符的演职人员名单时，由于细节高度小于两行间距，就会出现一场存在另一场不存在的亮线，给人明显不舒服的闪烁感。

（2）容易出现并行现象，影响垂直分解力。并行有视见并行和实际并行两种表现形式。前者出现在物体沿垂直方向运动或摄像机镜头俯仰移动的时候，如果向上或向下的移动速度刚好是一场期间移动一行的距离，则下一场扫描到的画面上的物体细节将与前一场的相同，当视线跟随运动方向观看物体时，就相当于两行变成一行了。后者是因显示设备两场光栅镶嵌不好而引起的两场扫描线局部或全部重叠的现象。隔行扫描光栅镶嵌原理如图 3-7 所示。

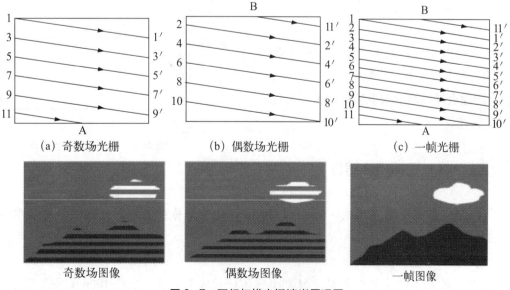

| (a) 奇数场光栅 | (b) 偶数场光栅 | (c) 一帧光栅 |

| 奇数场图像 | 偶数场图像 | 一帧图像 |

图 3-7 隔行扫描光栅镶嵌原理图

（3）当画面中有沿水平方向运动的物体时，如果运动速度足够快，其物体垂直边沿会出现锯齿。

尽管如此，隔行扫描的优点还是主要的，因此在当时的技术条件下世界各国的广播电视系统都毫无例外地采用隔行扫描方式。

在今天，我国的高清电视还在采用隔行扫描方式，但超高清电视采用逐行扫描方式。

第二节 电视摄像器件

电视摄像器件是电视信号采集工具，是电视系统的关键部件，位于电视系统最前端，它用来将被传输的景物进行光电转换得到代表景物光学信息的电信号。电视摄像器件的性能指标对电视图像重现质量影响很大。

早期使用的电视摄像器件是电真空器件（统称摄像管），目前都被 CCD 和 CMOS 取代了。

一、电真空摄像管

电真空摄像管由玻璃外壳、光靶、电子枪、输出电路组成，如图 3-8 所示。

图中，光像投射到光靶上形成电位像，利用电子枪发射出来的电子束依次扫描光靶上各像素，将靶面的电荷（或电势）图像有序地转变成电信号输出，实现光电转换。

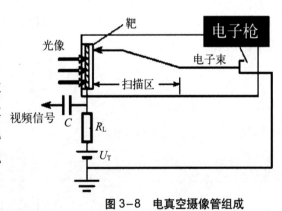

图 3-8 电真空摄像管组成

二、CCD 固体摄像器件

CCD，英文全称：Charge-coupled Device，中文全称：电荷耦合器件，可以称为 CCD 图像传感器。

（一）CCD 器件的结构

CCD 的基本结构是在 P 型或 N 型半导体硅衬底上生长一层约 100nm 厚的二氧化

硅（SiO₂）绝缘层，再在绝缘层上依一定排列方式沉积一组金属铝电极（栅极 G），构成金属—氧化物—半导体结构的有序阵列，如图 3-9 所示。

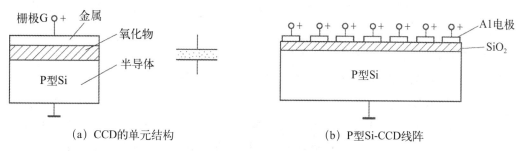

(a) CCD的单元结构　　　　　　　　　(b) P型Si-CCD线阵

图 3-9　CCD 的基本结构

CCD 的基本单元：一个由金属-氧化物-半导体组成的电容器（简称 MOS 结构）。

CCD 线阵：由多个像素（一个 MOS 单元称为一个像素）组成。

在金属铝电极上加电压以前，P 型半导体中空穴（多数载流子）为均匀排列，加上正电压时，在电极和硅衬底之间产生电场，使多数载流子（空穴）向衬底移去，使电极下的硅衬底区域形成一个没有空穴的带负电的区域，称为耗尽区（耗尽层），由于电子在这里势能最小，故称为电子势阱。电子势阱的深线与附加电压有关，电压越高，耗尽层越厚，电子势阱越深，吸收的电子越多，如图 3-10 所示，图中 U_{th} 为阈值电压。

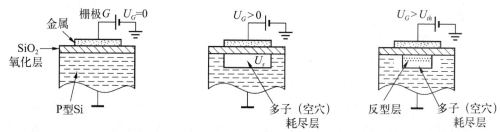

(a) 栅极未加电压时，空穴均匀分布　(b) $U_{th}>U_G>0$ 时，形成耗尽区　(c) $U_G>U_{th}$ 时，形成反型层

图 3-10　栅极电压与耗尽区

CCD 单元能够存储电荷包，其存储能力可通过调节 UG 而加以控制，如图 3-11 所示。

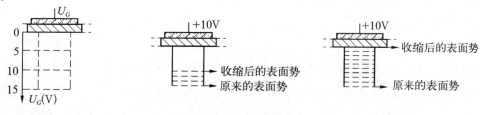

(a) 空势阱深度与电压U_G有关　　(b) 电荷包填充1/3势阱　　　(c) 全满势阱

图 3-11　栅极电压与势阱深度

（二）CCD 器件的工作过程

1. 信号电荷的注入

一个 CCD 摄像器件的感光面上有几十万个铝电极，对应几十万个像素和势阱。当景物在感光面上成像时，光敏材料受光照射后激发产生电子空穴对，空穴被排斥后，电子则作为反映光的载体——电荷包被收集、注入势阱中，完成光电转换过程。势阱中电荷包内电荷数量的多少与对应像素的亮度和积累的时间成正比。

2. 信号电荷的转移

势阱内电荷包是通过相邻 MOS 单元结构上 VG 的变化来实现的。相邻的 VG 所加的有规律的脉冲电压，称之为时钟驱动。利用势阱内电荷包有向势阱更深处移动的特性，有规律的改变驱动电压的高低，可使电荷包按要求转移。

通常有二相时钟驱动、三相时钟驱动和四相时钟驱动等方式。

二相时钟驱动如图 3-12 所示。

每个电极有两个厚度不同的绝缘层，在同一电压下，左边绝缘层厚的部分其势阱浅，右边绝缘层薄的部分其势阱深，如果有电荷存储，都会存储在势阱深的地方。每两个电极为一个像素，其驱动时钟为相位差 180° 的二相时钟脉冲。

在信号电荷积累期间（t_1 前），V_1 为高电位，V_2 为 0 电位，电荷存储在电极 1、3、……右边的深势阱内。在 $t_1 \sim t_2$ 时间内，V_2 的电位逐渐升高，V_1 的电位逐渐降低，在电极 1、3、……

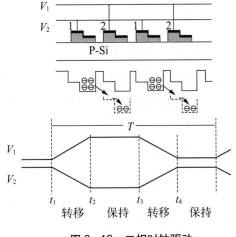

图 3-12　二相时钟驱动

下的电荷只能向右转移到 2、4、……电极的深势阱内，因为电极 1、3、……左边的势阱始终比右边浅。$t_2 \sim t_3$ 为保持期。在 $t_3 \sim t_4$ 时间内，V_2 的电位逐渐降低，V_1 的电位逐渐升高，电荷向右转移到 1、3、……电极的深势阱内，移动了一个像素的距离。

二相时钟驱动的优点是时钟脉冲形成电路简单，电荷包转移速度快；缺点是势阱内可存储的电荷量较少，且不能做到双向转移。

三相时钟驱动如图 3-13 所示。

图 3-13 中，相邻的电极每三个为一组（对应一个像素），三个电极分别加上三相时钟 V_1、V_2、V_3，它们的相位各差 120°（即 1/3T）。在 $t_1 \sim t_2$ 时间，V_1 为高电压，V_2、V_3 为低电压，称为电荷积累期，电荷都存储在电极 1 下面。在 $t_2 \sim t_3$ 时间，V_2 变为高电位，V_1 逐渐变为低电压，电荷转移到电极 2 下面。在 $t_3 \sim t_4$ 时间，电荷保持在电极 2 下面。在 $t_4 \sim t_5$ 时间，V_3 变为高电压，V_2 逐渐变为低电压，电荷转移到电极 3 下面。在 $t_5 \sim t_6$ 时间，

电荷保持在电极 3 下面。在 $t_6 \sim t_7$ 时间，V_1 变为高电压，V_3 逐渐变为低电压，电荷转移到下一组（下一个像素）的电极 1 下面，重复 $t_1 \sim t_7$ 的过程，实现了电荷转移。$t_1 \sim t_7$ 为时钟重复周期，每经过一个时钟周期，电荷转移了一个像素位置。

三相时钟驱动的优点是改变驱动脉冲相位就可以改变转移方向，能实现双向转移。

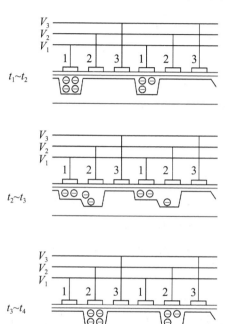
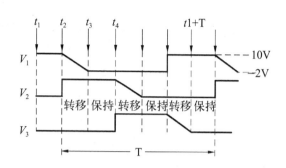

$t_1 \sim t_2$ V_1 为高，其他为低，第一个势阱为深势阱，有电荷包
$t_2 \sim t_3$ V_1 逐渐变低，V_2 为高，电荷包逐渐转移到第二个势阱
$t_3 \sim t_4$ 保持
t_4 以后，电荷包开始向第三个势阱转移，一个时钟周期转移三个势阱，转移到下一个像素的第一个势阱

图 3-13 三相时钟驱动

为了让每个 CCD 单元一场读出一次，并实现隔行扫描，CCD 器件通常在输出奇数场信号时，将一帧中的第一行和第二行合并作为奇数场的第一行输出，将第三行和第四行合并作为奇数场的第二行输出，……，以此类推；在输出偶数场信号时，将第二行和第三行合并作为偶数场的第一行输出，将第四行和第五行合并作为偶数场的第二行输出，……，以此类推。四相时钟驱动可以完成隔行扫描的信号输出。

四相时钟驱动如图 3-14 所示。

为简单起见，图中只画出一列中的几个像素，垂直方向每两个电极为一个像素。

在电荷积累期间，V_1、V_3 为高电位，V_2、V_4 为低电位，电荷包在 1、3 的势阱里。当奇数场开始电荷转移时，在

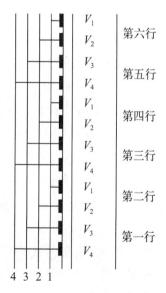

图 3-14 四相时钟驱动

V_1、V_2、V_3、V_4 的控制下，转移过程如下（以第三、第四行为例）。

V_1、V_2、V_3 为中电位，1、3 电极下的电荷平分在 1、2、3 电极下，完成第三、四行合并。

V_2、V_3 为高电位，V_1、V_4 为低电位，合并的电荷转移到 2、3 电极下。

V_2、V_3、V_4 为中电位，电荷平分在 2、3、4 电极下。

V_3、V_4 为高电位，V_1、V_2 为低电位，电荷转移到 3、4 电极下。

V_3、V_4、V_1 为中电位，V_2 为低电位，电荷平分在 3、4、1 电极下。

V_4、V_1 为高电位，V_2、V_3 为低电位，电荷转移到 4、1 电极下。

V_4、V_1、V_2 为中电位，电荷平分在 4、1、2 电极下。

V_1、V_2 为高电位，V_3、V_4 为低电位，电荷转移到下一个像素 1、2 电极下，完成第三、四行合并和第一行转移。

同样，在四相时钟驱动下也可完成偶数场的信号输出，只是在开始电荷转移时，相位和奇数场差 180° 而已。

可见，CCD 器件不仅可以完成光电转换，而且也相当于是数字电路中的移位寄存器，但它转移的不是"0"或"1"，而是电荷数量不等的模拟信号。

CCD 感光单元电荷积累的时间有场积累（我国标清为 20ms）和帧积累（我国标清为 40ms）两种。在帧积累方式中，每个感光单元的电荷一帧读出一次，奇数场时只有奇数行感光单元的电荷转移出去形成奇数场信号，偶数场时只有偶数行感光单元的电荷转移出去形成偶数场信号；在场积累方式中，每个感光单元的电荷一场读出一次，它在四相时钟驱动下完成相邻行电荷的合并，实现隔行扫描。显然，帧积累的垂直分解力高，但由于电荷积累时间长（相当于照相机快门时间过长一样），在拍摄活动图像时会变模糊（惰性增大），适合于拍摄静止图像。不过，在帧积累的基础上配合 1/50s（20ms）的电子快门，就能解决惰性问题。场积累需将相邻两行的电荷合并，结果使垂直分解力下降，但不需电子快门配合就能减小惰性，提高活动图像的清晰度。

3. 信号电荷的输出

每个像素下面势阱内的电荷包转移后，需要按顺序向外电路输出，并转换成信号电流或电压，再由外电路放大或处理。

电荷包转移到最后一个 MOS 单元结构后，常用反偏二极管 CCD 输出，如图 3-15 所示。

图中，在电荷转移的最后一个电极 V_3 之后由集成电路工艺生成一个输出栅 OG，在其后对二氧化硅绝缘层

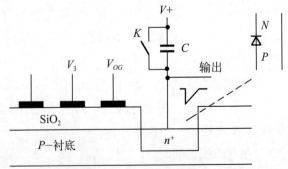

图 3-15　信号电荷的输出

再开一个窗口，并向窗口表面下浸入 N 材料，使 P 型材料衬底间构成一个反偏二极管，作为输出二极管。输出栅上加的电压 VOG 为恒定值，等于时钟脉冲电压高低电平的平均值；反偏二极管上加的电压 V+ 比较高，故其耗尽层比较厚。当 V_3 电极处于高电平而电荷包转移到其势阱内后，下一个时钟脉冲使 V_3 变成低电平而 VOG 高于 V_3，所以电荷包转移到 OG 电极下的势阱内。又因 OG 电极旁有更深的反偏二极管势阱存在，故其电荷包立即通过 OG 下的通道流入二极管的深势阱中。进入二极管的电子电荷都通过电容 C 流入电源 V+，使电容 C 瞬间充电，充电量大小与瞬间电荷包的电量成比例，从而在电容 C 下端输出一个负脉冲，脉冲幅度正比于相应像素上的光通量，光通量愈大，负脉冲也愈大。图 3-15 中输出端输出的是负极性、离散的图像信号脉冲。在输出每个负脉冲后，复位开关 S 闭合，这时电容 C 立刻释放掉充进的电荷，即输出电位跳变到 V+ 位，以便接受下一个电荷包再充电。电容 C 下端的输出电压直接连接至该 CCD 硅片内的一个 MOS 场效应管栅极上，以将输出电压进行放大。复位开关 S 也是一个 MOS 场效应管，工作在通断状态，可称为复位管。输出栅 OG 实际上起到了将 V3 电极与二极管隔离开的缓冲作用。

（三）CCD 器件的主要类型

目前 CCD 摄像机中采用的 CCD 器件有三种类型：行间转移式（IT）CCD、帧转移式（FT）CCD 和帧行间转移式（FIT）CCD。

下面分别介绍。

1. 行间转移式（IT）CCD

行间转移式（IT）CCD 结构如图 3-16 所示。图中表示具有 n=6 行 ×4 列=24 个感光单元的阵列结构，每列右侧有遮光的垂直移位寄存器，最后一行下面有遮光的水平移位寄存器，它们都被制作在同一个硅衬底上。

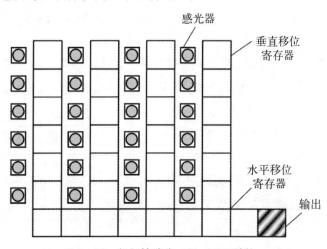

图 3-16　行间转移式（IT）CCD 结构

工作原理：在每一场正程期间，感光部分使景像按像素数 n 进行分解，产生电荷积累，形成 n 个电荷包；场消隐期间，在转移栅极的控制下，各像素的电荷迅速转移到旁边的垂直移位寄存器单元中，转移时间为 1μs。随后，景物光线又在各像素上产生光电效应，在下一场时间内再次继续积累电荷，到下一个场消隐期间又向旁边的垂直移位寄存器转移，如此不断重复。与此同时，在场正程内积累电荷期间，在其中每一行的行消隐期间垂直移位寄存器内的各电荷包均同时向下移动一个单元，最下面一列的电荷包即进入水平移位寄存器；在接着的行正程期间，水平移位寄存器在时钟脉冲控制下将一行电荷包一个个向外移出，形成一行图像信号，在接着的行正程期间，水平移位寄存器又输出一行图像信号，如此不断重复。可见，CCD 中电荷包的输出也是按行、场规律进行的。

2. 帧转移式（FT）CCD

帧转移式 CCD 分三部分：成像部分（感光部分）、存储部分（遮光部分）、读出寄存器（水平移位寄存器、遮光），制作在同一硅片上，如图 3-17 所示。

工作原理：在每一场正程期间，成像部分将景像按像素数 n 进行分解和电荷积累，形成 n 个电荷包。在场消隐期间，成像部分存储的各电荷包在时钟作用下全部迅速地转移到存储部分，存储部分有与成像部分同样数目的存储单元数，一一对应地接收转移过来的电荷包。在下一个场正程中，存储部分的各电荷包

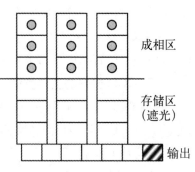

成相区

存储区
（遮光）

输出

图 3-17　帧转移式（FT）CCD 结构

像间转移式 CCD 中垂直移存器一样转移电荷包，即每个行逆程转移一个单元，最下面一行电荷包进入水平移存器。随后，行正程中水平移存器输出一行图像信号，如此重复。在存储部分转移电荷包的同时，成像部分在下一场期间积累新电荷包。

3. 帧行间转移式（FIT）CCD

将行间转移式 CCD 和帧转移式 CCD 的优点结合起来，就构成了帧行间转移式 CCD，从而克服了它们的缺点：行间转移式 CCD 在高亮点处有垂直拖道，帧转移式 CCD 需要一个机械快门，如图 3-18 所示。

工作原理：在场消隐期间感光处的电荷包在瞬间转移入垂直移存器，而后又很快转移入存储部分；在场正程期间，像行间转移式 CCD 一样，感光后重新积累电荷包，又

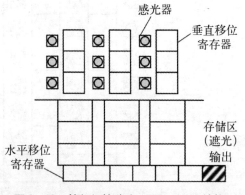

感光器

垂直移位
寄存器

存储区
（遮光）
输出

水平移位
寄存器

图 3-18　帧行间转移式（FIT）CCD 结构

像帧转移式一样从水平移存器一行行输出信号。由于电荷包从感光单元中转移到遮光的垂直移存器极为迅速，仅约 1μs，因此不需要机械快门，从垂直移存器转移到存储部分，在很短时间内完成，故不会出现高亮点垂直拖道。

为了提高活动图像的清晰度，在 CCD 摄像机中，设置了电子快门，同照相机快门一样，用来控制电荷积累的时间。现在 CCD 摄像机的电子快门一般有七种速度：关（时间最长）、1/50s、1/100s、1/250s、1/500s、1/1000s、1/2000s。

注意：使用电子快门会影响摄像机的灵敏度，只在高照度下才用，快门时间越短，需要景物的照度越高。

三、CMOS 摄像器件

CMOS（Complementary Metal Oxide Semiconductor），即"互补金属氧化物半导体"，一直被认为是刚刚起步的新技术。其实 CMOS 也有很长的历史，从 20 世纪 90 年代，人们就已经对 CMOS 进行广泛的研究了。人们早已发现 CMOS 的一些特有优点，并逐渐开发利用这些优点，将 CMOS 广泛地用于手机、PDA、单反相机等。

随着 CMOS 技术的发展，特别是最近几年，CMOS 的图像质量已经得到了大幅度的改善，在某些方面已经接近甚至超过了 CCD，CMOS 开始在广播级摄像机中得到应用。

一个典型的 CMOS 图像传感器通常包含：一个图像传感器核心（是将离散信号电平多路传输到一个单一的输出，这与 CCD 图像传感器很相似），所有的时序逻辑、单一时钟及芯片内的可编程功能，比如增益调节、积分时间、窗口和模数转换器。与传统的 CCD 图像系统相比，把整个图像系统集成在一块芯片上不仅降低了功耗，而且具有重量较轻，占用空间减少以及总体价格更低的优点。

CMOS 图像传感器的光电转换原理与 CCD 基本相同，其光敏单元受到光照后产生光生电子。而信号的读出方法却与 CCD 不同，每个 CMOS 源像素传感单元都有自己的缓冲放大器，而且可以被单独选址和读出。

一个像元的结构如图 3-19 所示。

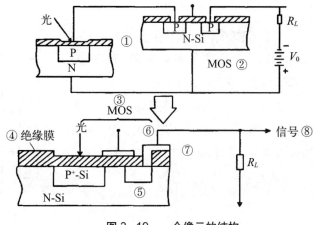

图 3-19　一个像元的结构

图上部，一个像元的结构由 MOS 三极管和光敏二极管组成，在光积分期间，MOS 三极管截止，光敏二极管随入射光的强弱产生对应的载流子并存储在源极的 PN 结中。当积分期结束时，扫描脉冲加在 MOS 三极管的栅极上，使其导通，光敏二极管复位到参考电位，并引起视频电流在负载上流过，其大小与入射光强对应。

图下部，给出了一个具体的像元结构，由图可知，MOS 三极管源极 PN 结起光电变换和载流子存储作用，当栅极加有脉冲信号时，视频信号被读出。

CMOS 图像传感器的功能框图如图 3-20 所示。

首先，外界光照射像素阵列，发生光电效应，在像素单元内产生相应的电荷。行选择逻辑单元根据需要，选通相应的行像素单元。行像素单元内的图像信号通过各自所在列的信号总线传输到对应的模拟信号处理单元以及 A/D 转换器，转换成数字图像信号输出。其中的行选择逻辑单元可以对像素阵列逐行扫描也可隔行扫描。行选择逻辑单元与列选择逻辑单元配合使用可以

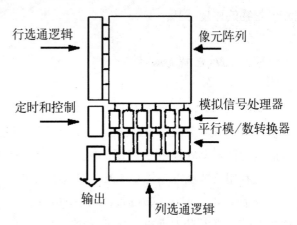

图 3-20 CMOS 图像传感器的功能框图

实现图像的窗口提取功能。模拟信号处理单元的主要功能是对信号进行放大处理，并且提高信噪比。另外，为了获得质量合格的实用摄像头，芯片中必须包含各种控制电路，如曝光时间控制、自动增益控制等。为了使芯片中各部分电路按规定的节拍动作，必须使用多个时序控制信号。为了便于摄像头的应用，还要求该芯片能输出一些时序信号，如同步信号、行起始信号、场起始信号等。

一个 CMOS 像元阵列结构由水平移位寄存器、垂直移位寄存器和 CMOS 像元阵列组成，如图 3-21 所示。

图中，1—垂直移位寄存器；2—水平移位寄存器；3—水平扫描开关；4—垂直扫描开关；5—像敏元阵列；6—信号线；7—像敏元。

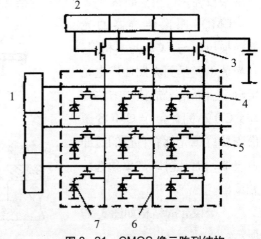

图 3-21 CMOS 像元阵列结构

第三节　彩色全电视信号

彩色全电视信号包含黑白全电视信号（亮度信号、复合消隐脉冲、复合同步脉冲）、色度信号和色同步信号。为了简明标记，我国按照汉语拼音字母记作"SXCT"，英文记作"CVBS"，德文记作"FBAS"。

一、三基色信号的形成

根据三基色原理，利用电视来传送彩色图像，最简单的方法是把物体的颜色分解成三种基色分量，这些分量的信号可分别用三个通道传送出去，而在接收端可利用所收到的信号，按照彩色叠加混合的方法，将被传送的彩色景物的图像重现出来，这是彩色电视的基本方法之一，因为是由三个通道同时传送三种基色的图像，故称之为同时方式。这是一种应用加法混色方式的电视系统，彩色景象通过三个基色滤色镜被分解为三幅基色图像，它们分别聚焦在三个电视摄像器件的光接收面上，输出三个基色图像的信号，分别由三路传送系统同时进行传输，在接收端由红、绿、蓝三颜色同时重现这三幅基色图像，并用适当的光学方法把它们叠加在一起，就显出原来的彩色图像，如图 3-22 所示。

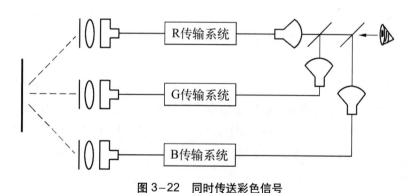

图 3-22　同时传送彩色信号

上述方式最简单，重现的图像质量也最令人满意，但是它的最大缺点是频带利用率较差，假如每种基色图像的标准与黑白电视相同，则传送彩色电视图像所需要的频带宽度将为黑白电视的 3 倍，这是因为彩色图像所包含的信息较黑白图像多，增加频带宽度问题曾经被认为是无法解决的。但是，科学家不断地总结经验，有所发现、有所发明、有所创造、有所进步，现在已经能使用黑白电视的同一频带宽度来传送彩色电视节目了。这个问题在后面将详细讨论。

此外，利用人眼的时间混色效应，也可以用一个传送系统来顺序传送三个基色信号，如图 3-23 所示。

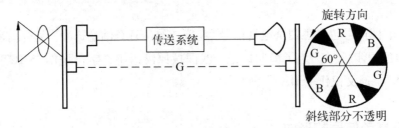

旋转方向

斜线部分不透明

图 3-23　顺序传送彩色信号

在一个电视摄像器件的前面有一个机械滤色转盘，当红的滤色片转到摄像器件的前面就摄得红色图像信号，同样绿滤色片转到摄像器件前面就得到绿色图像信号，蓝滤色片转到摄像器件前面就得到蓝色图像信号。在接收机端同样有一机械滤色转盘，装在一个黑白显象器件前面，跟发送端的转盘同步，这样当摄像器件摄取红色图像时，接收端显示出红色图像，同样，摄取绿色图像时，接收端显示绿色图像，摄取蓝色图像时，接收端显示蓝色图像，当转盘转得快到一定程度时，也就是红、绿、蓝图像顺序轮换快到一定速度时，就会看到一幅彩色图像。

这种方法的优点是设备简单，彩色图像的质量较好，缺点是不能与黑白电视标准兼容，若为了兼容而降低场频，则有显著的闪烁现象。另外，由于每秒传送的场数较高，若通道频带不变，则水平分辨力较低。反之，为了保持分辨力，则必须增宽传送频带等。所以目前这种顺序传送方式不适用于广播上采用，而只限于在一些特殊的领域上应用。

在彩色视觉重现的过程中，并不一定要求重现原景物的光谱成分，而重要的是应获得与原景象相同的彩色感觉，这与景物亮度重现有类似之处。如果合适地选择三种基本颜色，使它们按不同比例组合，可以引起人眼各种不同的彩色感觉，这就是三基色原理的思想。根据对人眼彩色视觉的分析，选择红色（R）、绿色（G）和蓝色（B）作为三基色比较合适。

三基色原理对彩色电视极为重要，它把自然界五彩缤纷、瞬息万变的绚丽彩色转换、传送和重现简化为下列程序：彩色景物—分色棱镜分解成三基色光—彩色摄像机转换成三基色电信号—传输通道—在三基色荧光屏上重现彩色图像。

在彩色电视系统中，将一幅彩色图像分解为红、绿、蓝三幅基色图像，这个任务由彩色电视摄像机来完成，同时由摄像机将三幅基色图像转换成三基色信号进行传输。

目前，常用的 3CCD 彩色电视摄像机由光学系统和信号系统两大部分组成，如图 3-24 所示。

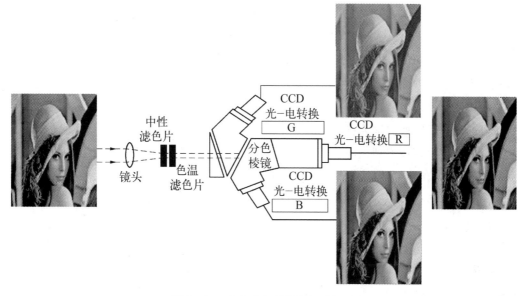

图 3-24　彩色电视摄像机组成框图

光学系统包括：镜头、中性滤色片、色温滤色片和分色棱镜。

信号系统包括：CCD 摄像器件、信号放大处理电路。

（一）镜头

通常采用变焦距镜头，可取全景、中景、近景、特写等画面。变焦距镜头的最长焦距和最短焦距之比称为变焦比。这里的焦距是指镜片中心到 CCD 成像平面中心的距离。一般在室内用小变焦比镜头，在室外用大变焦比镜头。

（二）中性滤色片的作用

减少进入镜头的光通量，使强光下拍摄的图像具有丰富的层次和细节并能得到一定的艺术效果。中性滤色片只消弱光强而不改变色彩。

（三）色温滤色片的作用

使摄像机适应多种色温的光源。利用色温滤色片的光谱响应特性，能补偿光源色温使其校正到接近演播室标准灯光的色温（3200K）。

将在演播室内使用的摄像机搬到室外拍摄时，由于室外光源色温高（偏蓝，参见第二章图 2-4 基准光源光谱特性中 B 白、C 白、D65 三条曲线），因此需要调整色温滤色片，否则拍摄的图像将偏蓝。

通常将几个色温滤色片组装在一个圆盘上，在圆盘的边上写上编号，使用时可转动圆盘，根据光源的实际情况将合适的滤色片转到分色棱镜前。当光源色温为 3200K 时，不需要色温滤色片，即在圆盘的这个编号位置安置的是无色透明玻璃或者就是一个圆孔；当光源色温为 5600K 时，光谱中蓝色成分偏多，加入浅橙色色温滤色片（称为5600K色温滤色片）来降低蓝色光透光量使光学系统总的光谱特性接近于3200K照明条件；当光源色温为2850K时，光谱中橙红色成分偏多，加入浅蓝色色温滤色片（称为2850K色温滤色片）来降低橙红色光透光量使光学系统总的光谱特性接近于3200K照明条件。

（四）分色棱镜

将一幅彩色图像分解为三个基色图像并分别投射到相应CCD摄像器件的感光面（成像面）上，如图3-25所示。

图中：M_g为第一分色膜，它能反射绿光而透射红光和蓝光；M_b为第二分色膜，它能反射蓝光而透射红光。τ_R、τ_G、τ_B为校色片，R、G、B分别为红光、绿光和蓝光。

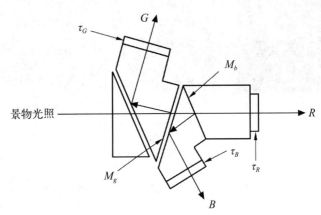

图3-25　分色棱镜结构图

（五）CCD

分别将基色图像进行像素分解、光电转换、通过扫描（按从左到右、从上到下一行一行、一场一场）顺序输出三个微弱的基色电信号。

（六）放大处理电路

分别对三基色电信号进行放大和处理（主要是彩色校正和γ校正），以形成标准电压（电流）。3个基色信号已经包含彩色图像的亮度、色调和饱和度信息，分别加入复合消隐信号和复合同步信号后直接送给彩色显示设备，就能重现原景物的图像。

二、色度匹配和彩色校正

色度匹配是指彩色摄像机的光谱响应曲线必须各自与显像三基色相应的混色曲线成正比（形状一样），彩色校正是指采用特殊电路实现色度匹配，提高彩色还原准确度的方法。

（一）色度匹配

彩色摄像机中三个摄像器件输出的基色信号电压的大小与照明光源、被摄像景物的光谱特性有关。在照明光源和被摄景物确定后，则取决于分光棱镜的光谱特性。分光棱镜的分色特性设计不当，三基色信号的大小比例不对，必然影响显像管重现彩色的准确性。

在彩色电视系统中，能达到正确彩色重现的分色光谱响应特性称为理想摄像光谱响应特性。

设照明光源的辐射功率谱为 $P(\lambda)$，被摄景物的光谱反射特性为 $\rho(\lambda)$，则进入摄像机的彩色光功率谱为 $P(\lambda)\rho(\lambda)$。设摄像机镜头的光谱透射率为 $T(\lambda)$，分色棱镜（包括滤色片）的光谱特性（也称分色特性）为 $D(\lambda)$，CCD 的光谱灵敏度为 $S(\lambda)$，则由摄像机输出的三基色信号电压分别为：

$$E_R = K_R \int_{380}^{780} P(\lambda)\rho(\lambda)T(\lambda)D_R(\lambda)S_R(\lambda)d\lambda$$

$$E_G = K_G \int_{380}^{780} P(\lambda)\rho(\lambda)T(\lambda)D_G(\lambda)S_G(\lambda)d\lambda$$

$$E_B = K_B \int_{380}^{780} P(\lambda)\rho(\lambda)T(\lambda)D_B(\lambda)S_B(\lambda)d\lambda$$

式中，K_R、K_G、K_B 分别为三路基色信号电流与电压的转换系数（包括放大器的放大倍数）。为简单起见，设 $K_R=K_G=K_B=K_1$；称 $T(\lambda)$、$D(\lambda)$、$S(\lambda)$ 的乘积为摄像机的综合光谱响应特性，分别用 $\overline{r_0}(\lambda)$、$\overline{g_0}(\lambda)$、$\overline{b_0}(\lambda)$ 表示，其表示式为：

$\overline{r_0}(\lambda) = T(\lambda)D_R(\lambda)S_R(\lambda)$

$\overline{g_0}(\lambda) = T(\lambda)D_G(\lambda)S_G(\lambda)$

$\overline{b_0}(\lambda) = T(\lambda)D_G(\lambda)S_G(\lambda)$

于是有：

$$E_R = K_1 \int_{380}^{780} P(\lambda)\rho(\lambda)\overline{r_0}(\lambda)d\lambda$$

$$E_G = K_1 \int_{380}^{780} P(\lambda)\rho(\lambda)\overline{g_0}(\lambda)d\lambda$$

$$E_B = K_1 \int_{380}^{780} P(\lambda)\rho(\lambda)\overline{b_0}(\lambda)d\lambda$$

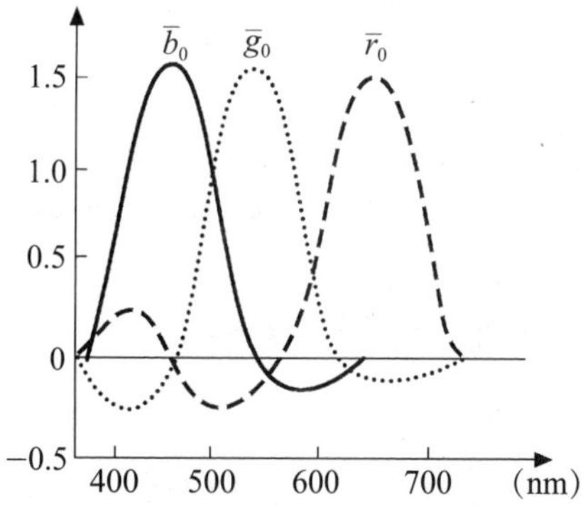

图 3-26　摄像机的理想光谱响应曲线

这是摄像端三基色电压表达式，$\overline{r_0}(\lambda)$、$\overline{g_0}(\lambda)$、$\overline{b_0}(\lambda)$ 为摄像机的光谱响应曲线，如图 3-26 所示。

在显像端，重现的彩色光是由显像三基色混配出来的，为使重现彩色不失真，必须保证由显像管三基色混配出的彩色光的视觉效果与进入摄像机功率谱为 $P(\lambda)\rho(\lambda)$ 的彩色光完全相同。根据这一要求，可得到混配出该彩色光时显像三基色的三色系数分别为：

$$R_e = \int_{380}^{780} P(\lambda)\rho(\lambda)\overline{r_e}(\lambda)d\lambda$$

$$G_e = \int_{380}^{780} P(\lambda)\rho(\lambda)\overline{g_e}(\lambda)d\lambda$$

$$B_e = \int_{380}^{780} P(\lambda)\rho(\lambda)\overline{b_e}(\lambda)d\lambda$$

式中，$\overline{r_e}(\lambda)$、$\overline{g_e}(\lambda)$、$\overline{b_e}(\lambda)$ 分别为显像三基色的混色曲线。R_e、G_e、B_e 分别代表

显像管重现出与彩色光 $P(\lambda)$ $\rho(\lambda)$ 相同效果时三基色光的分量。

我们知道,显像管中三色荧光粉的发光强度由电子束的强度控制,而电子束的强度又由三支电子枪的激励电压 E_{Rd}、E_{Gd}、E_{Bd} 控制。假设显像管的电光转换关系呈线性,且三支电子枪的特性一致,则显像三基色的三色系数分别为:

$R_e{}'=K_2E_{Rd}$,$G_e{}'=K_2E_{Gd}$,$B_e{}'=K_2E_{Bd}$。

式中,K_2 为彩色显像管三支电子枪的电光转换系数。

由于 E_{Rd}、E_{Gd}、E_{Bd} 是由 E_R、E_G、E_B 经过传输通道处理(放大等)后得到的,包括摄像机、发射机和电视机的信号处理通道。假设彩色电视的传输通道处理特性为线性,且三个基色通道的特性一致,则有:

$E_{Rd}=K_3E_R$,$E_{Gd}=K_3E_G$,$E_{Bd}=K_3E_B$。

式中,K_3 为三基色传输通道的放大系数。

这样,显像管的实际三色系数分别为:

$$R_e{}' = K_2E_{Rd} = K_2K_3E_R = K_1K_2K_3\int_{380}^{780}P(\lambda)\rho(\lambda)\overline{r}_0(\lambda)d\lambda$$

$$G_e{}' = K_2E_{Gd} = K_2K_3E_G = K_1K_2K_3\int_{380}^{780}P(\lambda)\rho(\lambda)\overline{g}_0(\lambda)d\lambda$$

$$B_e{}' = K_2E_{Bd} = K_2K_3E_B = K_1K_2K_3\int_{380}^{780}P(\lambda)\rho(\lambda)\overline{b}_0(\lambda)d\lambda$$

按不产生彩色失真的条件要求,则有:

$R_e{}'=R_e$,$G_e{}'=G_e$,$B_e{}'=B_e$。

即:

$$\overline{r}_0(\lambda) = \frac{1}{K_1K_2K_3}\overline{r}_e(\lambda) = K\overline{r}_e(\lambda)$$

$$\overline{g}_0(\lambda) = \frac{1}{K_1K_2K_3}\overline{g}_e(\lambda) = K\overline{g}_e(\lambda)$$

$$\overline{b}_0(\lambda) = \frac{1}{K_1K_2K_3}\overline{b}_e(\lambda) = K\overline{b}_e(\lambda)$$

由此可见,彩色摄像机的光谱响应曲线 $\overline{r}_0(\lambda)$、$\overline{g}_0(\lambda)$、$\overline{b}_0(\lambda)$ 必须各自与显像三基色相应的混色曲线 $\overline{r}_e(\lambda)$、$\overline{g}_e(\lambda)$、$\overline{b}_e(\lambda)$ 成正比(形状一样),如图 3-27 所示,满足这一条件,称为彩色电视系统的色度匹配。

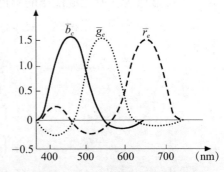

图 3-27　显像荧光粉的混色曲线

(二)彩色校正

摄像机的光谱特性与镜头的透射特性 $T(\lambda)$、

分色棱镜的分色特性 $D(\lambda)$、CCD 的光谱特性 $S(\lambda)$ 有关，在实际系统中，主要由分色特性 $D(\lambda)$ 来实现。

由显像三基色混色曲线可知，三条曲线各自都有正主瓣、正次瓣和负次瓣，而分色棱镜的分色特性是不可能出现正次瓣和负次瓣的，原因很简单：1. 不存在负光；2. 红色正次瓣落在蓝色正次瓣范围内，既然这段波长范围的光已分给了蓝色光路，就不能再分给红色光路了。

这就是说，分光特性只能提供与显像混色曲线主瓣相似的特性，无法实现准确的色度匹配，致使显像管重现彩色失真，不能逼真还原摄像端的景色。

为此，需要采取措施进行处理，即采用特殊电路实现色度匹配，提高彩色还原准确度的方法进行彩色校正。

在现代彩色摄像机里都采用线性矩阵法。

线性矩阵法是在视频通道中设置适当的电路来弥补分光系统固有的不足。由图 3-27 可知如下内容：

1. 绿基色系数 $\overline{g}_e(\lambda)$ 有两个负次瓣，分别处在 $\overline{b}_e(\lambda)$ 和 $\overline{r}_e(\lambda)$ 的正主瓣范围内，若将摄像机输出的红基色电压和蓝基色电压各引出一条支路，倒相并乘上合适的系数（小于1），加入绿基色信号电压中，就可当作 $\overline{r}_e(\lambda)$ 的两个负次瓣产生的电压成分，基本能满足要求。校正原理如图 3-28(a) 所示，校正效果如图 3-28(b) 所示。

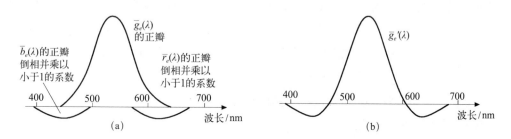

图 3-28 彩色校正原理

2. 红基色系数 $\overline{r}_e(\lambda)$ 有一个正次瓣和一个负次瓣，分别处在 $\overline{b}_e(\lambda)$ 和 $\overline{g}_e(\lambda)$ 的正主瓣范围内，若将摄像机输出的蓝色电压和绿色电压各引出一条支路，乘上合适的系数（小于1），蓝基色电压不倒相，绿基色电压须倒相，加入红基色信号电压中，就可分别当作 $\overline{r}_e(\lambda)$ 的正次瓣和负次瓣产生的电压成分。

3. 蓝基色系数 $\overline{b}_e(\lambda)$ 只有一个负次瓣，处在 $\overline{g}_e(\lambda)$ 的正主瓣范围内，若将摄像机输出的绿基色电压引出一条支路，倒相并乘上合适的系数（小于1），加到蓝基色信号电压中去，就可当作 $\overline{b}_e(\lambda)$ 的负次瓣应产生的电压成分。

最基本的彩色校正电路由倒相器和电阻组成，如图 3-29 所示。

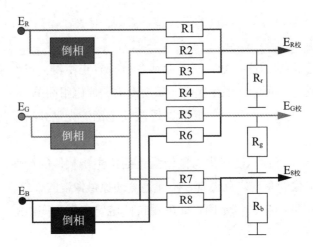

图 3-29　电阻矩阵彩色校正电路

实际上，由线性矩阵电路提供的次瓣电压与实际需要并不完全相同，即彩色校正不能得到理想曲线。也就是说，彩色电视系统重现的彩色还是有失真的，只是人眼觉察不到而已。

三、亮度信号和色差信号

三基色信号的形成是彩色电视信号形成的基础，彩色电视信号形成充分利用了色度学原理和人眼对彩色视觉的一些特点，着力解决彩色信号形成的两个关键问题：一是兼容性问题；二是频带压缩问题。所谓兼容性，它必须具备以下基本要求：

第 1 占用和黑白电视相同的频带。

第 2 伴音和图像载波必须与黑白电视相同。

第 3 采用同样的扫描频率。

第 4 采用同样的行、场同步信号。

第 5 包含一个基本的亮度信息，当传送同一景物时，它与黑白电视的图像（视频）信号相同。

第 6 含有附加的彩色信息，它是用一个辅助信号传输，以便于在接收机中将它和亮度信息分开。

第 7 彩色信息的传送方式应不会在黑白电视接收机屏幕上产生可见的干扰信号。

如果利用三个黑白电视图像通道来传送彩色电视的三基色信号，显然达不到上述第 1 项要求，因为这时必须占用 $3 \times 6\ \text{MHz} = 18\ \text{MHz}$ 的带宽，由此产生一个如何节约频带的问题；第 2、3、4 项要求是显而易见的，无须多作解释；第 5 项要求表明，彩色电视可以进一步将三基色的信息，分出一个只代表图像各像素亮度变化的信号来传送，而这个信号和黑白电视图像信号是一致的。这就是说，我们不要逐一传送三个基色信号，而将这些信号重新组合编排（这个过程叫做"编码"），选出一个只代表图像亮度变化的亮度信号，它和黑白电视图像信号一致，其余的编为色度信号，在彩色电视接收机内，也相应分成亮度通道和色度通道。这样，彩色电视广播时，其中的亮度信号完全能由黑白电视接收机作为它的图像信号来接收，以解决兼容问题，而将彩色电视接收机的色度通道"关闭"，其亮度通道也完全能接收黑白电视广播节目，以解决逆兼容问题。

但是，仅亮度一个信号就已占用了 6MHz 带宽，因此，为了满足条件第 1 项，就要设法把色度信号也要挤进同一频带中去，幸好，这一要求是可以实现的。它利用了视频信号的频谱特性和人眼的生理特点，即采用"频谱交错原理"和"大面积着色原理"。至于第 6、7 项，留待后面再讨论（正交平衡调幅、频谱间置）。

为实现兼容彩色电视不直接传送三个基色信号，而传送携带亮度信息的亮度信号和携带色调和饱和度信息的两个色差信号。

亮度信号就是黑白图像信号（视频信号），我国采用 PAL 制，视频带宽为 0MHz~6MHz。

兼容制彩色电视都采用 NTSC 制的亮度公式：$y=0.30R+0.59G+0.11B$。这就是常用亮度公式，是亮度信号的表达式，它由红、绿、蓝三基色按 0.30：0.59：0.11 的比例给出。在显像管中，其激励电压也按此比例提供：$Ey=0.30Er+0.59Eg+0.11Eb$。

（一）编码矩阵

矩阵电路是一种能将 n 路输入信号各按一定比例相加或相减而得到一个或 n 个不同输出信号的电路。

在彩色电视系统里，将 R、G、B 三基色信号变成 Y、$R-Y$、$B-Y$ 信号的矩阵电路称为编码矩阵。如图 3-30 所示。

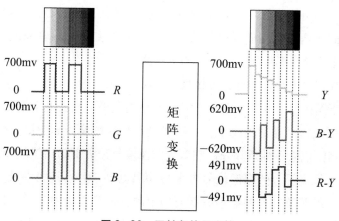

图 3-30　三基色信号变换

用电阻构成的编码矩阵如图 3-31 所示。

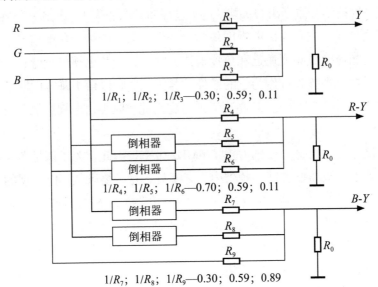

图 3-31　电阻矩阵

图中：$R_1 \sim R_9$ 为矩阵电阻，R_0 为输出电阻。

$Y=0.30R+0.59G+0.11B$，$R-Y=0.70R-0.59G-0.11B$，$B-Y=-0.30R-0.59G+0.89B$。

（二）亮度信号

亮度信号包括图像信号、复合消隐信号、复合同步信号，又称为黑白全电视信号。

1. 图像信号

图像信号是携带景物明暗信息的电信号。

（1）特点与波形

电视图像信号是一系列电脉冲，电平大小与像素亮度成比例，有正极性和负极性之分。图像信号是由摄像管将明暗不同的景象经过电子扫描和光电转换而得的按时间排列的强弱不同电信号，扫描规律为从上到下，从左到右。一般来说，图像信号是随机的，一行图像信号波形是随时间变化的电压波形。

图像信号具有以下两种特点：单极性和脉冲性。

单极性是指图像信号的高低电平不对称于平均电平，最低电平不低于 0。

脉冲性是图像信号经常出现上、下跳变沿，反映图像内容上的亮暗突变。它往往出现在景物中物体边缘等细节部分，它对应图像信号频谱中的高频成分。

对应景物中最黑部分的图像信号电平称为黑电平，对应景物中最白部分的信号电平称为白电平。就图像信号的电平高低与所反映图像亮暗的对应关系区分，图像信号有正极性和负极性两种。白电平高、黑电平低的图像信号称为正极性图像信号；反之，黑电平高、白电平低的图像信号称为负极性图像信号。一个 5 级灰度条画面及正、负极性图像信号波形如图 3-32 所示。

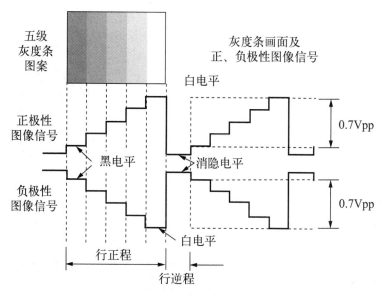

图 3-32　灰度条图像信号及波形

通常，将从黑电平到白电平的范围称为图像信号的峰-峰值。在播送端的摄像、录像等设备，其输入、输出的图像信号规定均为正极性，幅度即峰-峰值为 0.7V（终接 75Ω 电阻）。

（2）频带与频谱

频带即带宽，是图像信号最高频率与最低频率的差值，$B=f_{max}-f_{min}$。

1）图像信号的最低频率

图像信号是单极性的，其平均电平不为零，它对应于图像的平均亮度。当传输静止画面时，图像信号的平均电平即直流分量是个恒定值，可称为零频分量。因此，$f_{min}=0$。其实即使是活动画面，平均电平的变化也是很慢的，基本接近于 0。

2）图像信号的最高频率

要计算最高频率，应该先了解电视系统分解力的概念。

所谓电视分解力是指电视系统分解与恢复图像细节的能力。电视系统分解力越强，对应于图像细节的信号跳变沿越陡，信号包含的最高频率也越高，所以图像信号的最高频率与电视系统的分解力有密切关系。在电视系统中，沿画面垂直方向分解图像细节的能力称为垂直分解力；沿画面水平方向分解图像细节的能力称为水平分解力。图像信号包含有丰富、精细的景物信息，其对电视系统的分解力要求很高。出现最高频率的图像如图 3-33 所示。

①垂直分解力

电视系统的垂直分解力用沿画面垂直方向所能分解的黑白相间条纹数表示，单位为 TVL（电视线）。

理想垂直分解力是指电视图像垂直方向的条纹总数，也是电视系统最大的垂直分解力，它等于电视有效扫描行数。例如：625/50 标清电视系统中，有效扫描行数 $Z'=575$ 行，故该电视系统的理想垂直分解力为 575TVL，也就是说垂直方向最多能显示 575 条黑白相间条纹。

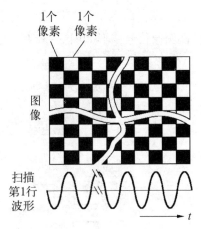

图 3-33　出现最高频率的图像

实际垂直分解力一般要小于有效扫描行数，因为摄像器件或者电子束扫描行不一定正好落在图像黑白条上，往往会覆盖到一部分黑条和一部分白条，所以分解力会降低，如图 3-34 所示。

实际垂直分解力 $M'=\text{Kev}\cdot Z'=\text{Kev}\cdot Z(1-\beta)$，式中 Kev 称为垂直凯尔系数，$0.5<\text{Kev}<1$。一般取 Kev $=0.65\sim0.75$。$\beta=0.08$ 为帧逆程系数。

对于我国 625/50 系统，取 Kev=0.75，因此实际垂直分解力可认为：

$$M'=\text{Kev}\cdot Z'=\text{Kev}\cdot Z(1-\beta)=431\text{TVL}$$

另外，假设播送的图像是一场向上移动一个扫描行的距离，在这种情况下，奇偶场的扫描行就不能分别对准

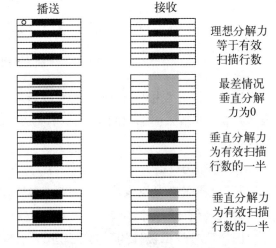

图 3-34　不同垂直分解力示意图

黑白条纹了，垂直分解力将明显下降。因此，隔行扫描对垂直分解力也有较大的影响，主要是对于在垂直方向有移动的细节容易产生"视见并行"。所以严格说来，采用隔行扫描的电视系统在计算实际的垂直分解力时，还要乘上一个小于 1 的隔行扫描系数，通常取 0.7。

②水平分解力

电视系统的水平分解力用沿图像水平方向所能分解的像素数或黑白相间的竖条纹数来表示，单位为 TVL。

影响电视系统水平分解力的因素有三个：摄像器件沿水平方向的光电转换单元（像素）数，视频通道的通频带，显示器件在水平方向所能重现的像素数。

水平分解力越高，图像的清晰度会相应提高，但是若水平分解力太高，图像信号的带宽太宽，必然会增加信号传输的难度和电视设备的复杂性。最适合的水平分解力指标是：

$$N = (I_H / I_V)\, M$$

式中，N 为水平分解力，M 为垂直分解力，I_H / I_V 为画面帧型比。

例如：当理想垂直分解力 $M = 575$TVL，$I_H / I_V = 4/3$ 时，则理想水平分解力为
$N = (I_H / I_V)\, M = (4/3) \times 575 = 767$TVL

③带宽的计算

根据前面的分析可以知道，图像信号的带宽应该近似等于图像的最高频率。

假设电视系统的行频为 fH，则图像信号的最高带宽 $B = \Delta f$：

$$\Delta f \approx f_{max} = \cfrac{1}{\cfrac{2T_1}{N}} = \frac{1}{2} Z \frac{lH}{lv} Z f_F \frac{(1-\beta)}{(1-\alpha)} = \frac{1}{2} Z^2 f_F \frac{(1-\beta)}{(1-\alpha)}$$

代入我国标清电视的参数：$Z = 625$，$f_F = 25$，$lH/lV = 4/3$，$\beta = 0.08$，$\alpha = 0.1875$，得到理想水平分解时图像信号的最高频率 $f_{max} \approx 7.37$MHz。

当水平分解力为 104TVL，因为行扫描正程时间 $THt = 52\mu s$，此时扫描相邻两条黑白条纹的时间为 $1\mu s$，故此时图像信号的最高频率 $f_{max} = 1$MHz。

理想水平分解力 767TVL 要求的通频带约为 $767/104 \approx 7.37$MHz。

考虑到帧型比为 4∶3，若用与垂直分解力相同的标准来表述，折合后为 $104 \times 3/4 = 78$TVL，所以在有些资料中说 1MHz 带宽给出 80 线的水平分解力，即是指大约为 80 线。其确切含义是指 1MHz 通频带能显示出 104 条黑白相间、调制度为 100% 的竖条。当实际垂直分解力为 $(431 \times 4/3) \approx 575$TVL 时，对应的视频通频带宽度为 $(575/104) \approx 5.5$MHz。

我国标清电视系统规定的通频带 $\Delta f = 6$MHz，它和理想水平分解力所对应的图像信号最高频率 f_{max}（7.37MHz）的关系是

$$\Delta f = \mathrm{KeH} \cdot f_{max} = 0.81 f_{max}$$

式中，KeH 为水平凯尔系数。

由于水平凯尔系数稍大于垂直凯尔系数，所以我国标清电视系统的水平分解力稍大于垂直分解力。

3）图像信号的频谱

电视图像信号的频谱是指在它的频带内所包含的频率成分及各频率成分间的相对幅度。电视图像的频谱是随着图像内容变化而变化的，但由于电视系统扫描是一行一行、一场一场进行的，且相邻行相邻场之间在内容上又存在一定的相关性，因

此图像信号具有一定的行场的周期性，致使电视图像信号的频谱分布具有一定的规律。

①静止图像信号的频谱

a. 只在水平方向有亮度变化的静止图像。假设图像为黑白相间的竖条纹，只在水平方向有亮度变化而垂直方向无亮度变化，则每行的图像信号都相同，如图 3-35 所示。

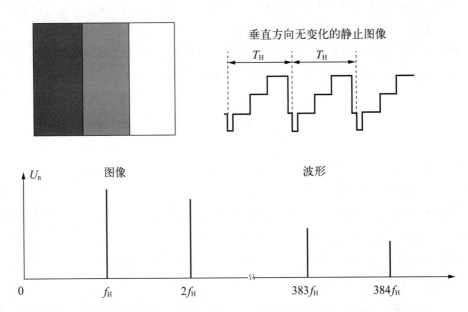

图 3-35　只在水平方向有亮度变化的静止图像的频谱图

若不考虑场消隐和场同步，信号只有行周期性而无场周期性和帧周期性，也就是说只在 nf_H 处有能量。n 值越大，表示谐波次数越高，反应图像的细节越精细。由于图像内容本身固有的特性，譬如：图像细节一般较少，且细节的亮度和对比度也较小，摄像机对图像分解的像素数有限以及传输通道的幅频响应不够理想等因素，一般 n 值越大，幅度值通常越小。我国视频带宽为 6MHz，允许通过的最高谐波次数为 $n = 6 \times 10^6 / 15625 = 384$。在 n 接近 384 时，图像信号频谱的能量实际已降至接近于 0。

b. 在垂直方向也有亮度变化的静止图像。频谱成份为 $nf_H \pm mf_V$，其频谱分布是离散谱线簇（谱线群），主谱线为 nf_H。特点是信号能量集中在行频 f_H 及其各次谐波 nf_H 的主谱线上，一般能量随 n 增大而衰减。在每个主谱线两旁存在着场频及其谐波的许多副谱线。一般随 m 增大副谱线能量很快衰减，如图 3-36 所示。

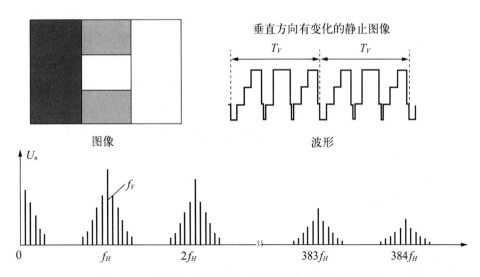

图 3-36　在垂直方向也有亮度变化的静止图像的频谱图

c. 垂直方向有细节变化的静止图像。垂直方向有精细细节变化时，两场信号会有差异，其信号波形以帧为周期重复，故频谱应为 $nf_H \pm mf_F$（f_F 为帧频 25Hz）。由于垂直方向内容有不小的相关性，所以，帧间差引起奇数倍成分相对较小，如图 3-37 所示。

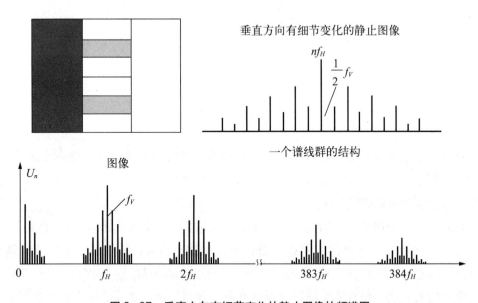

图 3-37　垂直方向有细节变化的静止图像的频谱图

②运动图像信号的频谱

静止图像信号的特点在于它有着严格的行周期性和场（或帧）周期性。至于运动图像，如果从图像内容及其运动方向和速度的随机性看，图像信号的上、下行和前、后场（或帧）波形都会不一样，将失去任何周期性，此时的信号频谱将如何呢？实际的景物画面，只要不是特意绘制成的在水平和垂直方向布满精细细节的测试图案，普通画面总是以大面积景物为主，包含不多的细节量，基本上在水平和垂直方向仍保持有大的相关性。另外，通常景物的运动速度不会太快，一个帧周期（40ms）内景物不会在画面上偏移较大的距离，也即相邻帧的信号波形不会有重大区别。因此，对通常的实际图像而言，其信号仍具有准周期性，频谱结构不会与上述结构有很大差异。

可以认为，随着景物运动而在 nf_H 两旁的 $\pm f_V$（或 $\pm f_F$）依时间作左右不断摆动。此时，相邻副谱线之间将不存在 50Hz（或 25Hz）的小空白间隔，近乎是填满的、连续的了，如图 3-38 所示。

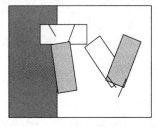

活动图像的频谱

图像信号频谱的总体特征是离散而成群的，呈现梳齿状，相邻群之间有信号能量空白区。

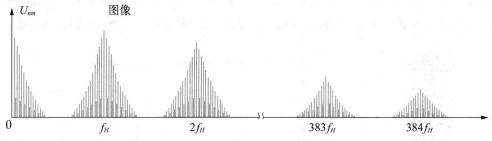

图 3-38　运动图像信号的频谱图

对于一般速度运动的物体，形成的帧周期信号波形表现为随运动情况在副谱线两侧的连续频谱。因电视图像相邻行间相关较大，因此以行频及其各次谐波为中心的相邻群之间有信号能量的空白区。

总而言之，图像信号频谱的分布呈离散而又成群（或称为梳状结构），能量主要集中于行频及其谐波为主谱线的附近，而且谐波次数 n 越大，谱线的幅度即能量越小。在每群谱线之间〔即在 $(1/2)f_H$ 奇数倍的周围〕有近 $(1/3\sim2/3)f_H$ 的空隙，而且频率越高，空隙越大。这一带宽的空隙将在彩色电视中得到利用。我国的模拟彩色电视制式，就是将图像的色度信号频谱搬移到高处，并插入亮度信号（即此处所说的黑白图像信号）频谱的空隙内传输的。这样，可以充分利用原有的黑白电视视频带宽，做到色度信号与亮度信号共用一个频带传输而不必增大彩色电视信号的频带宽度，达到与黑白电视兼容的效果。

2. 复合消隐信号

复合消隐信号是脉冲信号，包括行、场消隐脉冲，其作用是给电子束行、场扫描逆程提供足够的时间，并在该期间内截止扫描的电子束，因此，行、场消隐期间没有图像信号，只有一个能使电子束截止的固定电平。全电视信号中有了复合消隐脉冲，显像管荧光屏将看不到行场扫描回扫线。行消隐脉冲抑制行逆程期间的电子束，场消隐脉冲抑制场逆程期间的电子束。显然，全电视信号中，消隐电平应与图像信号的黑电平一致，或比它更"黑"一点。

在我国的标清模拟电视标准中，行消隐脉冲的标称宽度为 12μs，周期为 64μs；场消隐脉冲的标称宽度为 $25T_H + 12μs = 1612μs$（TH 为行周期，64μs），周期为 20ms。复合消隐脉冲的周期为 40ms。消隐电平与黑电平之间有 0mV~50mV，一般称为肩电平提升，如图 3-39 所示。

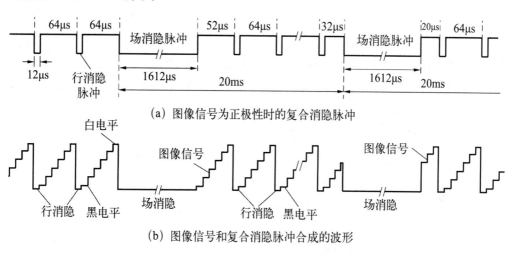

（a）图像信号为正极性时的复合消隐脉冲

（b）图像信号和复合消隐脉冲合成的波形

图 3-39　复合消隐脉冲波形图

3. 复合同步信号

电视系统中发送端的摄像器件和接收端的显像器件中的扫描应该完全同步，否则，图像信号就不能正常显示。黑白图像信号只有图像的亮度信息，并没有同步信息，如果直接将它输出给显示器件是无法正确显示图像的。要显示图像，必须要有同步信息。

复合同步信号也是脉冲信号，包括行同步脉冲和场同步脉冲，它是电子束扫描同步的控制指令。

行、场同步脉冲的作用：指示电子束开始行场扫描逆程的时间，因此，行同步脉冲一行一个，场同步脉冲一场一个。

行、场同步脉冲的宽度：行同步脉冲的宽度为 4.7μs；场同步脉冲的宽度选为 160μs，等于 2.5 倍的行周期（2.5TH）。

行、场同步脉冲的位置：在行、场消隐期，叠加在行场消隐脉冲上，同步脉冲顶所处的电平称为同步电平，如图 3-40 所示。

图 3-40　行同步脉冲和行消隐的叠加

当全电视信号的幅度规定为 1.0V 时，同步脉冲的幅度占 0.3V。行、场同步的前沿表示新的一行或一场信号的开始。为了保护行同步前沿，行同步脉冲的前沿要比行消隐脉冲前沿滞后 1.5μs，通常将这 1.5μs 称为行消隐前肩。这样可以避免行同步前沿受到图像信号电平变化的影响。为了与之对称，将行消隐后面的 5.8μs 称为行消隐后肩。同理，场消隐脉冲中在场同步之前的部分叫做场消隐前肩，等于 $(160+1.5)$ μs。在场同步之后的部分叫做场消隐后肩，等于 $20T_H+5.8$ μs。在场消隐和场同步期间行同步也不能丢，以保证在场正程开始时，行扫描的同步锁定。

设想的复合同步信号存在两个问题。

(1) 一个是场同步脉冲期间没有行同步信息，不能保证行扫描电路始终受控，如图 3-41 所示（采用加入槽脉冲的方法来解决）。

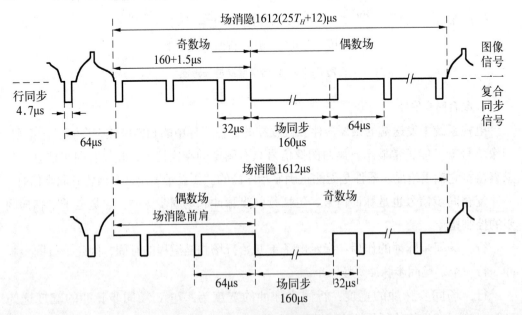

图 3-41　设想的复合同步信号波形

（2）由于奇、偶两场场同步前沿和前面的行同步距离不同，造成在用积分电路分离场同步时，两场积分波形（因起始电位不同）不一致，使两场回扫起始时间有差异，影响两场光栅的精确镶嵌，如图3-42所示（采用加入前均衡脉冲的方法来解决）。

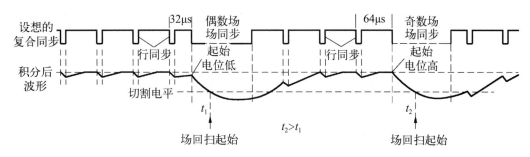

图3-42　设想复合同步的场分离

为了使同步脉冲期间不丢失行同步信息，采取了在场同步宽度内每隔半行开一个凹槽（称其为槽脉冲）的措施，每个场同步脉冲期间形成5个槽脉冲。每个槽脉冲宽度规定为4.7μs，即等于行同步脉冲的宽度，并规定槽脉冲的后沿与行同步前沿对应。场同步开槽后相对于槽脉冲而凸起的脉冲称为齿脉冲，其宽度为27.3μs。并规定：第一个齿脉冲的前沿（即场同步前沿）作为一场起始的基准时刻，标记为"0v"，若该前沿又是一行的起点时，则该前沿即为奇数场的起点。经312.5行的奇数场之后，又出现一个场同步前沿"0v"，它在第313行的中间，为偶数场的起点，后面的312.5行为偶数场的全电视信号，如图3-43所示。

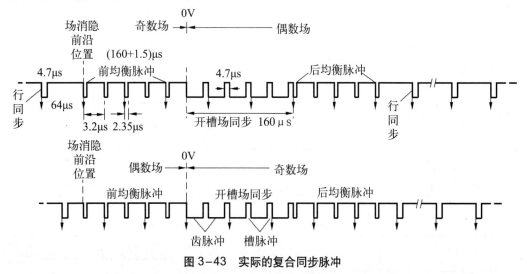

图3-43　实际的复合同步脉冲

采用前均衡脉冲后，使奇、偶场场同步脉冲前沿与其前面行同步脉冲之间的距离变小了，这样奇、偶场场同步脉冲在积分电路上输出波形的差别变得很微小，不会影响隔行扫描性能，使两场光栅能精确镶嵌。前均衡脉冲每半行设置一个，在场消隐前肩 2.5TH 期间，行同步换成半个行周期一个，每个宽度为 2.35μs。这样设置主要是为了使这段时间里奇、偶场都保持有行同步信息的同时，让两场场同步周围的波形保持一致，提高隔行扫描性能。对于两场中真正起行同步作用的脉冲用"↓"符号表示。前均衡脉冲的宽度定为 2.35μs，是为了使两个脉冲的宽度加起来仍等于一个行同步脉冲的宽度，从而使积分电路的充放电总量一致。另外，在场同步脉冲之后也安置了 5 个后均衡脉冲，其参数与前均衡一样，它只是一种为了跟前均衡相匹配的对称型摆设，并无实际用处。

同步信号一般由同步机产生，它们是行推动信号 HD 和场推动信号 VD，复合同步信号 S 和复合消隐信号 BLK，场识别脉冲 FLD。

产生同步信号的同步机应该具有下面几个功能：

实现上述各同步脉冲间严格的频率关系，然后用它来形成各种形状的同步脉冲，称为定时部分。

由定时部分来的信号形成上述种种规定波形的标准的同步脉冲，并保证它们有严格的时间相位关系。把这一部分叫做同步脉冲形成部分。

把产生合乎标准的同步信号放大到规定的幅度，并能负荷低阻负载馈送给需要点。这由脉冲分配放大器来实现。

各种同步脉冲波形如图 3-44 所示。

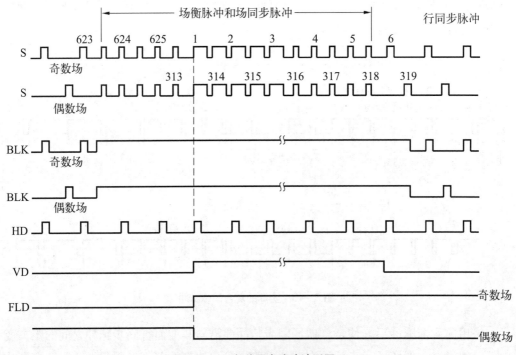

图 3-44　各种同步脉冲波形图

在电视信号中以消隐电平为界，图像信号和同步信号分布两边。对于正极性信号，消隐电平一般为 0，图像信号高于消隐电平，消隐电平到白色电平的额定值为 0.7Vpp。同步信号低于消隐电平，额定值为 0.3 Vpp。从同步电平到白色电平为 1Vpp。

为了实现准确的隔行扫描，行频 f_H 与场频 f_v 的关系应为：$f_H=312.5f_v$，即 $2f_H=625f_v$。行频、半行频和场频等几种频率的信号可由二倍行频 $2f_H$ 信号经分频取得。因此，在同步机中应有一个基准频率振荡器产生频率为 $2f_H$ 整数倍的时钟信号，再由它经分频得到 $2f_H$、f_H 及 f_v，如图 3-45 所示。

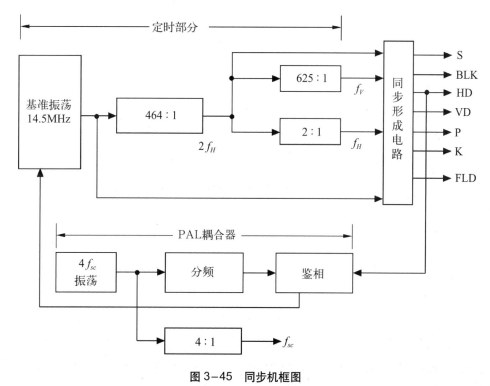

图 3-45　同步机框图

除了上述信号外，从分频器中还可得到所需要的各种门控脉冲，供形成各种输出脉冲定时用。因为时钟信号和门控脉冲都属于定时信号，所以基准频率振荡器和所有分频器都属于定时部分。时钟信号的频率越高，用于定时形成的各种脉冲的宽度和相对位置越精确。

定时部分输出的 $2f_H$、f_H 及 f_v 脉冲和门控脉冲，在脉冲形成电路中控制时钟脉冲的计数时间，产生图 3-45 中所示的 7 种脉冲。

在模拟彩色同步机中设置了 PAL 耦合器，使副载波振荡器与基准频率振荡器互相锁定，以保证 $f_{sc}=283.75f_H+25\text{Hz}$ 的关系。从 $f_{sc}=283.75f_H+25\text{Hz}$ 可以导出以下公式：

$$4f_{sc}=1135f_H+2f_v \rightarrow 4f_{sc}-2f_v=1135f_H$$

根据后面关系式构成的锁相环路就是一种 PAL 耦合器，如图 3-45 所示，减 $2f_V$ 电路在分频电路前。

4. 亮度信号波形

实际的亮度信号波形如图 3-46 所示。

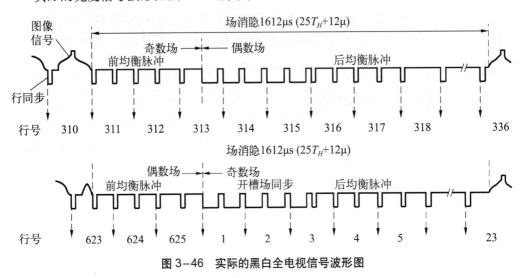

图 3-46   实际的黑白全电视信号波形图

关于亮度信号需要进行如下说明：

(1) 亮度信号的场序是按奇、偶两场顺序循环的，奇数场（第一场）的起始为带有行同步前沿信息的场同步前沿，偶数场（第二场）的起始为不带有行同步前沿信息的场同步前沿。

(2) 亮度信号的行序号（简称行序）不是按图像上实际行的位置编号，而是按扫描顺序编号，即以信号的时序作为行序标准。规定奇数场场同步前沿为一帧第 1 行的开始，行序自此处起计数。计数到第 312.5 行，即第 313 行的中点，是该场结束，即偶数场的起点，那里也是偶数场场同步的前沿。行序接着往下计数，直至第 625 行，完成一帧。由此看出，所谓每帧的第 1 行，并非是奇数场场扫描正程中显示在光栅顶部的首行，它是隐匿于场消隐期内的，而奇数场内重现出图像的首行应是第 23 行的后半行。

(3) 在场消隐脉冲后肩上，除 5 个后均衡脉冲外，还有 17 行"空闲"着，可利用来安插多种其他信息。诸如插入测试行信号、台标信号、标准时间、标准频率、业务数据和图文电视信号等。

（三）色差信号

在彩色电视信号中，色差信号代表色调和饱和度。

色差信号的选择原则如下。

a. 色差信号不含亮度信息。

b. 色差信号必须由 R、G、B 三个基色信号按一定比例组合而成，而且能与基色信号方便进行线性转换。

c. 色差信号与亮度信号之间必须线性无关。

按此原则选定 $R-Y$ 和 $B-Y$ 作为色差信号，表达式分别为：

$$R-Y=0.7R-0.59G-0.11B$$
$$B-Y=-0.3R-0.59G+0.89B$$

$R-Y$ 称为红色差信号，$B-Y$ 称为蓝色差信号，统称为色差信号。

为什么不选择 $G-Y$ 呢？因为它不是独立的，可从 Y、$R-Y$、$B-Y$ 中导出，即在三个色差信号中只有两个是独立的，它们之间的关系为：

$$(R-Y)=-(0.59/0.30)(G-Y)-(0.11/0.30)(B-Y)$$
$$(B-Y)=-(0.30/0.11)(R-Y)-(0.59/0.11)(G-Y)$$
$$(G-Y)=-(0.30/0.59)(R-Y)-(0.11/0.59)(B-Y)$$

三个色差信号中，$G-Y$ 信号数值比较小，作为传输信号对改善信噪比不利。若传输 $(R-Y)$、$(B-Y)$ 信号，在终端只要利用简单的电阻矩阵就能得到 $(G-Y)$ 信号。因此，在彩色电视中选用 Y、$(R-Y)$、$(B-Y)$ 作为传输信号。

在接收端，先根据 $(R-Y)$ 和 $(B-Y)$ 得到 $(G-Y)$，再将三个色差信号分别与亮度信号相加，就得到了恢复重现图像所需的三个基色信号：

$(R-Y)+Y=R$，$(B-Y)+Y=B$，$(G-Y)+Y=G$。

通常，在发送端由 R、G、B 三基色信号生成 Y、$(R-Y)$、$(B-Y)$、在接收端由 $(R-Y)$、$(B-Y)$ 生成 $(G-Y)$、由 $(R-Y)$、$(B-Y)$、$(G-Y)$ 还原为 R、G、B 的过程，可通过矩阵电路实现。

四、正交平衡调幅

各种彩色电视制式主要是解决如何传输色度信号的问题，解决这个问题先后产生了正交平衡调幅制（NTSC）、逐行倒相正交平衡调幅制（PAL）和逐行轮换调频制（SECAM）。

下面主要讨论正交平衡调幅制（NTSC）、逐行倒相正交平衡调幅制（PAL）。先介绍几个概念：

色度副载波——受两个色差信号分别调制的两个频率相同、相位相差 90° 的两个载波，相对发射机输出的主载波而言。

频谱间置技术——让色度副载波的频谱刚好落在亮度信号频谱高端空隙处的技术。

U、V 信号——幅度压缩后的 $(R-Y)$、$(B-Y)$ 信号。采用 U、V 信号减小了动态范围，不会超出黑白电视标准。

平衡调幅——抑制载波频率能量输出的调幅方式。

正交平衡调幅——将两个调制信号分别对两个频率相同、相位相差90°（正交）的两个载波进行平衡调幅，然后相加的方式。两个已调波相加后的信号称为正交平衡调幅信号。

（一）平衡调幅

为什么要抑制（副）载波？这是因为在一般的调幅中包含有能量较大的（副）载波，如当用一个色信号 $U_\Omega\cos\Omega t$ 去对（副）载波 $U_{sc}\cos\omega_{sc}t$ 进行调幅时，则调幅波的关系式可表示为：

$$V_{AM} = V_{sc}(1 + \frac{V_\Omega}{V_{sc}}\cos\Omega t)\cos\omega_{sc}t$$

$$= V_{sc}(1 + m\cos\Omega t)\cos\omega_{sc}t$$

$$= V_{sc}[\cos\omega_{sc}t + \frac{m}{2}\cos(\omega_{sc}+\Omega)t + \frac{m}{2}\cos(\omega_{sc}-\Omega)t]$$

式中：ω_{sc}——副载波角频率（即 $2\pi f_{sc}$，f_{sc} 为副载频）；

$\quad\quad$ Ω——调制波的角频率；

$\quad\quad$ V_{sc}——被调制波的幅度；

$\quad\quad$ V_Ω——调制波的幅度；

$\quad\quad$ m——调制系数 $= \dfrac{V_\Omega}{V_{sc}}$

由上式可以看出，一个（副）载波角频率为 ω_{sc} 被角频率为 Ω 调制以后，产生了三个角频率，即 ω_{sc}、$\omega_{sc}+\Omega$、$\omega_{sc}-\Omega$，如图 3-47 所示。

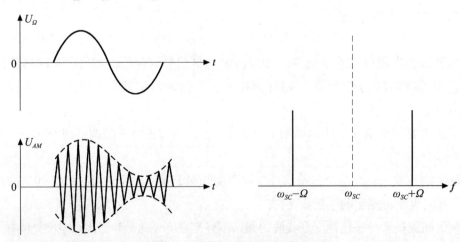

图 3-47　普通调幅波的波形和频谱

ω_{sc} 仍是原来的（副）载波的角频率，$\omega_{sc}+\Omega$ 和 $\omega_{sc}+\Omega$ 称为 ω_{sc} 的两个边频，其中 $\omega_{sc}+\Omega$ 称为上边频，$\omega_{sc}-\Omega$ 称为下边频。

我们知道 m 总是小于 1 的，边带的能量总小于（副）载波的能量，但真正的信息内容实际上只包含在边带波内，副载波本身不包含信息内容，对它的发送是一个很大的浪费，因此，（副）载波没有必要传送出去，如果在传送时把（副）载波抑制掉，而仅传送两个边带波，这完全不损失传送信息的内容。这种抑制（副）载波的调幅方式称为平衡调幅。

色差信号利用了平衡调幅方式，调制后的色度信号的能量显著减小，这样有几个好处：一是在彩色接收机或在黑白接收机接收彩色信号时，彩色信号对亮度信号的亮暗点干扰可显著减小；二是边带波的动态范围可以增大，从而改善了信噪比；三是如果传送信号不是彩色而是白灰色，两个色差信号为零，此时既无（副）载波，又无边带波的能量，可以完全没有干扰。

从 V_{AM} 式可以简单地推导出平衡调幅波的关系为：

$$V_{BM} = V_{sc}\left[\frac{m}{2}\cos(\omega_{sc}+\Omega)t + \frac{m}{2}\cos(\omega_{sc}-\Omega)t\right]$$
$$= mV_{sc}\cos\Omega t\cos\omega_{sc}t$$
$$= V_{\Omega}\cos\Omega t\cos\omega_{sc}t$$

从上式可见，平衡调幅器相当于一个乘法器，它是信号 $V_{\Omega}\times\cos\Omega t$ 和副载波 $\cos\omega_{sc}t$ 的乘积，所以已调色信号也就是色差信号与副载波"相乘"的信号。

平衡调幅信号的波形如图 3-48(a) 所示，它的振幅为 $mV_{sc}\cos\Omega t$，也就是调制信号 $V_{\Omega}\cos\Omega t$，它的相位由调制信号的相位来决定。当调制信号从正通过零点变为负时，或由负通过零点变为正时，它的相位都要发生 180° 的突变，从图 3-48(b) 可见，平衡调幅波的频谱中，（副）载波已经被抑制掉了，这是它的最大特点。

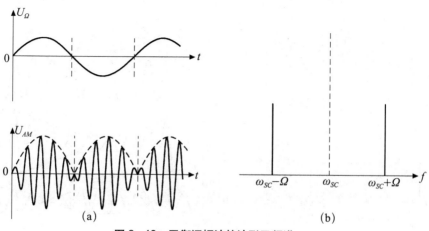

图 3-48　平衡调幅波的波形及频谱

为了分析方便起见，我们再用复数和矢量来表示一般普通调幅波的关系式为：

$$V_{AM} = V_{SC}(1 + \frac{m}{2}e^{j\Omega t} + \frac{m}{2}e^{-j\Omega t})e^{j\omega SC^t}$$

$$= [V_{SC} + \frac{V_\Omega}{2}(e^{j\Omega t} + e^{-j\Omega t})]e^{j\omega SC^t}$$

上式可用三个旋转矢量来表示，如图 3-49(a) 所示。

图 (a) 中副载波矢量 V_{sc} 以角频率 ω_{sc} 在旋转，两个边带矢量 $\frac{V_\Omega}{2}$ 分别对副载波矢量以调制角频率 Ω 向两个相反方向旋转。它们的矢量是对称的，两个边带波的矢量和始终沿载波矢量方向增大或减小，被调制波的相位始终没有变化。

而平衡调幅波的复数表示式则为：

$$V_{BM} = V_{SC}\left(\frac{m}{2}e^{j\Omega t} + \frac{m}{2}e^{-j\Omega t}\right)e^{j\omega SCt}$$

$$= \frac{V\Omega}{2}(e^{j\Omega t} + e^{-j\Omega t})e^{j\omega SCt}$$

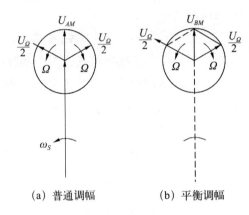

(a) 普通调幅   (b) 平衡调幅

图 3-49　普通调幅和平衡调幅矢量图

把 (副) 载波抑制掉，则得平衡调幅波的矢量图，如图 (b) 所示。可见这时只有两个边带矢量在旋转。当调制信号为零时，合成矢量 V_{BM} 也为零，并且合成矢量的方向始终沿着 (副) 载波矢量方向而变化；当两个矢量和通过零时，显然副载波相位有 180° 的突变。

平衡调幅和一般调幅的波形如图 3-50 所示。

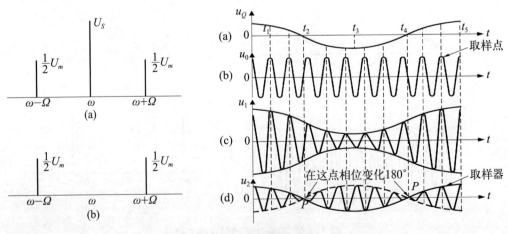

图 3-50　两种调幅波形

图 3-50 左图中,(a) 为一般调幅波的频谱,(b) 为平衡调幅波的频谱。右图中,(a) 为调制信号,(b) 为载波信号,(c) 为一般调幅波信号,(d) 为平衡调幅波信号。

表面看来,它们的波形很相似,其实它们有很多不同的性质,例如:

一是平衡调幅波的振幅与被调信号振幅无关,只由调制信号振幅 $\dfrac{V_\Omega}{2}$ 决定;而普通调幅波的振幅则与二者皆有关系。当调制信号为零时,平衡调幅波的幅度为零,而普通调幅波为载频等幅震荡幅度。

二是从频率上看,平衡调幅波是不以 (副) 载波周期为周期的;而普通调幅波则仍是以载波周期为周期的函数。

三是平衡调幅波在调制信号转变极性处的相位反转 180°(因为这时调制信号由正半周变到负半周,或由负半周变到正半周)。当调制信号倒相时,副载波亦倒相,这是平衡调幅波的一个重要性质,而普通调幅波则没有这种性质。

四是从波形上看,虽然平衡调幅波与普通 100% 调幅波都有振幅为零的点,从外形上有类似之处,但是平衡调幅波在零振幅点包络的斜率不为零,而普通 100% 调幅波则为零。

抑制副载波的平衡调幅电路有平衡调幅器和环形调幅器等。环形调幅器实际上是一个双平衡调幅器。如果色度信号在平衡调幅器 (或环形调幅器) 对副载波进行平衡调幅,当没有调制电压,即没有色度信号时,也就没有副载波出现。通常色度信号的大小根据被摄景物上的彩色量而定,只有十分饱和的彩色才产生强的色度信号。因此,只有饱和的彩色部分才会出现副载波的亮点干扰图案。实际上,这种情况并不是时常出现的,故采用抑制副载波的调制方式,由于 (副) 载波 (实际上是由于旁频) 带来的干扰比使用普通调幅方式大为减小。

实用上调制电压并不经常是正弦波,而应该是随图像内容颜色变化的色度信号,假设某一行的色度信号如图 3-51(a) 所示。

这就是彩条图像的典型信号。色度信号可能是正的,也可能是负的,并且正和负部分的波形不一定相同,像普通视频波形一样,还含有直流成分。如果将这个信号输入到平衡或环形调幅器中,其输出波形将如图 3-51(b) 所示。

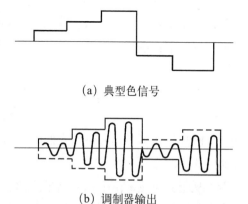

(a) 典型色信号

(b) 调制器输出

图 3-51　任意彩条图形的平衡调幅信号

这里应该注意,当色度信号从正变负时,副载波的相位亦反相,如果被拍摄图像沿一条水平线的颜色不变,产生的色差信号亦不变，副载波信号幅度将为固定值，即只有当色信号为零时，副载波才被抑制（无瞬时值），就是说在此瞬间图像上没有颜色。

（二）正交平衡调幅

正交平衡调幅制（NTSC）传送彩色信号的特点有如下几个方面：

1. 把三个基色信号进行编码，变换为亮度信号和色度信号后进行传送，以利于和黑白电视相兼容。

2. 利用"高频混合原理"和"频谱交错原理"把彩色电视的频带压缩到和黑白电视所用的频带相同。

3. 采用抑制副载波的正交平衡调制技术，把两个色差信号的调制简化成调制在一个副载波上，并把副载波抑制掉，以减少彩色信号对亮度的干扰。

4. 根据色差信号对视力敏感的不同，采用不同带宽来进行传送，所谓 I、Q 方式。

上述 1、2 两点已在前节讨论过，这里不再重复。下面将根据正交平衡调幅制的调制特点、矢量分析图、亮度信号与色度信号幅度相对关系以及该制式的优缺点等分别进行讨论。

如前所述，用色差信号调制副载波，可以使色度信号和亮度信号的频谱错开，但是需要传送的色差信号有两个，它们一起传送也应该有所区别。虽然我们可以采用两个不同频率的副载波，但用两个副载波产生两个已调色度信号，便需占用两个不同的色度频带，因而已调色度信号对图像的干扰也会加重，并且用两个色度通道传送时，很难获得相同的传输特性，不能保证颜色的正确重现。所以在正交平衡调幅制中，采用单副载波同时传送两个色差信号的办法来解决这些矛盾，这就是这里要介绍的抑制副载波的"正交平衡调幅"方法。

既然要在一个副载波上传送两个色差信号，它们就必定要有所区别，能够分离，并且互不干扰。为此，我们先看一下两个色差信号各自进行平衡调幅时的特点，它们可用下式来表示：

$$\vec{V}_1 = E'_{R-Y} = (R'-Y')\cos\omega_S t$$
$$\vec{V}_2 = E'_{B-Y} = (B'-Y')\cos\omega_S t$$

假如传送彩条信号时，它们的波形如图 3-52 所示。

从上式可见，两个色差信号的调制波方程式很相似，显然用这样一个副载波来传送两个色差信号时，它们实际上没有区别，并且在接收端也不能分离开

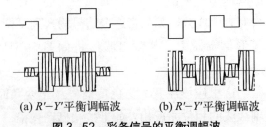

(a) $R'-Y'$平衡调幅波　　(b) $R'-Y'$平衡调幅波

图 3-52　彩条信号的平衡调幅波

来。为此采用正交平衡调幅方法，将两个色差信号分别调制到两个频率相同，但相位相互正交（相差90°）的副载波上。具体来说，就是把 $(R'-Y')$ 信号调制在相位为 $\cos\omega_S t$ 的副载波分量上，而把 $(B'-Y')$ 信号调制在相位为 $\sin\omega_S t$ 的副载波上。于是两个互相正交的平衡调幅波变为：

$$\left.\begin{array}{l}\vec{V}_1 = E'_{R-Y} = (R'-Y')\cos\omega_S t \\[2mm] \vec{V}_2 = E'_{B-Y} = (B'-Y')\sin\omega_S t\end{array}\right\}$$

把这两个平衡调幅波相加得：

$$\begin{aligned}\overline{VQ_{BN}} = \overline{C} &= E'_{R-Y} + E'_{B-Y} \\ &= (R'-Y')\cos\omega_S t + (B'-Y')\sin\omega_S t \\ &= |C|\sin(\omega_S t + \varphi).\end{aligned}$$

式中

$$\left.\begin{array}{l}|C| = \sqrt{(R'-Y')^2 + (B'-Y')^2} \\[3mm] \varphi = \mathrm{tg}^{-1}\dfrac{R'-Y'}{B'-Y'}\end{array}\right\}$$

可见，正交平衡调幅是一种双重调制，它是一个既调幅又调相的波形，它的振幅 $|C|$ 决定了彩色的饱和度，而相角 φ 决定了彩色的色调。用矢量表示正交平衡调幅波的特点如图 3-53 所示。

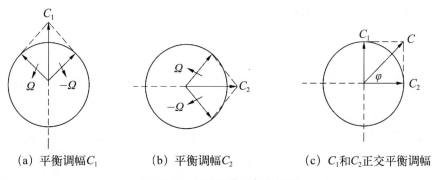

(a) 平衡调幅 C_1　　　(b) 平衡调幅 C_2　　　(c) C_1 和 C_2 正交平衡调幅

图 3-53　正交平衡调幅矢量图

图中两个平衡调幅波的矢量 C_1 和 C_2 可合成为一个合成矢量 C，其振幅受两个调制电压 $(R'-Y')$ 和 $(B'-Y')$ 的影响。由此可见，传送两个色差信号相当于传送矢量 C 和相角 φ，即相当于传送饱和度和色调，这样，与亮度信号一起，颜色三特性（三个参数）就间接被传送了。

在 NTSC 制彩色电视中，两个色差信号是对副载波信号进行正交平衡调幅后和亮度信号相加的，并规定 $U\,(B\!-\!Y)$ 信号调制的副载波为 $\sin\,(\omega_{sc}t)$，$V\,(R\!-\!Y)$ 信号调制的副载波为 $\cos\,(\omega_{sc}t)$，两个已调波分别用 F_u 和 F_v 表示为：

$$F_{\mathrm{u}}=U\sin\,(\omega_{sc}t),\ F_{\mathrm{v}}=V\cos\,(\omega_{sc}t)$$

总色度信号为：

$$F_c=F_{\mathrm{u}}+F_{\mathrm{v}}=U\sin\,(\omega_{sc}t)+V\cos\,(\omega_{sc}t)=\sqrt{U^2+V^2}\,\mathrm{Sin}(\omega_{sc}t+arctg\frac{V}{U})$$

F_c 称为色度副载波信号，是一个既调幅又调相的正弦波，幅度随 U、V 变化，相位随 V/U 变化。

色度信号的幅度包含了大部分饱和度信息，相角 $arctan v/u$ 包含了小部分饱和度信息和全部的色调信息。

正交平衡调幅电路如图 3-54 所示。

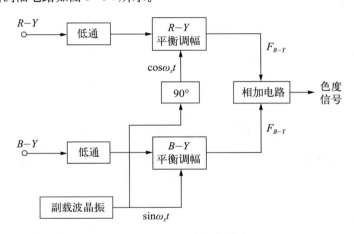

图 3-54　正交平衡调幅电路

色度信号与亮度信号复合形成彩色全电视信号，其复合过程如图 3-55 所示。

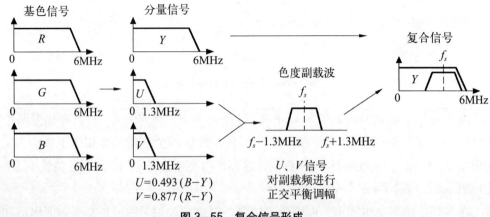

图 3-55　复合信号形成

五、PAL 制色度信号与色同步信号

NTSC 制是第一个彩色电视制式，它根据三基色原理、大面积着色原理、混合高频原理、频谱交错原理、恒定亮度原理、正交平衡调幅技术、频谱间置技术等原理、技术实现了兼容。

NTSC 制的缺点是色度副载波对相位失真（指色度副载波相对于色同步的相位失真）非常敏感——引起色调失真。

1963 年，德国人在 NTSC 制的基础上研制出 PAL 制，克服了 NTSC 制的相位敏感特性，成为世界上第二个彩色电视制式，并列为三大彩色电视制式之一。

PAL 是"相位逐行交变"的英文缩写，它的关键技术是将色度信号中的 V 分量进行逐行倒相，故 PAL 制又称为 V 分量逐行倒相的正交平衡调幅制。

（一）V 信号逐行倒相

逐行倒相的目的是抵消相位偏差而恢复正确的彩色（相位偏差会引起彩色失真）。

什么是 V 分量逐行倒相？

在 PAL 制式中，如果第 n 行的色度副载波信号为 $U\sin(\omega_{sc}t) + V\cos(\omega_{sc}t)$，则第 $n+1$ 行为 $U\sin(\omega_{sc}t) - V\cos(\omega_{sc}t)$，第 $n+2$ 行为 $U\sin(\omega_{sc}t) + V\cos(\omega_{sc}t)$，第 $n+3$ 行为 $U\sin(\omega_{sc}t) - V\cos(\omega_{sc}t)$，……如此重复直到最后一行。

我们把色度副载波信号为 $U\sin(\omega t) + V\cos(\omega t)$ 的各行称为不倒相行或 NTSC 行；把色度副载波信号为 $U\sin(\omega_{sc}t) - V\cos(\omega_{sc}t)$ 的各行称为倒相行或 PAL 行。即：

NTSC 行 $F_C = F_N = U\sin(\omega_{sc}t) + V\cos(\omega_{sc}t)$

PAL 行 $F_C = F_P = U\sin(\omega_{sc}t) - V\cos(\omega_{sc}t)$

可统一写为 $F_C = U\sin(\omega_{sc}t) \pm V\cos(\omega_{sc}t)$

为什么将 V 分量逐行倒相能克服色度副载波信号对相位失真的敏感性呢？

V 分量逐行倒相原理如图 3-56 所示。F_N 代表发送端 NTSC 行某像素为品色，F_P 为发送端 PAL 制（倒相行）为黄色（偏蓝），若传输中产生相位误差 φ，接收端收到的色度矢量则分别为 F_N'、F_P'，解调时将 F_P' 中的 V 分量倒相复位，U 分量不变，即将 F_P' 变成 F_{PN}'，这时相继两行的色度信号 F_N'、F_{PN}' 相对于正常的 F_N 矢量相位为相反方向偏离的色调失真。F_N' 为品偏红，F_{PN}' 为品偏蓝。由于人眼分辨力有限，对相邻两行彩色产生视觉平均，综合感觉为品色。

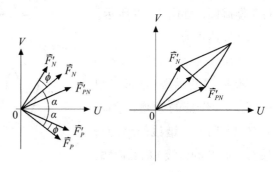

图 3-56 V 分量逐行倒相原理

实现 V 分量逐行倒相的具体方法可有三种：

第一种将 V 信号先逐行倒相为 $\pm V$，再对 $\cos(\omega_{sc}t)$ 进行平衡调幅，形成 $\pm V\cos(\omega_{sc}t)$；

第二种将压缩后的色差信号 V 对逐行倒相的副载波 $\pm\cos(\omega_{sc}t)$ 进行平衡调制，形成 $\pm V\cos(\omega_{sc}t)$；

第三种将已调副载波 $V\cos(\omega_{sc}t)$ 进行逐行倒相，形成 $\pm V\cos(\omega_{sc}t)$。

在 PAL 制中，采用第二种方法，实现的电路框图如图 3-57 所示。

这种方法最简单，它与正交平衡调幅电路的区别在于增加一个 PAL 开关、一个倒相器。PAL 开关是一个由半行频对称方波控制的电子开关电路，它能逐行改变开关的接通点，输出一行 $+\cos(\omega_{sc}t)$，再输出一行 $-\cos(\omega_{sc}t)$，不断重复，实现 $\cos(\omega_{sc}t)$ 逐行倒相。

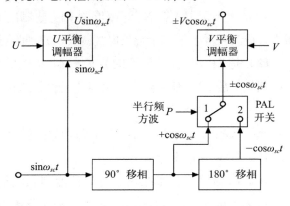

图 3-57 V 分量逐行倒相电路

（二）PAL 制色度副载波频率的选择

先看 PAL 色度信号的频谱：F_V 分量逐行倒相后，色度信号的频谱结构发生了变化。其中，F_U 分量与倒相无关，它的频谱位置不变，F_V 分量因逐行倒相，其频谱位置发生了变化。因为逐行倒相的过程实质上是半行频方波对 $\cos(\omega_{sc}t)$ 进行平衡调幅，如图 3-58 所示。

其表达式为：

$$\pm\cos(\omega_{sc}t)=g(t)\cos(\omega_{sc}t)$$

根据傅氏级数分析，可得到 $\pm F_V$ 分量的频谱，如图 3-59(b) 所示，谱线间隔为行频 f_H，$m=0$ 的谱线（最低边频）距离副载波的间隔为 $f_H/2$，而

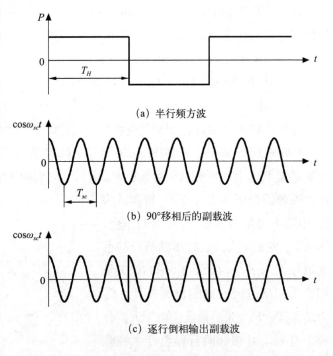

(a) 半行频方波

(b) 90°移相后的副载波

(c) 逐行倒相输出副载波

图 3-58 逐行倒相波形

U 分量 (F_U) 对副载波直接进行平衡调幅, 最低边频距离副载波的间隔为 f_H, 所以, F_V 与 F_U 频谱线刚好错开 $f_H/2$。

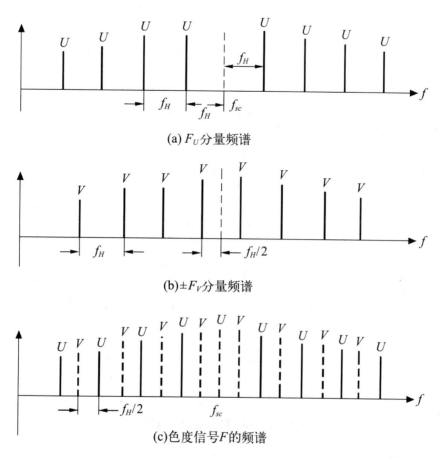

(a) F_U 分量频谱

(b) $\pm F_V$ 分量频谱

(c) 色度信号 F 的频谱

图 3-59 PAL 色度信号频谱

如果利用 NTSC 制的方法, 将副载波频率 f_{sc} 选为半行频的整数倍, 必使 $\pm F_V$ 的主谱线与亮度信号的主谱线重合。如果选择 f_{sc} 既不等于行频的整数倍, 也不等于半行频的奇数倍, 而是令 nf_H 位于 f_{sc} 和 $(f_{sc}+f_H/2)$ 之间, 也就是将副载波频率 f_{sc} 选为行频的整数倍加上或减去 $f_H/4$, 这样就可将亮度信号 Y 与色度信号分量的频谱位置错开, 那么, nf_H 应满足下述关系:

$$nf_H=1/2[f_{sc}+(f_{sc}+f_H/2)]$$

则

$$f_{sc}=(n-1/4)f_H$$

由于 f_{sc} 与整数倍的行频 nf_H 有 $f_H/4$ 的差值, 故称为 1/4 行频间置, 如图 3-60 所示。

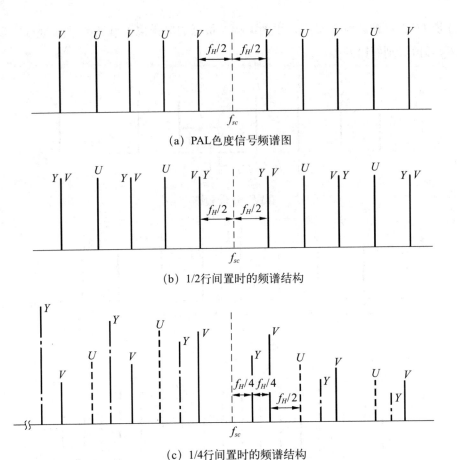

(a) PAL色度信号频谱图

(b) 1/2行间置时的频谱结构

(c) 1/4行间置时的频谱结构

图 3-60　PAL 副载波选择分解图

PAL 制选择副载频的原则：

第一，尽量高一些，靠近 6MHz（$384f_H$），使副载波对亮度信号造成的点状干扰细一些；

第二，色差信号对副载频调制后，其上边带应尽量在视频带宽内，考虑到色度信号的带宽为 1.3MHz，即 f_{sc} 比 $384f_H$ 至少低 1.3MHz（6MHz−1.3MHz=4.7MHz，约为 $300f_H$），实际上取 $n=284$；

第三，应使色差信号对副载频调制后的频谱和亮度信号频谱间置，以解决色度副载波和亮度信号频带共用的问题；由于 V 信号逐行倒相，V 信号频谱发生变化，为了频谱间置，副载频应和行频四分之一行间置，即 $f_{sc}=(n\pm1/4)f_H$；

第四，副载频和伴音载频的差值应和行频四分之一行间置，以减小伴音载波和色度副载频差拍对亮度信号干扰的可见度。由于 PAL 制的伴音载波为 6.5MHz，它是行频的整数倍（416 倍），选 $f_{sc}=(n\pm1/4)f_H$ 能符合要求；

第五，为了进一步减小色度副载波对亮度信号干扰的可见度，应在四分之一行间置的基础上增加25Hz（称为25Hz偏置）。

实际的 $f_{sc} = (284 - 1/4) f_H + 25$ Hz = 4433618.75Hz，简记为 4.43MHz。

（三）PAL 制色同步信号

由上述分析可知，NTSC 制式系统要在接收端把两个正交平衡调幅的色差信号分量完全独立地分离开，要求接收端解调副载波与发送端调制副载波应严格同步，即同频同相。否则在接收端将不可能把两个色度信号彻底分离，易引起两色差信号之间的串色干扰。所以为了消除串色，在 NTSC 制式编码器中将专门产生一个色同步信号，以供接收端在恢复解调副载波时作为基准。

色同步信号为：

$$C_b(t) = K(t) \sin(\omega_{sc} t + 180°)$$

色同步信号实际上是每行发出一个色同步脉冲，它位于行同步脉冲之后的消隐电平上，是一串有 9~11 个周期，振幅和相位恒定的副载波群，其初相位为180°（当接收机中行消隐脉冲的振幅不够时，色同步信号将在屏幕左端产生明显的垂直条干扰，若初相位为180°，则此干扰为最小）。而 $K(t)$ 表示色同步信号的包络，也叫做 K 脉冲。

PAL 制彩色电视接收机在解调色度信号时，需要在 PAL 行使用 $-\cos\omega_{sc} t$、NTSC 行使用 $+\cos\omega_{sc} t$ 副载波。要做到这一点，需要有一个识别 PAL 行与 NTSC 行的识别信号，即需要在发送端提供一个附加信息。表现为：PAL 行的色同步信号相位是 $-135°$；NTSC 行的色同步信号相位为 $+135°$。因此，PAL 制的色同步信号除了像 NTSC 制一样，要为接收机提供恢复副载波所需的频率、相位信息外，还能提供一个 PAL 行与 NTSC 行的识别信息，以保证收、发逐行倒相的同步。

PAL 制色同步信号所含副载波周期数、幅度、出现位置等都与 NTSC 制相同。我国广播电视标准规定，色同步信号由 8~12 个周期的副载波组成，位于行消隐后肩上，起始点距行同步脉冲前沿 (5.6±0.1) μs，峰-峰值等于行同步脉冲幅度，相对于消隐电平上、下对称。如图 3-61 所示。图中，2.25μs 是 10 个副载波周期 (1/4.43MHz=2.25μs)，当视频

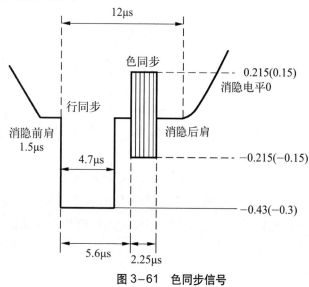

图 3-61 色同步信号

$Vpp=1V$ 时，同步 Vpp 为 0.43V，占总峰值 30%。

PAL 色同步信号是怎样产生的呢？

发送端先产生一个色同步选通脉冲 K，重复频率为行频、宽度为 (2.25 ± 0.23) μs（约等于 10 个副载波周期），位置在行消隐的后肩上，起始点距行同步脉冲前沿 (5.6 ± 0.1) μs。将 K 脉冲以两种不同的极性分别加到两个色差信号中，与色差信号一起送入平衡调幅器，V 色差信号中加入正极性 K 脉冲以 $+K$ 表示，就可产生色同步信号的 V 分量 N 行为 90°，P 行为 $-90°$，U 色差信号中加入负极性 K 脉冲以 $-K$ 表示，则可产生色同步信号的 U 分量（180°），两个分量进行矢量合成便形成逐行改变相位的 N 行为 $+135°$、P 行为 $-135°$ 的色同步信号，如图 3-62 所示。

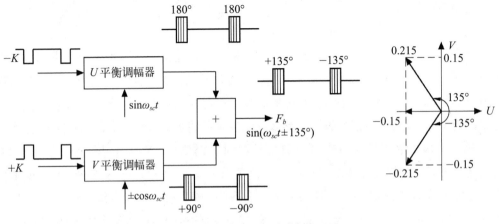

图 3-62　色同步信号形成与向量图

第四节　PAL 制编码器

编码——将三基色信号 R、G、B 变为彩色全电视信号的过程，其组成电路称为编码器。

编码器包括：由 R、G、B 信号形成亮度信号和两个色差信号的矩阵电路（包括色差信号的幅度压缩），限制色差信号带宽的低通滤波器、$+K$、$-K$ 脉冲混入电路、V、U 平衡调幅器、副载波 90° 移相、逐行倒相以及亮度 Y、色度 C 和复合同步信号混合电路等，如图 3-63 所示。

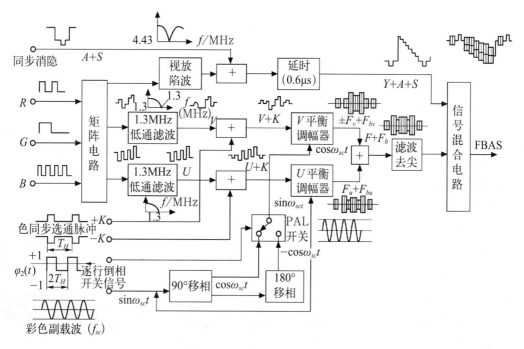

图 3-63 PAL 制编码器

图 3-63 中：

彩色副载波信号、逐行倒相开关信号、色同步选通脉冲、复合同步和复合消隐信号都由同步电路提供（电视中心机房内有一台同步机提供以上信号，供台内所有的设备使用）。

矩阵电路将 R、G、B 变成 Y、R-Y、B-Y。

Y 信号通过放大、陷波（陷去副载波信号）后加上复合同步和复合消隐脉冲形成黑白全电视信号，再延时 0.6μs 进入信号混合电路。

在色度通道里，R-Y、B-Y 先经带宽限制，并压缩成 V、U 信号，加上色同步选通脉冲进入平衡调幅器，分别对 $\cos\omega_{sc}t$ 和 $\sin\omega_{sc}t$ 进行平衡调幅，两个已调信号相加，形成色度信号，滤去谐波后进入信号混合电路，与 Y 混合形成彩色全电视信号。

彩色全电视信号包括亮度信号、色度信号（已调色差信号）、复合消隐信号、复合同步信号、色同步信号。其中，亮度信号和色度信号构成彩色图像信号，代表被摄图像的亮度和色度信息，用以在接收端重现彩色图像。复合消隐和复合同步信号的作用、特点与黑白全电视信号完全相同。色同步信号是彩色全电视信号所特有的一种信号。

第五节　标准彩条信号

彩色图像信号的主要组成部分是亮度信号 Y 及色差信号 $(R-Y)$、$(B-Y)$。此外，为了实现系统同步，还必须有行、场同步和色同步等信号。本节以标准彩条信号为例，分析其波形及矢量图，以便加深理解。

标准彩条信号是由彩条信号发生器产生的一种测试信号。它是用电子方法产生的模拟彩色摄像机输出的光电转换信号，常用来对彩色电视系统的传输特性进行测试和调整。

标准彩条信号有三个基色、三个补色、白色和黑色，依亮度递减顺序排列成8条垂直彩带，从两边向中间，左右对称，互为补色。从左至右依次代表为：白、黄、青、绿、紫、红、蓝、黑，如图3-64所示。

图3-64　标准彩条信号

彩条电压波形是在一周期内用三个宽度倍增的理想方波构成的三基色信号。通常取黑条的电平（黑电平）为0电平，白条的电平（白电平）为1.0电平，同步脉冲位于黑电平的另一侧，标准幅度为0.43，从同步顶到白电平的总幅度为1.43，如图3-65所示。

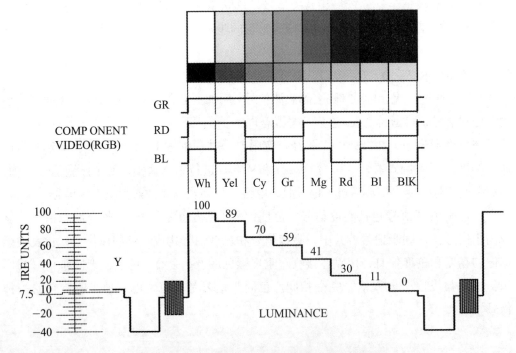

图3-65　标准彩条信号中三基色信号和亮度信号

标准彩条信号中的 R、G、B 三基色信号是由脉冲电路产生的三组不同脉宽相同幅度的方波，将这三种方波信号加至彩色显像管，分别控制彩色显像管的三条电子束，并相应射到红、绿、蓝色荧光粉上，利用人眼空间混色作用，在屏幕上依次显示白、黄、青、绿、紫、红、蓝、黑 8 种竖条，分别对应三基色及其补色，再加上中性色白和黑，即可构成彩色图形。如果是黑白电视接收机，则可看到 8 条灰度等级不同的竖条。

标准彩条信号有不同的规范，其中两种规范的正极性彩条三基色信号波形如图 3-66 所示。

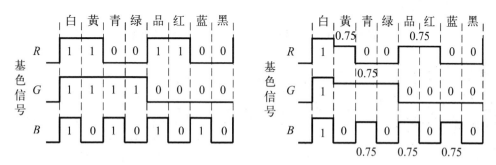

图 3-66　两种规范的正极性彩条三基色信号波形

由图 3-66 可知：之所以显示白色，是因为 $R=G=B=1$，即等量的红、绿、蓝光同时出现混合为白光。$R=G=1$，而 $B=0$，即等量的红、绿光混合为黄色光，所以显示黄条。对于显示的红色是 $R=1$，$G=B=0$，激励显像管 R 电子枪的电子束，轰击显示屏的红色荧光粉，使屏幕发红光的结果。此时，绿蓝两电子束截止而不发光。同理，可依次推出其他显示的彩色图形。由于把三基色信号与白条对应的电平定为 1，与黑条对应的电平定为 0，所以，它们是正极性的基色信号。

因为它们与白色对应的电平为 1，与黑色对应的电平为 0，其他色条最大值为 1，最小值为 0，因此这种规范的三基色信号的电平非 1 即 0，由其显示的彩色均为饱和色。

例如：对应自左至右第 3 条，$G=B=1$，$R=0$，显示饱和青色；第 4 条 $R=B=0$，$G=1$，显示饱和绿色；第 5 条 $G=0$，$R=B=1$，显示饱和品色，等等。因此称为 100% 饱和度、100% 幅度（最大幅度）彩条信号。在这种命名法中，三基色信号均指未经 γ 校正的信号。

如果三基色信号的最大值为 0.75（白条除外），最小值仍为 0，因而成为 100% 饱和度、75% 幅度彩条信号。此外，还有其他规范的彩条信号，如 95% 饱和度、100% 幅度彩条信号（其三基色信号的最大值为 1，而最小值为 0.25，即在各基色和补色条中，均含有 5% 白光）。

一、100% 饱和度 100% 幅度未压缩彩条

100% 饱和度——指彩条中每一竖条均为纯基色或纯补色，不掺一点白色成分，即在构成色条的三基色电平 R、G、B 中至少有一个为 0 电平（黑电平）。

100% 幅度——指在构成色条的三个基色电平 R、G、B 中，不为 0 的电平必须等于白条的 R、G、B 值，而白条的 R、G、B 值都为 1.0。

"未压缩"——指用 R-Y、B-Y 直接去对副载波进行正交平衡调幅。

根据亮度公式和这种彩条信号中每一竖条的三个基色值 R、G、B，可计算出亮度值 Y、色差值 R-Y、B-Y、G-Y，如表 3-1 所示。

表 3-1 100% 饱和度、100% 幅度未压缩彩条参数

彩 条	R	G	B	Y	R-Y	B-Y	G-Y
白	1	1	1	1	0	0	0
黄	1	1	0	0.89	0.11	-0.89	0.11
青	0	1	1	0.70	-0.70	0.30	0.30
绿	0	1	0	0.59	-0.59	-0.59	0.41
紫	1	0	1	0.41	0.59	0.59	-0.41
红	1	0	0	0.30	0.70	-0.30	-0.30
蓝	0	0	1	0.11	-0.11	0.89	-0.11
黑	0	0	0	0	0	0	0

根据表 3-1 中各参数，可画出彩条中各色的基色信号 R、G、B，亮度信号 Y、色差信号 R-Y、B-Y、G-Y、色度信号 F_c、彩色全电视信号 $Y+F_c$ 的波形。一行正程的彩条信号波形如图 3-67 所示。

说明：基色信号和亮度信号都在 0 电平之上，为单极性；色差信号有正有负；G-Y 峰峰值最小；色度副载波信号和 Y 信号相加后的全电视信号动态范围很大（最高为 1.79，最低为 -0.79），超出白电平过多，会使发射机过调，低于同步电平会破坏电视机同步。

怎么办？最好的办法是减小色差信号的幅度。

减小多少呢？实践证明：只要 100% 饱和度、100% 幅度彩条信号的最高电平不超过白电平 33%、最低电平不超过 -33%，就不会降低图像质量。

根据这一条件，可计算出色差信号的压缩系数。

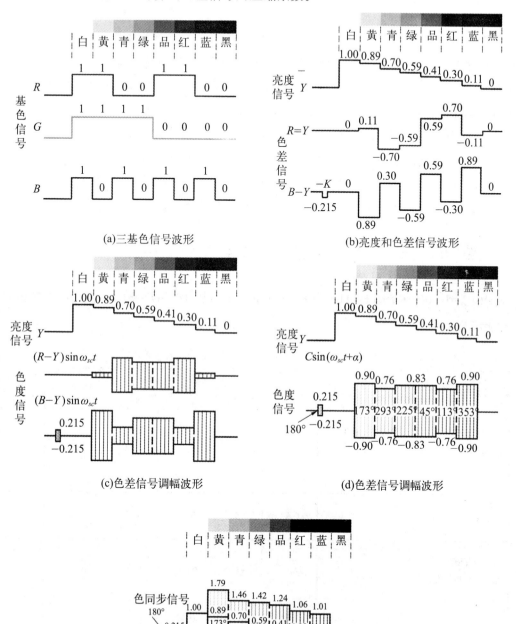

(a)三基色信号波形

(b)亮度和色差信号波形

(c)色差信号调幅波形

(d)色差信号调幅波形

(e)采色全电视信号波形

图 3-67　未压缩彩条信号波形

二、色差信号幅度压缩系数

计算可按黄条和青条的最高电平为 1.33，也可按蓝条和红条的最低电平为 -0.33。设 $(R-Y)$ 的压缩系数为 a，$(B-Y)$ 的压缩系数为 b，则黄条的副载波幅度为：$(V^2+U^2)^{1/2}=(\{[a(R-Y)]^2+[b(B-Y)]^2\}^{1/2}=1.33-0.89=0.44$，青条的副载波幅度为：$(V^2+U^2)^{1/2}=(\{[a(R-Y)]^2+[b(B-Y)]^2\}^{1/2}=1.33-0.70=0.63$。代入黄条和青条的 $(R-Y)$、$(B-Y)$ 的值，解出：$a=0.877$、$b=0.493$，即：$V=0.877(R-Y)$，$U=0.493(B-Y)$。

PAL 制色度信号 Fc 为：$Fc=C\sin(\omega_s t\pm\alpha))=U\sin(\omega_s t)\pm V\cos(\omega_s t)$

其中：$C=(V^2+U^2)^{1/2}$，$\alpha=\text{arctg}(V/U)$。

由此可得到 100% 饱和度、100% 幅度的已压缩彩条参数。

三、100% 饱和度 100% 幅度已压缩彩条

由 $Y=0.30R+0.59G+0.11B$、$V=0.877(R-Y)$、$U=0.493(B-Y)$ 计算出来的参数如表 3-2 所示。

表 3-2　100% 饱和度、100% 幅度已压缩彩条参数

彩　　条	白	黄	青	绿	紫	红	蓝	黑
$V=0.877(R-Y)$	0	0.097	−0.614	−0.518	0.518	0.614	−0.097	0
$U=0.493(B-Y)$	0	−0.439	0.148	−0.291	0.291	−0.148	0.439	0
$C=\sqrt{V^2+U^2}$	0	0.44	0.63	0.59	0.59	0.63	0.44	0
(NTSC 行) $\alpha=\text{arctg}(V/U)$		167°	283°	241°	61°	103°	347°	0
Y	1	0.89	0.70	0.59	0.41	0.30	0.11	0

一行波形图如图 3-68 所示。

矢量图表示各色条色度矢量顶点的位置，其中实线连接的是 V 分量不倒相行各色条色度矢量的顶点，虚线连接的是 V 分量倒相行各色条色度矢量的顶点，矢量图中原点对应中性色。

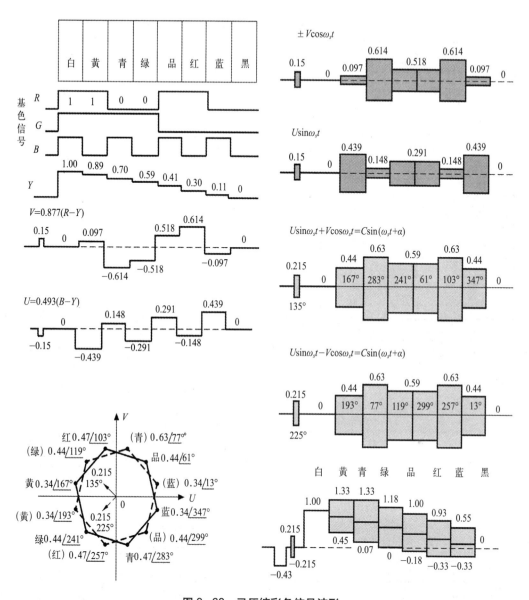

图 3-68　已压缩彩条信号波形

四、100% 饱和度 75% 幅度彩条信号

100% 饱和度、75% 幅度彩条信号是由欧洲广播联盟（EBU）提出采用的，故又称 EBU 彩条。我国彩色电视广播标准规定采用这种彩条信号。

根据亮度公式和这种彩条信号中每一竖条的三个基色值 R、G、B，可计算出亮度值 Y、色差值 $R-Y$、$B-Y$、$G-Y$，如表 3-3 所示。

表3-3 100% 饱和度、75% 幅度已压缩彩条参数

彩条	R	G	B	Y	$R-Y$	$B-Y$	$G-Y$
白	1	1	1	1	0	0	0
黄	0.75	0.75	0	0.668	0.082	−0.668	0.082
青	0	0.75	0.75	0.525	−0.525	0.225	0.225
绿	0	0.75	0	0.443	−0.443	0.307	−0.443
紫	0.75	0	0.75	0.308	0.442	0.442	−0.308
红	0.75	0	0	0.225	0.525	−0.225	−0.225
蓝	0	0	0.75	0.083	−0.083	0.667	−0.083
黑	0	0	0	0	0	0	0

100% 饱和度、75% 幅度彩条信号的全电视信号波形及色度矢量位置如图3-69所示。

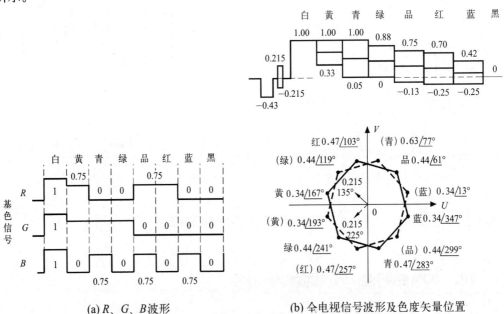

(a) R、G、B 波形   (b) 全电视信号波形及色度矢量位置

图3-69 100% 饱和度、75% 幅度彩条信号波形

色度矢量位置图中，实线连接的是 V 分量不倒相行各色条色度矢量的顶点，虚线连接的是 V 分量倒相行各色条色度矢量的顶点。与 100% 饱和度、100% 幅度彩条信号

相比，色度矢量的幅度只有其75%，而相角没变。

色度信号波形有以下几个特点：

一是压缩前后的V、U色差信号，对互相正交的副载波实现平衡调幅，所得的已调色度信号的两分量，F_V与F_U仍然是互相正交的。即使F_V分量要逐行倒相，仍与F_U保持正交关系。

二是色差信号对彩色副载波进行平衡调幅，具有平衡调幅波的特点。调制信号V或U经过零点时，已调波的相位将产生180°相位移，其振幅由V与U的大小决定。对应调制信号为零的部分，已调波也为零。它不含有载波分量。

三是色度信号波形包络正比于两个色度分量合成矢量的模值，色度信号的相位取决于两个色度分量之比的反正切。

五、彩条色度信号的矢量图

用示波器观察彩条信号的波形虽可以检查鉴定色通道的质量，但还是有很大的局限性，因为从示波器上看到的彩条信号不能直接告诉我们色度信号相位失真的情况以及由这种失真引起的色调畸变。为了比较准确地测量色度信号振幅和相位失真的大小，并确定这些失真对重现彩色图像的影响，仅靠观察信号的波形还不够，需要用彩条色度信号的矢量图。因为色度信号的振幅（饱和度）和相位（色调）失真都可以根据它们矢量位置的变化准确求得，所以用矢量图研究和分析彩色信号是十分简便和有效的。

彩条色度信号的矢量图，就是将代表各彩条的色度信号的振幅和相位，用矢量形式表示在矢量坐标中所得到的矢量图。

振幅：$|F| = \sqrt{(R-Y)^2 + (B-Y)^2}$

相位：$\Phi = \mathrm{arctg} \dfrac{R-Y}{B-Y}$

例如，100%饱和度、100%幅度未压缩彩条信号的黄色，其$R-Y=0.11$，$B-Y=-0.89$，则有：

$$|F_{黄}| = \sqrt{0.11^2 + (-0.89)^2} \approx 0.9$$

$$\Phi_{黄} = \mathrm{arctg} \frac{0.11}{-0.89} = 173°$$

同理，我们将其他各色条信号的幅值与初相位值列在表3-4中。

表 3-4　100% 饱和度、100% 幅度未压缩彩条信号的合成矢量及相位角

彩　条	白	黄	青	绿	紫	红	蓝	黑
$\|F\|=\sqrt{(R-Y)^2+(B-Y)^2}$	0	0.90	0.76	0.83	0.83	0.76	0.9	0
$\Phi=\text{arctg}[(R-Y)/(B-Y)]$	—	173°	293°	225°	45°	113°	353°	—

将 100% 饱和度、100% 幅度已压缩的色度信号幅度与初相角计算出来，并列入表 3-5 中。

表 3-5　100% 饱和度、100% 幅度已压缩彩条信号的合成矢量及相位角

彩　条	白	黄	青	绿	紫	红	蓝	黑
$V=0.877(R-Y)$	0	0.096	-0.615	-0.519	0.519	0.615	0.096	0
$U=0.493(B-Y)$	0	-0.439	0.148	-0.219	0.291	-0.148	0.439	0
$\|F\|=\sqrt{V^1+U^2}$	0	0.44	0.63	0.59	0.59	0.63	0.44	0
(NTSC 行) $\Phi=\text{arctg}\ (V/U)$		167°	283°	241°	61°	103°	347°	
Y	1	0.89	0.70	0.59	0.41	0.30	0.11	0

根据上表数据，可以画出标准彩条色度信号的矢量图如图 3-70、图 3-71 所示。

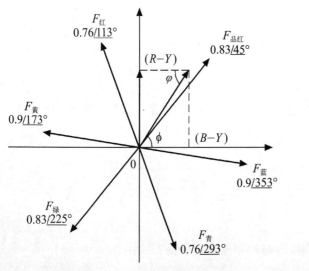

图 3-70　未压缩色度信号矢量图

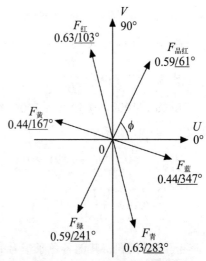

图 3-71　已压缩色度信号矢量图

由图 3-70、图 3-71 可以得出以下结论：

1. 不同色调的矢量处在平面不同位置上。正如时钟用不同方位代表不同时刻一样，在彩色电视中也仿此法，用不同方位来表示不同色调。因此，我们常称色度信号矢量图为"彩色钟"。已压缩色度信号矢量图表示的"彩色钟"，我们常称它为 U、V 面"彩色钟"。

2. 虽然被传送的彩色都是 100% 饱和度，但色度信号的幅度不尽相同，只有互补的两个彩色矢量幅度是相同的，因为互补的二色相加应为白色，即此二色的色度信号矢量之和应为零。

3. 色调相同而饱和度不同的彩色，其色度信号的初相角不变，仅仅矢量大小改变。例如，幅度仍为 100%，而饱和度为 50% 的黄色，其三基色信号相对幅度应为 $R=G=1$，$B=0.5$（相当于含有 50% 的混合白光），可算得 $Y=0.945$，而 $R-Y=0.055$，$B-Y=-0.445$，则 $|F_黄|=0.45$，$\Phi_黄=173°$。此例说明，同样是黄色，若色调不变，则 $R-Y$、$B-Y$ 比例不变，Φ 角不变；饱和度不同，则 $R-Y$ 与 $B-Y$ 的大小变了，即色度信号的幅度变了。这进一步证明了色度信号的模值 |F| 表示被传送彩色的饱和度，而色度信号的相角 Φ 表示色调。

4. 白色与黑色不算彩色，其饱和度为零，是矢量图的原点。可见，矢量图上各矢量的大小就表示饱和度的变化，饱和度愈低，越趋向原点。

5. 在矢量图中，任意两个矢量相加可得第三个矢量，合矢量表示该两种彩色混合后的色调。如红加绿，可得黄色，这样比用公式计算要方便得多。

最后应指出：显示彩色色度信号矢量图的专门仪器叫做矢量示波器，将彩条色度信号送至矢量示波器中，在荧光屏上就能显示矢量图，彩色的饱和度失真表现为矢量长度的变化，彩色的色调失真表现为矢量相位的变化。矢量偏离原来的位置愈远，表示色调失真愈严重。为了便于鉴别，通常在矢量示波器荧光屏上放置一个透明刻度板，其上标明各种彩条色度信号矢量的正确位置和误差刻度，所以，从刻度板就可直接读出矢量幅度和相位失真的数值。由于用矢量示波器来检查色度信号失真非常简便明确，因此，矢量示波器是研究色度信号、调整和维修彩色电视设备十分有用的仪器，在电视台和电视设备制造厂中得到广泛的应用。

六、标准彩条信号的数码表示法

标准彩条信号还可以用四个数码来表示，例如 100-0-100-0 或 100/0/100/0 彩条，100-0-75-0 或 100/0/75/0 彩条等。在四数码表示法中，各信号均指 γ 校正后的信号。第一和第二数字分别表示组成黑、白条的 R、G、B 的最大值和最小值。第三和第四数字分别表示组成各彩条的 R、G、B 的最大值和最小值。例如，若组成白条的基色信号的幅度为1，则100-0-75-0彩条的各基色信号的幅度为：对应白条有最大值1，对应的黑条有最小值0，对应各彩色条有最大值0.75和最小值0。

彩条信号的色饱和度和幅度可用下式计算：

$$饱和度（\%）=[1-\left(\frac{d}{c}\right)^{\gamma}]×100\%$$

$$幅度（\%）=(c/a)×100\%$$

式中：a是白条R、G、B的幅度，c是彩条R、G、B的最大值，d是彩条R、G、B的最小值。

根据上式可计算得出：100-0-100-0彩条信号为100%饱和度和100%幅度；100-0-75-0彩条信号为100%饱和度和75%幅度。

第六节　几个重要原理

大面积着色原理、混合高频原理、频谱交错原理和恒定亮度原理为我们解决彩色电视的兼容和频带压缩问题提供了理论基础。

黑白电视仅传送一个亮度信号，其视频带宽为6MHz。彩色电视除亮度信号外，还有两个色差信号。如果这三个信号各用6MHz带宽传送，则信号总带宽为18MHz，这样会使设备复杂化，而且无法与黑白电视相兼容，因此色度信号频带应予以压缩。

在前述简单的同时传送方式的彩色电视系统中，彩色摄像机产生带宽各为6MHz的红、绿、蓝的基色信号后，为了压缩频带，在传送这些信号前，必须对这些信号进行适当处理，以满足兼容性的要求。这就是说，要求在现有的黑白电视传输与发送设备的基础上也可传送彩色信号。从这点出发，也要求彩色电视信号的带宽与黑白电视的带宽一致，即不超过6MHz，并用一个通道来传送。

在这种情况下，为了传送彩色图像信号似乎应选择一种顺序传送方式，就是说，按时间顺序轮流传送各种基色信号，而在图像重现时利用人眼视觉的暂留特性，当轮换频率足够高时，就可以看到由三种基色相加混合而得出的彩色图像。最简单的顺序方式是场顺序制，即用三种基色按循环顺序传送各场图像。如前所述，这种制式受闪烁现象的限制，必须改变扫描标准，提高场频，因而是不能兼容的。顺序制的进一步发展，是经过行顺序制到点顺序制，这时，在相继图像各点之间实现各基色的轮换。但是这种制式也不是完全令人满意的，因为在6MHz的给定带宽的情况下，它的分解力太低。

上述关于制式研究的频带压缩问题，可以利用色度学原理与人眼对彩色视觉的一些特点，即人眼对彩色的分辨能力低于对亮度的分辨能力，所以和亮度信息相比，彩色信息无需用同样的频带去传送。

为了引起彩色视觉的作用，可以用一个亮度信号（即黑白电视信号）和一个色度信号来组成彩色图像信号。在这里，亮度信号需要占用与黑白信号同样宽的频带，而色度信号由于人眼对彩色细节分辨力较低的缘故，可以用较窄的带宽。根据这个原理，构成了一种改进的同时传送方式的彩色电视制式（简称为同时制）。它巧妙地把三个基色信号进行适当的变换，变成了一个反映图像亮度的、具有兼容带宽的亮度信号，和一个只反映色度的、窄频带的零亮度信号（即色度信号），并巧妙地把它们放置在与黑白电视相同的 6MHZ 频带内，用一个通道来加以传送，在接收端通过相反的变换，还原成三个基色信号。

一、大面积着色原理

利用视觉在生理上对颜色敏感度不同来压缩色度信号的带宽，在这方面获得了重要的成果。从无数的统计性观察试验可知，由于眼睛有色像差，视觉对单色光的敏感度比对混合光的灵敏度高，但对不同的单色光来说，视觉的敏感度也不一样，如对绿光和黄光的敏感度高于蓝光和红光。可以断定，如果彩色物体的细节部分涂有绿色，它在一定的照度下，并处在电视系统的鉴别能力的范围内，人们就不能感受这个物体的蓝色和红色的细节部分。

人眼视觉特性的研究表明，人眼对黑白图像的细节有较高的分辨力，而对彩色图像的细节分辨力较低，这即所谓的"彩色细节失明"。也就是说，与亮度变化的频率相比，表现颜色变化的色度信号的频率即使很低，也可以满足人眼观看的需要。因而，当重现彩色图像时，对着色面积较大的各种颜色，全部显示其色度可以丰富图像内容，而对彩色的细节部分，彩色电视可不必显示出色度的区别，因为人眼已不能辨认它们之间的区别了，只能感觉到它们之间的亮度不同。这就是大面积着色原理的依据。

由于人眼对彩色细节的分辨能力比对黑白细节的分辨能力低，在传送彩色景像时，只传送景像中粗线条、大面积的彩色部分，而彩色细节则用亮度（黑白）细节代替，其重现彩色图像的主观感觉仍然是清晰的、逼真的，这一原理称之为大面积着色原理。根据这一原理，用宽带传送亮度信号，以保证图像的清晰度，用窄带传送色度信号，进行大面积着色。实验证明，用 6MHz 带宽传送亮度信号，用 1MHz~1.5MHz 带宽传送色度信号，重现的彩色图像是令人满意的。我国电视标准规定，亮度信号带宽为 6MHz，色度信号带宽为 1.3MHz。

因此，彩色图像信号中的亮度信号以与黑白电视同样的方式传送，而色度信号则压缩在比较小的频带里重叠后传送（窄带传送），这样可以把彩色电视的频带也压缩在一个频道的宽度里（6MHz），用与黑白电视同样的频道间隔播送彩色电视。

通过对许多正常视力的人群进行统计，使用 1MHz 带宽传送色度信号，所获得的彩色图像 88% 的人感到满意；若用 2Mz 带宽传送色度信号，几乎所有的人都会对所获得的彩色效果满意。我国电视制式规定：色度信号的频带宽度为 1.3MHz。

二、混合高频原理

根据大面积着色原理，在彩色图像传送过程中，只有大面积部分需要在传送其亮度信息的同时还必须传送其色度成分。颜色的边缘部分（对应于信号的高频部分也即是图像的细节）可以被抽出来，并混合成一个只表示亮度的信号来传送，也即可以用亮度信号来取代，用宽、窄带分别传送亮、色信号。在接收端，亮色相加而复原为三基色信号时，将同一个亮度信号中的高频分量分别混入三个基色信号中去，这就是混合高频原理，如图 3-72 所示。

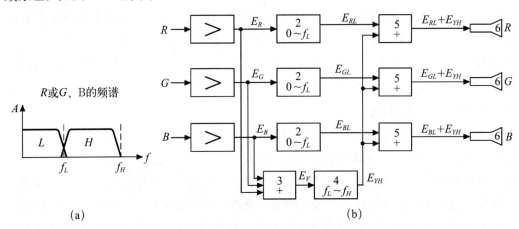

图 3-72　混合高频原理图

图 3-72 中，三个编号为 2 的方框代表低通滤波器，分别取出三基色信号的低频部分（包含亮度和色度）；编号为 3 的方框代表加法器，根据亮度公式形成亮度信号；编号为 4 的方框代表高通滤波器，取出亮度信号的高频部分；编号为 5 的方框代表混合器，将三基信号的低频部分和亮度信号的高频部分混合，激励彩色显像管重现彩色图像。

采用混合高频原理的好处：一是节省频带；二是可以减轻亮度信号与色度信号互相干扰。

三、频谱交错原理

根据大面积着色原理和高频混合原理，色度信号的带宽虽然可以大大地压缩，但是彩色电视信号中的亮度信号频谱已占有 6MHz 带宽，若把已压缩的色度信号直接与亮度信号混合，由于亮度信号和色度信号在时域和频域都重叠，因此会出现严重的相互干扰。前面分析过，亮度信号的频谱具有间隙很大的梳齿状特征，因而设法将色度信号插到亮度信号频谱的空隙中，实现"频谱交错"，这样既可使色度信号不占有额外的频带，又可避免亮度、色度信号间的干扰，使彩色电视信号仍然在 6MHz 的频带范围，从而满足与黑白电视的兼容条件。

要实现频谱交错，需将色度信号的频谱移动半个行频 $f_H/2$ 的奇数倍，使色度信号的频谱与亮度信号的频谱错开，为了与黑白电视兼容，不需移动亮度信号的频谱。实现的办法是，选择一个合适的载频（色度副载波），将色度信号调制在这个副载波上，即可将色度信号的频谱搬移到合适的位置上，如图 3-73 所示。

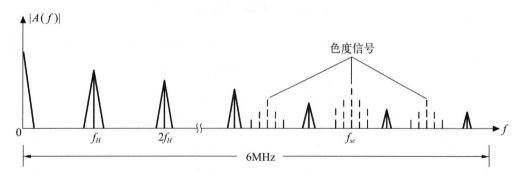

图 3-73　亮度与色度信号的频谱交错

从亮度信号的频谱分析中知道，它虽然占据了 0MHz~6MHz 的带宽，但频谱分布却是离散的，能量只集中在行频谐波 nf_H 附近一段很窄的范围内，在 $(n-1/2)\,f_H$ 附近余下很大的空隙，而且随着行频谐波次数的增高，谱线群的能量愈来愈小。

亮度信号频谱分布如图 3-74(a) 所示，色差信号的频谱分布也具有相似的结构，只是它经压缩后占据较窄的频带，如图 3-74(b) 所示。

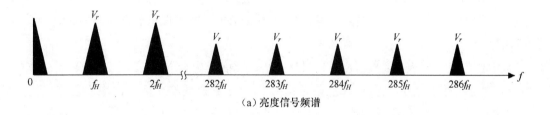

（a）亮度信号频谱

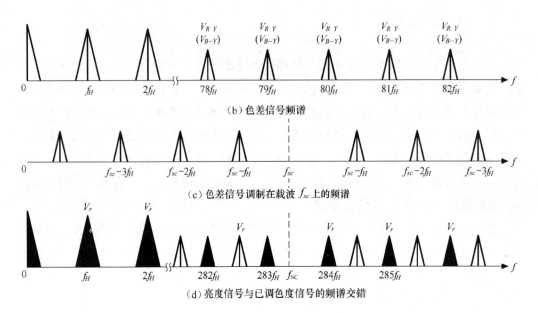

（b）色差信号频谱

（c）色差信号调制在载波 f_{SC} 上的频谱

（d）亮度信号与已调色度信号的频谱交错

图 3-74　电视信号频谱分布

将色差信号 V_{R-Y}、V_{B-Y} 调制在同一个载频 f_{SC} 上进行频谱搬移，如图 3-74(c) 所示。为了区别于图像载频，通常称 f_{SC} 为副载频。正确选择 $f_{SC}=(n-\frac{1}{2})f_H=\frac{1}{2}(2n-1)f_H$，即副载频等于半行频的奇数倍，就能实现已调色度信号恰好与亮度信号 V_Y 频谱交错，如图 3-74(d) 所示。这样就可以将色度信号的频谱镶嵌在亮度信号频谱的空隙中，以实现在规定的视频带宽（6MHz）内传送亮、色信号的目的。这种镶嵌处理亮、色信号频谱分布的原理称为频谱交错原理。应用它可以在黑白电视规定的带宽内传送彩色电视信号，实现了彩色电视与黑白电视的兼容。

四、恒定亮度原理

在彩色电视系统中采用 Y、$(R-Y)$、$(B-Y)$ 信号进行传输时，被摄景物的每一个像素的亮度全部由 Y 信号代表，而 $(R-Y)$、$(B-Y)$ 只代表色度信息而不反映亮度。这一原理称为恒定亮度原理。

采用恒定亮度原理的好处是，亮度信号不受干扰，使重现彩色图像具有最佳视觉信噪比。

恒定亮度原理表明：Y、$(R-Y)$、$(B-Y)$ 三个信号中若 Y 不变而 $(R-Y)$、$(B-Y)$ 受到干扰有变化时，虽然会引起三基色信号 R、G、B 之间的比例变化造成色度变化，但该像素显示的亮度是不会变化的。例如，若色差信号的变化使 R 增大（红色增多）而

G、B 减小 (绿、蓝色减小)，则 R 增大时所增加的亮度 ($0.30\Delta R$) 必然会正好被 G、B 减小而减少的亮度 ($-0.59\Delta G$、$-0.11\Delta B$) 所抵消，保持该像素亮度不变。色差信号的任何不正常 (受到干扰或混入杂波) 不会影响图像的亮度，这是一个很大的优点，也是彩色电视系统通常采用 Y、$(R-Y)$、$(B-Y)$ 作为传输信号而不直接传送 R、G、B 信号的重要原因之一。

恒定亮度原理可简单证明如下：

显像管重现色光的亮度 (用 Y_d 表示) 正比于 $0.30R+0.59G+0.11B$，即

$Y_d=k\,(0.30R+0.59G+0.11B)$

式中，R、G、B 为三基色信号电压值，k 为系数。因为 R、G、B 是由 Y、$(R-Y)$、$(B-Y)$ 经运算得到的，即

$R=Y+(R-Y)$，$G=Y+(G-Y)$，$B=Y+(B-Y)$，

而

$(G-Y)=-\,(0.30/0.59)\,(R-Y)-(0.11/0.59)\,(B-Y)$，

所以

$Y_d=k\,(0.30R+0.59G+0.11B)$

$\quad=k\{0.30[Y+(R-Y)\,]+0.59[Y-(0.30/0.59)\,(R-Y)-(0.11/0.59)\,(B-Y)\,]+$

$\quad\quad 0.11[Y+(B-Y)\,]\}$

$\quad=kY$

由此可见，显像管重现色光的亮度只取决于亮度信号的大小，而与色差信号无关。

第七节　电视系统的 γ 特性及其校正

为了无失真地传输图像，电视系统总的传输特性应是线性的，即接收机屏幕上重现图像的亮度 Bp 应正比于原景物亮度 Bs：$Bp=KBs$。然而，实际上电视图像在传输过程中要经过光/电转换、电信号传输和电/光转换，这种转换 (传输) 特性往往是非线性的，其中，尤其以显像管的电/光转换特性最为明显。

一、电视系统的 γ 特性

电视系统的特性由三部分组成：摄像器件的光/电转换特性、传输通道的电信号传输特性、显像管的电/光转换特性。

(一) 摄像器件的光/电转换特性

将摄像器件输出电压 U_s 与被摄景物亮度 B_s 之间的关系表示为：

$$U_s = K_1 B_s^{\gamma_1}$$

式中，K_1 为比例常数，γ_1 是表示摄像器件光电转换特性非线性程度的一个系数，称为非线性系数，对一般摄像器件 $\gamma_1 \leqslant 1$，而 CCD 的特性基本为线性，即 $\gamma_1 \approx 1$。

(二) 传输通道的电信号传输特性

电信号 U_s 经过系统传输，最后到达显像管控制电子束时成为 U_p，U_p 与 U_s 之间也可能存在非线性关系，即

$$U_p = K_2 U_s^{\gamma_2}$$

式中，K_2 为比例常数，γ_2 为传输通道非线性系数。

(三) 显像管的电/光转换特性

显像管屏幕上显示的亮度 B_p 与加到显像管栅阴极之间的激励电压 U_p 的关系为：

$$B_P = K_3 U_p^{\gamma_3}$$

式中，K_3 为比例常数，$\gamma3$ 是显像管电光转换特性系数，一般为 2~3。

(四) 电视系统的总传输特性

从整个电视系统来看，显像管荧光屏显示的亮度 B_p 与被摄景物亮度 B_s 之间的关系为：

$$B_P = K_3 U_P^{\gamma_3} = K_3 \left(K_2 U_s^{\gamma_2} \right)^{\gamma_3} = K_3 K_2^{\gamma_3} U_s^{\gamma_2 \gamma_3} = K_3 K_2^{\gamma_3} \left(K_1 B_s^{\gamma_1} \right)^{\gamma_2 \gamma_3} = K_3 K_2^{\gamma_3} K_1^{\gamma_2 \gamma_3} B_s^{\gamma_1 \gamma_2 \gamma_3}$$

设 $K = K_3 K_2^{\gamma_3} K_1^{\gamma_2 \gamma_3}$，$\gamma = \gamma_1 \gamma_2 \gamma_3$，则

$$B_p = K B_s^{\gamma}$$

式中，γ 为电视系统总的非线性系数。

若 $\gamma \neq 1$，则系统的输出光与输入光之间存在着非线性关系，从而使重现图像产生畸变，这种畸变称为 γ 畸变或非线性失真。当传送黑白图像时，它只反映亮度畸变（也称灰度畸变）；当传送彩色图像时，不仅重现亮度失真，更严重的是产生色度失真。

二、$\gamma \neq 1$ 对黑白图像的影响

假设该景物是一幅亮度逐级均匀变化（包含 6 个灰度级）的竖条图案，其亮度变化是阶梯波形。当系统按 $\gamma>1$ 转换特性进行传输时，重现亮度将出现亮区对比度增大，暗区对比度减小。如果系统为 $\gamma<1$ 的转换特性，则重现亮度时亮区对比度减小，暗区对比度加大，如图 3-75 所示。

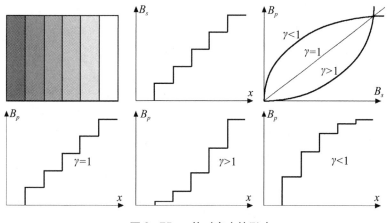

图 3-75　γ 值对亮度的影响

为了校正这种由光电转换产生的非线性失真，一般在发送端采取预失真措施，使传输通道的 $\gamma_2=1/\gamma_1\gamma_3$，由于 CCD 器件的光电转换特性基本为线性，即 $\gamma_1=1$，因此，$\gamma_2=1/\gamma_3$，从而使整个电视系统的 $\gamma=1$，此时总传输特性为线性，如图 3-75 中直线（$\gamma=1$），这种预失真方法称为 γ 校正。

随着电视技术的发展，目前已有多种新型显示器件，如液晶显示器、等离子体显示器等，它们的电/光转换特性各不相同，甚至差别很大，难以在发送端用一种校正曲线来适应，因此校正还需要在接收端由特定显示器的相关电路来完成。

三、$\gamma \neq 1$ 对重现彩色的影响

在彩色电视系统中，若三基色信号传输特性相同，则

$$R_d=KR_o$$
$$G_d=KG_o$$
$$B_d=KB_o$$

式中：R_d、G_d、B_d 分别为彩色显像管红、绿、蓝三种荧光粉显示的亮度，R_o、G_o、B_o 分别为原景物红、绿、蓝三个光分量的亮度。由三基色原理知，彩色光的色度由三个基色光分量之比决定，因此被摄景物的色度由 R_o、G_o、B_o 之比决定。显然，当 $\gamma \neq 1$ 时，$R_d:G_d:B_d \neq R_o:G_o:B_o$，所以重现彩色图像不仅有亮度畸变，而且产生色度畸变。

下面我们利用麦科斯韦彩色三角形来说明色度的非线性失真，如图 3-76 所示。

三角形的三个顶点分别为显像三基色 [R]、[G]、[B]，三角形边上和三角形内各点所代表的彩色都可以由显像三基色混配出来。由图中各点所引箭头，代表该点彩色经过传输产生非线性畸变后色度变化的趋向。

假设 $\gamma=2$、$K=1$，则可进行如下分析：

1. 被摄彩色光为 C 白（图中 W 点），则

$$F_{C白}=\frac{1}{3}[R]+\frac{1}{3}[G]+\frac{1}{3}[B]$$

即被摄白光的色系数之比为

$$R_o:G_o:B_o=\frac{1}{3}:\frac{1}{3}:\frac{1}{3}=1:1:1$$

则重现白色的色系数之比为

$$R_d:G_d:B_d=(\frac{1}{3})^2:(\frac{1}{3})^2:(\frac{1}{3})^2=1:1:1$$

故色度不变，仍为 C 白。

2. 被摄彩色光为基色光，以 $[R_e]$ 为例，则

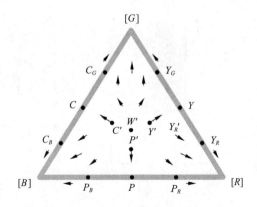

图 3-76　$\gamma>1$ 时重现彩色失真趋势

$$F_R=1[R_e]+0[G_e]+0[B_e]$$

即被摄彩色光的色系数之比为 $1:0:0$，重现彩色光的色系数之比为 $1^2:0:0=1:0:0$，故色度不变。同理，被摄彩色光为 $[G_e]$ 和 $[B_e]$ 时，重现色度也不变。

3. 被摄彩色光为三基色的补色，即坐标点位于三角形三边中点的黄色、青色和品色。以黄色为例（蓝色的补色），则：

$$F_Y=\frac{1}{2}[R_e]+\frac{1}{2}[G_e]+0[B_e]$$

即被摄黄色的色系数之比为 $\frac{1}{2}:\frac{1}{2}:0=1:1:0$，而重现彩色系数之比为 $(\frac{1}{2})^2:(\frac{1}{2})^2:0=\frac{1}{4}:\frac{1}{4}:0=1:1:0$，故色度不变，坐标点位置不变，仍为黄色。同理，青色、品色也不变。

4. 三角形内任意一点的颜色，如饱和度为 50% 的黄色（即浅黄色），则

$$F_y'=\frac{1}{2}F_c+\frac{1}{2}F_y=\frac{1}{2}\left(\frac{1}{3}[R_e]+\frac{1}{3}[G_e]+\frac{1}{3}[B_e]\right)+\frac{1}{2}\left(\frac{1}{2}[R_e]+\frac{1}{2}[G_e]+0[B_e]\right)$$

$$=\frac{5}{12}[R_e]+\frac{5}{12}[G_e]+\frac{1}{6}[B_e]$$

即被摄彩色光的色系数之比为 $\frac{5}{12}:\frac{5}{12}:\frac{1}{6}=1:1:\frac{2}{5}$，而重现彩色光的色系数之比为 $(\frac{5}{12})^2:(\frac{5}{12})^2:(\frac{1}{6})^2=1:1:\frac{4}{25}$，结果蓝色分量相对减少，坐标点向黄色移动，饱和度将增大，同理，可分析其他各种彩色产生的失真。

根据以上分析可以归纳出以下结论：

a. C 白的色度坐标不受 γ 的影响，即重现 C 白坐标位置不变；

b. 三基色及其三补色的色度不受 γ 的影响，重现彩色在三角形中的坐标位置不变；

c. 其他各种彩色经 $\gamma>1$ 的系统传输后，色度坐标将向三角形的三边或三顶点方向移动，饱和度增强；$\gamma<1$，移动方向相反，饱和度下降。

结论证明：γ 校正是必要的。

现代彩色显像管的 γ 值约为 2.8，为消除此失真，在摄像机里采用预失真电路（放大处理级实现，γ 校正电路被放置在彩色校正电路之后），如图 3–77 所示。

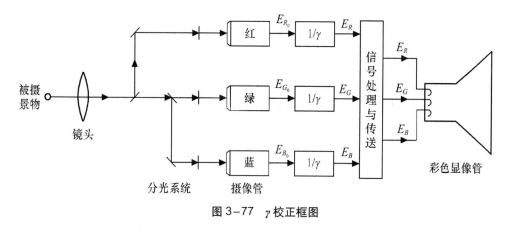

图 3–77　γ 校正框图

根据实验结果取校正后的 γ 值等于 1.26，以使重现彩色更鲜艳、更纯正。

思考与训练：

1. 简述像素在电视系统中的作用？

2. 简述行扫描、场扫描的基本过程。

3. 我国电视的标称扫描行数和有效扫描行数分别是多少？

4. 我国电视的行扫描频率和场扫描频率分别是多少？

5. 电视摄像机中曾有哪几种类型的摄像器件得到应用？现在大量使用的是哪一类？

6. 简述电真空摄像管的组成原理。

7. 画图说明 IT–CCD、FT–CCD、FIT–CCD 器件的工作原理和各自的优缺点。

8. 简述 CMOS 摄像器件的组成原理。

9. 画出行同步脉冲和行消隐脉冲叠加的波形图。

10. 黑白全电视信号中包含哪些信号成分？它们以什么方式组合？各信号用什么符号标记？

11. 何为图像信号的复合消隐脉冲、复合同步脉冲？

12. 行同步脉冲和行消隐脉冲间关系如何？场同步脉冲为何要开槽？为何要加入前均衡脉冲？

13. 何为电视系统的垂直分解力和水平分解力及其相等？

14. 某高清电视系统，设宽高比为 16：9，每帧行数为 1125 行，隔行比为 2：1，场频为 60Hz，$\beta = 8\%$，$\alpha = 18\%$，求：(1) 系统的垂直分解力；(2) 系统的水平分解力；

（3）视频信号带宽。

15. 一隔行扫描电视系统，$\alpha=18\%$，光栅宽高比为 $4:3$，$\mathrm{Kev}(1-\beta)=0.7$，$f_V=50\mathrm{Hz}$，计算 $z=450$ 行和 $z=819$ 行时的行频 f_H 和视频信号频带宽度 Δf。

16. 画出在垂直方向和水平方向都有亮度变化的静止图像的频谱示意图。

17. 何为彩色电视的兼容和逆兼容？要实现兼容对彩色电视有何要求？

18. 亮度信号如何组成？其频谱结构如何？

19. 何为色差信号？它如何组成？频谱结构如何？

20. 为什么选用 $R-Y$、$B-Y$ 两个色差信号来传送色度信息而不选用 $G-Y$？

21. 什么是高频混合原理？加给彩色显像管的激励信号是怎样的视频信号？其频带成分有何特点？

22. 什么是恒定亮度原理？它对彩色电视的传输显示带来怎样的优点？

23. 何为编码矩阵？它在彩色电视系统中起什么作用？画出亮度信号电阻矩阵电路的组成，并写明各个电阻值之间的关系。

24. 亮度信号与色度信号是怎样在黑白图像信号规定的频带内共同传输的？

25. 何为平衡调幅？平衡调幅有何特点？

26. 什么是正交平衡调幅？什么是逐行倒相正交平衡调幅？兼容制彩色电视为何采用正交平衡调幅？

27. 色度信号矢量的模值和相角与饱和度和色调间有怎样的关系？

28. 何为频谱交错原理？它对兼容制彩色电视有何意义？如何实现亮色信号频谱交错？

29. 用矢量图解释为何 V 分量逐行倒相能对微分相位造成的色调失真进行补偿？

30. 已知某彩条三基色信号波形如下图，假设亮度信号电平值："0"为黑色电平，"1"为白色电平，试画出相应的各色差信号及亮度信号波形，标出幅度电平，并判明色调与色饱和度。

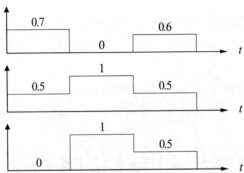

31. 色同步信号的作用是什么？简述其形成原理。

32. 彩色全电视信号有何特点？彩色全电视信号由哪几个部分构成？

第四章　声音信号

本章内容摘要

1. 声音基础知识：声音的特性、声音的基本单位、人耳的听觉特性、声音三要素。

2. 声音的常用单位：分贝的概念、采用分贝的原因、电信号的分贝值、声音信号的分贝值。

3. 传声器：传声器的种类、动圈传声器、电容传声器、传声器的技术参数。

4. 扬声器：扬声器的种类、扬声器的技术参数。

5. 立体声原理：立体声的概念、人耳对声源的定位、双扬声器听声实验、双声道立体声拾音技术。

6. 5.1 声道环绕声原理：构成原理、常用技术、高清电视伴音制作。

声音信号也称为音频信号，音频信号是（Audio）带有语言、音乐和其他声音的频率、幅度变化信息的电信号。电视既有图像又有声音（伴音），图像信号和伴音信号一起传输到电视机。

第一节　声音基础知识

声音是由物体机械振动或气流扰动引起弹性媒质发生波动产生的。我们将振动的物体称作声源。随着物体的振动，原处的空气密度及压力随之发生变化。而该处的变化又进一步引起相邻点的空气密度和压力发生变化。这样一点一点相互影响，使起始点的空气密度和压力的变化向其周围空间推进，从而形成了声波。当声波传到人的耳朵，使人产生声音感觉。因此，声音是由物体振动而产生的声波通过听觉器官所产生的印象。

一、声音的特性

声音必须通过空气或其他的媒质进行传播，形成声波，才能使我们听到。没有空气或其他媒质，我们是听不到声音的，声音在真空中不能传导。在声波的传播过程中，只是把声波振动的状态传播出去，而空气质点只在其平衡位置附近振动，并不随着声波传播到远处去。

声波的频率：由于物体的震动，空气中某点的密度和压力发生变化。我们把空气密度和压力每秒钟变化的次数，即每秒钟内空气压力由最大变化到最大，或由最小变化到最小的次数称为声波的频率，常用符号 f 表示，单位是赫兹 (Hz)。

声波的周期：一个声波完成一次振动 (空气压力由最大变化到最大，或由最小变化到最小) 所需要的时间称为周期，用符号 T 表示，单位通常为秒 (s)。周期与频率是互为倒数关系。

声波的波长：声波在一个周期的时间内传播的距离称为波长，用符号 λ 表示，单位通常为米 (m)。

声波的传播速度：声波每秒内传播的距离称为声波的传播速度，简称声速，用符号 v 表示，单位为米/秒 (m/s)。媒质传播声音的速度与媒质特性及环境温度有关。当温度为 15℃时，声波在空气中的传播速度约为 340m/s，当温度升高时，声速略有增加。声波在液体中的传播速度比其在空气中传播速度高。而在固体中则差异较大。例如，声波在钢铁中的传播速度约为 5100m/s，而在软橡皮中的传播速度仅有约 50 m/s。

波长 λ、声速 v 及频率 f 之间的关系为：$v=\lambda \times f$

声波的传播特性：

声源的方向性：虽然不同声源的辐射方向图形不同，但大部分声源符合下列规律：当辐射出来的声波波长比声源的尺寸大很多倍时，声波比较均匀地向各方向传播；当辐射出来的声波波长小于声源的尺寸时，声波集中地向正前方一个尖锐的圆锥体的范围内传播。例如我们讲话时，语音中的低频部分，由于其波长比声源的尺寸大得多，所以能绕着人的头部而向各个方向均匀地传播；而语音中的高频部分仅由发言者的嘴部向前直射。因此，当我们站在讲话者的背后时，听到的声音中的高频分量会有下降，常常感到听不清楚。

声波的反射和折射：当我们向河中投一小石块时，将会激起水波。此水波向四面传播，遇到河岸时，水波就会被反射回来。与其相似，在空气中传播的声波遇到长和宽都比声波波长大的坚硬障碍物 (如平面墙)，也会产生反射现象。此时，反射声波和垂直于墙面的法线所成的角度与入射声波和法线所成的角度相等。

当声波遇到障碍物时，除了反射声波外，还有一部分声波将进入障碍物，进入声波的多少与障碍物的特性有关。如果传播路径中遇到的是坚硬障碍物，则大部分声音能量就会被反射回来，小部分声音能量被障碍物吸收掉；如果传播路径中遇到的是松软多孔障碍物，那么，大部分声波会被吸收，小部分声波被反射。由于此时声波从一种媒质进入另一种媒质，其传播方向发生变化，我们把这种现象称为折射。

声波的衍射和散射：我们仍以河面上的水波为例。当水面上有障碍物时，水波的传播发生了变化。当障碍物比较小时，水波可以绕过障碍物继续传播。当障碍物较大时，在障碍物背后的边缘附近没有水波，而其余部分仍有水波传播，我们称这类现象为衍射。

声波遇到障碍物时也存在衍射现象。当声波在传播路径中遇到约 1 米尺寸的坚硬障碍物时，频率较高的声波大部分会被反射回来，而频率低的声波则大部分能绕过障碍物继续向前传播。衍射的程度取决于声波的波长与物体大小之间的关系。因此对于同一个障碍物，频率较低的声波较易衍射，而频率较高的声波不易发生衍射现象，它具有较强的方向性。

声波在传播过程中，如果遇到障碍物产生的衍射是无规则时则称为散射现象。如果遇到 1 厘米尺寸的障碍物时，那么，无论频率多高的声波，大部分都能绕过它而继续向前传播。

与上述现象相对照，当声波通过障碍物的洞孔时，也会发生衍射现象。此时，洞口好像一个新的点声源。当声波的波长比洞口尺寸大很多时，经过洞口后的声波从洞口向各个方向传播。而频率较高的声波则具有较强的方向性，从洞口向前方传播。因此当室内有一声源时，声波将会遇到墙壁、家具等物体，而产生反射、衍射等现象，而且声波还会通过门、窗的缝隙处传到室外。

二、声音的基本单位

声波的强弱或大小通常用声压、声功率和声强来表示。

声压：由声波引起的交变压强称为声压，单位是帕（Pa）。1 帕为每平方米上 1 牛顿的压力，即 $1Pa=1N/m^2$。

较响亮的讲话声的声压约为 0.1Pa，雷声的声压约在 10Pa 以上，微风吹动树叶的声响可小到几千分之一帕到几万分之一帕。使大多数人产生听觉现象的最低声压为 2×10^{-5} Pa，称之为基准声压或参考声压。

声功率：声源在单位时间内向外辐射的总声能称为声功率，单位是瓦（W）。

声强：穿过垂直于声波传播方向上单位面积内的声功率称为声强，用符号 I 表示，单位是 W/m^2。声强与声压的平方成正比关系，基准声强或参考声强为 $10^{-12}W/m^2$。

三、人耳的听觉特性

人耳是声音的接收器官。人耳分为外耳、中耳与内耳三部分，每部分都有自己的特性和功能。

外耳由耳廓和外耳道组成，外耳道一直通到鼓膜，其作用是将声音由耳廓传到鼓膜。中耳由感觉振动的鼓膜、听小骨和容纳鼓膜及听小骨的鼓室构成。内耳是听觉的主要部分，由耳蜗等组成。耳蜗的外形像蜗牛，其内部充满了淋巴液。

声波由外耳道进来时，会使鼓膜产生相应的振动。这一振动再由中耳里的听小骨传到内耳，使耳蜗中的淋巴液振动，它刺激听觉神经并传递给大脑，于是，人就产生了听觉。

人耳的生理结构如图4-1所示。

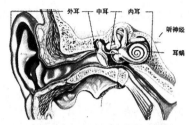

人耳能够感知的声音频率范围为：20Hz~20kHz。20Hz~20kHz范围内的声音为可听声，低于20Hz的声音称为次声，高于20kHz的声音称为超声。

人耳能够感知的声音强度范围为：$1:10^{12}$。

图4-1　人耳的生理结构

四、声音三要素

响度：人耳对声音强弱的主观感觉称为响度。响度和声波振动的幅度有关。一般说来，声波振动幅度越大则响度也越大。当我们用较大的力量敲鼓时，鼓膜振动的幅度大，发出的声音响；轻轻敲鼓时，鼓膜振动的幅度小，发出的声音弱。

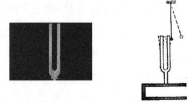

图4-2　音叉的外形

音叉振动时发出的声波为单音，即只有一个频率成分，如图4-2所示。

若设法将音叉的振动规律记录下来，可发现其振动波形为一正弦波。当用不同力量敲击某个音叉时，音叉发出的声波幅度不同，这意味着声音的响度不同。两个声音波形，其幅度一大一小，幅度大的波形其声音响度大，幅度小的波形其声音响度小，如图4-3所示。

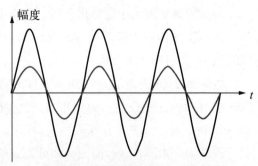

图4-3　两个响度不同的声音波形

另外，人们对响度的感觉还和声波的频率有关，同样强度的声波，如果其频率不同，人耳感觉到的响度也不同。

音调：人耳对声音高低的感觉称为音调。音调主要与声波的频率有关。声波的频率高，则音调也高。当我们分别敲击一个小鼓和一个大鼓时，会感觉它们所发出的声音不同。小鼓被敲击后振动频率快，发出的声音比较清脆，即音调较高；而大鼓被敲击后振动频率较慢，发出的声音比较低沉，即音调较低。

如果分别敲击一个小音叉和一个大音叉时，同样会感觉到小音叉所发声音的音调较高，大音叉所发声音音调较低。如果设法把大、小音叉所发出的声波记录下来，可发现小音叉在单位时间内振动的次数多，即频率高，大音叉在单位时间内振动的次数少，即频率低。

两个频率不同的声音波形，从声音可听出，频率高的声音波形听起来音调较高，而频率低的声音波形听起来则音调较低，如图4-4所示。

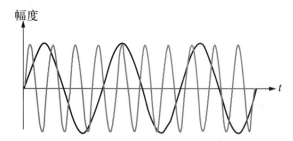

图4-4　两个音调不同的声音波形

音色：音色是人们区别具有同样响度、同样音调的两个声音之所以不同的特性，或者说是人耳对各种频率、各种强度的声波的综合反应。音色与声波的振动波形有关，或者说与声音的频谱结构有关。

前面说过，音叉可产生一个单一频率的声波，其波形为正弦波。但实际上人们在自然界中听到的绝大部分声音都具有非常复杂的波形，这些波形由基波和多种谐波构成。谐波的多少和强弱构成了不同的音色。各种发声物体在发出同一音调声音时，其基波成分相同。但由于谐波的多少不同，并且各次谐波的幅度各异，因而产生了不同的音色。

例如当我们听胡琴和扬琴等乐器同奏一个曲子时，虽然它们的音调相同，但我们却能把不同乐器的声音区别开来。这是因为，各种乐器的发音材料和结构不同，它们发出同一个音调的声音时，虽然基波相同，但谐波构成不同，因此产生的波形不同，从而造成音色不同。

小提琴和钢琴的波形和声音，这两个声音的响度和音调都是相同的，但听起来却不一样，就是因为这两个声音的音色不同（波形不同），如图4-5所示。

图中，上部为小提琴的声音波形，下部为钢琴的声音波形。

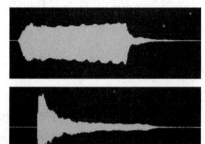

图4-5　两个音色不同的声音波形

第二节 声音的常用单位

声音的常用单位是分贝,下面主要介绍分贝的概念、采用分贝的原因、电信号的分贝值、声音信号的分贝值。

一、分贝的概念

在电学和声学技术中,经常使用分贝这样一种单位。简单地说,分贝是用来表示声音或电信号的功率增减程度的一种计算单位。如果有一个放大电路的输入功率为 Pi,输出功率为 Po,将它们的比值取常用对数,就得到这个放大电路功率变化的"贝尔"值。由于"贝尔"这个单位较大,因此通常取其 1/10 作计算单位,这就是分贝,即:

$$分贝值\ (dB) = 10\lg\frac{P_0}{P_1}$$

由于电功率与电路中电压、电流和电阻之间的关系是:

$$\begin{cases} P = I^2 R \\ P = \dfrac{U^2}{R} \end{cases}$$

所以,电路中电压或电流的增减量,同样可以用分贝来表示,但这时系数变为 20,即:

$$分贝值\ (dB) = 20\lg\frac{I_0}{I_i} = 20\lg\frac{U_0}{U_i}$$

可见,分贝的含义是表示两个电量或声学量的比值,但它不用比值直接表示,而是用这个比值的常用对数乘以 10(或 20)来表示。

二、采用分贝的原因

声音和电信号为什么要用分贝来表示,可以从两方面来看。

人耳对声音强弱的感觉,不是与声音功率的变化成正比,而是和这种变化的对数成正比。所以,采用分贝为单位来表示声音的强弱更符合人耳的听觉特性。

人耳能听到的声音小至蚊子的声音,大到巨大的雷鸣声,声强相差 10^6 倍。这样大的数字范围计算起来很不方便。如果对这个数字取对数,则为 120dB,数值变小了,计算起来也就方便多了。因此,用分贝表示比值可将庞大的数字压缩到一个便于计算和便于用图表曲线表达的数字范围。

一般的电路系统都是由多个单元级联而成,若用分贝表示每个单元的增益或衰减,则电路的总增益或总衰减就可以用加减法来计算。

三、电信号的分贝值

电信号常用分贝作单位。例如某放大器的放大倍数为 20dB,电路上某点的电平为 17dB,收录机的信噪比(信号与同时出现的噪声之比)为 60dB 等。以下是电信号分贝值的几种表示方法。

功率放大倍数:设电路的输入功率为 Pi,输出功率为 Po,则功率放大倍数为:$10\lg Po/Pi$ (dB)。

功率信噪比:设电路中某点的信号功率为 S,噪声功率为 N,则功率信噪比为:$10\lg S/N$ (dB)。

电压放大倍数:设电路的输入电压为 Ui,输出电压为 Uo,则电压放大倍数为:$20\lg Uo/Ui$ (dB)。

功率电平级:设电路中某点的功率为 P,则该点的功率电平级为:$10\lg P/Pr$ (dBm)。

其中,Pr 为参考功率,$Pr = 1$(mW)。

电压电平级:设电路中某点的电压为 U,则该点的电压电平级为:$20\lg U/Ur$ (dBV)。

其中,Ur 为参考电压,规定为在 600 欧姆的电阻上产生 1 毫瓦(mW)功率时的电压值,$Ur=0.775$(V)。

例如,某功率放大器的放大倍数为 20dB,则意味着该放大器的功率放大倍数为 100 倍。又例如,设电路上某点的电压电平级为 20dBV,则意味着该点的电压为 7.75V。

四、声音信号的分贝值

声音的大小可用声压和声强表示,也可以用其对数表示,即声压级和声强级。

声压级:设某点的声压为 P,则该点的声压级为:$20\lg P/Pr$ (dBPa),其中 $Pr = 2 \times 10^{-5}$(Pa) 为参考声压,相当于一般具有正常听力的年轻人刚刚能够觉察到

1KHz 的声音存在时的声音大小。

声强级：设某点的声强为 I，则该点的声强级为：$10\lg I/Ir$（dBW/m^2），其中 $Ir = 10^{-12}(\text{W}/\text{m}^2)$ 为参考声强。例如，若某点的噪声为 $80\text{dBW}/\text{m}^2$，则意味着该点的声强为 $10^{-4}\text{W}/\text{m}^2$。

第三节　传声器

传声器是一种换能器件，其作用是将声音信号转变为相应的电信号，通常人们称之为话筒或麦克风。

一、传声器的种类

传声器的类型很多，可以根据它们接收声波的原理而分为声压式和压差式两大类。而按照它们的能量转换方式，又可以分为动圈式、电容式、压电式等。在实际使用中，根据它们的指向特性又可分为无指向性传声器、双指向性传声器和单指向性传声器等。

目前使用最广泛的传声器是动圈传声器和电容传声器，这是因为它们的各项技术指标都能满足高保真度的要求。驻极体静电传声器由于使用方便而成为电容传声器中使用最广的一种。

早期使用的大都是无指向性传声器，而目前传声器的指向特性在使用中越来越被重视，这是因为指向性传声器能抑制噪声和声反馈，并且具有较高的灵敏度，因而逐步取代了无指向性传声器。在指向性传声器中使用最多的是具有心形指向的传声器。采用调频方式的无线传声器在近年来也被广泛应用。

传声器的基本工作原理可概括为两个过程，首先要感应外界的声波并将其转换成相应的机械振动，然后再将此机械振动转换成相应的电信号。因此，传声器包括了声波接收部分和机械能—电能转换部分。

二、动圈传声器

动圈式传声器是历史最悠久的传声器，直到今天仍有很强的生命力。这种传声器由于结构简单，稳定可靠，使用方便，固有噪声低，因此广泛应用于语言广播和扩声中。动圈传声器的不足之处是灵敏度较低，容易产生磁感应噪声、频响较窄等。为了克服这些缺点，近年来动圈式传声器在某些方面做了重大改进，使得这种古老的传声器在性能上大有改观。

动圈传声器的结构如图4-6所示。

图4-6是一个圆柱体的剖面正视图，主要由永久磁体、线圈和膜片等部分组成。

在环形磁体到中心柱磁体之间的环形缝隙中，形成由N极向S极的辐射状均匀磁场。

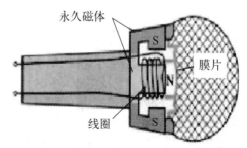

图4-6 动圈传声器的结构

膜片也称振膜，由极薄的材料制成，并由具有一定弹性的细绳固定在话筒上。振膜可以随声波的振动而振动，其作用是检取外界的声波振动，并将其传递给音圈（线圈）。

音圈是由极细的金属导线做成的环形线圈，悬在磁场中。另外，它还和振膜粘连在一起，当振膜运动时，音圈也会随之运动。音圈的作用是在磁场的作用下，将机械能转换成电能。

动圈传声器的工作原理可概括如下：当声波使振膜振动时，振膜将带动音圈使它在磁场中振动，于是音圈切割磁力线，从而产生出和声音变化相应的变化电流，如图4-7所示。

如果声音响度大，则膜片的振动幅度就大，音圈中产生的感应电流的幅度也就大；如果声音的音调高，膜片的振动频率就高，音圈中感应电流变化的频率也就高；如果声音的音色不同，膜片振动的规律（波形）也就不一样，音圈中的电流也就有相应的波形变化。于是，声音的三个要素（响度、音调、音色）可以由传声器转变成相应的电流的三个特性（幅度、频率、波形）。

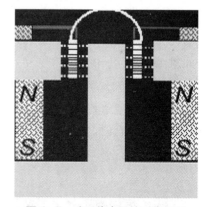

图4-7 动圈传声器的工作原理

三、电容传声器

电容式传声器是目前各项指标都较为优秀的一种传声器，具有频率特性较好、音质清脆、构造坚固、体积小巧等优点。它被广泛应用在广播电台、电视台、电影制片厂及厅堂扩声等各种场合。

电容传声器的结构如图 4-8 所示。

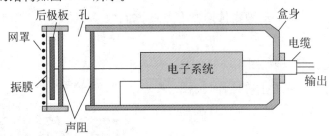

图 4-8　电容传声器的结构

电容传声器主要由电容、直流电源和负载电阻构成。

电容的一个极板用作检取声波的振膜，用导线固定在传声器上。另一个极板直接固定在传声器上。电容、直流电源和负载电阻构成了一个电流回路。电容的两个极板相距 20μm～50μm，形成 50pF～200pF 的电容。

电容传声器的工作原理可简单概括为：当声波作用于金属膜片时，膜片发生相应的振动，于是就改变了它与固定极板之间的距离，从而使电容量发生变化。而电容量的变化可以转化成电路中电信号的变化。因此，通过这样一个物理过程就可以把声波的振动转变为电路中相应的电信号，并由负载电阻输出，如图 4-9 所示。

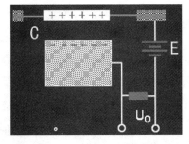

图 4-9　电容传声器的工作原理

如果声音响度大，膜片的振动幅度就大，则输出电压幅度就大；如果声音的音调高，膜片的振动频率就高，则输出电压变化的频率也高；如果声音的音色不同，膜片的振动规律（波形）就不同，则输出电压也有相应的波形变化。于是，就将声音的三要素（响度、音调、音色）转换成了电信号中的三要素（幅度、频率、波形）。

四、传声器的技术参数

灵敏度：当向传声器的振动膜片上施加 1Pa 的声压时，在负载阻抗上所产生的信号电压称为传声器的灵敏度。灵敏度的单位为：mV/Pa。灵敏度表示传声器的声能—电能的转换效率，灵敏度越高，则转换效率越高。

频率响应：指传声器的输出信号大小与频率的关系，通常用传声器的灵敏度与频率的关系来描述，即电压灵敏度随频率的变化特性称为频率响应。传声器的频响曲线大多是一条中段比较平坦，左右两端起伏较大，然后向左右跌落的曲线。传声器的频率响应决定了拾音后的音质，频响曲线的平坦范围越宽，则音质越逼真。

指向性：指传声器的灵敏度随声波入射角的改变而变化的特性。它是声波以任意角入射时传声器的灵敏度与轴向入射时灵敏度的比值，故又称指向性函数。可以用指向性图来描述。

指向性图：指用极坐标形式画出的传声器对某一频率的声信号在各个不同入射角下的灵敏度响应。常见的指向性图有无指向性（全指向性）、双指向性（8字形）、单指向性（心形）和强指向性（超指向性）等，如图4-10所示。

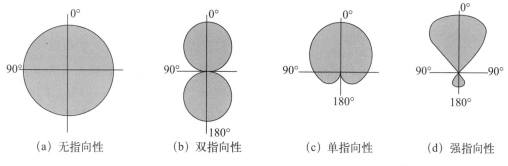

（a）无指向性　　　　（b）双指向性　　　　（c）单指向性　　　　（d）强指向性

图4-10　传声器的指向性图

全指向性传声器在所有方向上的灵敏度相同；双指向性传声器在相对的两个方向上有较高的灵敏度，而在与之垂直的方向上灵敏度为零；单指向性传声器只在一个主方向上有较高的灵敏度，而在与之相反的方向上灵敏度接近于零；强指向性传声器在一个很窄的范围内有很高的灵敏度，而在其他方向上则灵敏度接近于零。

超指向性采访话筒　　心形指向性话筒　　动圈话筒　　电容话筒

图4-11　各种传声器的外观

根据声音节目的要求及现场的情况，可选用具有不同指向性的传声器。

传声器的外观如图4-11所示。

第四节　扬声器

扬声器也是一种换能器件，其作用是将按声音变化的电信号转换为声音信号，俗称喇叭。

一、扬声器的种类

扬声器有电动式、压电式、舌簧式等几类,广播电台和一般收音机中大多用电动式扬声器。电动式扬声器又可分为纸盆扬声器、球顶形扬声器和号筒形扬声器。

早期的扬声器音质较差,不能满足高保真放音的要求。经过约 30 年的改进,终于使扬声器获得了优良的音质。目前使用最多的是电动式扬声器,用它组成的扬声器组合,如线列声柱、方阵、声偶、声环等已广泛用于高保真放音系统和室内外扩音系统中。

由于单只扬声器所发声音的频率范围不可能宽达整个听音范围,因此在高保真立体声系统中常常采用由多只扬声器组成的多频段系统。其中低音和中音大多采用直接辐射式电动扬声器,而高频范围除采用电动扬声器外,还可采用静电式扬声器、等相位电动扬声器和气流变换式扬声器等,这样组成的扬声器系统其频响范围可达 20Hz~20kHz。

(一) 电动式扬声器

电动式扬声器的工作是利用电磁作用力原理而设计的。众所周如,若在置于恒定磁场中的导线中通以电流,则导线将受到磁场的作用力而产生运动。如果把一个与振膜连在一起的线圈置于一恒定磁场中,并在此线圈中通以音频电流,则线圈将随着音频电流的变化在磁场中产生移动,于是就会带动振膜产生同步振动,从而发出声响。

最常见的一种电动式扬声器是纸盆扬声器,这是一种直接辐射式扬声器,由于采用了纸盆作为振动膜片,故得此名,如图 4-12 所示。

纸盆扬声器主要由磁铁、软铁、音圈、纸盆和固定装置组成。可见,纸盆扬声器与动圈传声器的结构类似,只是将金属膜片换成了纸盆。

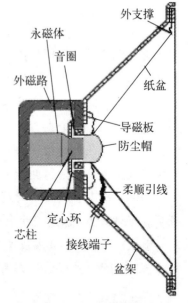

图 4-12 纸盆扬声器的结构

纸盆扬声器的工作原理可概括为:当音圈中通入按声音变化的电流时,音圈会在磁场中磁力的作用下产生相应的振动,于是就带动纸盆与之一起振动。纸盆将振动通过空气传播出去,于是就产生了声音,如图 4-13 所示。

图 4-13 纸盆扬声器的工作原理

如果电流幅度大，则音圈振动幅度大，于是产生的声音响度大；如果电流频率高，则音圈振动快，于是产生的声音音调高；如果电流波形不同，则音圈振动波形不同，于是产生的声音音色不同。

（二）球顶形扬声器

球顶形扬声器是一种在高保真立体声系统中广泛采用的扬声器，一般用来放中、高音。球顶形扬声器的结构如图4-14所示。

图4-14展示的是一个作中音放音用的球顶型扬声器。作为高音放音扬声器时，图中的后腔及吸声材料是没有的。从图中可以看出，这种球顶型扬声器的工作原理与前述纸盆扬声器相同，所不同的是其振膜为近似的半球形球面。

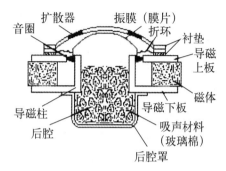

图4-14 球顶形扬声器的结构

为了改善声压频响特性和指向特性，一般在振膜前面还装有喉塞或扩散器。根据振膜软硬程度不同，可以分为软球顶形扬声器和硬球顶形扬声器两种。这两种球顶形扬声器在设计时要求是不一样的。对于硬球顶形扬声器而言，必须做到在相当高的音频段发声振动时其振膜不能产生分割振动，而对软球顶形扬声器而言，其振膜在产生分割振动时不应出现单一共振，而应出现分布的多共振。必须选用适当的粘弹性材料和吸声材料来作为振膜的阻尼材料，以获得平滑的频响特性。这种扬声器的效率较低，但它的重放频带很宽，达400Hz~12kHz，而且指向特性均匀，瞬态特性良好。

球顶形扬声器的特点是高频特性很好，指向性较宽，工作时失真小，所以在高保真扬声器系统中获得了广泛的应用。

（三）铝带式扬声器

铝带式扬声器的工作原理与电动式扬声器相同，但用铝带来代替音圈和振动膜片。因为铝带极薄，其质量极轻，故不需要作用力传递，它自己可以直接振动发声，而且没有空气共振。所以这种扬声器的最高频率响应可高达200kHz，其低频端的频率响应约为2kHz左右，可见这是一种理想的高音发声单元。

（四）平膜扬声器

平膜扬声器又叫全驱动式平膜扬声器，它的结构比较新颖。它的音圈的制作不采用常规的方法将导线在骨架上绕制，而是在绝缘的振动膜片上采用真空镀膜的方法先镀上一层很薄的铝膜，然后再用光刻的方法将其腐蚀成一个附在振膜上的平面线圈，这样音圈和膜片是一个整体。再将这种振膜置于一个均匀的磁场中，就可构成一个完整的平膜扬声器。这种结构的扬声器由于其振膜的尺寸很小，重量也很轻，而且达到同相位驱动，所以它的高频响应非常平滑，而且可以展宽至40kHz以上。

（五）静电扬声器

由静电场产生机械力的原理制成的扬声器称静电扬声器。如果在一个固定电极和一个可动电极所组成的一个电容器上加上一个固定的直流电压（即极化电压）而在两极之间产生一个恒定的静电场的基础上，再设法把音频电压也加到这个电容器的两个极板上，那么音频电压所产生的交变电场将与原静电场之间产生相互作用，出现一个与所加音频电压相对应的交变力，而使得电极之间的距离产生变化。可动电极将随着音频电压的变化产生振动而辐射声波。这个可动的电极通常是在塑料膜片上喷镀一层导电金属制成。这种扬声器的高频响应可达20kHz，并且具有良好的瞬态响应。

二、扬声器的技术参数

频率响应：在规定的音频电压作用下，扬声器轴向一定距离处的辐射声压级随频率变化的特性，称为扬声器的频率响应。

灵敏度：在扬声器轴向1米处的声压级和输入电压之比称为扬声器的灵敏度。

辐射特性：描述扬声器向各方向辐射声能的不均匀程度的特性称为辐射特性。由扬声器纸盆发出的声波，并不是很均匀地向四周传播，而是在不同的方向上有所差别。一般来说，频率较低的声波传播范围较宽，频率较高的声波传播范围较窄。

扬声器的辐射特性如图4-15所示。

可见，频率越高，扬声器的辐射声束范围越窄。

失真：失真包括非线性失真、互调失真以及瞬态失真等。

非线性失真：指扬声器播放某单一频率信号时，其机械振动产生的声波波形并不与驱动它的电信号波形完全一致，不成线性关系。

互调失真：指扬声器在同时放送两个或两个以上频率所组成的复合频率信号时，其输出信号中除了出现所加信号的频率外，还会出现一些新的频率分量，

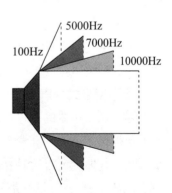

图4-15　扬声器的辐射特性

从而引起放音失真。这是一种由于某一频率的信号受到另一频率信号的互相调制而形成的失真，故称互调失真。

瞬态失真：指由于振动系统的惯性使扬声器发声时跟不上信号快速变化而造成的失真。一般扬声器所发的语言和音乐信号基本上都是瞬态信号，如果扬声器的机械振动系统惯性太大，就会跟不上这些信号的瞬态变化；如果阻尼太小，就会出现当信号过去后它继续自由振荡，发出原信号所没有的声音。这些都是瞬态失真现象。

扬声器的外观如图 4-16 所示。

图 4-16　各种扬声器的外观

第五节　立体声原理

声音系统分为单声道系统和立体声系统。

单声道系统：只由一只传声器拾音（或由几只传声器拾音后混合在一起），经一个传输通路传输后，由一只扬声器或由一组扬声器重放出来的系统。

立体声系统：由两个或两个以上的传声器、传输通路和扬声器（或耳机）组成的系统，经过适当安排，能使听者有声源在空间分布的感觉。

一、立体声的概念

我们平常所听到的声音是由四面八方的不同声源传到我们耳朵里来的，因此我们经常处于立体声声场之中，我们所听到的声音是立体声。当我们坐在音乐厅里欣赏交响乐团的演奏时，凭借听觉器官——双耳，不仅能听得出交响乐曲的旋律及强弱变化，判断是什么乐器发出的动听声音，而且还可以判断各种乐器在舞台上的位置。即使你闭上眼睛，也可以听得出首席小提琴演奏的声音来自舞台左侧，而打击乐器的声音来自舞台的右后方……我们在音乐厅中聆听到的这种层次分明、具有立体感（方位感和深度感）的声音效果，就是通常所说的立体声。

如果将现场的声音用立体声系统进行广播，则收听者可利用一组扬声器感受到现场的立体声效果；但是如果将现场声音通过单声道广播系统广播，收听者就无法感受到现场的立体声效果。

二、人耳对声源的定位

由于人有双耳，所以除了对声音具有响度、音调、音色三种主观感觉外，还有对声源的定位能力，即空间印象感觉，能够判断声源的方向和空间分布，也可称为对声源的方位感或声学的透视特性。这就是通常所说的双耳效应。

人耳之所以能够辨别声源的方向，主要是由于下面两个物理因素造成的：声音到达左右耳的时间差（或相位差）；声音到达左右耳的声级差（或强度差）。

人耳之所以能辨别声源的远近，即对声音有纵深感，在室内主要是由于直达声与连续反射声的声能之比不同的缘故。除此之外，人们的视觉以及经验等心理因素也可以帮助对声音分布状态的辨别。

我们所讨论的立体声就是根据人的双耳效应，利用双声道系统传送声音来实现的。

三、双扬声器听声实验

为了更好地理解立体声原理，我们可以用两个性能完全相同的扬声器进行一个听声实验，如图4-17所示。

在双扬声器听声试验中，设两个性能完全相同的扬声器分别为 L 和 R。它们相距一定距离，左右对称地布置在听声者面前，且发出相同频率的声音。L、R 和听声者构成一个等腰三角形，A 点为两个扬声器连线的中点。

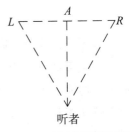

图4-17　双扬声器听声实验

当 L 和 R 的音量相同时（相当于声音到达两耳的声级差和时间差均为零），听声者会感到声音是从两个扬声器的中间位置 A 点发出的，并不感到两个扬声器在发声。A 点为虚声源，称为声像。

增加其中一个扬声器的音量，比如将 L 的音量增加，R 的音量保持不变（相当于声音到达两耳的时间差为零，而声级差不为零）。此时听声者会感觉声像由中间向左偏移。当 L 的音量增加到一定程度后，将感觉声像定位于 L 处。

将 R 向后挪动一定距离，让 L 的声音先到达，而 R 的声音后到达，同时调大 R 的音量（相当于声音到达两耳的声级差为零，而时间差不为零）。此时听声者会感觉声像由中间向左偏移。

由此可见，可以利用人耳的这种双耳效应，实现立体声效果。实际中，多使用声级差方式实现立体声效果，时间差方式在立体声广播中没有使用，因为它不便于和单声道系统兼容。

为了获得最佳的立体声效果，理想的方法是采用无限多个传声器拾取声音信号，然后用无限多个声音通道将声音传送到无限多个扬声器并重放。只要扬声器的位置和传声器的位置一一对应，则重放的声音能准确地再现现场的声音。但是，这一方法因其所需用的设备复杂而无实际应用价值。目前的立体声广播只能做到双声道系统。数字影院以及高清晰度电视可做到多声道环绕立体声系统。

四、双声道立体声拾音技术

拾音技术是指如何用传声器拾取声音信号，包括传声器的选择、摆放等。由于立体声广播要求有声源方位感觉，因此在拾音时需采用和单声道不同的方法，拾音时要分别得到左、右两路信号。双声道立体声拾音技术主要有仿真头方式、A-B 方式、X-Y 方式等。

（一）仿真头方式

用塑料或木材仿照人头形状做成仿真头，在左右耳道末端分别装上一个全向型电容传声器。拾音时将仿真头放置于现场，两个传声器的输出分别作为左、右声道的信号。

采用仿真头拾音方式的立体声系统临场感强，较为真实，但必须用高保真立体声耳机收听。

（二）A-B 方式

用两个型号、性能完全相同的传声器并排放置于声源的前方，左、右两传声器拾音后分别将信号送至左右两个声道，如图 4-18 所示。

A-B 两个传声器的间距视声源的宽度而定，一般取几十厘米到几米。传声器可选用全指向性的或单指向性传声器。

A-B 方式对传声器的要求较低。但在这种方式下，当两传声器相距过近时，拾得的立体声效果不明显，而当两传声器相距过远时，中间声源的信号

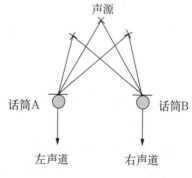

图 4-18 A-B 拾音方式

将很弱，出现中间空洞和中间凹陷现象。因此，这种方式一般用在要求不高的场合。

（三）X-Y 方式

用两只指向特性完全一致的传声器，使其成一定的角度一上一下紧靠排列，如图 4-19 所示。

拾音时，主轴向左的传声器 X 输出的信号送入左声道；主轴向右的传声器 Y 输出的信号送入右声道。这样，各个方向的声源传到两传声器的直达声几乎不存在时间差，

而只有声强差。选用的传声器可以是两个双指向性传声器或两个单指向性传声器，其夹角为90度或110度。

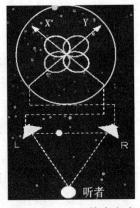

采用 X-Y 方式拾音时，两个传声器中部的声音经拾音后在左右两个声道中有相同的大小，因此放音时产生的声像也位于两个扬声器的中部。而左方的声音经拾音后在左声道中产生的信号大，在右声道中产生的信号小。于是，放音时产生的声像也会偏向左边的扬声器。同理，右方的声音经拾音和放音后产生的声像也偏向右边的扬声器。这样一来，听众就可感受到现场的声音方位。

图 4-19　X-Y 拾音方式

采用 X-Y 方式拾音时，要求两个传声器必须是同类型且特性一致，为了避免两个信号的时间差并提高拾音质量，通常将两个传声器安装在一个壳体内，构成重合传声器。

第六节　5.1 声道环绕声原理

5.1 声道就是使用五个喇叭和一个超低音扬声器来播放声音的一种方式。

一、5.1 声道环绕声的构成原理

5.1 代表着前左置、中置、前右置、后左置、后右置 5 个全频带声道，频率范围为 20Hz~20kHz，再加一个超低音效果声道，频率范围为 3Hz~120Hz，由于其传输频带只有其他通道带宽的十分之一，算不上一个完整的声道，所以被称为 0.1 声道。通过在制作室前方同一平面上设置 L/C/R（前左置/中置/前右置）扬声器，在控制室后方设置 SL/SR（后左置/后右置）扬声器，每只扬声器都以相等的距离

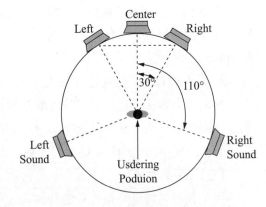

图 4-20　5.1 声道环绕声的基本原理

朝向圆心，构成全景重放声场。当听音者在圆心附近听音时，能感受到来自四面八方的全景声音效果，这就是环绕声的基本原理，如图 4-20 所示。

二、常见的 5.1 声道环绕立体声技术

5.1 声道环绕立体声从数字编解码格式标准来分,有美国杜比(DOLBY)研究室开发的 AC-3,世界标准化组织(ISO)属下的运动图像专家小组(MPEG)制定的 MPEG-2 标准、美国数码影院系统公司(Digital Theater System,DTS)研发的数字化影院系统 DTS 等。

(一)杜比 AC-3 数字技术

杜比 AC-3 数字技术,具备单声道、立体声和 5.1 环绕声功能,在数字电视、DVD、影院系统等多方面得到广泛的应用,也是广播电视领域应用最为普及的数字音频压缩技术标准。目前它已被美国的高清晰度电视(HDTV)、欧洲的数字视频广播(DVB)、澳大利亚等国家的数字广播电视作为数字音频系统的标准。杜比 AC-3 采用的是一种柔性的音频数据压缩技术,它以心理声学原理为基础,只记录那些能被人的听觉所感知的声音信号,达到减少数据量而又不降低音质的目的。杜比 AC-3 的动态范围至少可以达到 20bit 的水平。采样频率可为 32kHz、44kHz 或 48kHz。比特率是可变的,最低为 32kbps(单声道方式),最高为 640kbps,典型值为 384kbps(5.1 声道家用数字环绕声系统)和 192kbps(双声道立体声系统),能适应多种不同编码方式的需求。杜比 AC-3 标准在影音重放中虽然能满足声音质量的需要,但应用在较高级的多声道音乐录音中,或极为讲究音效的电影音响制作中,就有些力不从心了。这是因为高保真的数码多声道音频重放,必须采用更高的取样率、量化精度和分离度。

(二)MPEG-2 标准

运动图像专家小组(MPEG)制定的 MPEG-2 标准,利用数字压缩编码技术对信号进行有效压缩。对于音频来说,主要是利用感知性编码系统使其能达到 1:8 的压缩比,同时保证声音质量的损失最小。MPEG-2 系统支持 5.1 多声道环绕声,也就是利用五个独立全频带通道和一个十分之一频带的低频效应通道来实现多声道环绕声效果的。MPEG-2 的应用相对 AC-3 来说市场占有率很小,而 AC-3 则在许多领域已得到广泛应用。

(三)DTS

DTS(Digital Theater System)数字化影院系统,是由美国数码影院系统公司开发的一种数码环绕声多声道系统。在解压还原时,可以完整地恢复原始的音频信息,对数字音频信息没有任何删减。DTS 能听到更多的细节,整个空间感及移动感会更加优良,更加清楚。在家用领域,能够提供比目前 CD 唱片更为优异的声音品质,可以满足发烧友们最挑剔的要求。

三、高清电视中的 5.1 声道环绕声制作

高清电视制作中的 5.1 声道环绕声技术与高清电视传输中的 5.1 声道环绕声技术不同。

（一）高清电视传输中的 5.1 声道环绕声技术——杜比数字

高清电视音频其实就是数字环绕声，高清数字电视与模拟电视最大的区别是不但能提升电视节目的画面质量，而且能够实现 5.1 数字环绕声的音频的播出。高清数字电视，不仅是画面高清晰，而且音频的环绕声也是一个重要组成部分。目前流行的高清音频解码格式主要有杜比环绕声（Dolby Surround）、杜比定向逻辑环绕声（Dolby Pro-Logic）、杜比 AC-3(Dolby Digital)、DTS 等。杜比数字是当今最流行的高清音频解码格式，不过在世界各国制定的数字电视标准中，也有不同的选择应用，概括来说主要有 ATSC、DVB 和 ISDB 三种标准体系。ATSC 规定的音频格式是杜比数字，主要应用于美国、加拿大、阿根廷、韩国等国家。杜比数字，是电视信号传输过程中的一种环绕声编解码技术，通过编码，PCM 信号变成含有元数据的杜比数字信号 AC-3，与视频信号一起经 MPEG 编码，再复用打包后，经有线数字电视传输链路传送至家庭用户机顶盒。解复用后机顶盒内置的杜比数字解码电路，会根据在节目制作端事先设置好的元数据参数，还原出音频。

（二）高清电视制作中的 5.1 声道环绕声技术——杜比 E

高清制作中无法使用杜比数字技术。传统音频系统伴音 PCM 信号数据量大而且只有 2~4 个声道，不便在电视系统中传输和存储，所以就需要运用压缩编码技术，把数据量庞大的多声道音频信号压缩成能够在容量有限的信道和媒介中传输存储的数据。当然这个经编码压缩的数据在经过信道传输或媒介存储后解码还原出来的 PCM 信号，失真率越小越好，以保证还音质量。概括地说，就是在技术上要能把大数据量的原始信号在容量有限的信道中做"有损"的压缩编码传输，使得传输和存储后再解码还原出来的信号，尽可能接近编码传输前的原始信号，同时要能使整个"编码—传输—解码"的过程变得更加简单。杜比 E 压缩编码技术，可以在一个 AES/EBU 空间内容纳 8 个声道的数字音频信号和元数据，这一技术可以使得基于两声道的电视广播系统，只需简单改动即可具备多声道音频的处理能力。使用杜比 E 编码后，5.1 音频可以在标准 AES/EBU 音频信号路径中传输。

（三）5.1 声道伴音制作

5.1 声道节目的制作一般分为前期和后期两个阶段。

1. 硬件要求

首先，要有杜比技术认可的声音控制室。一般的声音控制室的标准特性是它必须有良好的吸声效果和足够的听音空间以及一整套的录音、混音设备。而一个有杜比技术认可的声音控制室除了它必须有一般声音控制室的标准以外，它还必须有可以采集声音并且进行编辑的音频工作站以及良好的符合 5.1 声道系统的监听环境。其次，需要有足够的制作 5.1 节目的设备。比如话筒、支持 5.1 声道的数字调音台、能制作出 5.1 声道节目的效果器、满足 5.1 声道系统重放效果的监听音箱等。这些设备既是制作 5.1 声道节目的基础，又是制作 5.1 声道节目的关键，这些设备的优良程度，直接决定着节目的优良程度。如果没有很好的拾音，在后期混音的时候必然会发生声音素材紊乱不堪、难以取舍的情况；如果没有很好的监听，即使在控制室中制作时觉得满意的节目，到了别的放音环境会有杂音或者声音不清晰或者这样那样的问题。所以，在制作之前准备好一整套能够正确制作出 5.1 声道节目的设备是必须的。

2. 拾音技术

前期制作主要是拾音，也称声音采集。

环绕声拾音技术基本上可分为三类，一类是以双通道立体声主话筒拾音技术（例如 M/S、X/Y、ORTF、A/B 等）为基础，多只话筒按照一定方式设置，相互距离较近甚至重叠在一起，拾取（或经过简单的处理而得到）5 个通道信号。第二类是用几只话筒（例如三只）分别拾取前方左、中、右方向主要声源信息，要用另几只话筒（例如两只或更多）拾取后方及空间信息。这两类拾音方式各有特点，前者通过一组话筒信号力求在一个平面内 360°范围对声源的声像进行定位，而后者是对前方的主要声源进行精确定位，而拾取的后方及空间（混响）信息则以适当比例分配到前方及环绕通道，从而形成 5 通道信号。第三类则可视为这两者或与其他拾音方法的混合使用。

3. 后期制作

后期制作是将前期采集到的声音素材进行艺术的后期混音，其中包括对声音进行修饰，以及加上一些效果。环绕声制作的目标是向听音者提供真实的现场感，犹如置身于体育比赛、音乐会或电视演播室等实景之中。就大的方面来分，环绕声制作可分为两种类型：一类是以声场表现为主，典型的如管弦乐节目制作；另一类是凭借经验采用多声道分配与合成技术创作出新的效果。例如，体育比赛不论是室内或室外，运动员和观众都热气很高，情绪激动，十分适合于以环绕声来表现。在后期制作过程中，我们要首先进行环绕声六个方面的基本设计，即六类表现方法：环绕气氛、飞跃过渡、水平旋转、领先声场与余音效果、垂直下落、声像强调。做好设计方案之后，就可以根据自己的经验做出理想的、接近国外大片的震撼音效。我们现在已经进入了高清影音时代，新品迭出的高清液晶电视、等离子电视等高清设备，不仅让我们看到了栩栩如生的画面，而且也让我们越来越多地接触到多声道环绕声。随着超高清电视的推广应用，多声道环绕声技术必将迎来大发展。

思考与练习：

1. 简述声音的波长、声速、频率的定义及其相互之间的关系。

2. 简述声波的传播特性。

3. 人耳能够感知的声音频率范围和强度范围各是多少？

4. 什么是声音的三要素？

5. 简述传声器的定义、作用及种类。

6. 简述扬声器的定义、作用及种类。

7. 简述双声道立体声原理。

8. 简述 5.1 声道环绕声原理。

第五章　模拟电视数字化基础

本章学习提要

　　1. 数字电视基本概念：模拟电视的缺点、数字电视的定义、数字电视的优点、数字电视系统。

　　2. 数字电视信号获取：模拟信号的数字化、图像信号取样原理。

　　3. 声音信号数字化：数字音频参数、数字声音信号接口。

　　在通信领域内的数字化已为人们所熟悉，例如程控电话、计算机通信以及移动通信都实现了数字化。近年来，电视领域也发生了一系列的变化，在电视节目的制作设备方面已全部实现了数字处理；在电视节目的储存设备方面也出现了许多数字设备，包括人们最熟悉的 VCD、DVD 等；在节目的传输方面，现在从卫星上、有线电视网络上已可以接收到多套数字压缩编码的节目。

第一节　数字电视基本概念

　　世界上目前通行的彩色电视广播三大制式 NTSC（美国）、PAL（德国）和 SECAM（法国）制都是在已确定的黑白电视广播制式基础上发展起来的，技术上均满足彩色电视制式与其相应的黑白电视制式具有兼容性的要求，都属于模拟信号编解码和调制传输方式。

一、模拟电视的缺点

NTSC、PAL、SECAM 三大模拟彩色电视制式有相同的特点：与黑白制式兼容。实现兼容的方法：合理选择亮度信号和色差信号，色差信号对副载波进行平衡调幅，采用频谱交错、逐行倒相等技术实现亮、色信号共用频带。由此带来模拟电视的缺点：

(一) 亮度分解力不足

亮度分解力是指重现图像亮度细节的能力，与亮度信号带宽有关，频率越高越好。模拟制式亮度信号带宽在 5MHz 以上，但往往实际上仅约 3.5MHz 左右。因为 1MHz 信号可给出 104TVL 亮度分解力，所以 3.5MHz 可给出 364TVL 亮度分解力，图像细节受到较大限制。

(二) 色度分解力不足

色度分解力是指重现图像色度细节的能力，与色差信号的带宽有关。模拟制式色差信号带宽在 1.3MHz 以上，但往往实际上仅约 0.6MHz 左右。因为 1MHz 信号可给出 104TVL 亮度分解力，所以 0.6MHz 亮度分解力低于 100TVL，重现图像的色彩欠清晰。

(三) 亮度－色度信息互串

因为亮度和色度信号共用频带，所以电视解码器的第一个任务是亮度和色度信号分离，亮度信号通过 4.43MHz 带阻滤波器，色度信号通过 4.43MHz 带通滤波器，但一般不能将两种信号彻底地分开，从而使图像上出现亮串色的色杂波干扰和色串亮的细网纹干扰，损伤正常图像的亮色细节。

(四) 亮－色增益差和延时差

幅频特性是指放大器放大倍数与频率的关系，理想情况下，随着频率的升高，信号幅度的放大倍数为常数，但在实际中幅度放大倍数越来越小。亮度信号主要在低中频段，色度信号主要在高频段，会造成亮-色增益差，导致图像饱和度失真。

时延是指信号通过传输网络所需要的时间，群时延是指群频信号产生的时延，不同频率的信号会产生不同的时延 (广播系统很重要的指标)。电视信号由不同频率的信号组成，亮度、色度信号不能同时到达屏幕，导致彩色镶边现象。

(五) 微分相位和微分增益

微分相位 (DP) 是指亮度信号和色度信号叠加在一起传输时，色度信号相位变化随亮度信号幅度变化的关系，这种关系会因传输通道的非线性而导致彩色色调失真。

微分增益 (DG) 是指亮度信号和色度信号叠加在一起传输时，色度信号幅度变化随亮度信号幅度变化的关系，这种关系会因传输通道的非线性而导致彩色饱和度失真。

(六) 色度对亮度的交调失真

亮度信号上叠加的色度信号，因为传输通道的非线性，导致正负半周有不同的增益，产生一个附加的直流信号，影响亮度信号电平。

（七）时间利用率不充分

行、场消隐期内仅仅传送了消隐脉冲和同步脉冲，行消隐期占行周期的 18%，场消隐期占场周期的 8%，这些时间未利用来传输更多的信息。

（八）幅度利用率不充分

基带全电视信号峰-峰幅度为 1.0Vpp，正程视频信号为 0.7Vpp，消隐期内同步脉冲占 0.3Vpp。呈现图像的视频信号只占全电视信号幅度的 70%，未能充分利用有效视频通道来传输图像信息。

（九）声音是单声道

一路电视频道带宽 8MHz 内只携带一路声音信号，属于单声道电视广播。

电视系统的全面数字化将会引起一系列技术革新。

1. 将最终形成电视、电话和计算机三网合一的综合数字业务网。原本是完全不同媒体的电视广播、电话和计算机数据通信，在全部数字化后，都使用同一符号"0"和"1"，只不过它们的速率不同而已，人们可以把信号组合在一起，通过一个双向宽带网送到每个家庭。

2. 全面数字化的第二个特点是电视制式将实现全球统一，不再会有 NTSC、PAL 和 SECAM 等不同的电视制式，而将统一在 ITU-R 601 数字电视标准之中。因此更利于节目的交换和信息的交流。在数字系统中，数字电视标准不仅仅对设备外围的接口，而且对数字信号处理的整个流程和细节都作了详细规定。MPEG、H.26×、AVS 等标准将对数字电视的各种应用和系统作出详细规定。DVB 则对各种传输媒介，如卫星、电缆和地面传输中的各种处理环节进行了规定，地面传输标准还有 ATSC、ISDB、DTMB。

3. 全面数字化的第三个影响是数字电视业务的可分级性带来的各种业务的统一性，不同质量的信源只是占用的比特率不同，而具有相同的格式，如家用质量的电视比特率在 1.5Mbit/s，专业级质量在 4Mbit～5Mbit/s，广播级质量在 8Mbit/s～9Mbit/s，但都打成 MPEG-2 传送包，可以在同一个设备中完成各种不同级别的图像业务。

所谓数字电视，就是将图像画面的每一个像素、伴音的每一个音节都用二进制数编成多位数码，并以高比特的码流发射、传输、接收的系统工程。数字电视是指从一个节目摄制、制作、编辑、存储、发射、传输到信号接收、处理与显示等全过程完全数字化的电视系统。

在数字电视这个系统工程中发射台发射的电视信号是一种高比特率的数码脉冲串，空中或有线电缆中传输的电视信号也是高比待率的数码脉冲串，电视接收机从接收到视频放大、色度解码、音频放大等所有过程均为数码流的处理过程。

在以上过程中没有数/模或模/数转换，仅在显像管激励终端经数/模转换为负极性图像信号，扬声器功率推动终端经数/模转换为正弦波音频信号，使显像管荧屏显示高清晰画面，扬声器还原出近似临场的立体声或丽音效果。

二、数字电视的优点

数字电视的真正意义在于，数字电视广播系统将成为一个数字信号传输平台，不仅使得整个广播电视节目制作和传输质量得到显著的改善，信道资源利用率将大大提高，还可以提供其他增值业务，如数据广播、电视购物、电子商务、视频点播等，使传统的广播电视媒体从形态、内容到服务方式产生革命性的改变，为"三网融合"提供了技术上的可能性。随着数字电视走入消费市场，将带动一系列相关产业的高速发展。

数字电视和传统的模拟电视相比，有以下显著的优点：

1. 采用数字传输技术，可提高信号的传输质量，不会产生噪声累积，信号抗干扰能力大大增强，接收的图像质量高，幅形比为 16∶9，更接近人眼视觉。

2. 彩色逼真，无串声，不会产生信号的非线性和相位失真的累积。

3. 可实现不同分辨率等级（标准清晰度、高清晰度、超高清晰度）的接收，适合大屏幕及各种显示器。

4. 可以移动接收，无重影。

5. 可实现 5.1 路数字环绕立体声，同时还有多语种功能，收看一个节目可以选择不同的语种。

6. 节省信道，增加节目套数，减少传输成本，在一个模拟制电视卫星转发器中可以传输 5 套数字电视节目。节省发射功率，在相同信号服务区内，所需要的平均发射功率比模拟制峰值功率低一个数量级。

7. 易于实现加密/解密和加扰/解扰处理，便于开展各类有条件接收的业务（称为增值业务、收费业务），使电视的个性化服务和特殊服务在实际中得以方便地实现。

8. 数字电视广播改变了观众收看电视节目的形式，从被动地收看到主动交互地收看。兼容性和互操作性较好，可与多媒体计算机网络连接。

三、数字电视系统

数字电视系统是指从演播室节目制作到传送（台内）、存储、传输（台外）、接收、显示等各个环节都采用数字技术的电视系统。

数字电视是一个大系统，一个完整的数字电视系统包括数字电视信号的产生、处理、传输、接收和重现等诸多环节，如图 5-1 所示。

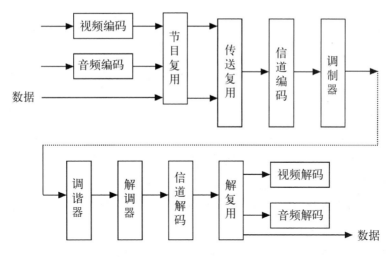

图 5-1　数字电视系统组成

可以从不同侧面对数字电视系统进行描述。

1. 数字电视广播是从节目制作（编辑）→数字信号处理→广播（传输）→接收→显示的端到端的系统。

2. 从物理层传输协议→中间件标准→信息表示→内容保护的系统。

目前用于数字电视节目制作的设备主要有：数字摄像机、数字录像机、数字特技机、数字编辑机、数字字幕机和非线性编辑系统等。用于数字信号处理的技术有：压缩编码和解码、数据加扰和解扰、加密和解密技术等。信号传输方式有：地面无线传输、有线（光缆）传输、卫星传输、IP 网络传输等。用于接收的设备有：机顶盒＋电视机、智能电视机、PC、PAD、手机等。

第二节　数字电视信号获取

数字电视信号的获取过程就是将模拟电视信号数字化的过程，即模数（A/D）转换的过程。

一、模拟信号的数字化

模拟信号的数字化过程包括三步：取样、量化和编码，统称 PCM 编码，如图 5-2 所示：

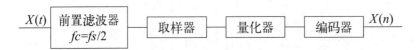

图 5-2　模拟信号的数字化框图

图5-2中，$X(t)$ 为模拟信号，fc 为滤波器的截止频率，fs 为取样频率，$X(n)$ 为数字信号。

取样是指用每隔一定时间的信号样值序列来代替原来在时间上连续的信号，也就是在时间上将模拟信号离散化。量化是指用有限个幅度值近似原来连续变化的幅度值，把模拟信号的连续幅度变为有限数量的有一定间隔的离散值。编码是指按照一定的规律，把时间、幅度离散的信号用一一对应的二进制或多进制代码表示的过程。

（一）连续时间信号的取样

对时间和幅度连续的模拟信号在时间轴上等间隔取样后，称为离散时间信号，其频谱与原模拟信号频谱相比发生了变化，如图 5-3 所示。

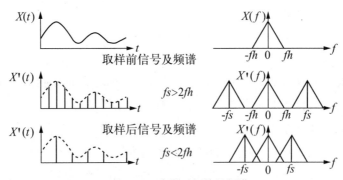

图 5-3　离散时间信号频谱

设模拟信号为 $X(t)$，其频谱为 $X(f)$，模拟信号的带宽为 fh，取样频率为 fs，取样后的离散时间信号为 $X'(t)$，其频谱为 $X'(f)$，可以证明 $X'(f)$ 是一个周期函数，是以原模拟信号 $X(t)$ 的频谱 $X(f)$ 的周期延拓形成的，周期为取样频率 fs。

$X'(f)$ 与 $X(f)$ 的关系为：

$$X'(f) = \frac{1}{T_s} \sum_{n=-\infty}^{\infty} X(f - nf_s)$$

式中，n 为整数，Ts 为取样周期：$Ts = 1/fs$。

由图 5-2 可知：

1. 取样后的离散时间信号的频谱 $X'(f)$ 是原模拟信号的频谱 $X(f)$ 以取样频率 fs 为周期延拓形成的。

2. 若取样频率 fs 足够大，取样后的离散时间信号的频谱 $X'(f)$ 不会发生混叠，否则会发生混叠。

3. 取样后的离散时间信号的频谱 $X'(f)$ 不会发生混叠的条件是：$fs \geq 2fh$，即取样频率应大于或等于原模拟信号带宽的 2 倍，称为取样定理。

4. 如果取样频率满足取样定理，将取样后的离散时间信号通过一个截止频率为 $fs/2$ 的理想低通滤波器，就能够恢复原模拟信号。

在对模拟信号取样前，要先通过一个低通滤波器，将高于 fc 的高频分量滤除。由于低通滤波器的截止边缘不可能像理想滤波器那样陡峭，因此实际上取样频率 fs 应比 $2fh$ 大很多。

（二）离散时间信号的量化

取样后的离散时间信号在幅度上仍是连续的，即每一个样值有无限多个可能的电平取值。要精确地表示每一个样值的大小需要无限多位二进制数，这是不可能也是没必要的。因为电视显像管和人的视觉特性无法区分无限小的亮度变化值，所以需要对离散时间信号进行幅度量化。

量化就是把幅度连续变化的信号变换为幅度离散的信号，按量化对象不同，可分为标量量化和矢量量化，按量化间隔是否均匀，又可分为均匀量化和非均匀量化。标量量化是一维的量化，一个幅度对应一个量化结果。矢量量化是二维甚至多维的量化，两个或两个以上的幅度决定一个量化结果。均匀量化是量化器的输入动态范围被均匀地划分为 2^n 份，均匀量化的好处就是编解码很容易，但要达到相同的信噪比占用的带宽要大。现代通讯系统中都用非均匀量化，非均匀量化是根据信号的不同区间来确定量化间隔的。对于信号取值小的区间，其量化间隔也小；反之，量化间隔就大。

1. 均匀量化原理

设输入信号的动态范围为 A，每一个量化间隔为 ΔA，量化分层级数为 M，$M=2^n$，n 称为量化比特数，则 $A = M \times \Delta A = 2^n \times \Delta A$，$M$ 和 n 的取值决定量化信噪比。

量化结果为阶梯波，如图 5-4 所示。

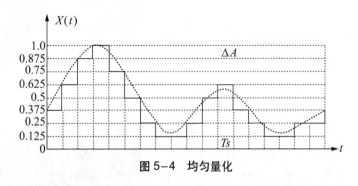

图 5-4 均匀量化

图中，$A=1$，$M=8$，$n=3$，$\Delta A = 0.125$。

设输入的连续信号为 $X(t)$，输出的阶梯信号为 $Y(t)$，则 $e(t) = X(t) - Y(t)$ 称为量化误差。当信号量化处理时，量化误差 $e(t)$ 的范围为 $+\Delta A/2 \sim -\Delta A/2$。

$$e(t) = kt = \frac{\Delta A}{T_s} t$$

由于量化误差会使恢复图像出现颗粒状细斑，因而量化误差又称为颗粒噪声或量化噪声。如果信号的功率密度谱为均匀分布函数，则可以证明，量化噪声功率为：

$$N_q = \frac{1}{T_s} \int_{-\frac{T_s}{2}}^{\frac{T_s}{2}} \left[e(t)^2 \right] dt = \frac{\Delta A^2}{12}$$

量化间隔 ΔA 越小，量化误差就越小，量化噪声也越小。

2. 量化信噪比

单极性信号量化信噪比与双极性信号量化信噪比不同。

(1) 单极性信号量化信噪比

单极性信号（如视频信号）量化信噪比一般用信号峰 – 峰值与量化噪声有效值之比表示为：

$$\frac{S_{p-p}}{\sqrt{N_q(s)}} = \frac{\Delta A \cdot 2^n}{\sqrt{\frac{\Delta A^2}{12}}} = 2\sqrt{3} \cdot 2^n$$

用分贝表示为：

$$\left[\frac{S_{p-p}}{N_q(s)} \right] \text{dB} = 20\lg(2\sqrt{3} \cdot 2^n) = 10.8 + 6n$$

量化比特数 n 每增加 1 比特，量化信噪比上升 6dB。在数字电视中，常用的量化比特数为 8、9、10。

量化比特数 n 越大，量化信噪比越高，量化噪声也越小，量化比特数 n 对图像的影响如图 5-5 所示。

图 5-5 量化比特数 n 对图像的影响

4bit 量化和 8bit 量化的结果如图 5-6 所示。

图 5-6 中，4bit 量化的图像比较粗糙，有块状斑痕；8bit 量化的图像看不到块状斑痕。

(2) 双极性信号（如声音信号）量化信噪比

设双极性信号的最大幅度为 A，动态范围是 $+A \sim -A$，对它均匀量化成 M 级，则有：

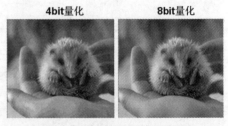

图 5-6 4bit 量化和 8bit 量化

$2A = M \times \Delta A = 2^n \times \Delta A$

其中，n 为量化比特数。

量化信噪比用信号功率与量化噪声功率之比表示为：

$$量化信噪比 = \frac{S_{max}}{N_q} = \frac{\dfrac{A^2}{2}}{\dfrac{\Delta A^2}{12}} = \frac{3}{2} \cdot 2^{2n}$$

用分贝表示为：

$$\left[\frac{S_{max}}{N_q}\right]dB = 1.76 + 6n$$

若输入信号幅度为 a，小于最大输入幅度 A，则量化信噪比又可表示为：

$$\frac{S}{N_q} = \frac{\dfrac{a^2}{2}}{\dfrac{\Delta A^2}{12}} = \frac{3}{2} \cdot 2^{2n} \cdot \left(\frac{a}{A}\right)^2 = \left(\frac{a}{A}\right)^2 \cdot \frac{S_{max}}{N_q}$$

用分贝表示为：

$$\left[\frac{S}{N_q}\right]dB = \left[\frac{S_{max}}{N_q}\right]dB - 20\lg\frac{A}{a}$$

当输入信号幅度下降 1/2 时，信噪比将下降 6dB。在数字电视中，常用的音频信号的量化比特数有 16bit、20bit 和 24bit 等几种。

可见，单极性信号与双极性信号的量化比特数不同。

（3）量化噪声对图像的影响

量化噪声对图像的影响主要有以下几方面：颗粒杂波、伪轮廓、边缘忙乱。

（三）编码

量化器输出的信号是用十进制表示的离散电压信号，为使电路能够实现还要转换为二进制代码。

在 PCM 编码中，一般采用二进制等长码，即每一量化等级都用相同位数 n 的二进制码表示，n 位二进制码有 2^n 种排序，用其中一种排序表示一个量化级。

按码元的排列不同，等长二进制码有多种，在数字电视中常用自然二进制码、格雷码、折叠码等代码，如表 5-1 所示。

表 5-1　三种等长二进制码

样值脉冲极性	格雷码	自然二进制码	折叠二进制码	量化级序号
正极性部分	1000	1111	1111	15
	1001	1110	1110	14
	1011	1101	1101	13
	1010	1100	1100	12
	1110	1011	1011	11
	1111	1010	1010	10
	1101	1001	1001	9
	1100	1000	1000	8
负极性部分	0100	0111	0000	7
	0101	0110	0001	6
	0111	0101	0010	5
	0110	0100	0011	4
	0010	0011	0100	3
	0011	0010	0101	2
	0001	0001	0110	1
	0000	0000	0111	0

自然二进制码逢二进一，优点是编译码简单、直观，获得了广泛应用，缺点是相邻码字的对应码元不同的个数（称为码距）多，译码中发生错误的可能性大。

格雷码又称为交替二进制码，是由自然二进制码演变而来的，编译码不容易发生错误。格雷码的第 i 位 gi 是由自然二进制码的第 i 位 bi 及高一位 bi+1 模 2 加而得的，即：

$$g_i = b_{i+1} \oplus b_i$$

折叠码也是由自然二进制码重排而成的，它的高位码元（MSB）代表信号的正负极性，0 代表正值，1 代表负值。其他各位都以某一中心值作上下对称分布，即中心值上下两部分各位成"倒影"关系，这就是折叠之意，适合声音信号编码（双极性信号）。

2 的补码与折叠二进制码类似，适用于双极性信号。首位代表极性，其他各位按代数值从大到小。对于正值，和折叠二进制码相同，对于负值，两者的码字次序相反。

二、图像信号取样原理

在图像信号的数字化处理中，主要有复合编码和分量编码方式。

复合编码是将复合彩色信号直接编码成 PCM 形式。复合彩色信号是指彩色全电视信号，它包含有亮度信号和以不同方式编码的色度信号。

复合编码的优点是码率低些、设备较简单，适用于在模拟系统中插入单个数字设备的情况。它的缺点是由于数字电视的抽样频率必须与彩色副载频保持一定的关系，而各种制式的副载频各不相同，难以统一。采用复合编码时由抽样频率和副载频间的差拍造成的干扰将影响图像的质量。

分量编码是将三基色信号 R、G、B 分量或亮度和色差信号 Y、$(B-Y)$、$(R-Y)$ 分别编码成 PCM 形式。

分量编码的优点是编码与制式无关，只要抽样频率与行频有一定的关系，便于制式转换和统一，而且由于 Y、$(R-Y)$、$(B-Y)$ 分别编码，可采用时分复用方式，避免亮色互串，可获得高质量的图像。

分量编码的缺点是亮度信号用较高的码率传送，两个色差信号的码率可低一些，但总的码率比较高，设备价格相应较贵。

将亮度信号 Y 和色差信号 $R-Y$、$B-Y$ 分别进行 PCM 编码，如图 5-7 所示。

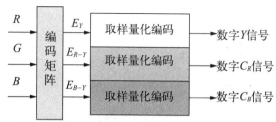

图 5-7　分量编码框图

分量信号 Y、$(R-Y)$、$(B-Y)$ 由三基色信号转换得到，标准彩条信号的 RGB 变成 Y、$(R-Y)$、$(B-Y)$ 的示意图如图 5-8 所示。

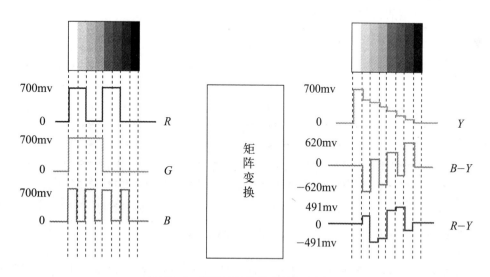

图 5-8　标准彩条信号变换示意图

在分量视频中，需要对色差信号进行压缩，以控制其动态范围。模拟视频的 $(R-Y)$ 压缩 0.877 倍、$(B-Y)$ 压缩 0.493 倍，数字视频的 $(R-Y)$ 压缩 0.713 倍、$(B-Y)$ 压缩 0.564 倍，以使其动态范围为 ±350mv（总值为 700mv）。

$$E'_{B-Y} = 0.564(B-Y) + 350\text{mv}$$
$$E'_{R-Y} = 0.713(R-Y) + 350\text{mv}$$

模拟视频和数字视频的动态范围如图 5-9 所示。

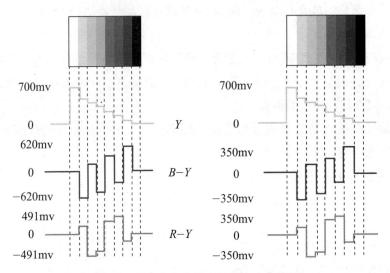

图 5-9　模拟视频和数字视频的动态范围

对模拟电视信号取样要选择取样结构，取样结构是指取样点在空间与时间上的相对位置，有正交结构和行交叉结构等，如图 5-10 所示。

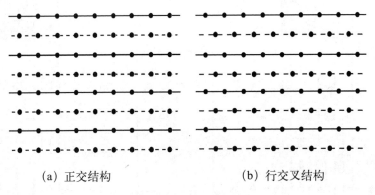

(a) 正交结构　　　　　　　　(b) 行交叉结构

图 5-10　取样结构

正交结构在图像平面上，沿水平方向取样点等间隔排列，沿垂直方向取样点上下对齐，这样有利于帧内和帧间的信号处理。行交叉结构为奇数行和偶数行内的取样点数错开半个样点位置。

电视信号的取样结构为正交结构，为保证是正交结构，要求行周期 TH 必须是取样周期 TS 的整数倍，即 $TH = nTS$，也就是取样频率 fs 是行频 fH 的整数倍，即 $fs = nfH$。

在数字电视中，选择亮度信号取样频率应考虑以下四点：

1. 满足取样定理，即取样频率 fs 大于或等于 2 倍亮度信号带宽 fY（6MHz），$fs \geqslant 2fY$。

2. 满足正交结构，即取样频率 fs 是行频整数倍，$fs = n \times fH$（n 为整数）。

3. 便于国际间交流电视节目，兼顾 625/50 和 525/60(59.94) 两种扫描格式，其行频分别为 15625Hz 和 15734.265Hz，最小公倍数是 2.25，即取样频率 fs 是 2.25 的整数倍，$fs = m \times 2.25$（m 为整数）。

4. 编码后的比特率为 $Rn = fs \times n$，n 为量化比特数，n 越大，比特率越高，从降低比特率考虑，fs 越接近 $2fY$ 越好。

综上所述，标清电视亮度信号的取样频率为 13.5MHz、高清电视亮度信号的取样频率为 74.25MHz（$fY = 30$MHz）。

在数字电视中，两个色差信号一般用 Cr 和 Cb 表示，由于色差信号带宽比亮度信号带宽小，因此在数字分量编码时，两个色差信号的取样频率可以小一些，同时考虑取样点为正交结构，有以下四种取样格式，如图 5-11 所示。

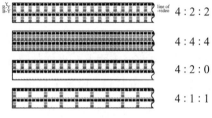

图 5-11　色差信号取样格式

（一）4：4：4 格式

亮度信号和两个色差信号的取样频率相同，都是 13.5MHz，且取样结构完全相同。亮度信号和两个色差信号具有相同的水平和垂直分解力，每四个像素中有 12 个样值，亮度信号和两个色差信号各有 4 个样值，亮度信号和两个色差信号的样值比为 4：4：4。按 8bit 编码，有 $12 \times 8 = 96$bits，96/4 = 24bits/per.pixel，即每个像素 24bits。这种格式一般用于对 RGB 信号进行数字化或要求高质量信号源的场合。

（二）4：2：2 格式

两个色差信号的取样频率是亮度信号取样频率的一半，即 6.75MHz，两个色差信号在水平方向的取样点数是亮度信号的一半，而在垂直方向的取样点与亮度信号相同。每四个像素中有 8 个样值，亮度信号有 4 个样值，两个色差信号各有 2 个样值，亮度信号和两个色差信号的样值比为 4：2：2。按 8bit 编码，有 $8 \times 8 = 64$bits，64/4 = 16bits/per.pixel，即每个像素 16bits。这种格式一般用于电视演播室节目制作。

（三）4：2：0 格式

两个色差信号的取样频率是亮度信号取样频率的四分之一，即 3.375MHz，一行色差信号按 4：2：2 取样，另一行色差信号不取样，两个色差信号在水平方向和垂直方向的取样点都是亮度信号的一半。每四个像素中有 6 个样值，亮度信号有 4 个样值，两个色差信号各有 1 个样值，亮度信号和两个色差信号的样值比为 4：2：0。按 8bit 编码，

有 $6 \times 8 = 48$ bits，$48/4 = 12$ bits/per.pixel，即每个像素 12bits。这种格式一般用于对信号源质量要求不高的场合，如 VCD 等。

（四）4:1:1格式

两个色差信号的取样频率是亮度信号取样频率的四分之一，即 3.375MHz，两个色差信号在水平方向的取样点都是亮度信号的四分之一，而在垂直方向的取样点与亮度信号相同（每一行都取样）。每四个像素中有 6 个样值，亮度信号有 4 个样值，两个色差信号各有 1 个样值，亮度信号和两个色差信号的样值比为 4:1:1。按 8bit 编码，有 $6 \times 8 = 48$ bits，$48/4 = 12$ bits/per.pixel，即每个像素 12bits。这种格式一般用于对信号源质量要求不高的场合。

数据量计算：

对于 4:4:4 格式，亮度信号 Y 的格式为 720×576 样值，色度信号 Cb、Cr 的格式也各为 720×576 样值，设每个样值 8 比特编码，一帧画面的数据量为：

$$720 \times 576 \times 8 \times 3 = 9953280 (\text{bits})$$

对于 4:2:2 格式，亮度信号 Y 的格式为 720×576 样值，色度信号 Cb、Cr 的格式各为 360×576 样值，设每个样值 8 比特编码，一帧画面的数据量为：

$$(720 \times 576 \times 8) + (360 \times 576 \times 8 \times 2) = 6635520 (\text{bits})$$

对于 4:2:0 格式，亮度信号 Y 的格式为 720×576 样值，色度信号 Cb、Cr 的格式各为 360×288 样值，设每个样值 8 比特编码，一帧画面的数据量为：

$$(720 \times 576 \times 8) + (360 \times 288 \times 8 \times 2) = 4976640 (\text{bits})$$

第三节　声音信号数字化

声音信号波形与视频信号波形不同：视频信号波形为单极性，声音信号波形为双极性。

一、数字音频参数

我国标准有《演播室数字音频参数》（GY/T156–2000），适合数字音频节目制作、DVD、电影声音制作、HDTV 的应用。

取样频率优选 48kHz，也可选用 32kHz 或 44.1kHz，音频编码方式为 PCM，优选 20bit 线性量化，也可选用 16bit、18bit 或 24bit 线性量化。

在 PAL 制的 625 行/50 场/2：1 隔行电视信号中，利用每场 312.5 行中的 294 行记录数字音频信号，每行记录 3 个音频样值，于是取样频率为：

$$fs = 50(场) \times 294(行) \times 3(样值) = 44.1\text{kHz}$$

演播室应用中，采用无压缩编码，预留声道数为 2 路、4 路或 8 路，2 路（声轨 1–2）为左声道（L）、右声道（R），4 路（声轨 1–4）为左声道（L）、右声道（R）、中央声道（C）、单声环绕声道（MS），8 路（声轨 1–8）为左声道（L）、右声道（R）、中央声道（C）、低频增强声道（LFE）、左环绕声道（LS）、右环绕声道（RS）、自由使用（F）、自由使用（F），如表 5-2 所示。

表 5-2　多路声音轨记录的声道分配

声　轨	2 路记录的声道分配	4 路记录的声道分配	8 路记录的声道分配
1	L	L（左声道）	L（左声道）
2	R	R（右声道）	R（右声道）
3		C（中央声道）	C（中央声道）
4		MS（单声声道）	LEF（附加低频声道）
5			LS（左环绕声）
6			RS（右环绕声）
7			F（自由使用）
8			F（自由使用）

数字声音数据按帧划分，每帧 64bit，又分为两个子帧，各 32bit，子帧 1 放置左声道的一个样值，子帧 2 放置右声道的一个样值，如图 5-12 所示。

（a）子帧1

（b）子帧2

图 5-12　子帧格式

图5-12中，前导标志4bit（0-3）表示子帧开始，后4bit（28-31）为辅助数据，其中 V（28）为有效标志、U（29）为用户数据、C（30）为通道状态、P（31）为奇偶校验、AUX（4-7）为辅助取样，V、U、C、P 的定义如表5-3所示。

表5-3 V、U、C、P 的定义

V	声音样值有效比特位
U	用户比特位。具有多重用途，由用户或厂商定义
C	声道状态比特位。传输与该音频信号相关联的信息，如音频样值字长、音频通道数、取样频率、时间码、字母数字源和目标码、预加重
P	子帧的奇偶校验比特位。可使子帧内32个bit中1的个数为偶数

每192个音频帧构成一个音频块，每个音频块内有三种前置码，分别表示音频块、子帧1、子帧2开始，Z表示音频块开始，X表示子帧1开始，Y表示子帧2开始，如图5-13所示。

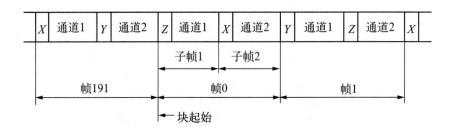

图5-13　一个音频块组成

前置码是个特定的格式，用于子帧、帧和块的同步和识别，如表5-4所示。

表5-4　前置码表

	前一比特的第二状态"0"	前一比特的第二状态"1"	
X	11100010	00011101	子帧1
Y	11100100	00011011	子帧2
Z	11101000	00010111	块起始（帧0）的子帧1

前置码 X 如图 5-14 所示。

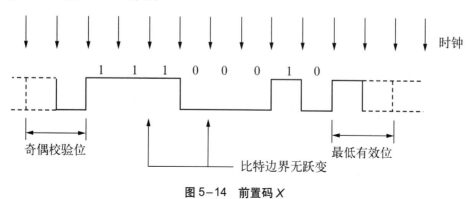

图 5-14 前置码 X

在一个 48kHz 取样的音频系统中，一个音频帧的时间是 $1/48kHz=20.83\mu s$，一个音频块的时间是 $20.83\times192=4000\mu s$。

二、数字声音信号接口

数字声音信号接口有两种：一是双绞线平衡传输接口，连接头为 XLR 型（卡侬头），由美国音频工程协会和欧洲广播联盟规定（AES/EBU）；二是同轴电缆非平衡传输接口，连接头为 BNC 型（Q9 头），由电影电视工程师协会（SMPTE）276M 建议书规定。

XLR 型连接头如图 5-15 所示。

图 5-15 XLR 型连接头

我国标准有《演播室数字音频接口》（GY/T158-2000），参照 AES/EBU 建议制定。AES/EBU 数字音频接口标准是传输和接收数字音频信号的数字设备接口协议，规定音频数据必须以 2 的补码进行编码，传输介质是电缆，在串行传输 16bit~20bit 的并行字节时先传输最低有效位，必须加入字节时钟标志以表明每个样值的开始，最后的数据流为双向标志码编码，如图 5-16 所示。

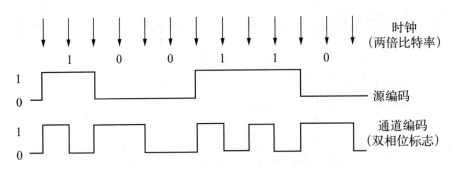

图 5-16　通道编码

双向标志码编码的特点是在码元"0"或"1"的边沿都有电平跳变，而对于码元"1"，在每个比特周期的中央又有一次跳变，这种码的数据信号内没有直流分量，因而可用变压器耦合，而且不怕相位反转，又容易从输入数据流中根据跳变提取时钟。

平衡传输时，连接电缆应采用有屏蔽层的平衡电缆，在 0.1MHz~6.0MHz 频率上电缆标称特性阻抗为 110Ω。平衡信号由平衡的双绞线和带屏蔽层的传声器型电缆传送。输入和输出都规定为变压器耦合，而且不接地。双绞线特性阻抗为 110Ω，发收两端须有 110Ω 匹配电阻。这种连接的电缆长度可达到 100m，不会对信号造成过分的劣化。

非平衡传输时，同轴电缆的特性阻抗为 75Ω，长度可达 400m。

在数字电视中，数字音频数据可以嵌入数字视频 SDI（串行数字接口）流中每一行的 HBI（行逆程）的辅助数据空间传输，称为加嵌，这种伴音称为嵌入式伴音，我国标准有《数字分量演播室接口中的附属数据信号格式》（GY/T160-2000）、《数字电视附属数据空间内数字音频和辅助数据的传输规范》（GY/T161-2000）、《高清晰度电视串行接口中作为附属数据信号的 24 比特数字音频格式》（GY/T162-2000）。

GY/T161-2000 规定，按 HBI 计算，一行中可容纳的辅助数据为：

144-8-6=130B 或 1040bit（1B=8bit），其中 144B 为行逆程中可容纳的总字节，8B 为 EAV 和 SAV 占用，6B 为紧随 EAV 之后固定的定时基准码占用，由此可得一行辅助数据的码率为：

$$1040 \times 625 \times 25 = 16.25\text{Mbps}$$

由于一路立体声的码率为：

$$48000 \times 20 \times 2 = 1.92\text{Mbps}$$

因此在数字视频 SDI 流中可以嵌入 8 路无压缩的数字立体声音频信号。

标准规定：除了第 7、320、5、318 行外，音频数据可以嵌入大多数行的 HBI 期间，并应在整个帧内平均分布。一路 48kHz 取样的音频信号嵌入一帧时，相当于一行 HBI 内传输该路声音的 48000/15625＝3.072 个样值，实际上是多数行传 3 个样值，少数行传 4 个样值。

对于 625/50 格式，第一场第 6 行及其上下相邻行和第二场第 319 行及其上下相邻行共六行，不能传输有效数据，以保证切换时不损伤数据。第 6、319 行为切换行，用于场或帧切换，第 5、318 行留给 EDH（误码检测信号）。

思考与练习：

1. 什么是数字电视？

2. 什么是 PCM 编码？

3. 什么是分量编码和复合编码？

4. 怎样选择电视信号数字化的取样频率？

5. 怎样选择电视信号数字化的量化比特数？

6. 画出 4:4:4、4:2:2、4:2:0、4:1:1 的 Y、Cr、Cb 样点结构图。

7. 计算 4:4:4、4:2:2、4:2:0、4:1:1 的未压缩数码率。

8. 什么是串行接口和并行接口？

9. 什么是 AES/EBU 信号接口？

10. 简述音频块和音频帧的格式。

第六章　数字电视演播室规范

本章学习提要

1. 标清电视演播室规范：演播室编码参数、数字视频信号量化电平分配、信号接口。

2. 高清电视演播室规范：演播室编码参数、编码方程、信号接口。

3. 超高清电视演播室规范：图像空间特性、图像时间特性、系统光电转换特性及彩色体系、信号格式、数字参数。

4. 4K 超高清电视技术应用：视频关键技术参数、音频技术要求、视频编码、音频编码。

数字电视演播室有标清电视演播室、高清电视演播室、超高清电视演播室，介绍数字电视演播室编码参数和信号接口。

第一节　标清电视演播室规范

国际标准有 CCIR 601、ITU-RBT.601-5，后者是在前者多次修正扩展而成，包含 4:3 和 16:9 两种宽高比。

我国标准有《演播室数字电视编码参数规范》(GB/T14857-93)，等同采用 601 标准。

一、演播室编码参数

取样格式采用 4:2:2 格式，主要参数如表 6-1 所示。

表6-1　标清电视演播室编码参数

1. 编码信号 Y、C_r、C_b	由 γ 预校正的 E_Y'，$E_R'-E_Y'$、$E_B'-E_Y'$ 形成（见附录 A2）
2. 整行取样数 亮度信号（Y） 每个色差信号（C_R、C_B）	864 432
3. 取样结构	正交结构，即取样点按行、场和帧重复。每行中的 C_r 和 C_b 取样点与 Y 的奇次（1，3，5…）取样点同位置
4. 取样频率 亮度信号 每个色差信号	13.5MHz 6.75MHz
5. 编码方式	亮度信号和每个色差信号都采用线性量化的 PCM，每个取样值被 8（可选用 10）比特量化
6. 每个灵数字有效行的取样数 亮度信号 每个色差信号	720 360
7. 模拟信号——数字信号行内时间 关系：自数字有效行末尾至 OH	12 个亮度时钟周期
8. 视频信号电平与量化级之间的对应 量化级范围 每个色差信号	0~255 共 220 个量化级，黑电平对应于量化级 16，峰值白电平对应于量化级 235，信号电平有时可能超过量化级 235 占用量化级范围中间部分的 235 个量化级，零信号电平对应于量化级 128
9. 码字用法	0 和 255 两个量化级的码字专用于同步，量化级 1~254 用于视频信号

二、数字视频信号量化电平分配

601 建议书中给出了视频信号电平与量化级的对应关系，量化比特数分 8bit 和 10bit 两种。

亮度信号为单极性信号，动态范围为 0mv~700mv，量化后的码电平分配如图 6-1 所示。

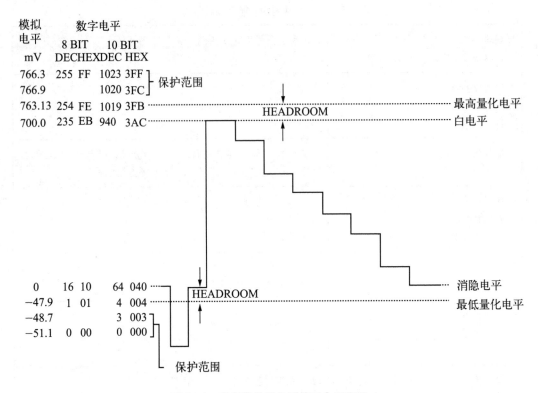

图 6-1 亮度信号量化后的码电平分配

8bit 量化时，共分为 256 个等间隔的量化级，其二进制的范围是 00000000~11111111，相应的十进制范围为 0~255。亮度信号动态范围共有 220 级量化级，亮度信号峰值白电平对应码电平 235 级，消隐电平对应码电平 16 级。为了预防信号变动造成过载，上端留 20 级、下端留 16 级作为信号超过动态范围的保护带。其中，码电平 0 和 255 为保护电平，不允许出现在视频数据流中，码字 00 和 FF 用于传送同步信息。

10bit 量化时，亮度信号动态范围共有 877 级量化级，亮度信号峰值白电平对应码电平 940 级，消隐电平对应码电平 64 级。为了预防信号变动造成过载，上端留 80 级、下端留 61 级作为信号超过动态范围的保护带。其中，码电平 0—3 和 1020—1023 的范围为保护电平，不允许出现在视频数据流中，码字 000 和 3FF 用于传送同步信息。

8bit 数字信号可以在 10bit 数字设备和通道中传输，输入时在 8bit 数字信号最低位后面加两位 0，输出时去掉最低位两位 0，还原成 8bit 数字信号。

色差信号为双极性信号，动态范围为 ±350mv，量化后的码电平分配如图 6-2 所示。

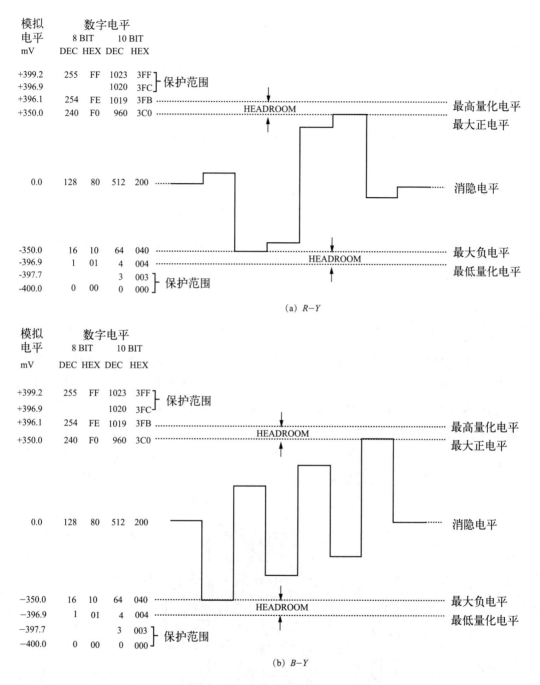

图6-2　色差信号量化后的码电平分配

8bit量化时，色差信号经过两次归一化处理后，ECR和ECB的动态范围为−0.5～0.5，让色差零电平对应码电平256÷2＝128。色差信号动态范围共有225级量化级，色差信号正峰值电平对应码电平240级，0电平对应码电平128级，负峰值电平对应码电平 16 级。为了预防信号变动造成过载，上端留 15 级、下端留 16 级作为信号超过动态范围的保护带。

10bit 量化时，色差信号动态范围共有 897 级量化级，色差信号正峰值电平对应码电平 960 级，0 电平对应码电平 512 级，负峰值电平对应码电平 16 级。为了预防信号变动造成过载，上端留 60 级、下端留 61 级作为信号超过动态范围的保护带。

亮度信号和色差信号量化后取最邻近的整数作为码电平值，其数学表达式为：

$$D_Y = INT[(219Y + 16) \times 2^{n-8}]$$
$$D_{Cr} = INT[(224Cr + 128) \times 2^{n-8}]$$
$$D_{Cb} = INT[(224Cb + 128) \times 2^{n-8}]$$

式中，D_Y、D_{Cr}、D_{Cb} 为量化后的数字信号值，INT[] 表示对 [] 内的小数取整，Y、Cr、Cb 为归一化的模拟信号值，n 为量化比特数。

三、信号接口

数字电视演播室内视频设备采用电缆进行连接，有两种接口：一种是并行接口，将 8bit 或 10bit 的视频数据字通过多芯电缆内各芯线同时传输的接口，通常使用 25 芯电缆；另一种是串行接口，将视频数据字的各个比特以及相继的数据字通过单芯电缆顺序传输的接口，通常使用 75Ω 同轴电缆。

两种接口的机械特性和数字信号电特性要求符合国际标准 ITU–R BT.656 号建议书。

（一）数字分量信号的时分复用

4:2:2 数字分量信号的时分复用传输如图 6–3 所示。

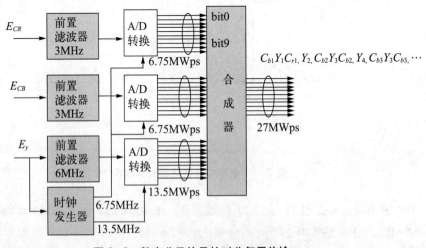

图 6–3　数字分量信号的时分复用传输

前置滤波器滤除视频中的高频成分，防止频谱混叠。A/D 转换后各比特（10 比特，也可以是 8 比特）并行输出，三路并行数字信号在合成器内进行时分复用，合成一路并行数字信号，每一行的数据输出次序为 $C_{b1}Y_1C_{r1}$，Y_2，$C_{b2}Y_3C_{r2}$，Y_4，……，$C_{b360}Y_{719}C_{r360}$，Y_{720}，直至 576 行。合成器输入信号速率为亮度 13.5MWps、色差各为 6.75MWps，合成器输出信号速率为 27MWps，包括行、场消隐期间的辅助数据。

（二）视频数据与模拟行同步间的定时关系

数字分量视频信号是由模拟分量视频信号经过 A/D 转换得到的，数字有效行与模拟行之间应该有明确的定时关系。

如果是全数字系统，在接收端不是 PAL 接收机而是数字接收机，其扫描同步电路也是数字扫描电路，则不必探究数字视频信号与模拟视频信号 O_H 的定时关系，可以只关注数字流的构成。

625/50 格式的视频数据与模拟行同步的定时关系如图 6-4 所示。

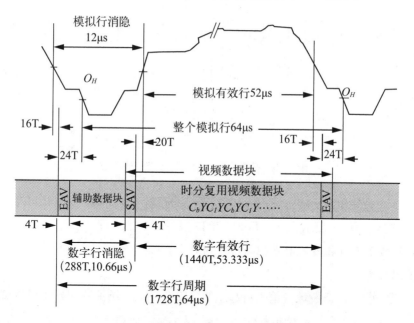

图 6-4　视频数据与模拟行同步的定时关系

图 6-4 中，T 为时钟周期，是时钟频率（27MHz）的倒数，$T=1/27MHz=37ns$。以模拟行同步前沿 OH 为基础，每一数字行起始于 OH 前 24T 处，每行 64μs，共有 864 个亮度取样周期，$864 \times 2 = 1728$ 个时钟周期。数字有效行起始于 OH 后 264T 处，共有 720 个亮度取样周期，占用 1440 个时钟周期。数字行消隐占 288 个时钟周期，左端有四个时钟周期的定时基准码 EAV，代表有效视频结束，右端有四个时钟周期的定时基准码 SAV，代表有效视频开始。

在数字标准清晰度电视（SDTV）中，扫描参数仍然为 625/50/2∶1，即垂直扫描为隔行扫描，扫描需要区分行、场正程期和行场消隐期。在模拟电视中这些同步关系由复合同步脉冲表示，而在数字电视码流中则依靠 EAV 和 SAV 来标注。EAV 和 SAV 又称为定时基准信号，SAV 在每一视频数据块的起始处，EAV 在每一视频数据块的终止处。

每个定时基准信号由 4 个字组成，每个字为 8bit 或 10bit。4 个 8bit 字用 16 进制表示为 FF 00 00 XY，4 个 10bit 字用 16 进制表示为 3FF 000 000 XYZ，FF 00 00、3FF 000 000 是固定前缀，供定时基准信号用，XY、XYZ 定义了奇数场、偶数场、行场消隐期和行场正程期等信息以及校验位。

定时基准信号组成如图 6-5 所示。

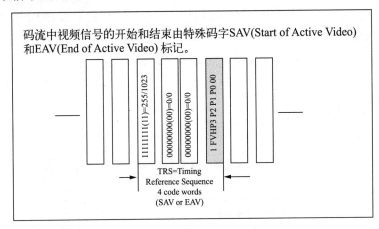

图 6-5　视频码流中的定时基准信号组成

图 6-5 中，F=0 表示第一场，F=1 表示第二场，V=0 表示场正程，V=1 表示场逆程，H=0 表示 SAV，H=1 表示 EAV，P0P1P2P3 是保护位（汉明码）。

下面是数字电视和模拟电视扫描行数的对比。

1. 模拟电视

在模拟电视中，奇数场自第 1 行起至第 312.5 行止；场消隐起始于第 622.5 行结束于第 22.5 行，共占 25 行；场正程起始于第 22.5 行，结束于第 310 行，共占 287.5 行。偶数场自第 312.5 行起至第 625 行止；场消隐起始于第 311 行结束于第 335 行，共占 25 行；场正程起始于第 336 行，结束于第 622.5 行，共占 287.5 行。一帧的正程中有效行为 287.5+287.5=575 行。

2. 数字电视

以 625 行/50 场格式为例，在数字电视中，奇数场（第一场）为 312 行，场消隐占 24 行，正程占 288 行；偶数场（第二场）为 313 行；场消隐占 25 行，正程占 288 行。一帧的正程中有效行为 288+288=576 行，它比模拟信号多一行。

模拟电视：一帧的有效行 575 行。

数字电视：一帧的有效行 576 行。

（三）并行接口和串行接口

并行接口连接的 25 芯电缆由 12 对双绞线和一层屏蔽网组成，如图 6-6 所示。

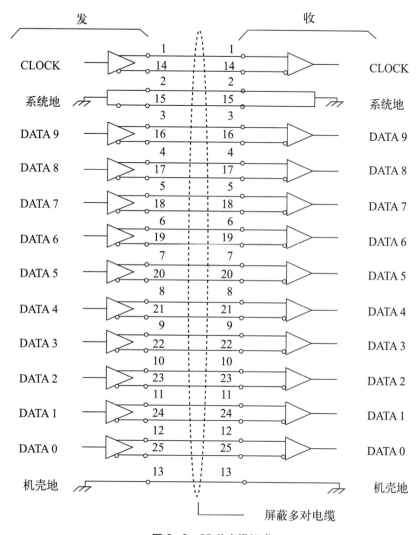

图 6-6　25 芯电缆组成

25 芯接头如图 6-7 所示。

每帧的数字视频以 Cb1Y1Cr1，

Y2，Cb2Y3Cr2，Y4，Cb3Y5Cr3，Y6，…，

Cb360Y719Cr360，Y720 的顺序进行传输。

图 6-7　25 芯接头

时钟与数据的定时关系如图 6-8 所示。

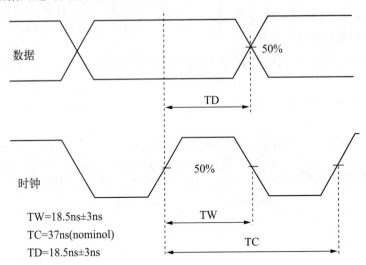

TW=18.5ns±3ns
TC=37ns(nominol)
TD=18.5ns±3ns

图 6-8　时钟与数据的定时关系

图 6-8 中，时钟信号为 27MHz 方波，周期为 37ns，时钟信号高低电平的过渡时刻为定时基准，由低电平变为高电平（正跳变）时，出现在两次数据跳变的中间。

收发线路驱动器特性如图 6-9 所示。

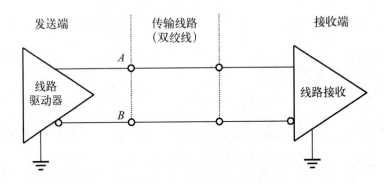

图 6-9　收发线路驱动器

每位数据采用一对平衡双绞线传输，双绞线的特性阻抗为 110Ω，发送端输出的信号幅度为 0.8Vpp~2.0Vpp 之间，接收端最大输入信号为 2.0Vpp、最小输入信号为 185mVpp。

在双绞线上传输 27MHz 的数据，电缆的幅频特性限制了使用的电缆长度。电缆的长度为 50m~200m，50m 以内不用电缆均衡器，50m 以上要用电缆均衡器，并行接口仅限于演播室内设备与设备之间短距离传输。

串行接口常用串行数字分量接口（SDI），如图6-10所示。

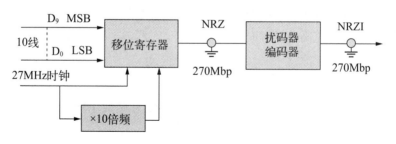

图6-10　串行数字分量接口（SDI）

图6-10中，移位寄存器将10bit并行数据变成串行数据，码率从27MWps变成270Mbps，时钟信号从27MHz变成270MHz，传输码型为不归零码（NRZ），规定先传最低有效位。由于接收端解码时需要恢复时钟信号，而串行接口不能像并行接口那样使用单独的数据线传输时钟信号，时钟恢复只能利用数据信号本身的跳变信息，称为自时钟方式。但是，在数据流中免不了有长串的连"0"和连"1"，会导致信号跳变少，缺少时钟信息。采用扰码能解决这个问题，用一个伪随机二进制序列（PRBS）与原数据序列进行模2加，数据流中只有很短的连"0"和连"1"了，从而信号跳变增多，时钟信息也多了。编码器将NRZ变成NRZI（倒相不归零码），使接收端容易解码和提取时钟信息。

在数字比特串行接口中用特性阻抗75Ω的单芯同轴电缆传输信号，连接头为BNC型（俗称Q9），如图6-11所示。

对于4∶2∶2格式，亮度信号的取样频率为13.5MHz，色差

图6-11　BNC型连接头

信号的取样频率为6.75MHz，设10bit量化，则SDI信号的码率为：（13.5+6.75×2）×10=270Mbps。

第二节　高清电视演播室规范

根据人眼视觉特性和心理效应实验，对HDTV的基本参数提出了如下的要求。

一是提高图像的空间分解力。亮度分解力决定了重现图像细节的清晰程度，HDTV

在水平方向和垂直方向上的空间分解力应是标准清晰度电视的两倍。

二是提高场频或帧频，应确保高亮度下图像不闪烁。

三是提高图像的宽高比，画面宽高比为16：9更符合人眼的视觉特性，视野宽，临场感强。

四是展宽色域，提高电视色彩的感染力。

五是HDTV应有高质量的环绕立体声，至少有4路数字伴音通道，伴音带宽应达20kHz。

我国标准有《高清晰度电视节目制作及交换用视频参数值》（GY/T155-2000）。

一、演播室编码参数

视频中最基本的参数是扫描格式和图像格式，包括隔行比、场频/帧频、行频、每行的像素数和图像宽高比等。

（一）场频

高清晰度电视标准中仍存在50Hz和60Hz两种场频。实验表明，在HDTV系统中，如果要在接收端消除大面积闪烁现象，场频必须高于70Hz。但是如果将HDTV电视的场频改为70 Hz~80Hz，将占用较高的视频带宽，也是不现实的，因此，目前国际上各国的数字高清晰度电视仍采用50Hz和60Hz两种场频。

（二）扫描方式

电视系统的扫描方式有逐行扫描（Progressive Scaning）方式和隔行扫描（Interlaced Scaning）方式两种。隔行扫描是将一帧图像分成两场扫描，在每帧扫描行数及图像换幅频率一定的情况下，可使视频信号带宽降低为逐行扫描时的一半。

逐行扫描没有隔行扫描的缺陷，逐行扫描也是计算机显示采用的扫描方式，有利于在电视与计算机之间实现互操作性。

（三）图像的宽高比和纵横像素数

图像的宽高比如表6-2所示。

表6-2　图像的宽高比

类型	图像的宽高比
电影	1.333 到宽影幕的 2.35
标准清晰度电视	1.333(4：3)
高清晰度电视	1.777(16：9)

图像的纵横像素数如表 6-3 所示。

表 6-3　图像的纵横像素数

格式	纵横像素数
625/50	720×576
525/60	720×487
1125/50，60/P，l	1920×1080
750/50，60/l	1280×720

（四）像素宽高比

标准清晰度数字电视中的 720×576 图像格式不是方型像素，其像素宽高比为：

$$\frac{4}{720} : \frac{3}{576} = 1.0667$$

高清晰度数字电视中的 1920×1080 图像格式是方型像素，其像素宽高比为：

$$\frac{16}{1920} : \frac{9}{1080} = 1$$

（五）数字高清晰度电视信源参数

两种扫描方式、不同帧频的信源参数如表 6-4 所示。

表 6-4

扫描方式	帧频（Hz）	每行有效样点数	每帧有效行数	每行总样点数	每帧总行数	取样频率（MHz）	有效比特率（4:2:2, 10bit）
2:1 隔行扫描	30（场 60Hz）	1920	1080	2200	1125	74.25	1244.16Mbit/s
	25（场 50Hz）	1920	1080	2640	1125	74.25	1036.8Mbit/s
1:1 逐行扫描	60	1920	1080	2200	1125	148.5	2488.32Mbit/s
		1280	720	1650	750	74.25	1105.92Mbit/s
	50	1920	1080	2640	1125	148.5	2073.6Mbit/s
		1280	720	1980	750	74.25	921.6Mbit/s
	30	1920	1080	2200	1125	74.25	1244.16Mbit/s
		1280	720	3300	750	74.25	552.96Mbit/s

扫描方式	帧频（Hz）	每行有效样点数	每帧有效行数	每行总样点数	每帧总行数	取样频率（MHz）	有效比特率（4:2:2, 10bit）
1:1 逐行扫描	25	1920	1080	2640	1125	74.25	1036.8Mbit/s
		1280	720	3960	750	74.25	460.8Mbit/s
	24	1920	1080	2750	1125	74.25	995.328Mbit/s
		1280	720	4125	750	74.25	442.368Mbit/s

（六）编码参数

采用 4:2:2 格式，主要参数有数字参数和扫描特性，如表6-5所示。

表6-5 高清电视演播室编码参数

(a) 数字参数

	参数	数值	
1	编码信号	R、G、B 或 Y、C_B、C_R	
2	R、G、B、Y 取样结构	正交，取样位置逐行逐帧重复	
3	C_B、C_R 取样结构	正交，取样位置逐行逐帧重复	
4	每行有效取样点数 R、G、B、Y C_B、C_R	1920 960	
5	编码格式	线性，PCM	
6	量化电平 R、G、B、Y 黑电平 C_B、C_R 消色电平 R、G、B、Y 标称峰值电平 C_B、C_R 标称峰值电平	10比特编码 64 512 940 64 和 960	8比特编码 16 128 235 16 和 240
7	量化电平分配 视频数据 同步基准	10比特编码 4~1019 0~3 和 1020~1023	8比特编码 1~254 0 和 255

注：1. 每行每帧第一个有效色差样点与第一个有效亮度样点重合。
　　2. 节目制作优选10比特编码。

(b) 扫描特性 续表

	参数（单位）	数值	
1	图像扫描顺序	从左到右，从上到下。 隔行时，第一场的第一行在第二场的第一行之上	
2	帧总行数	1125	
3	隔行比	2：1(隔行)	1：1(逐行)
4	帧频（Hz）	25	24
5	行频（Hz）	28125.000±0.001%	27000.000±0.001%
6	每行总取样点数 R、G、B、Y C_B、C_R	2640 1320	2750 1375
7	模拟信号标称宽带（MHz）	30	
8	R、G、B、Y 取样频率（MHz）	74.25	
9	C_B、C_R 取样频率（MHz）	37.125	

表 6-5 中，规定了两种格式：1080/50i、1080/24P。1080 为有效扫描行数，50 为场频，i 为 2：1 隔行扫描，一帧总扫描行数为 1125 行，帧频为 25Hz，行频为 28125Hz。24 为帧频，P 为逐行扫描，行频为 27000Hz，这是电影格式，可以使 HDTV 节目和电影素材更好地进行转换，有利于对电影素材进行后期编辑。

二、编码方程

HDTV 的标准白为 D65 白，亮度方程为：$Y=0.2126R+0.7152G+0.0722B$，按此方程经过编码后的彩条信号参数如表 6-6 所示。

表 6-6 高清彩条信号参数

彩条	R	G	B	Y	$R-Y$	$B-Y$
白	1	1	1	1.00	0	0
黄	1	1	0	0.9278	0.0722	−0.9278
青	0	1	1	0.7874	−0.7874	0.2126

续表

彩条	R	G	B	Y	$R-Y$	$B-Y$
绿	0	1	0	0.7152	−0.7152	−0.7152
紫	1	0	1	0.2848	0.7152	0.7152
红	1	0	0	0.2126	0.7874	−0.2126
蓝	0	0	1	0.0722	−0.0722	0.9278
黑	0	0	0	0	0	0

表 6-6 中 $R-Y$ 和 $B-Y$ 的动态范围超过 1V，需要归一化到 ±0.5V：

$ECr = 1/1.8556(ER-EY)$，$ECb = 1/1.5748(EB-EY)$。

三、信号接口

高清演播室的数据信号也是二进制编码，包括视频数据（8bit 字或 10bit 字）、定时基准码（8bit 字或 10bit 字）、辅助数据等。数字设备向外输出每帧内的像素数据时，按次序时分复用。每个 20bit 数据字对应一个色差样值和一个亮度样值，时分复用次序为：$(C_{b1}Y_1)$ $(C_{r1}Y_2)$ $(C_{b2}Y_3)$ $(C_{r2}Y_4)$ …… $(C_{b960}Y_{1919})$ $(C_{r960}Y_{1920})$。

由于色差信号取样频率是亮度信号取样频率的一半，因此色差取样的序号仅取奇数值，这些数据字时分复用串行传输。

数字视频信号与模拟信号波形要满足定时关系，分为行定时关系和场定时关系。

行定时关系参数与数值如表 6-7 所示。

表 6-7　行周期定时规范

参数	数值（1125/50）
隔行比	2:1
取样频率（MHz）	74.25
模拟行消隐	9.697μs
模拟行正程	25.859μs
模拟全行	35.556μs
EAV 始点与模拟同步基准点 O_H 的间隔	528T

续表

参数	数值（1125／50）
模拟同步基准点 O_H 与 SAV 的间隔	192T
视频数据块	1928T
EAV 持续期	4T
SAV 持续期	4T
数字行消隐	720T
数字有效行	1920T
数字全行	2640T

1080／50i 格式的视频数据与模拟行同步的定时关系如图 6-12 所示。

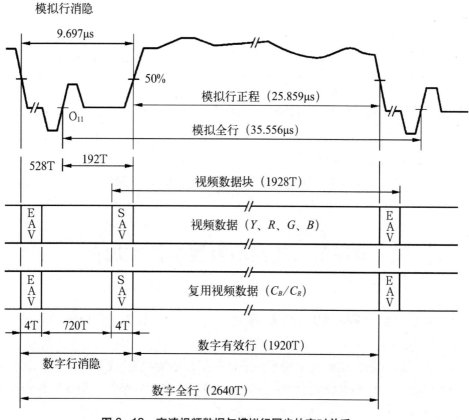

图 6-12　高清视频数据与模拟行同步的定时关系

图 6–12 中，同步信号为三电平（–300mv，0，+300mv），T 表示亮度信号取样周期，$T=1/74.25\text{MHz}=13.468\text{ns}$。每行 35.556μs 内有 2640 个 T，数字行开始于模拟行同步的基准点 O_H 前 528T 处，数字有效行开始于模拟行同步的基准点 O_H 后 192T 处，占 1920T，数字行消隐起始于模拟行同步前沿 O_H 前 528T 处，占 728T，数字行消隐左端有 4T 的定时基准码 EAV，代表有效视频结束、右端有 4T 的定时基准码 SAV，代表有效视频开始。

场定时关系参数与数值如表 6–8 所示。

表 6–8　隔行扫描系统场周期定时规范

定义	数字行号
第一场的起始行	1
第一场数字场消隐共 22 行	1124~20
第一场有效视频共 540 行	21~560
第二场的第 1 行	564
第二场数字场消隐共 23 行	561~583
第二场有效视频共 540 行	584~1123

并行接口为 25 芯接口，串行接口为 HDSDI，近距离用电缆，远距离用光缆。对于 4∶2∶2 格式，亮度信号取样频率为 74.25MHz，色差信号取样频率为 37.125MHz，设量化比特数为 10，则 HDSDI 信号码率为：

$$(74.25\text{MHz}+2\times37.125\text{MHz})\times10=1485\text{Mbps}$$

第三节　超高清电视演播室规范

超高清晰度电视（UHDTV）简称超高清电视，包括 4K（3840×2160）和 8K（7680×4320）。

我国标准有《超高清晰度电视系统节目制作和交换参数值》（GY/T307–2017），规定了超高清晰度电视系统节目制作和交换中涉及的基本参数值，包括图像空间特性、图像时间特性、系统光电转换特性及彩色体系、信号格式、数字参数。

图像空间特性如表 6-9 所示。

表6-9　图像空间特性

序号	参数	数值	
1	幅型比	16：9	
2	有效像素数（水平 × 垂直）	7680×4320	3840×2160
3	取样结构	正交	
4	像素宽高比	1：1(方形)	
5	像素排列顺序	从左到右、从上到下	

图像时间特性如表 6-10 所示。

表6-10　图像时间特性

序号	参数	数值
1	帧率（Hz）	120，100，50
2	扫描模式	逐行

系统光电转换特性及彩色体系如表 6-11 所示。

表6-11　系统光电转换特性及彩色体系

序号	参数	数值		
1	非线性预校正前的光电转换特性	设定线性[①]		
2	基色和基准白[②]	色坐标（*CIE*，1931）	*x*	*y*
		基色红（*R*）	0.708	0.292
		基色绿（*G*）	0.170	0.797
		基色蓝（*B*）	0.131	0.046
		基准白（*D*65）	0.3127	0.3290

注：①图像信息可用 0 至 1 范围内的 *R*、*G*、*B* 三基色值线性表示。
　　②图像的彩色体系由 *R*、*G*、*B* 三基色和基准白坐标确定。

信号格式如表 6-12 所示。

表 6-12 信号格式

序号	参数	数值	
1	信号格式	$R'G'B'$[①]	
		恒定亮度 $Y'_C C'_{BC} C'_{RC}$[②]	非恒定亮度 $Y' C'_B C'_R$[③]
2	非线性转换函数[④]	$$E' = \begin{cases} 4.5E, & 0 \leqslant E \leqslant \beta \\ \alpha E^{0.45} - (\alpha - 1), & \beta \leqslant E \leqslant 1 \end{cases}$$ 式中，E 为与经摄像机曝光调整后的线性光强度成正比的，参照基准白电平归一化后的基色信号值；E' 为转换后的非线性信号值。 α 和 β 为以下联立方程的解： $$\begin{cases} 4.5\beta = \alpha\beta^{0.45} - \alpha + 1 \\ 4.5 = 0.45\alpha\beta^{-0.55} \end{cases}$$ 该联立方程提供了两个曲线段平滑性连接的条件，得出： $\alpha = 1.09929682680944\cdots$ 和 $\beta = 0.018053968510807\cdots$ $\alpha = 1.099$ 和 $\beta = 0.018$，用于 10 比特系统 $\alpha = 1.0993$ 和 $\beta = 0.0181$，用于 12 比特系统	
3	亮度信号 Y'_C 和 Y' 的导出式	$Y_C' = (0.2627R + 0.6780G + 0.0593B)$	$Y_C' = 0.2627R' + 0.6780G' + 0.0593B'$
4	色差信号的导出式	$$C'_{BC} = \begin{cases} \dfrac{B' - Y'_C}{-2N_B}, & N_B \leqslant B' - Y'_C \leqslant 0 \\ \dfrac{B' - Y'_C}{-2P_B}, & 0 < B' - Y'_C \leqslant P_B \end{cases}$$ $$C'_{RC} = \begin{cases} \dfrac{B' - Y'_C}{-2N_R}, & N_R \leqslant R' - Y'_C \leqslant 0 \\ \dfrac{B' - Y'_C}{-2P_B}, & 0 < R' - Y'_C \leqslant P_R \end{cases}$$ 其中： $P_B = \alpha(1 - 0.0593^{0.45}) = 0.7909854$ $N_B = \alpha(1 - 0.9407^{0.45}) - 1 = -0.9701716$ $P_R = \alpha(1 - 0.2627^{0.45}) = 0.4969147$ $N_R = \alpha(1 - 0.7373^{0.45}) - 1 = -0.8591209$ 在实际应用中，可采用以下数值： $P_B = 0.7910, \quad N_B = -0.9702$ $P_R = 0.4969, \quad N_R = -0.8591$	$$C'_B = \dfrac{B' - Y'}{1.8814}$$ $$C'_R = \dfrac{R' - Y'}{1.4746}$$

注：① 为了达到高质量节目交换，制作时信号格式可采用 $R'G'B'$。
② 需要精确保留亮度信息或预计传输编码效率会提升时，可使用恒定亮度 Y'_C、C'_{BC}、C'_{RC}（参见 ITU-R BT.2246-6 报告）。
③ 重点考虑与 SDTV 和 HDTV 相同的操作习惯时，可使用非恒定亮度 Y'、C'_B、C'_R（参见 ITU-R BT.2246-6 报告）。
④ 通常制作时，在 ITU-R BT.2035 建议书推荐的观看环境下，使用具有 ITU-R BT.1886 建议书推荐解码功能的显示器，通过调整图像的编码函数，达到最终图像的理想展现。

数字参数如表 6-13 所示。

表 6-13 数字参数

序号	参数	数值		
1	编码信号	R', G', B' 或 Y', C_B', C_R' 或 Y_C', C_{RC}', C_{BC}'		
2	取样结构 R', G', B', Y', Y_C'	正交，取样位置逐行逐帧重复		
3	取样结构 C_g', C_g' 或 C_{BC}', C_{RC}'	正交，取样位置逐行逐帧重复，取样点相互重合 第一个（左上）取样与第一个 Y' 取样重合		
		4:4:4 系统	4:2:2 系统	4:2:0 系统
		水平取样数量与 $Y'(Y_C')$ 分量的数量相同	水平取样数量是 $Y'(Y_C')$ 分量的一半	水平和垂直取样数量均为 $Y'(Y_C')$ 分量的一半
4	编码格式	每分量 10 比特或 12 比特		
5	亮度信号及色差信号的量化表达式	$DR' = \mathrm{INT}\left[(219 \times R' + 16) \times 2^{n-8}\right]$ $DG' = \mathrm{INT}\left[(219 \times G' + 16) \times 2^{n-8}\right]$ $DB' = \mathrm{INT}\left[(219 \times B' + 16) \times 2^{n-8}\right]$ $DY'(DY_C') = \mathrm{INT}\left[(219 \times Y'(Y_C') + 16) \times 2^{n-8}\right]$ $DC_B'(DC_{CB}') = \mathrm{INT}\left[(224 \times C_B'(C_{BC}') + 128) \times 2^{n-8}\right]$ $DC_R'(DC_{CB}') = \mathrm{INT}\left[(224 \times C_R'(C_{RC}') + 128) \times 2^{n-8}\right]$		
6	量化电平： a) 黑电平 DR', DG', DB', DY', DY_C' b) 消色电平 DC_B', DC_R', DC_{BC}', DC_{RC}' c) 标称峰值电平 DR', BG', DB', DY', DY_C', DC_B', DC_R', DC_{BC}', DC_{RC}'	10 比特编码	12 比特编码	
		64	256	
		512	2048	
		940 64 和 960	3760 256 和 3840	

续表

序号	参数	数值	
7	量化电平分配： a) 视频数据 b) 同步基准	10 比特编码	12 比特编码
		4~1019	16~4079
		0~3 和 1020~1023	0~15 和 4080~4095

第四节 4K 超高清电视技术应用

为推进 4K 超高清电视发展，指导电视台和有线电视、卫星电视、IPTV、互联网电视等规范开展 4K 超高清电视直播和点播业务，保障 4K 超高清电视制播、传输、接收及显示质量，国家广播电视总局印发了《4K 超高清电视技术应用实施指南（2018版)》（简称《实施指南》）。

《实施指南》适用于电视台 4K 超高清电视节目制作和播出系统，以及现阶段有线电视、卫星电视、IPTV 和互联网电视中 4K 超高清电视直播和点播业务系统。适用于 3840×2160 分辨率、50 帧/秒帧率、10 比特量化精度、BT.2020 色域、高动态范围（HDR）的 4K 超高清电视节目制作、播出、编码、传输系统与终端的适配。

《实施指南》4K 超高清音视频主要技术参数：

1. 视频关键技术参数

视频关键技术参数应符合 GY/T307-2017 和 GY/T315-2018，如表 6-14 所示。

表 6-14 4K 电视视频技术参数

参数	数值
分辨率	3840×2160
帧率	50 帧/秒
扫描模式	逐行
量化精度	10 比特
色域	参见 GY/T 307-2017 表 3
转换曲线	参见 GY/T 315-2018 表 4(PQ 曲线)、表 5(HLG 曲线)
显示峰值亮度	1000cd/m²

2. 音频技术要求

4K 超高清电视节目播出应支持立体声或 5.1 环绕声，有条件的可支持三维声。立体声和 5.1 环绕声音频制作播出格式应与标清电视和高清电视音频制作播出格式一致。三维声音频制作播出格式采用 GY/T 316–2018 中规定的 5.1.4 声道的扬声器布局，包含 10 个声道信号、4 个对象（Object）信号以及另外 2 个用于自由使用或者元数据传输的声道。

3. 视频编码

视频偏码采用 AVS2 标准，支持基准 10 位类、8.0.60 级以上的编码方式，1 路视频压缩码率不低于 36Mbps。

4. 音频编码

音频编码应支持立体声或 5.1 环绕声编码，有条件的可支持三维声编码。立体声和 5.1 环绕声压缩码率不低于 256Kbps，三维声压缩码率不低于 384Kbps。

思考与练习：

1. 演播室的编码信号是什么信号？

2. 演播室的取样结构是什么结构？这种结构有什么特点？

3. 演播室的取样格式是什么格式？

4. 标清电视的亮度和每个色差信号的取样频率分别是多少？

5. 高清电视的亮度和每个色差信号的取样频率分别是多少？

6. 标清电视和高清电视的量化比特数是多少 bit？

7. 什么是 SAV？什么是 EAV？

8. 什么是 4K 电视？什么是 8K 电视？

9. 我国 4K 电视的视频编码和音频编码分别采用什么标准？

第七章　数字电视信源编码技术

本章学习提要

1. 数字信号压缩的原因：必要性、可能性。

2. 数据压缩编码分类：预测编码、正交变换编码、统计编码、小波变换编码。

3. 数字声频压缩编码：人耳的听觉阈与频率的关系、掩蔽效应、临界频带、时域掩蔽效应、声音信号的感知编码。

4. 数据压缩编码标准：相关标准的发展历程、JPEG 的组成原理、MPEG-1 和 MPEG-2 技术、H.264 技术、AVS 技术。

5. 数字音频压缩编码标准：MPEG-1 音频标准、MPEG-2 音频标准。

信源编码的目的是通过在编码过程中对原始信号冗余度的去除来压缩码率，因此压缩编码的技术与标准成为信源编码的核心。

第一节　数字信号压缩的原因

通常，将对数字电视信号进行压缩的过程称为信源编码。

一、必要性

电视信号经取样、量化、编码后得到的数字信号形成的数据量很大，不方便存储和传输。

以 4∶2∶2 格式为例，若采用 10bit 量化，标清 SDI 信号比特率为 270Mbit/s，高清 HDSDI 信号比特率为 1.485Gbit/s。按 2bit/Hz 的传输效率计算，SDI 信号基带信道带宽为 135MHz，HDSDI 信号基带信道带宽为 742.5MHz。对存储器来说，一个 1GB 光盘仅存约 30s 标清电视节目、约 5s 的高清电视节目。

由此得出结论：如果不降低数字电视数据量和数据码率，就无法在普通的数据存储设备有效地存储数字电视信号；无法在适当的信道带宽内有效地传输数字电视信号；因此，要想降低数字电视的数据量和码率，就需要对数字电视信号进行压缩。

二、可能性

图像数据的压缩主要基于对各种图像数据冗余度及视觉冗余度的压缩。

（一）图像数据冗余度

图像数据冗余度有如下几种：

1. 统计冗余度

对于一串由许多数值构成的数据来说，统计各个数值的出现频率，并按频率大小用相应的定长码组来表示。频率越大的数值的码组长度越小，反之越长。目前用于图像压缩的具体的熵编码方法主要是哈夫曼编码，即一个数值的编码长度与此数值出现的概率尽可能地成反比。哈夫曼编码虽然压缩比不高，约为 1.6∶1，但好处是无损压缩，目前在图像压缩编码中被广泛采用。

由于视频图像在每一点的取值上具有任意性，因此对于运动图像而言，每一点在一段时间内能取可能的任意值，在取值上具有统计均匀性，难以直接运用熵编码的方法，但可以通过适当的变换编码的方法，如离散余弦变换（DCT），使原图像变成由一串统计不均匀的数据来表示，从而利用哈夫曼编码来进行压缩。

2. 空间冗余度

一幅视频图像相邻各点的取值往往相近或相同，具有空间相关性，这就是空间冗余度，如图 7-1 所示。

图中，蓝色像素取值完全相同，其他颜色相邻像素取值相同或相近。

图像的空间相关性表示相邻像素点取值变化缓慢。从频域的观点看，意味着图像信号的能量主要集中在低频附近，高频信号的能量随

图 7-1 空间冗余

频率的增加而迅速衰减。通过频域变换，可以将原图像信号用直流分量及少数低频交流分量的系数来表示，这就是变换编码中的 DCT 方法。DCT 是 JPEG 和 MPEG 压缩编码的基础，可对图像的空间冗余度进行有效的压缩。

3. 时间冗余度

时间冗余度表现在电视画面中相继各帧对应像素点的值往往相近或相同，具有时间相关性，这就是时间冗余度，如图7-2所示。

图中，前后两幅图像基本相同，仅仅是鲨鱼的位置变化了。

图7-2　时间冗余度

在知道了一个像素点的值后，利用此像素点的值及其与后一像素点的值的差值就可求出后一像素点的值。因此，不传送像素点本身的值而传送其与前一帧对应像素点的差值，也能有效地压缩码率，这就是差分编码（DPCM）。在实际的压缩编码中，DPCM主要用于各图像子块在DCT变换后的直流系数的传送。相对于交流系数而言，DCT直流系数的值很大，而相继各帧对应子块的DCT直流系数的值一般比较接近，在图像未发生跳变的情况下，其差值同直流系数本身的值相比是很小的。

4. 结构冗余度

图像从时域上看存在着非常强的纹理结构，称之为结构冗余。例如红砖房、布纹图像和草席图像，我们说它们在结构上存在冗余，如图7-3所示。

图7-3　结构冗余

5. 知识冗余度

人类对许多图像的理解是根据某些已知的知识，例如人脸的图像有固定的结构，这些规律性的结构可由先验知识和背景知识得到，称之为知识冗余，如图7-4所示。

6. 视觉冗余度

视觉冗余度是相对于人眼的视觉特性而言的。人眼对于图像的视觉特性包括对亮度信号比对色度信号敏感、对低频信号比对高频信号敏感、对静止图像比对运动图像敏感以及对图像水平线条和垂直

图7-4　结构冗余和知识冗余

线条比对斜线敏感等。因此，包含在色度信号、图像高频信号和运动图像中的一些数据并不能对增加图像相对于人眼的清晰度作出贡献，而被认为是多余的，这就是视觉冗余度。

压缩视觉冗余度的核心思想是去掉那些相对人眼而言是看不到的或可有可无的图像数据。对视觉冗余度的压缩通常已反映在各种具体的压缩编码过程中。现有 DCT 变换、行游程编码、DPCM、帧间预测编码及哈夫曼编码等编码方法，已被有关国际组织定为压缩编码的主要方法。

（二）人眼的视觉特性

人眼的视觉特性是图像压缩编码的另一个重要依据，主要有以下四个方面：

1. 亮度辨别阈值

亮度辨别阈值是指人眼刚刚能察觉到的亮度变化值，当景物的亮度在背景亮度基础上增加很少时，人眼是辨别不出的，只有当亮度增加到某一数值时，人眼才能感觉其亮度有变化。

2. 视觉阈值

视觉阈值是指干扰或失真刚好可以被察觉的门限值，低于它就察觉不出来，高于它才看得出来，这是一个统计值。所以，用视觉阈值确定是否存在失真比较容易。

3. 空间分辨力

空间分辨力是指对一幅图像相邻像素的灰度和细节的分辨力，视觉对于不同图像内容的分辨力不同。对于静止图像，视觉具有较高的空间分辨力。对于活动图像，视觉具有较低的空间分辨力，且随着运动速度的提高而迅速下降。

4. 掩盖效应

掩盖效应是指人眼对图像中量化误差的敏感程度，与图像变化的剧烈程度有关。亮度变化越剧烈，量化误差越容易被掩盖，人眼不易察觉，相反在亮度缓慢变化的平坦区误差容易被觉察。

第二节　数据压缩编码分类

根据解码后的数据与压缩前数据是否相同，数据压缩编码主要分为两类：一是无损压缩编码（可逆压缩编码或信息保持编码），可使接收端解码后的信息量与发送端原信息量完全相同，因此再现的图像也与原图像严格一致，也即压缩后的图像完全可以恢复或无损伤，如哈夫曼编码、算术编码、行程长度编码等；二是有损压缩编码（不可逆压缩编码或信息非保持编码），编码过程中会损失一部分信息，接收端解码后再现的图像质量会比原图像质量有所降低，即压缩后图像有损伤，不能完全恢复，但如果视觉上能够接受甚至觉察不出质量的降低，则这种压缩就是可行的，如预测编码、变换编码（正交变换编码、小波变换编码）等。

数字电视要求压缩比高，普遍采用有损压缩编码。

根据压缩机理的不同，数据压缩编码方法可以分成：

预测编码：

目的是消除图像信息的空间相关性（帧内预测）和时间相关性（帧间预测）。编码时可从不同区域选取参与预测的像素。

变换编码：

变换编码是利用图像在空间分布上的规律性来消除图像冗余的另一种编码方式，它将原来在空间域内描述的图像信号利用数学运算变换成在另一变换域内描述的信号。如 DCT 变换、小波变换等。

熵编码：

熵编码是一种无损压缩编码方式。熵编码的目的就是去除熵冗余，使平均码长接近熵值，从而实现压缩码率。

熵编码的基本思想：对出现概率大的符号（携带较少的信息量）用短的码字编码，对出现概率小的符号（携带较多的信息量）用长的码字编码，这样可使对不同符号编码的平均码长接近于信源熵。

一、预测编码

预测编码是根据某一模型利用过去的样值对当前样值进行预测，然后将当前样值的实际值与预测值相减得到一个误差值，只对这一预测误差值进行编码，目的是减少数据在时间和空间上的相关性。预测误差信号比原始信号小得多，因而可以用较少的电平等级对预测误差信号进行量化，从而可以大大减少传输的数据量。

（一）预测编码基本原理

典型的预测编码系统如图 7-5 所示。

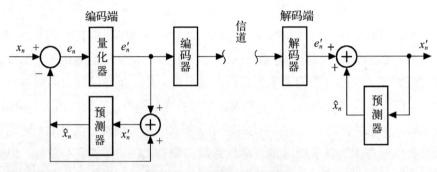

图 7-5　预测编码系统框图

在编码端，设当前时刻 n 输入的信号样值为 x_n，预测器根据 n 时刻之前的相邻样值 x_1，x_2，......，x_{n-1} 对当前时刻样值 x_n 进行预测，预测值为：

$$\hat{x}_n = a_1 x_1 + a_2 x_2 + \cdots + a_{n-1} x_{n-1} = \sum_{i=1}^{n-1} a_i x_i$$

其中，a_1，a_2，......，a_{n-1} 称为预测系数。

图 7-5 中的加法器实际上是一个减法器，作用是把当前的实际样值 x_n 与预测值 $\hat{x}_n$ 相减，计算出预测误差 $e_n = x_n - \hat{x}_n$。量化器的作用是对预测误差 e_n 进行量化，输出为 e_n'，量化误差为 $\Delta x_n = e_n - e_n'$。由于量化器量化的是预测误差值 e_n，其动态范围较小，量化后的 e_n' 值大部分为 0。编码器根据 e_n' 的大小和出现的概率进行二进制代码编码。

在接收端，解码器从接收的二进制代码中恢复 e_n'，两端预测器完全相同，根据 n 时刻之前的相邻样值来预测当前时刻样值，预测器的输出为 $\hat{x}_n$，在加法器中 $e_n' + \hat{x}_n = x_n'$。

比较编码端输入 xn 和解码端输出 x_n'，可得整个编解码过程的误差为：

$$x_n - x_n' = x_n - [\hat{x}_n + e_n'] = (x_n - \hat{x}_n) - e_n' = e_n - e_n'$$

这就是编码器的量化器带来的量化误差，这种带量化器的预测编码就是有损压缩编码。预测器是预测编码中的关键部分，预测精度越高，预测误差信号的动态范围就越小，输出码率就越低。

（二）预测方法

预测方法分为帧内预测和帧间预测。

1. 帧内预测

帧内预测利用图像信号的空间相关性来压缩图像的空间冗余，根据前面已经传送的同一帧内的像素来预测当前像素，如图 7-6 所示。

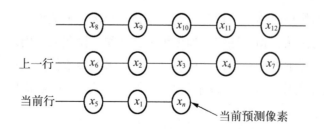

图 7-6　帧内预测示意图

帧内预测（空间冗余压缩编码）是在一帧（或一场）内进行的，它利用了电视图像信号的空间相关性来消除一帧（或一场）内图像的冗余信息。

帧内预测又分为以下方法：

（1）前值预测：用同一扫描行中最相邻的前一个亮度信号的样值来预测。

（2）一维预测：用同一扫描行中前几个样值来预测当前像素。

（3）二维预测：用同一扫描行和上几个行中的几个样值来预测当前像素。

2. 帧间预测

电视图像在相邻帧之间存在很强的相关性。又称为三维预测，用前一帧像素来预测当前帧像素，这种预测器需要用大容量的帧存储器存储前一帧的图像，如图 7-7 所示。

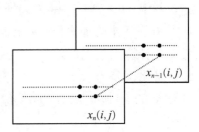

图 7-7　帧间预测示意图

帧间预测（时间冗余压缩编码）是在相邻帧之间进行，它利用了电视图像信号的时间相关性来消除相邻帧之间的冗余信息。这种方式对静止图像或缓慢运动图像有很强的压缩能力。

3. 预测系数的选择

预测系数的选择通常采用最优线性预测法，选择预测系数 a_1，a_2，……，a_{n-1} 使误差信号 e_n 的均方值最小，所有系数代数和为 1。

$$\sigma_e^2 = E\{e_n^2\} = E\{(x_n - \hat{x}_n)^2\}$$
$$= E\{[x_n - (a_1 x_1 + a_2 x_2 + \cdots + a_{n-1} x_{n-1})]^2\}$$
$$\frac{\partial \sigma_e^2}{\partial a_i} = 2E\{[x_n - (a_1 x_1 + a_2 x_2 + \cdots + a_{n-1} x_{n-1})]x_i\} = 0$$
$$\sum_{i=1}^{n-1} a_i = 1$$

4. 自适应预测

自适应预测又称为非线性预测，可以利用预测误差作为控制信息，因为预测误差的大小反映了图像信号的相关性。在亮度变化平坦区，相关性强，预测误差小；而边沿区或细节多的区域，相关性弱，预测精度差，预测误差大。所以可以根据预测误差处于某一门限值范围进行分类，并控制可变编码器的参数使其与相应的信源统计特性相匹配，从而提高预测精度，减小预测误差，减小量化分层总数，可进一步压缩编码率。

（三）预测量化器

1. 预测误差的统计特性

由于图像信号在帧内和帧间存在着一定的相关性，预测误差统计特性的一个特点就是它的概率分布集中在 0 附近的一个较窄的范围内，0 值出现的概率最大。随着预测误差绝对值的增大其出现的概率迅速下降，如图7-8所示。

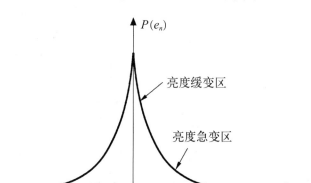

图7-8　预测误差概率分布及非均匀量化曲线

2. 量化器设计

在预测编码中可以采用非均匀量化，非均匀量化特性曲线如图7-9所示。

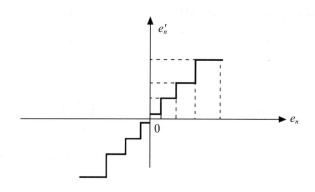

图7-9　非均匀量化特性曲线

绝对值小的预测误差值主要出现在平坦区，量化误差容易被察觉，因此应该细量化。反之，粗量化。

近几年来被认为是效果较好的量化器设计方法是利用主观实验进行最优化设计。

（四）图像帧间编码中的运动处理

通常，电视节目中只要镜头不切换，前后帧运动图像的内容就基本没变化，许多情况下仅有很少内容在运动。因此，只要知道画面中什么内容在运动及其运动方向和位移量，就可以根据前一帧图像内容估计出当前帧图像。

1. 运动处理原理

在图像的运动处理中主要有两个过程：第一个过程为运动估计（Motion Estimation，ME）。运动估计是对运动物体的位移作出估计，即估计出运动物体从上一帧到当前帧的位移方向和位移量，也就是估计出运动矢量（MV）。第二个过程为运动补偿（Motion Compensation，MC），运动补偿是按照运动矢量将上一帧作位移，求出当前帧的运动结果，如图 7-10 所示。

将当前帧 $f_n(x, y)$ 和前一帧 $f_{n-1}(x, y)$ 之间作运动估计，通过匹配搜索产生运动矢

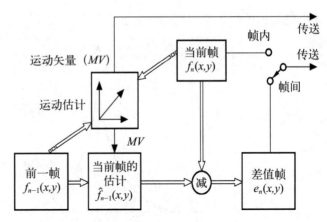

图 7-10　运动处理原理框图

量（MV），用这个运动矢量将前一帧中的匹配块移位，求得当前帧的估计值 $\hat{f}_n(x,y)$，这个估计值和当前帧的差值为 $en(x, y)=f_n(x, y) - \hat{f}_n(x, y)$，将 en 送去量化编码后传输，同时传送的还有运动矢量（MV）。

接收端根据接收到的运动矢量（MV）和差值 $en(x, y)$，即可由前一帧重建当前帧。

可见，运动估计是是帧间运动处理中的关键步骤，运动估计的目的是利用其结果作运动补偿，以获得尽可能小的预测误差。

2. 运动估计的方法

运动估计先要建立运动模型，实际的前景运动规律有水平和垂直方向内的移动、旋转和缩放等运动，运动方向和速度还可能随时间变化，使这运动模型的建立和参量的估值比较困难。下面主要讨论数字视频中常见的运动方式，即物体作直线匀速平移运动，如图 7-11 所示。

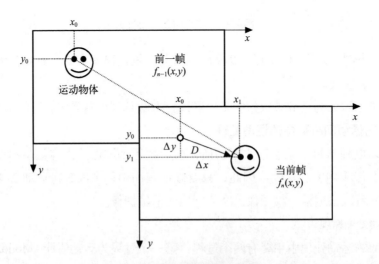

图 7-11　运动物体的帧间位移

前一帧中，运动物体某点的坐标为 $(x_0,\ y_0)$，在当前帧中，该点移至 $(x_1,\ y_1)$ 处，运动矢量为 D，帧间运动像素坐标的形式为：

$$x_1=x_0+\Delta x,\ y_1=y_0+\Delta y$$

可以看出，如果直接求两帧图像对应坐标之间的差值，运动物体部分两帧之间差值会很大，若能对运动物体部分进行运动估计和适当位移，将大大减小差值。

问题的关键是怎样进行运动估计以得出准确的位移矢量 D，运动估值的方法有很多，如块匹配法、像素递归法、相位相关法和针对摄像机本身运动引起画面整体运动参数估值等。由于块匹配法硬件复杂度小，广泛应用在数字视频压缩国际标准中。

3. 块匹配法

把图像分成若干子块称为宏块（Macro Block，MB），设宏块图像是由 $N\times N$ 个像素组成的像块，并假设一个像块内的所有像素作一致的平移运动。

块匹配法计算中，使当前帧中的每一个宏块（MB）针对前一帧内的像块在上下左右四个方向搜索，求得与其最佳的匹配块，搜索范围通常限制在水平和垂直 $(-M,\ M)$ 范围内，即在 $(N+2M)\times(N+2M)$ 个像素范围（称为搜索窗口）内搜索。块匹配法中，需要选择几个最重要的参数：

(1) 估值块大小 $(N\times N)$

估值块大小的选择应该综合考虑图像细节构成和计算量等因素，通常，运动估值宏块的大小为 16×16 像素。

一帧标清电视的亮度有 720×576 个像素、$45\times36=1620$ 个宏块，色差信号不需要作运动估计，可直接使用亮度信号的运动矢量。

(2) 最佳匹配准则

判断两个宏块间最佳匹配准则有很多种，常用的准则有两种。

一是最小均方差值（MSE）准则，定义为：

$$MSE(i,j)=\frac{1}{NN}\sum_{x=1}^{N}\sum_{y=1}^{N}[f_n(x,y)-f_{n-1}(x+i,y+j)]$$

式中，$f_n(x,y)$ 为当前帧即第 n 帧的像素值，i、j 分别为水平、垂直方向上的位移量。当 MSE 最小时，表示两宏块间匹配最佳，由此得出位移矢量。

二是绝对差的均值（MAD 最小准则），定义为：

$$MAD(i,j)=\frac{1}{NN}\sum_{x=1}^{N}\sum_{y=1}^{N}[f_n(x,y)-f_{n-1}(x+i,y+j)]$$

实际上是两宏块间数据的绝对差的均值。

(3) 搜索窗口大小

搜索窗口的选择应综合考虑帧间运动位移的可能大小和计算量等因素，M 越大，计算次数越多。

在全搜索法中，最大搜索次数为：

$$n_{max} = (2M+1)(2M+1)^2$$

如：$M=16$，$n_{max}=1089$。

由于一帧标清电视有 1620 个亮度宏块，实时运算中每秒需处理 25 帧，因此每秒需要搜索计算 44×10^6 次。

（4）快速搜索法

快速搜索法可以减少搜索次数，目前有多种快速搜索法，如全搜索法、三步法、共轭方向法、正交搜索法等。下面以二维对数法为例介绍快速搜索法的基本原理，如图 7-12 所示。

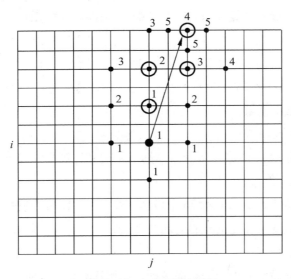

图 7-12　二维对数法图

从宏块中心点 (i, j) 开始，每一步在中心点及其左、右、上、下共 5 个点上计算匹配值。取其中 *MAD* 值最小的点作为下一步的中心点，并重复此步骤，最终找到最佳匹配位置。图中，经过 5 步后，在 $(i+2, j+6)$ 点找到位移矢量，前 4 步每次移动 2 个像素距离，第 5 步移动 1 个像素距离。此法最大搜索次数 $n_{max}=2+7\log^2(\Delta m)$，$\Delta m$ 为最大搜索位移。

（5）分级搜索

分级搜索则把搜索过程分为粗搜索和细搜索两步来进行，首先对图像进行亚取样得到一个低分辨率的图像，然后再对所得到的低分辨率图像进行全搜索，由于分辨率低，称为粗搜索。然后以粗搜索的结果为细搜索的起始点，再在高分辨率图像中较小的范围进行细搜索，修改运动矢量。这样总的搜索次数可大大减少，如图 7-13 所示。

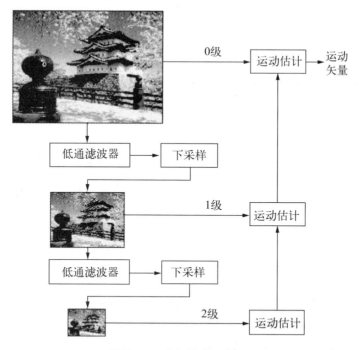

图 7-13　分级搜索示意图

二、正交变换编码

变换编码（Transform Coding）的基本思想是将在通常的欧几里德几何空间（空间域）描写的图像信号变换到另外的向量空间（变换域）进行描写，然后再根据图像在变换域中系数的特点和人眼的视觉特性进行编码。

正交变换编码系统框图如图 7-14 所示。

图 7-14　变换编码系统框图

一般来说图像变换不是对整幅图像一次进行，而是在存储器中把一幅图像分成许多 $N \times N$ 的像块，然后依次将每个方块内的 $N \times N$ 个样点同时送入变换器进行变换运算。

变换器把输入的 $N \times N$ 点的像块由原空间域变换到变换域中，映射成同样大小的 $N \times N$ 点的变换系数矩阵，经过变换后的系数矩阵更有利于压缩。

量化器用有限个值来表示变换后的系数矩阵，通过量化器舍弃一些小幅度的变换系数。

4. 编码器给量化器输出的每一个符号指定一个二进制码字，可以是定长码也可以是变长码。

（一）正交变换的性质

常用的正交变换有离散傅里叶变换（DFT）、最佳变换（KL）、离散余弦变换（DCT）及沃尔什变换（WH）等。

1. 能量守恒性

可以证明图像在空间域中的数据平方和和图像在变换域中的数据的平方和存在能量守恒关系，即

$$\sum_{x=0}^{N-1}\sum_{y=0}^{N-1}\left|f(x,y)\right|^2 = \sum_{n=0}^{N-1}\sum_{v=0}^{N-1}\left|F(u,v)\right|^2$$

2. 能量集中性（Energy Compaction）

大部分正交变换趋向将图像的大部分能量集中到相对少数几个系数上，由于整个能量守恒，因此这意味着许多变换系数只含有很少的能量。

3. 去相关性（Decorrelation）

当输入的像素高度相关时，变换系数趋向于不相关。

4. 熵保持性

如果把 $f(x,y)$ 看作是一个具有一定熵值的随机函数，那么变换系数 $F(u,v)$ 的熵值和原来图像信号 $f(x,y)$ 的熵值相等。

（二）一维离散余弦变换（Discrete Cosine Transform）

对于给定输入序列 $f(x)$，$x=0,1,\cdots\cdots,N-1$，离散余弦变换定义为：

正变换：$F(u) = C(u)\sqrt{\dfrac{2}{N}}\sum\limits_{x=0}^{N-1}f(x)\cos\dfrac{(2x+1)u\pi}{2N}$ 　　　$u=0,1,\Lambda,N-1$

反变换：$f(x) = C(u)\sqrt{\dfrac{2}{N}}\sum\limits_{u=0}^{N-1}F(u)\cos\dfrac{(2x+1)u\pi}{2N}$ 　　　$x=0,\Lambda,N-1$

式中系数：$C(u)=\begin{cases}\dfrac{1}{\sqrt{2}} & u=0 \\ 1 & u\neq 0\end{cases}$

令变换核函数为：$a(u,x)=C(u)\cos\dfrac{(2x+1)u\pi}{2N}$ 　　　$u,x=0,1,\Lambda,N-1$

则 DCT 变换公式又可写为：

$$F(u)=\sqrt{\dfrac{2}{N}}\sum_{x=0}^{N-1}f(x)a(u,x) \qquad u=0,1,\Lambda,N-1$$

把 $a(u,x)$ 展开则是一组余弦波，又称为基波分量。

以 $N=8$ 的 DCT 变换为例，变换核函数为：

$$a(u,x)=C(u)\cos\frac{(2x+1)u\pi}{16} \qquad u,x=0,1,\Lambda,7$$

代入 u，x 值 (0，1，…，7) 得：

$$\frac{1}{\sqrt{2}} \quad \frac{1}{\sqrt{2}} \quad \frac{1}{\sqrt{2}} \quad \frac{1}{\sqrt{2}} \quad \frac{1}{\sqrt{2}} \quad \frac{1}{\sqrt{2}} \quad \frac{1}{\sqrt{2}} \quad \frac{1}{\sqrt{2}}$$

$$\cos\frac{\pi}{16} \quad \cos\frac{3\pi}{16} \quad \cos\frac{5\pi}{16} \quad \cos\frac{7\pi}{16} \quad -\cos\frac{7\pi}{16} \quad -\cos\frac{5\pi}{16} \quad -\cos\frac{3\pi}{16} \quad -\cos\frac{\pi}{16}$$

$$\cos\frac{2\pi}{16} \quad \cos\frac{6\pi}{16} \quad -\cos\frac{6\pi}{16} \quad -\cos\frac{2\pi}{16} \quad -\cos\frac{2\pi}{16} \quad -\cos\frac{6\pi}{16} \quad \cos\frac{6\pi}{16} \quad \cos\frac{2\pi}{16}$$

$$\cos\frac{3\pi}{16} \quad -\cos\frac{7\pi}{16} \quad -\cos\frac{\pi}{16} \quad -\cos\frac{5\pi}{16} \quad \cos\frac{5\pi}{16} \quad \cos\frac{\pi}{16} \quad \cos\frac{7\pi}{16} \quad -\cos\frac{3\pi}{16}$$

$$\cos\frac{4\pi}{16} \quad -\cos\frac{4\pi}{16} \quad -\cos\frac{4\pi}{16} \quad \cos\frac{4\pi}{16} \quad \cos\frac{4\pi}{16} \quad -\cos\frac{4\pi}{16} \quad -\cos\frac{4\pi}{16} \quad \cos\frac{4\pi}{16}$$

$$\cos\frac{5\pi}{16} \quad -\cos\frac{\pi}{16} \quad \cos\frac{7\pi}{16} \quad \cos\frac{3\pi}{16} \quad -\cos\frac{3\pi}{16} \quad -\cos\frac{7\pi}{16} \quad \cos\frac{\pi}{16} \quad -\cos\frac{5\pi}{16}$$

$$\cos\frac{6\pi}{16} \quad -\cos\frac{2\pi}{16} \quad \cos\frac{2\pi}{16} \quad -\cos\frac{6\pi}{16} \quad -\cos\frac{6\pi}{16} \quad \cos\frac{2\pi}{16} \quad -\cos\frac{2\pi}{16} \quad \cos\frac{6\pi}{16}$$

$$\cos\frac{7\pi}{16} \quad -\cos\frac{5\pi}{16} \quad \cos\frac{3\pi}{16} \quad -\cos\frac{\pi}{16} \quad \cos\frac{\pi}{16} \quad -\cos\frac{3\pi}{16} \quad \cos\frac{5\pi}{16} \quad -\cos\frac{7\pi}{16}$$

$N=8$ 的 DCT 基波向量如图 7-15 所示。

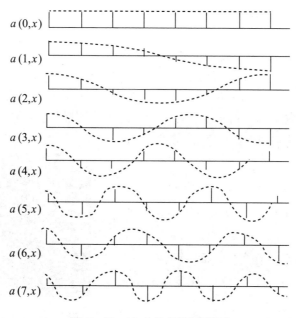

图 7-15　$N=8$ 的 DCT 基波图

这八个基波中任意两个不同频率的基波对应样值相乘后的代数和都为 0，相同频率的相乘后不为 0，这也是正交变换的特性。

（三）二维 DCT 变换

二维 DCT 变换公式：

一个 $N \times N$ 像块 $f(x, y)$ $(x, y = 0, 1, \cdots, N-1)$ 的二维 DCT 定义为：

正变换：$F(u,v) = \dfrac{2C(u)C(v)}{N} \displaystyle\sum_{x=0}^{N-1} \sum_{y=0}^{N-1} f(x,y) \cos\dfrac{(2x+1)u\pi}{2N} \cos\dfrac{(2y+1)v\pi}{2N}$

反变换：$f(x,y) = \dfrac{2}{N} \displaystyle\sum_{u=0}^{N-1} \sum_{v=0}^{N-1} C(u)C(v)F(u,v) \cos\dfrac{(2x+1)u\pi}{2N} \cos\dfrac{(2y+1)v\pi}{2N}$

其中：$u, v = 0, 1, \cdots, N-1$；$x, y = 0, 1, \cdots, N-1$

$$C(u), C(v) = \begin{cases} \dfrac{1}{\sqrt{2}} & u, v = 0 \\ 1 & u, v \neq 0 \end{cases}$$

设变换核函数为：

$$a(x,y,u,v) = \frac{2}{N} C(u)C(v) \cos\frac{(2x+1)u\pi}{2N} \cos\frac{(2y+1)v\pi}{2N} \qquad x, y, v = 0, 1 \cdots, N-1$$

则二维 DCT 变换公式又可表示为：

$$F(u,v) = \sum_{x=0}^{N-1} \sum_{y=0}^{N-1} f(x,y) a(x,y,u,v) \qquad u, v = 0, 1, \cdots, N-1$$

$$f(x,y) = \sum_{u=0}^{N-1} \sum_{v=0}^{N-1} F(u,v) a(x,y,u,v) \qquad x, y = 0, 1, \cdots, N-1$$

DCT 基图像：

二维变换核函数 $a(x, y; u, v)$ 按 x, y, u, v 分别展开后得到的是 $N \times N$ 个 $N \times N$ 点的像块组，又称为基图像。一个 8×8 的 DCT 基图像示意如图 7-16 所示。

其中，变量 u 表示基图像水平方向上的空间频率，v 表示垂直方向上的空间频率。例如 $u=0$ 和 $v=0$ 对应的子像块是 $a(x, y, 0, 0)$，图像在 x 和 y 方向都没有变化，而 $u=7$ 和 $v=7$ 对应的子像块是 $a(x, y, 7, 7)$，图像在 x 和 y 方向的变化频率最高。

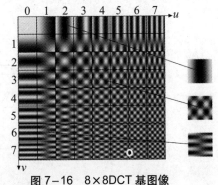

图 7-16　8×8DCT 基图像

二维 DCT 实际上是将空间像素的几何分布变换为空间频率分布，如图 7-17 所示。

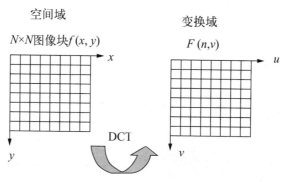

图 7-17 空间域与变换域

计算举例：

一个 8×8 点的亮度像块如图 7-18 所示。

139	144	149	153	155	155	155	155
144	151	153	156	159	156	156	156
150	155	160	163	158	156	156	156
159	161	162	160	160	159	159	159
159	160	161	162	162	155	155	155
161	161	161	161	160	157	157	157
162	162	161	163	162	157	157	157
162	162	161	161	163	158	158	158

（a）原始图像数据块 $f(x, y)$

1260	-1	-12	-5	2	-2	-1	1
-23	-17	-6	-3	-3	0	0	-1
11	-9	-2	2	0.2	-1	-1	0
-7	-2	1	1	0	0	0	0
-1	-1	1	2	0	-1	1	1
2	0	2	0	-1	1	1	-1
-1	0	0	-1	0	2	1	-1
-3	2	-4	-2	2	1	-1	0

（b）DCT 变换后系数块 $F(u, v)$

图 7-18 DCT 变换 1

图中 $f(x, y)$ 各点样值的幅度比较均匀，在空间域具有较大的相关性，经过 DCT 变换后，系数块 $F(u, v)$ 中各点能量分布不均匀，主要集中在左上角低频区，其中直流系数 $F(0, 0)$ 具有最大值 1260，而在高频区域大部分的 $F(u, v)$ 都很小近似为 0，体现了正交变换的能量守恒性、能量集中性、去相关性。

（四）量化器

为了压缩码率，还应该对变换域中的信号进行量化和编码。利用人眼对图像的低频分量比对高频分量更敏感的视觉特性，在低频区进行细量化，在高频区进行粗量化。

变换编码中的量化器是用降低系数的精度来消除不必要的系数，是在不降低预定图像主观评价质量条件下进行的。由于量化过程在变换域进行，因此设计量化特性应根据图像在变换域分布特性。以 DCT 变换为例，大多数电视信号如背景等部分亮度值变化很少，变换域中系数大部分能量集中在直流和低频区，又因为亮度突变区域如轮廓、边缘等部分较少，高频系数能量较小，如图 7–19 所示。

521	100	-15	8	-4	-1	0	0
0	0	0	0	0	0	0	0
0	0	0	0	0	0	0	0
0	0	0	0	0	0	0	0
0	0	0	0	0	0	0	0
0	0	0	0	0	0	0	0
0	0	0	0	0	0	0	0
0	0	0	0	0	0	0	0

922	-150	-25	-5	-6	-12	-6	-1
-208	-10	6	2	4	1	3	3
-29	31	2	-3	2	-1	-2	0
-19	1	-3	-6	3	3	3	2
0	-5	-4	2	1	2	0	0
0	-4	6	5	1	4	2	1
-1	1	-2	4	-1	1	4	3
0	1	0	2	3	0	-3	-1

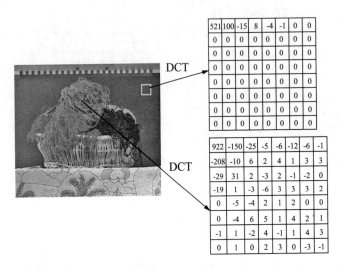

图 7–19　DCT 变换 2

为了得到好的编码效果，应该根据系数块中的不同位置设计量化器。

以 JPEG 压缩算法为例，使 $F(u,v)$ 中超过量化因子的系数值保留下来，可以表示为：

$$\left[F(u,v)\right]_Q=\left[\frac{F(u,v)}{Q(u,v)}\right]_{\text{取整}}$$

其中 $[F(u,v)]Q$ 是系数 $F(u,v)$ 的量化近似值，$Q(u,v)$ 是量化矩阵。

将图 7–18(b) 中的系数块量化后如图 7–20 所示。

16	11	10	16	24	40	51	61
12	12	14	19	26	58	60	55
14	13	16	24	40	57	69	56
14	17	22	29	51	87	80	62
18	22	37	56	68	109	103	77
24	35	55	64	81	104	113	92
49	64	78	87	103	121	120	101
72	92	95	98	112	100	103	99

(a) 量化矩阵

79	0	−1	0	0	0	0	0
−2	−1	0	0	0	0	0	0
−1	−1	0	0	0	0	0	0
0	0	0	0	0	0	0	0
0	0	0	0	0	0	0	0
0	0	0	0	0	0	0	0
0	0	0	0	0	0	0	0
0	0	0	0	0	0	0	0

(b) 量化后系数

图 7–20　DCT 变换 3

高频系数经过粗量化后，已经大部分为0，只有少数几个低频系数集中在左上角，大大压缩了数据量。

DCT 编码中对图像会带来失真：

1. 由于量化舍去高频系数而使图像产生模糊；

2. 对某些系数采用粗量化而产生颗粒状结构；

3. 像块的划分使相邻像块人为地造成亮度不连续，即块效应。

三、统计编码

统计编码利用信息论原理减少数据冗余。

（一）信息量和信息熵

对于某一离散无记忆信源 X 的符号集 x_i（$i=1$，2，$\cdots$，N），假设每个符号 x_i 是统计独立的，出现的概率为 $p(xi), \sum_{i=1}^{N} p(x_i) = 1$，则符号 x_i 所携带的信息量定义为：

$$I(x_i) = \log_2[1/p(x_i)] \text{ bit}$$

由此可见，出现概率低的符号传送的信息量比出现概率高的符号大。

如果将信源所有可能时间的信息量进行平均，就得到了信源中每个符号的平均信息量，又称为信息的熵，可表为：

$$H(X) = \sum_{i=1}^{N} p(x_i) \cdot \log_2\left(\frac{1}{p(x_i)}\right) = -\sum_{i=a}^{N} p(x_i) \cdot \log_2 p(x_i)$$

熵是对一个信源进行编码时最小平均码长的理论值，提供了一种可以用来测试无失真编码性能的标准。

利用信息熵的编码方法很多，如哈夫曼编码（利用概率分布特性）、游程编码（利用相关性）、算术编码（利用概率分布）等。

（二）哈夫曼（Huffman）编码

哈夫曼编码利用变字长编码（VLC）：根据符号发送概率的不同分配不同码长的码字。出现概率大的符号给以短码，对于概率小的符号给以长码。

Huffman 编码步骤：

第一，把信源符号 x_i（$i=1$，2，$\cdots$，N）按出现概率的值由大到小顺序排列；

第二，对两个概率最小的符号分别分配以"0"和"1"，然后把这两个概率相加作为一个新的辅助符号的概率；

第三，将这个新的辅助符号与其他符号一起重新按概率大小顺序排列；

第四，跳回到第二步，直到出现概率相加为"1"为止；

第五，用线将符号连接起来，从而得到一个码树，树的N个端点对应N个信源符号；

第六，从最后一个概率为"1"的节点开始，沿着到达信源的每个符号，将一路遇到的二进制码"0"或"1"顺序排列起来，就是端点所对应的信源符号的码字。

Huffman 编码过程如图 7–21 所示。

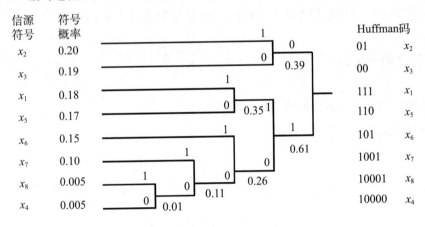

图 7–21　Huffman 编码 1

Huffman 编码有如下性质：

首先，码不是唯一的。因为"0"和"1"选择的任意性。但对于同一信源而言，平均码长是相同的，编码效率也一样。

其次，Huffman 编码对不同的信源其编码效率是不同的，信源中符号出现的概率相差越大，编码效果越好。

第三，Huffman 编码中，没有一个码字是另一个码字的前缀，因此，每个码字唯一可译。

（三）算术编码

在算术编码中，把被编码的信息表示成 0~1 之间的一个间隔数，在传输任何信息之前，信息的完整范围是 [0，1)，当一个符号被处理时，区间范围就依据分配给这一符号的那部分范围而变窄。

信息越长，编码表示它的区间就越小，表示这一区间所需的二进制位就越多。

算术编码原理：

设信源字符集 X 中有 N 个符号 $x_i(i=1, 2, \cdots, N)$，每个符号的概率为：$p(x_i)=p_i$，

有 $\sum\limits_{i=1}^{N} p(x_i)=1$，编码过程如下：

首先对字符集 X 中每个单独的符号赋一个 0~1 之间的子区间，子区间的长度等于

该符号的概率，并假设这样的赋值对解码器来说是已知的。

2. 读入第一符号 a_1，设 a_1 是符号集 X 中的第 i 个符号，$a_1=x_i(i=1，2，\cdots，N)$，那么初始子区间定义为：

$[l_1，r_1)=[p_{i-1}，p_i)$

3. 读入下一个符号，设已经是第 n 次读入，并设读入的符号 a_n 是符号集 X 中的第 i 个符号，即 $a_n=x_i$。

定义新区间为：

$[l_n，r_n)=[l_{n-1}+p_{i-1}d_{n-1}，l_{n-1}+p_id_{n-1})$

l_n 表示新区间的左边界值，r_n 表示新区间的右边界值，l_{n-1} 表示上一个子区间的左边界值，r_{n-1} 表示上一个子区间的右边界值，$d_{n-1}=r_{n-1}-l_{n-1}$ 表示上一个子区间的间隔，p_{i-1} 表示当前被编码符号的原始区间的左边界值，p_i 表示当前被编码符号的原始区间的左边界值。

例如：设信源符号为 $[x_1，x_2，x_3，x_4]$，这些符号的概率为 $p(x_i)$，根据这些概率可将间隔 $[0，1)$ 分成四个子区间，如表 7-1 所示。

表 7-1　符号概率列表

符号 x_i	概率 $p(x_i)$	信源初始区间 $[p_{i-1}，p_i]$
初始		[0, 1)
x_1	0.1	[0, 0.1)
x_2	0.4	[0.1, 0.5)
x_3	0.2	[0.5, 0.7)
x_4	0.3	[0.7, 1)

输入信息序列：$x_3x_1x_4x_1x_3x_4x$

如果输入的信息为 $x_3x_1x_4x_1x_3x_4x_2$，区间变化过程如下。

读入第 1 个符号 x_3，原始区间是 [0.5，0.7)，$l_1=0.5$，$r_1=0.7$，$d_1=0.2$，在处理完第 1 个符号后，区间范围为 [0，1) 缩到 [0.5，0.7)。

读入第 2 个符号 x_1，原始区间是 [0，0.1)，$l_2=0.5$，$r_2=0.52$，$d_2=0.02$，在处理完第 2 个符号后，区间范围为 [0.5，0.7) 缩到 [0.5，0.52)。

读入第 3 个符号 x_4，原始区间是 [0.7，1)，$l_3=0.514$，$r_3=0.52$，$d_3=0.006$，在处理完第 3 个符号后，区间范围为 [0.5，0.52) 缩到 [0.514，0.52)。

以此类推，将这一过程归纳如图 7-22 所示。

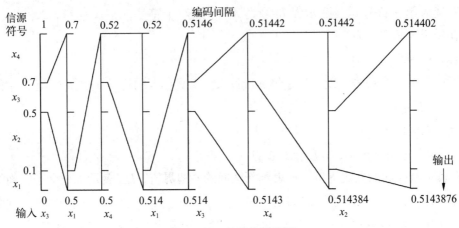

图 7-22　算术编码举例

如果解码器也知道这一最后的范围 [0.5143876，0.514402)，它马上就可以解得第一个字符为 x_3，因为从各个符号的概率值及其所分配的编码区间范围看，只有 x_3 的编码区间范围能包含 [0.5143876，0.514402)。

在解码出 x_3 后，范围变为 [0.5，0.7)，对所有符号再依据前面新区间表达式计算，并与最终范围 [0.5143876，0.514402) 比较看是否能包含它，不难解出第二个字符为 x_1，以此类推，解码器将唯一地解出这一串字符 $x_3x_1x_4x_1x_3x_4x_2$。

实际上对于解码器来说，不必要完全知道由解码器产生最终范围的两个端点，如上述例子中的 0.5143876 和 0.514402，知道这一范围内的一个值已经足够了。

算术编码器对整个消息只产生一个码字，这个码字是在间隔 [0，1) 中的一个实数，因此译码器在接收到表示这个实数的所有位之前不能进行译码。

上述例子是基于概率统计的固定模式，实际应用中，不可能对大量的信息进行概率统计。算术编码的自适应模式弥补了这一不足。自适应模式中各个符号的概率初始值都相同，之后，信源符号的概率根据编码时符号出现的频繁程度动态地进行修改。

当信源符号概率比较接近时，算术编码的效率要高于 Huffman 方法。算术编码的缺点是：实现方法要比 Huffman 编码复杂一些，尤其是硬件实现。算术编码也是一种对错误很敏感的编码方法，如果有一位发生错误就会导致整个消息译错。

四、小波变换编码

小波（wavelet）——在有限时间范围内变化且其平均值为零的数学函数。即：小波具有有限的持续时间和突变的频率和振幅，在有限的时间范围内，它的平均值等于零。

（一）基本小波函数

小波变换把信号分解成由基本小波经过移位和缩放后的一系列小波，因此小波是小波变换的基函数，基本小波函数又称为母小波。小波函数一般应满足：

1. 小波相容条件。也即小波函数连续可积，并具有性质。

$$C_\psi = \int_{-\infty}^{\infty} \frac{|\phi(\omega)|^2}{|\omega|} d\omega < \infty°$$

2. 函数直流分量为零。小波函数在 t 轴上取值有正有负，才能保证为零。

$$\int_{-\infty}^{\infty} \psi(x) dx = 0$$

小波函数应有振荡性，而且是正负交替的波动。

部分基本小波波形如图 7-23 所示。

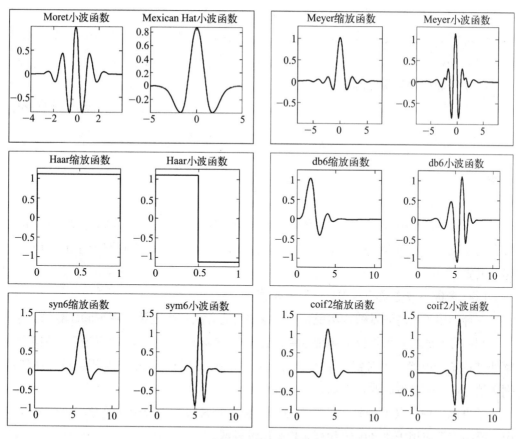

图 7-23 部分基本小波图

（二）一维连续小波变换

对于给定的基本小波函数，信号 $f(x)$ 的连续小波正反变换定义为：

$$W_f(a,b) = \int_{-\infty}^{+\infty} f(x)\psi_{a,b}(x)dx$$

$$f(x,y) = \frac{1}{C_\psi}\int\int_0^\infty\int_{-\infty}^{+\infty} W_f(a,b)\psi_{a,b}(x)\frac{dadb}{a^2}$$

其中 $\psi_{a,b}(x)$ 是由基本小波通过伸缩和平移后派生来的函数族 $\{\psi_{a,b}\}$，称为小波函数，数学表达式为：

$$\psi_{a,b}(x) = \frac{1}{\sqrt{a}}\psi\left(\frac{x-b}{a}\right)$$

式中，a 为尺度因子，$a>0$，实数；b 为位移因子，实数。

a 反应一个基本小波函数的宽度，$a>1$，$\Psi(x)$ 被扩展，表示用伸展了的 $\Psi(x)$ 去观察 $f(x)$；$a<1$，$\Psi(x)$ 被收缩，表示用收缩了的 $\Psi(x)$ 去观察 $f(x)$。

b 是小波函数沿 x 轴的平移位置，或者说是小波的延迟或超前。

由此可见，小波变换结果得到的是信号不同部分在不同伸缩尺度上的一族小波系数 $W_f(a, b)$。

（三）小波变换与带通滤波器

对于任意一个固定尺度的 a，$W_f(a,b)$ 是信号 $f(b)$ 与尺度为 a 的反转小波的卷积。

$$W_f(a,b) = \int_{-\infty}^{+\infty} f(x)\frac{1}{\sqrt{a}}\psi\left(\frac{x-b}{a}\right)dx$$

$$= f(b)\times\frac{1}{\sqrt{a}}\psi\left(-\frac{b}{a}\right)$$

可见，小波变换可以看成是原始信号与一组线性滤波器进行卷积的滤波运算，a 的每个值定义了一个不同的带通滤波器的输出 $W_f(a,b)$，而所有的滤波器输出叠加在一起，组成了小波。

（四）离散小波变换的实现——Mallat 算法

一种利用子带滤波器结构实现正交小波的构造方法和快速算法叫 Mallat 算法。

利用带通滤波器组将信道频带分割成若干个子频带（Subband），将子频带搬移至零频处进行子带取样，再对每一个子带用一个与其统计特性相适配的编码器进行图像数据压缩，这是子带编码的基本思想。

子带编码由于其本身具备的频带分解特性，非常适合于分辨率可分多级的视频编码，已被广泛应用于语音编码和视频信号压缩领域。

另外，子带编码还有以下优点：

第一，一个子带的编码噪声在解码后只局限于该子带内，不会扩散到其他子带。这样，即使有的子带信号较弱，也不会被其他子带的编码噪声所掩盖。

第二，可以根据主观视觉特性，将有限的数码率在各个子带之间合理分配，有利于提高图像的主观质量。

第三，通过频带分解，各个子带的抽样频率可以成倍下降。

在子带编码系统中，关键技术是正确实现无失真子带的分解和复原。

一个一维 2 子带编码系统的框图如图 7-24 所示。

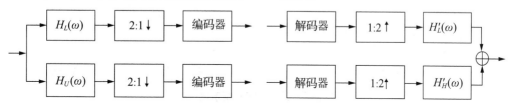

图 7-24　一维 2 子带编码系统的框图

其中，$H_L(\omega)$ 和 $H_U(\omega)$ 分别为低通分解滤波器和高通分解滤波器，$H_L'(\omega)$ 和 $H_U'(\omega)$ 分别为低通重构滤波器和高通重构滤波器，↓表示取样频率下变换，↑表示取样频率上变换。

在编码端，由于 2:1 下变换，信号相当于在时间轴上压缩了一半，因此，频谱相应地在频率轴上扩展了一倍。由于事先已经把信号分为低频子带和高频子带，只要滤波器的滤波特性是理想的，两个子带信号就不会产生混叠干扰。如果不考虑由编码、传输、解码引起的信号失真，通过分解滤波器分解子带再由重构滤波器重构的信号应无失真。

一个二维子带分解系统的框图如图 7-25 所示。

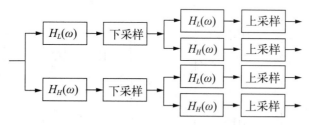

图 7-25　二维子带分解框图

其中，$H_L(\omega)$ 和 $H_H(\omega)$ 分别为水平方向低通分解滤波器和高通分解滤波器。

可将二维图像分解为 LL（水平低通、垂直低通）、LH（水平低通、垂直高通）、HL（水平高通、垂直低通）、HH（水平高通、垂直高通）四个面积相等的子图像，如图 7-26 所示。

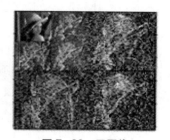

图 7-26　子图像

二维图像一级分解示意图如图 7-27 所示。

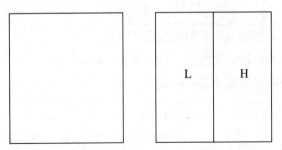

     （a）原图像   （b）水平方向小波分解   （c）垂直方向小波分解

图 7-27　一级分解示意图

二维图像多级分解示意图如图 7-28 所示。

图 7-28　二维图像多级分解示意图

    图 7-28 中，左上角图表示原始图像矩阵，右上角图表示一层分解的小波变换，左下角图表示将低频图像 LL1 小区域再分解的小波变换，右下角图表示将低频图像 LL2 小区域再分解的小波变换。

二维图像分解过程如图 7-29 所示。

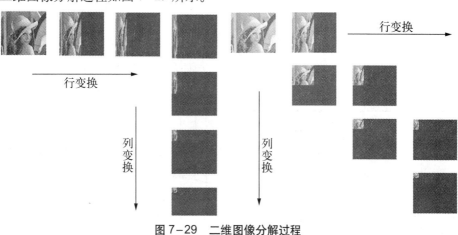

图 7-29　二维图像分解过程

图 7-29 的左图中，先作行变换后作列变换。右图中，行列变换同时进行。

二维图像三级分解如图 7-30 所示。

图 7-30　二维图像三级分解

第三节　数字音频压缩编码基础

数字音频压缩编码主要基于两种途径：一种是去除声音信号中的"冗余"部分，另一种是利用人耳的听觉特性，将声音中与听觉无关的"不相关"部分去除。

人耳的听感系统的第一个特点是人耳对各频率的灵敏度是不同的，第二个特点是频率之间的掩蔽效应 (Frequency Masking Effect)，第三个特点是时域掩蔽效应 (Temporal Masking Effect)。

一、人耳的听觉阈与频率的关系

人耳能听到的声音频率为 20Hz~20000Hz，但其灵敏度与频率相关，也就是人耳听到的声音响度与声音频率相关。描述响度、声压级以及声源频率之间的关系曲线称为响度曲线，如图 7-31 所示。

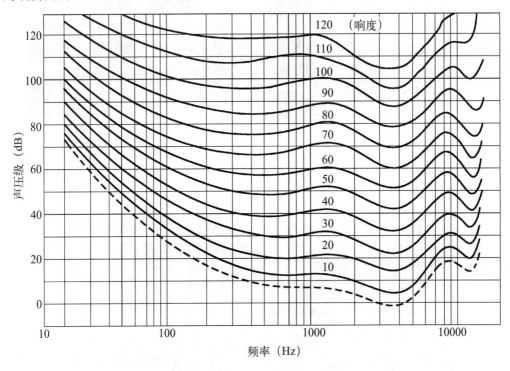

图 7-31　等响曲线

由图 7-31 可见：

a. 响度与声压有关，声压级越高，相应的响度随之增大；

b. 人耳最敏感的频率在 2kHz~5kHz，也就是说，在这段频率范围内的声音听起来比较响；

c. 人耳的灵敏度是随响度而变化的，声音越响，灵敏度响应越平坦；

d. 图中最低的一条等响曲线描述的是最小可闻阈，它表示在整个可闻声频频段内，正常听力的人耳刚好能察觉的最小声压级。

二、掩蔽效应（masking effect）

有这样的经验，一个频率的声音能量在小于某个阈值之下时，人耳就会听不到，但是如果有另外的声音存在，这个阈值就会提高很多，这就是所谓的掩蔽效应。一个较响的声音可能掩蔽掉一个较弱的声音，一个频率低的声音可能掩蔽掉一个频率高的声音。

同时掩蔽作用示意图如图 7-32 所示。

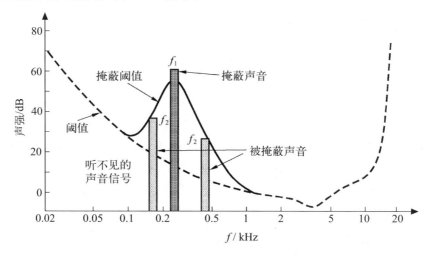

图 7-32　同时掩蔽作用示意图

图中，由于一个高强度的正弦音 f_1 的存在使得最小可闻域提升，而掩蔽了另一个正弦音 f_2（不同幅度和频率）。

在实验中发现，掩蔽作用既与掩蔽信号的频率有关也与掩蔽信号的强度有关，也就是说，掩蔽信号频率不同，其掩蔽程度也不同，掩蔽信号强度不同，其掩蔽程度也不同。

掩蔽域是指音调音在有掩蔽声存在时刚刚听到的阈值，与信号频率和声压级有关。

掩蔽阈随频率变化的曲线如图 7-33 所示。

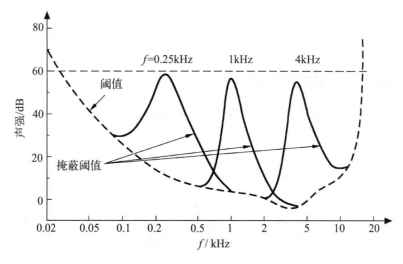

图 7-33　掩蔽阈随频率变化的曲线

图 7-33 中，频率是对数刻度，音调音掩蔽域的宽度随频率变化。掩蔽曲线是非对称的，其高频段一侧曲线的斜率要缓一些，低频音容易掩蔽高频音。

掩蔽阈随声压级的变化而变化，如图 7-34 所示。

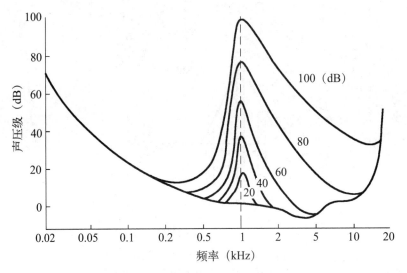

图 7-34　掩蔽阈随声压级的变化曲线

三、临界频带（critical band）

如果掩蔽信号覆盖一定的频率范围，它的带宽逐渐增大时，掩蔽效应并不随着改变，直到带宽增大到超过某个值，掩蔽效应才随着改变，这个带宽就是临界频带。表明人耳像一组多通道的实时分析器，各分析器有不同的灵敏度和带宽。

临界频带是频率的函数，低频段的临界频带比高频段的临界频带窄，人耳能从低频段获得更多信息。

人耳听觉阈范围内临界频带如表 7-2 所示。

表 7-2　人耳听觉阈范围内临界频带（单位：Hz）

1	50	80	20	100
2	150	100	100	200
3	250	100	200	300
4	350	100	300	400
5	450	110	400	510

续表

6	570	120	510	630
7	700	140	630	770
8	840	150	770	920
9	1000	160	920	1080
10	1170	190	1080	1270
11	1370	210	1270	1480
12	1600	240	1480	1720
13	1850	280	1720	2000
14	2150	320	2000	2320
15	2500	380	2320	2700
16	2900	450	2700	3150
17	3400	550	3150	3700
18	4000	700	3700	4400
19	4800	900	4400	5300
20	5800	1100	5300	6400
21	7000	1300	6400	7700
22	8500	1800	7700	9500
23	10500	2500	9500	12000
24	13500	3500	12000	15500
25	18775	6550	15500	22050

四、时域掩蔽效应（Temporal Masking）

掩蔽声和被掩蔽声不同时出现但发声时间很接近时，也会发生掩蔽效应，称为时域掩蔽效应，分为以下几种：

前掩蔽（Pre-masking）：一个信号被在此之后发生的另一个信号所掩蔽，称为前掩蔽。也就是说，一个声音影响了在时间上先于它的声音的听觉能力。

后掩蔽（Post-masking）：在一个信号开始之前结束的另一个信号也可以掩蔽这个信号，这称为后掩蔽。也就是说一个声音虽然已经结束了，但它对另一声音的听觉能力仍然存在影响。

同时掩蔽（Simultaneous-masking）：在一定时间内，由一个声音对另一个声音同时发生了掩蔽效应。

五、声音信号的感知编码（Perceptual Coding）

感知编码的基本原理是：将输入的数字声音信号变换到频域，连续不断地对输入信号的频率和幅度成分进行分析，将其与人的听觉模型相比较，适合模型的信息就是能够听到的要编码的信息，并给以较多的比特编码，舍掉那些听不到的信息。

感知编码器框图如图7-35所示。

编码器利用心理学模型对每个子带中能明显听得到的部分进行自适应量化，而对低于阈值或被掩蔽的部分不编码。

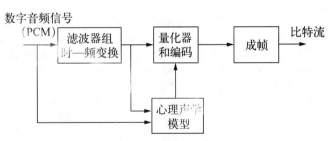

既然声音的掩蔽效应与频率有关，那就有必要将输入的声音信号分成许多子带，以逼近人耳的临界频带响应。

图7-35　感知编码器原理框图

滤波器子带划分如图7-36所示。

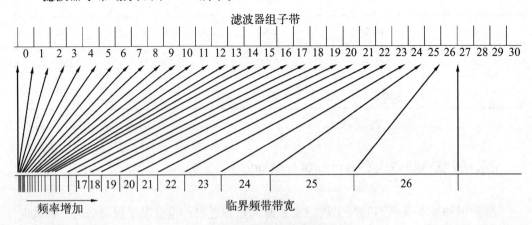

图7-36　滤波器子带划分

不同取样频率、不同压缩比的码率如表 7-3 所示。

表 7-3　不同压缩比下的码率对比

比特数／样值 （每个样值平均比特数）	压缩比	比特率 （取样频率 48kHz）	比特率 （取样频率 44.1kHz）	比特率 （取样频率 32kHz）
16	1∶1	768kbit/s	706.6kbit/s	512kbit/s
8	2∶1	384kbit/s	352.8kbit/s	256kbit/s
4	4∶1	192kbit/s	176kbit/s	128kbit/s
2.67	6∶1	128kbit/s	117.7kbit/s	85.3kbit/s
2	8∶1	96kbit/s	88.2kbit/s	64kbit/s
1.33	12∶1	64kbit/s	58.8kbit/s	42.6kbit/s

第四节　数据压缩编码标准

与数据压缩编码标准相关的国际组织有：国际标准化组织（ISO）、国际电工委员会（IEC）、国际电信联盟（ITU）。ISO 和 IEC 联合成立了一个技术委员会称为第一联合技术委员会（JCT1），是信息技术领域国际标准委员会。JCT1 有两个专家组，一个是静止图像专家组（JPEG），一个是运动图像专家组（MPEG）。

我国有一个数字音视频编解码技术标准工作组，简称 AVS 工作组。

JPEG 负责静止图像编码国际标准的制定，所制定的 JPEG、JBIG 及 JPEG2000 等标准在多媒体和数码相机等产品中得到了广泛应用。

MPEG 负责数字视频、音频和其他媒体的压缩和解压缩处理等国际技术标准的制定工作，制定的标准称为 MPEG-X 系列。

国际电信联盟（ITU）是世界各国政府的电信主管部门之间协调电信事务方面的一个国际组织，分为电信标准部门（即 ITU-T）、无线电通信部门（即 ITU-R）和电信发展部门（即 ITU-D）。

ISO/IEC JTC1 和 ITU 两个国际组织大多数情况下独立制定相关标准，20 世纪 90 年代初期，它们联合开发了 H.262/MPEG-2 标准。1997 年，ITU-T VCEG 与 ISO/IEC MPEG 再次合作，成立了视频联合工作组（Joint Video Team，JVT）。JVT 的工作目标是制定一个新的视频编码标准，以实现视频的高压缩比、高图像质量、良好的网络适应性等目标。

一、相关标准的发展历程

与数据压缩编码标准相关的国际标准有三大系列：ISO/IEC JTC1 制定的 MPEG 系列标准；ITU 针对多媒体通信制定的 H.26x 系列视频编码标准和 G.7 系列音频编码标准；我国的 AVS 系列标准。

MPEG-1 标准的码率为 1.2Mbit/s 左右，支持图像格式为 CIF（352×288）的视频编码，基本算法与 H.261/H.263 相似，也采用运动补偿的帧间预测，二维 DCT 和 VLC 游程编码等。MPEG-2 标准在 MPEG-1 的基础上，在提高图像分辨率和兼容数字电视等方面做了一些改进。MPEG-1 和 MPEG-2 是 MPEG 组织制定的第一代视、音频压缩标准，为 VCD、DVD 及数字电视和高清晰度电视等产业的飞速发展打下了基础。MPEG-4 标准的基本视频编码器还是属于和 MPEG-2 相似的一类混合编码器，不同的是 MPEG-4 中采用了一些新的技术，如形状编码、自适应 DCT 等，尤其是引入了基于视听对象（Audio-Visual Object，AVO）的编码，大大提高了视频通信的交互能力。MPEG-4 是基于第二代视音频编码技术制定的压缩标准，以视听媒体对象为基本单元，实现数字视音频和图形合成应用、交互式多媒体的集成，目前已经在流媒体领域得到应用。MPEG-7 是多媒体内容描述标准，支持对多媒体资源的组织管理、搜索、过滤、检索。MPEG-21 的重点是建立统一的多媒体框架，为从多媒体内容发布到消费所涉及的所有标准提供基础体系，支持连接全球网络的各种设备透明地访问各种多媒体资源。

1994 年由 MPEG 和 ITU 合作制定的 MPEG-2/H.262 是第一代音视频编解码标准的代表，也是目前国际上最为通行的音视频标准。

H.261 是最早出现的视频编码标准，目的是规范会议电视和可视电话应用中的视频编码。H.263 是低码率图像压缩标准，在技术上是 H.261 的改进和扩充，支持码率小于 64kbit/s 的应用。新的视频编码标准 H.264 在混合编码的框架下引入了新的编码方式，提高了编码效率。在相同的重建图像质量下，H.264 比 MPEG-2 节约 50% 左右的码率。2013 年年初，国际电信联盟（ITU）批准了下一代新视频标准——H.265 技术，即高效率视频编码 HEVC（High Efficiency Video Coding），这项新标准将有利于把 4K 视频带入未来的宽带网络之中，与此同时，该新标准还可以在低带宽的移动网络上播放高清网络视频内容。这一标准旨在把高质量的网络视频带到甚至是低带宽的网络中。H.265 标准是从 H.264 标准发展优化而来，新的标准保留原来的某些技术，同时对一些相关的技术加以改进，在 H.264 的基础上将压缩效率提高一倍，即在保证相同视频图像质量的前提下，视频流码率减少 50%。目前，H.265(HEVC) 制定了两套选项，其中追求高图像质量的叫做 High Efficiency，而追求低时延的叫做 low-complexity。由于视频会议的实时性，视频会议领域基本上会选用 low-complexity 选项。

AVS 是基于我国创新技术和部分公开技术的自主标准，第一代 AVS 编码效率比 MPEG-2 高 2~3 倍，与 AVC 相当，技术方案简洁，芯片实现复杂度低，达到了第二代标准的最高水平。

经过十年多演变，音视频编码技术本身和产业应用背景都发生了明显变化，后起之秀辈出。目前音视频产业可以选择的信源编码标准有五个：MPEG-2、MPEG-4、MPEG-4 AVC（简称 AVC，也称 JVT、H.264）、HEVC（H.265）、AVS。从制订者分，前四个标准是由 MPEG 专家组完成的，第四个是我国自主制定的。从发展阶段分，MPEG-2 是第一代信源标准，其余四个为第二代标准。从主要技术指标——编码效率比较：MPEG-4 是 MPEG-2 的 1.4 倍，第一代 AVS 和 AVC 相当，都是 MPEG-2 两倍以上。第二代 AVS2 编码效率比第一代标准提高了一倍以上，压缩效率超越最新国际标准 HEVC（H.265）。

可以推测，由于技术陈旧需要更新及收费较高等原因，MPEG-2 即将退出历史舞台。MPEG-4 出台的新专利许可政策被认为过于苛刻令人无法接受，导致被众多运营商围攻，陷入无法推广产业化的泥沼而无力自拔，前途未卜。而 AVS 通过简洁的一站式许可政策，解决了 AVC 专利许可问题死结，是开放式制订的国家、国际标准，易于推广；第二代 AVS2 编码效率比第一代标准提高了一倍以上，压缩效率超越最新国际标准 HEVC（H.265）。此外，AVC 仅是一个视频编码标准，而 AVS 是一套包含系统、视频、音频、数字版权管理在内的完整标准体系，为数字音视频产业提供更全面的解决方案。综上所述，AVS 可称第二代信源标准的上选。

经国家新闻出版广电总局、工业和信息化部测试机构测试，第一代 AVS 的压缩效率与同期国际标准 MPEG-4 AVC/H.264 相当，比原视频编码国家标准 GB/T 17975.2-2000(等同采用 ISO/IEC 13818.2-1994，即 MPEG-2) 提高一倍以上。因而能够成倍节省频谱和带宽，经济效益突出。根据国家新闻出版广电总局广播电视规划院进行的严格测试，第二代 AVS2 编码效率比第一代标准提高了一倍以上，压缩效率超越最新国际标准 HEVC（H.265），相对于第一代 AVS 标准，第二代 AVS 标准可节省一半的传输带宽，将支撑未来几年超高清电视在我国的推广应用。

目前，AVS 标准除在广电领域广泛使用，已进入互联网领域，下一步 AVS2 会进入监控应用。

AVS 的主要技术：熵编码、整数转换和量化、帧内预测、参考帧、B 帧对应模式、加权预测、去块效应滤波器、隔行编码。

二、JPEG 的组成原理

JPEG 标准由多个部分组成，主要的部分有：Part 1——基本的 JPEG 标准，定义了静止图像编码的方法和系统；Part 2——确定符合 Part 1 标准的软件规则和检查方法；Part 3——建立一系列对标准改进的扩展等。

本节主要介绍 Part 1 基本的 JPEG 标准。

JPEG 有两种基本压缩方法：

第一种有损压缩方法：它是以 DCT 为基础的压缩编码方法，其压缩比较高。

第二种无损压缩方法，又称预测压缩方法，是以二维 DPCM 为基础的压缩方式，解码后能完全精确地恢复原图像取样值，压缩比低于有损压缩方法。

JPEG 还包括多种工作模式：

顺序编码（Sequential Encoding）；

逐次编码（Progressive Encoding）；

分级模式（hierarchical）。

基于 DCT 的 JPEG 编解码原理框图如图 7-37 所示。

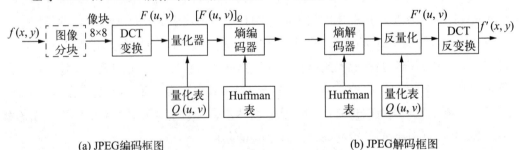

(a) JPEG编码框图　　　　　　　　　　　　　　　　(b) JPEG解码框图

图 7-37　JPEG 编解码系统框图

JPEG 编码算法主要有以下几个重要步骤：

一是用 DCT 去除图像数据的空间冗余；

二是用人眼视觉最佳效果的量化表来量化 DCT 系数 $F(u, v)$，去除视觉冗余；

三是对量化后的 DCT 系数 $F(u, v)$ 数据进行熵编码，去除熵冗余。

（一）预处理

1. 像块分割（Block）

像块分割指的是把源图像分割成相互不重叠的矩形块，每一个像块作为一个独立的单元进行变换和编解码。

2. 直流电平下移

为了提高编码效率，在对 $f(x, y)$ 作 DCT 变换之前，先对像块进行电平下移，即直流电平下移 $128 = 2^7$，在解码时再进行上移。电平下移后的像块 $f(x, y)$ 如表 7-4(b) 所示。

表 7-4　块样值

(a) 原像块样值 $f(x, y)$								(b) 电平下移后的 $f(x, y)$							
139	144	149	153	155	155	155	155	11	16	21	25	27	27	27	27
144	151	153	156	159	156	156	156	16	23	25	28	31	28	28	28
150	155	160	163	158	156	156	156	22	27	32	35	30	28	28	28
159	161	162	160	160	159	159	159	31	33	34	32	32	31	31	31
159	160	161	162	162	155	155	155	31	32	33	34	34	27	27	27
161	161	161	161	160	157	157	157	33	33	33	33	32	29	29	29
162	162	161	163	162	157	157	157	34	34	33	35	34	29	29	29
162	162	161	161	163	158	158	158	34	34	33	33	35	30	30	30

（二）DCT 变换

对电平下移后的 $f(x, y)$ 作 DCT 变换得到系数块 $F(u, v)$，如表 7-5(a) 所示。

表 7-5　作 DCT 变换后的系数 F（v）

(a) DCT 变换后的系数 $F(u, v)$								(b) 量化后的系数 $[F(u, v)_q]$							
235.6	−1.0	−12.1	−5.2	2.1	−1.7	−2.7	1.3	15	0	−1	0	0	0	0	0
−22.6	−18.5	−6.2	−3.2	−2.9	−0.1	0.4	−1.2	−2	−1	0	0	0	0	0	0
−10.9	−9.3	−1.6	1.5	0.2	−0.9	−0.6	−0.1	−1	−1	0	0	0	0	0	0
−7.1	−1.9	0.2	1.5	0.9	−0.1	0	0.3	0	0	0	0	0	0	0	0
−0.6	−0.8	1.5	1.6	−0.1	−0.7	0.6	1.3	0	0	0	0	0	0	0	0
1.8	−0.2	−1.6	−0.3	−0.8	1.5	1.0	−1.0	0	0	0	0	0	0	0	0
−1.3	−0.4	−0.3	−1.5	−0.5	1.7	1.1	−0.8	0	0	0	0	0	0	0	0
−2.6	1.6	−3.8	−1.8	1.9	1.2	−0.6	−0.4	0	0	0	0	0	0	0	0

(三) 量化

用人眼视觉最佳效果的量化表来量化 DCT 系数 $F(u, v)$，去除视觉冗余。JPEG 推荐了亮度信号和色度信号两种量化表，如表 7-6 所示。

表 7-6　量化表 $Q(u, v)$

(a) 亮度量化表 $Q(u, v)$								(b) 色度量化表 $Q(u, v)$							
16	11	10	16	24	40	51	51	17	18	24	47	99	99	99	99
12	12	14	19	26	58	60	55	18	21	26	66	99	99	99	99
14	13	16	24	40	57	69	56	26	26	56	99	99	99	99	99
14	17	22	29	51	87	80	62	47	66	99	99	99	99	99	99
18	22	37	56	68	109	103	77	99	99	99	99	99	99	99	99
24	35	55	64	81	104	113	92	99	99	99	99	99	99	99	99
49	64	78	87	103	121	120	101	99	99	99	99	99	99	99	99
72	92	95	98	112	100	103	99	99	99	99	99	99	99	99	99

量化公式为：

$$[F(u,v)]_Q = \frac{F(u,v)}{Q(u,v)}_{取整}$$

其中 $[F(u, v)]_Q$ 为量化后得到的系数，如表 7-5(b) 所示。

在解码端进行反量化时，利用相同的量化表 $Q(u, v)$ 乘以 $[F(u, v)]_Q$，可以得到反量化后重建的 DCT 系数 $F'(u, v)$：

$$F'(u,v) = [F(u,v)]_Q \times Q(u,v)$$

(四) 之字形扫描

量化之后右下角高频系数大部分为 0，在编码时为了制造更长的 0 游程提高编码效率，采用之字形扫描读取法，如图 7-38 所示。

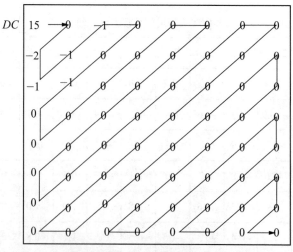

(15, 0, -2, -1, -1, -1, 0, 0, -1, EOB)

图 7-38　之字形扫描读取方法图

（五）DC 系数的 DPCM 编码

对 DC 系数采用差分编码（DPCM），传送当前块与前一个块之间的 DC 系数差值。

$$\Delta DC_i = F_i(0, 0) - F_{i-1}(0, 0)$$

其中，$F_i(0, 0)$ 表示当前像块的直流系数，$F_{i-1}(0, 0)$ 表示前一像块的直流系数。DC 系数的 DPCM 编码示意图如图 7-39 所示。

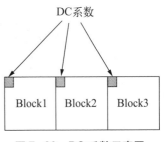

图 7-39　DC 系数示意图

（六）可变长熵编码

为了消除码字中的统计冗余，对量化后的 DCT 系数 $F(u, v)$ 数据进行可变长熵编码。

JPEG 推荐的 Huffman 码表如表 7-7、表 7-8、表 7-9、表 7-10 所示。

表 7-7　幅度值的可变长二编码表

位长（Size）	幅度（Amplitude）	可变长二进制编码（VL binary）
0	0	−
1	−1，1	0，1
2	−3，−2，2，3	00，01，10，11
3	−7，…，−4，4，…，7	000，…，011，100，…，111
4	−15，…，−8，8，…，15	0000，…，0111，1000，…，1111
…	…	…
16	32768	−

表 7-8　亮度和色度直流系数的 Huffman 码表

亮度直流系数码表			色度直流系数码表		
位长（Size）	Huffman 码字	码长	位长（Size）	Huffman 码字	码长
0	00	2	0	00	2
1	010	3	1	01	2
2	011	3	2	10	2
3	100	3	3	110	3

亮度直流系数码表			色度直流系数码表		
位长 (Size)	Huffman 码字	码长	位长 (Size)	Huffman 码字	码长
4	101	3	4	1110	4
5	110	3	5	11110	5
6	1110	4	6	111110	6
7	11110	5	7	1111110	7
8	111110	6	8	11111110	8
9	1111110	7	9	111111110	9
10	11111110	8	10	1111111110	10
11	111111110	9	11	11111111110	11

表 7-9 亮度交流系数的 Huffman 码表

游程，位长 (Run, Size)	Huffman 码字	码长	游程，位长 (Run, Size)	Huffman 码字	码长
(0, 0) (EOB)	1010	4	(2, 1)	11100	5
(0, 1)	00	2	(2, 2)	11111001	8
(0, 2)	01	2	(2, 3)	111110111	10
(0, 3)	100	3	(2, 4)	111111110100	12
(0, 4)	1011	4	(2, 5)	1111111110001001	16
(0, 5)	11010	5	(2, 6)	1111111110001010	16
(0, 6)	1111000	7	(2, 7)	1111111110001011	16
(0, 7)	11111000	8	(2, 8)	1111111110001100	16
(0, 8)	1111110110	10	(2, 9)	1111111110001101	16
(0, 9)	1111111110000010	16	(2, A)	1111111110001110	16
(0, A)	1111111110000011	16	(3, 1)	111010	6

游程，位长 （Run，Size）	Huffman 码字	码长	游程，位长 （Run，Size）	Huffman 码字	码长
（1，1）	1100	4	（3，2）	1111101	9
（1，2）	11011	5	（3，3）	111111110101	12
（1，3）	1111001	7	（3，4）	1111111110001111	16
（1，4）	111110110	9	（3，5）	1111111110010000	16
（1，5）	11111110110	11	（3，6）	1111111110010001	16
（1，6）	1111111110000100	16	（3，7）	1111111110010010	16
（1，7）	1111111110000101	16	（3，8）	1111111110010011	16
（1，8）	1111111110000110	16	（3，9）	1111111110010100	16
（1，9）	1111111110000111	16	（3，A）	1111111110010101	16
（1，A）	1111111110001000	16	（4，1）	111011	6

表7-10 色度交流系数的 Huffman 码表

游程，位长 （Run，Size）	Huffman 码字	码长	游程，位长 （Run，Size）	Huffman 码字	码长
（0，0）（EOB）	00	2	（2，1）	11010	5
（0，1）	01	2	（2，2）	11110111	8
（0，2）	100	3	（2，3）	1111110111	10
（0，3）	1010	4	（2，4）	111111110110	12
（0，4）	11000	5	（2，5）	111111111000010	15
（0，5）	11001	5	（2，6）	1111111110001100	16
（0，6）	111000	6	（2，7）	1111111110001101	16
（0，7）	1111000	7	（2，8）	1111111110001110	16
（0，8）	111110100	9	（2，9）	1111111110001111	16

游程，位长 (Run，Size)	Huffman 码字	码长	游程，位长 (Run，Size)	Huffman 码字	码长
(0，9)	1111110110	10	(2，A)	1111111110010000	16
(0，A)	111111110100	12	(3，1)	11011	5
(1，1)	1011	4	(3，2)	11111000	8
(1，2)	111001	6	(3，3)	1111111000	10
(1，3)	11110110	8	(3，4)	111111110111	12
(1，4)	111110101	9	(3，5)	1111111110010001	16
(1，5)	1111110110	11	(3，6)	1111111110010010	16
(1，6)	1111110101	12	(3，7)	1111111110010011	16
(1，7)	1111111110001000	16	(3，8)	1111111110010100	16
(1，8)	1111111110001001	16	(3，9)	1111111110010101	16
(1，9)	1111111110001010	16	(3，A)	1111111110010110	16
(1，A)	1111111110001011	16	(4，1)	111010	6

（七）解码

解码是编码的逆过程，上述所讲例子解码后重建的图像 $f'(x, y)$ 如表 5-8（a）所示，与表 7-4(a) 原始图像 $f(x, y)$ 相比较，它们之间有一定的误差 $e(x, y)$ 如表 7-11(b) 所示。这个误差是由量化过程引起的，只要这个误差控制在一定范围之内，人眼视觉是可以接受的。

解码后重建图像数据 $f'(x, y)$ 如表 7-11 所示。

表 7-11 解码后重建图像数据 $f'(x, y)$

（a）解码后重建图像数据								（b）重建图像与原图像块的差值 $e(x, y)$							
144	146	149	152	154	156	156	156	5	2	0	-1	-1	1	1	1
148	150	152	154	156	156	156	156	4	-1	-1	-2	-3	0	0	0
155	156	157	158	158	157	156	155	5	1	-3	-5	0	1	0	-1

续表

（a）解码后重建图像数据								（b）重建图像与原图像块的差值 $e(x, y)$							
160	161	161	162	161	159	157	155	1	0	-1	2	1	0	-2	-4
163	163	164	163	162	160	158	156	4	3	3	1	0	5	3	1
163	164	164	164	162	160	158	157	2	3	3	3	2	3	1	0
160	161	162	162	162	161	159	158	-2	-1	1	-1	0	4	2	1
158	159	161	161	162	161	159	158	-4	-3	0	0	-1	3	1	0

（八）JPEG 压缩编码图像质量

1. 压缩比计算

在本例中，原像块为 $8 \times 8 = 64$ 个像素，如果每个像素用 8 比特编码（8bit/pixel），压缩前的总比特位数为：$8 \times 8 \times 8 = 512$。经过编码后，输出的总比特数为 31 位，平均为 $31/64 = 0.4844$ bit/pixel，压缩比为 $512/31 = 16.5$。

2. 图像质量

对于自然景色图像，4 : 2 : 2 色度格式，分辨率为 720×576，定长码 16bit/pixel（包括色度分量）的图像，经过 JPEG 编码后的压缩比和图像质量如表 7-12 所示。

表 7-12　JPEG 压缩后图像质量

压缩后平均比特	压缩比	图像质量	应用
0.25～0.5bit/pixel	1/64～1/32	仍可识别	满足某些应用
0.5～0.75bit/pixel	1/32～1/20	较好	满足许多应用
0.75～1.5bit/pixel	1/20～1/10	好	满足绝大多数应用
1.5～2bit/pixel	1/10～1/8	压缩前后质量难于区别	

三、MPEG-1 和 MPEG-2 技术

MPEG-1 和 MPEG-2 在编码的基本技术上是类似的，都是基于块的运动补偿编码技术。

MPEG-1 由多个部分组成，其中主要的部分有：第一部分系统（ISO/IEC11172-1），

系统部分是关于数字视频、音频和辅助数据等多路压缩数据流复用和同步的规定；第二部分视频 (ISO/IEC11172-2)，视频部分是关于位速率约为 1.5 Mbit/s 的视频信号的压缩编码的规定；第三部分音频 (ISO/IEC11172-3)，音频部分是关于每通道位速率为 64kbit/s、128kbit/s、192kbit/s 的数字音频信号的压缩编码的规定；第四部分符合测试，ISO/IEC 11172-4；第五部分软件模拟，ISO/IEC 11172-5。

MPEG-1 视频图像格式是 CIF 格式，如表 7-13 所示。

表 7-13　MPEG-1 视频图像格式

每帧的像素数	帧频	扫描格式
352×240	30	逐行
352×288	25	逐行

MPEG-1 常用于压缩后输出比特率为 1.5Mbit/s 的应用，但是也可以用于高比特率的应用。

MPEG-2 全称为"运动图像及有关声音信息的通用编码"，标准的文件编号为 ISO/IEC13818。

MPEG-2 由多个部分组成，其中主要部分有：第一，系统部分 (ISO/IEC13818-1)，是关于多路音频、视频和数据的复用和同步的规定；第二，视频部分 (ISO/IEC13818-2)，主要涉及各种比特率的数字视频压缩编解码的规定；第三，音频部分 (ISO/IEC13818-3)，扩充了 MPEG-1 的音频标准，使之成为多通道音频编码系统；第四，顺应测试部分；第五软件仿真部分等。

在许多情况下，MPEG-2 表示成 MPEG-1 的一个超集，已广泛应用于 DVD、SDTV 和 HDTV 数字电视广播中。

(一) MPEG-2 视频

MPEG-2 标准支持不同性能和不同复杂性的解码器，应用范围广泛，充分考虑了各种应用的不同要求，有较强的通用性。

1. 型和级

为了解决通用性和特定性的矛盾，MPEG-2 标准规定了四种输入图像格式，称为级 (Level)，从有限清晰度的 VCD 图像质量到高清晰度的 HDTV 图像质量，提供了灵活的信源格式。MPEG-2 还规定了不同的压缩处理方法，称为型 (Profile)。按照不同的型和不同的级的组合，有 20 种组合方式。但是在实际应用中只有其中的 11 种组合可以应用。MPEG-2 型和级的定义及其组合如表 7-14 所示。

表 7-14 MPEG-2 的级和型

级 level / 型 profile	简单型 SP	主型 MP	信杂比可级 SSRP	空间可分级 SSP	高型 HP
高级 HL 1920×1080×30 1920×1080×25	—	MP@HL (L.B.P)	—	—	HP@HL
高级 H1440L 1440×1080×30 1440×1080×25	—	MP@H1440L (L.B.P)	—	SPP@H1440L	HP@H1440L
主级 ML 720×480×30 720×576×25	SP@ML (无 B 帧)	MP@ML (L.B.P)	SNP@ML	—	HP@ML
低级 LL 352×248×30 352×288×25	—	MP@LL (L.B.P)	—	—	—

级表示 MPEG-2 编码器输入端的信源图像格式。图像格式分成四个级：低级 (Low Level，LL)、主级 (Main Level)、高 1440 级 (High-1440 Level) 和高级 (High Level)。其中的数值表示一帧画面内的水平方向的像素数 × 垂直方向的像素数 × 帧频。

LL 级对应的输入图像格式是 CIF 格式，即 $352×248×30$ 或 $352×288×25$，相应编码的最大输出码率为 4Mbit/s。ML 对应于 ITU-R601 建议的标清图像格式，即 $720×480×29.97$ 或 $720×576×25$，在 MP@ML 中最高允许码率为 15Mbit/s，在 HP@ML 中为 20Mbit/s。H-1440 属于准高清图像格式，在 MP@H-1440L 中，最高允许码率为 60Mbit/s。

MPEG-2 规定了不同的压缩处理方法称为"型 (Profile)"，分为以下几种：

简单型 (Simple Profile，SP)。简单型只采用 I 帧和 P 帧两种编码帧，SP@ML 是 SP 型中唯一的应用点。

主型 (Main Profile，MP)。主型采用了 I 帧、P 帧和 B 帧三种编码帧，增加了双向预测方法 (Bi-directional prediction)，在相同比特率的情况下，将给出比简单型更好的图像质量，可实现效率较高的压缩。

信杂比可分级型 (SNR Scalable，SNRP)。信杂比可分级型将编码的视频数据分成底层和增强层。

空间可分级型 (Spatial Scalable，SSP)。空间可分级型允许多分辨率编码技术，适合于视频业务相互操作的应用。

高型（High Profile，HP）。与其他型相比，高型对亮度取样率、最大比特率和VBV缓存容量等都有了更高的要求。

4：2：2型（4：2：2Profile）。1996年MPEG-2增加了4：2：2型，主要用于演播室编辑环境，可提供较高的图像质量，较好的色度分辨率，更高的比特率。

2. 视频结构

MPEG规定了视频码流的层次结构，MPEG-1和MPEG-2的视频结构是相同的，共分6层，如图7-40所示。

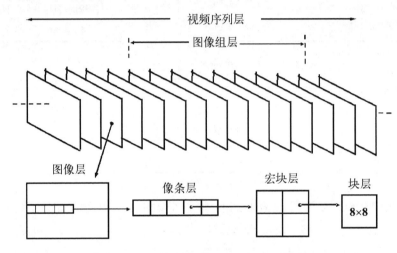

图7-40　MPEG视频码流的层次结构

图7-40中，视频序列（VS）又称图像序列，是随机选取节目的一个基本单元。从节目内容看，一个视频系列大约对应一个镜头，切换一个镜头即表示开始一个新的序列。图像组（Group of Pictures）简称GOP，是图像序列中连续的几个图像组成的，是对编码后的视频码流进行编辑的存取基本单元。通常1秒钟内至少有两个图像组，在60场格式中一个图像组有15帧，在50场格式中一个图像组有12帧。在编码器中常用的图像组是IBBPBBPBBPBB，即12帧中有一个I帧、三个P帧、八个B帧。图像（Picture）是一个独立的显示单元，也是图像编码的基本单元，可分为I、P、B三种编码图像，分别对应三种压缩编码模式，即帧内压缩编码（I帧编码）、前向预测编码（P帧编码）、双向预测编码（B帧编码）。I帧编码利用该帧图像本身信息进行编码，即直接进行DCT变换、量化、熵编码，压缩比不高。P帧编码根据前面最近的I帧或另一个P帧进行预测编码，可作为后面的P帧或B帧的参考帧，会传播误码，由于采用运动补偿，压缩比大于I帧。B帧编码既用过去的帧作基准又用未来的帧作基准，预测精度较高且不传播误码，压缩比最大。像条（SLICE）由一系列连续的宏块组成，是发生误码后且不可纠正时，数据重新获得同步而能正常译码的基本单元。宏块（MB）是

运动预测的基本单元，运动估计以宏块为单位，得到最佳匹配宏块的运动矢量。运动矢量只对亮度数组进行，色差数组使用和亮度数组相同的运动矢量。块（BLOCK）是DCT变换的基本单元，一幅图像以亮度数据数组为基准被分为若干个 8×8 像素的数组，简称为块，可以是亮度信号块或色差信号块。

3．压缩编码

MPEG算法达到了很高的压缩比，但仍保持了很好的图像质量，单靠帧内编码是不可能达到的。在MPEG压缩编码中，主要通过DCT变换和运动预测技术来压缩空间冗余和时间冗余。

在MPEG-2压缩编码算法中，不仅包括了JPEG算法中的DCT、自适应量化和熵编码等一系列帧内编码方法，更重要的是利用了帧间运动补偿技术。

在帧间预测时，为什么要用双向预测呢？如果只有前向预测，那么当前编码帧中可能有许多宏块在参考帧中找不到匹配块，而在后面的帧中能找到匹配块，如图7-41所示。

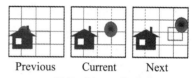

Previous　　Current　　Next

图7-41　双向预测

图中，Previous为前一帧，Current为当前帧，Next为后一帧。方框为宏块。

双向预测示意图如图7-42所示。

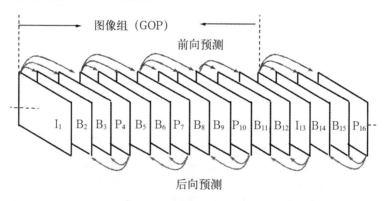

图像组（GOP）

前向预测

I_1　B_2　B_3　P_4　B_5　B_6　P_7　B_8　B_9　P_{10}　B_{11}　B_{12}　I_{13}　B_{14}　B_{15}　P_{16}

后向预测

图7-42　双向预测示意图

图中，由于B帧是双向预测帧，在后向预测时需要用它后面的P或I帧作为参考帧，所以需要将原始图像顺序重新排列后再送入编码器，称为帧重排，如图7-43所示。

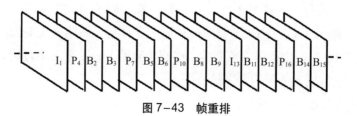

I_1　P_4　B_2　B_3　P_7　B_5　B_6　P_{10}　B_8　B_9　I_{13}　B_{11}　B_{12}　P_{16}　B_{14}　B_{15}

图7-43　帧重排

图 7-43 中，I_1 后面的所有 P 帧和 I 帧都比其前两个 B 帧提前编码，为 B 帧后向预测提供参考。I_1 为输入编码器的第一帧图像，经帧内预测编码得到；P_4 为输入编码器的第二帧图像，以 I_1 为参考帧，经帧间预测编码（运动估计）得到；B_2 为输入编码器的第三帧图像，以 I_1 为前向参考帧，以 P_4 为后向参考帧，经双向预测编码得到；B_3 为输入编码器的第四帧图像，以 I_1 为前向参考帧，以 P_4 为后向参考帧，经双向预测编码得到；P_7 由 P_4 前向预测得到，B_5B_6 由 P_4 前向预测、由 P_7 后向预测得到，P_{10} 由 P_7 前向预测得到，B_8B_9 由 P_7 前向预测、由 P_{10} 后向预测得到，$B_{11}B_{12}$ 由 P_{10} 前向预测、由 I_{13} 后向预测得到，……。

4. 编码器

MPEG-1 和 MPEG-2 的编码器大致相同，先进行帧重排，再按 $I_1P_4B_2B_3P_7B_5B_6P_{10}$ $B_8B_9I_{13}B_{11}B_{12}$ 的顺序编码，得到 IPB 帧。

I 帧编码过程如图 7-44 所示。

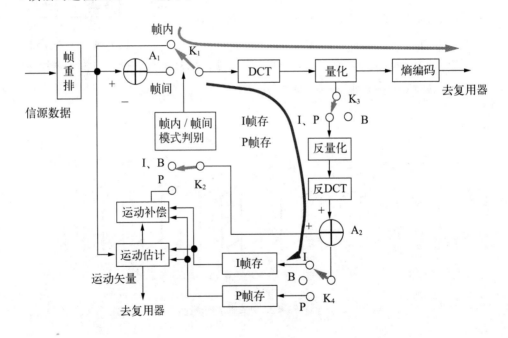

图 7-44 I 帧编码

当输入的第 1 帧作为 I 帧图像时，开关 K_1、K_2、K_4 在上方，K_3 在左方，此时，I 帧以宏块为单位顺序输入，经 DCT 变换器和量化器 Q 后，一路进入熵编码器，另一路向下经反量化器 IQ 和反变换器 IDCT 后，得到重建的 I 帧图像宏块数据，并存入 I 帧存储器中，作为后续输入图像的参考帧。

P 帧编码过程如图 7-45 所示。

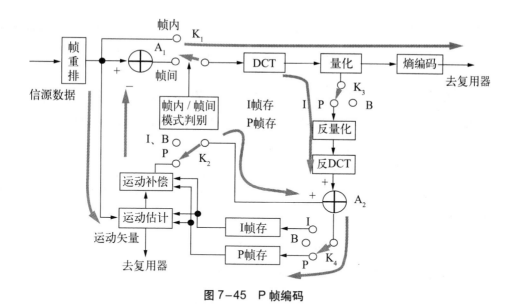

图 7-45　P 帧编码

当 P4 作为 P 帧输入时，开关 K1、K2、K4 在下方，K3 在左方，此时，先将 P 帧宏块 (MBn) 送到运动估计器 (ME，Motion Estimation)，与存储器中 I 帧图像 (参考帧) 进行前向运动预测和估计，搜索匹配宏块，参考帧中匹配宏块相对于 P 帧宏块的位置就是运动矢量 (MV，Motion Vector)；MV 分两路输出，一路直接进入熵编码器，另一路进运动补偿器 (MC，Motion Compensation)；将参考帧中的匹配宏块 MB0 与当前被编码的宏块 MBn 相减得到预测误差块 ΔMB＝MBn-MB0。ΔMB 经 DCT 变换器和量化器 Q 后，一路进入熵编码器，另一路向下经反量化器 IQ 和反变换器 IDCT 后，得到重建的预测误差块，与运动补偿器来的参考帧中的匹配宏块相加，得到重建的 P 帧宏块数据，并存入 P 帧存储器中，作为后续输入图像的参考帧。

B 帧编码过程如图 7-46 所示。

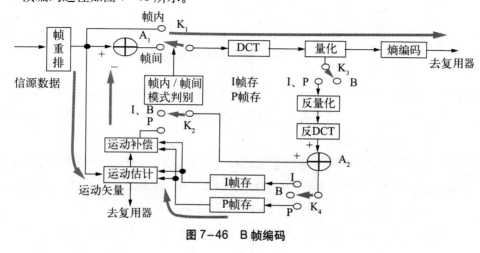

图 7-46　B 帧编码

当 B_2 作为 B 帧输入时，开关 K_1 在下方、K_2 在上方、K_3 在右方、K_4 在中间，此时，I_1 和 P_4 已经储存在 I 帧和 P 帧存储器内作为参考帧，当 B 帧宏块输入运动估计器时可以在两个参考帧中进行双向运动预测。预测时，如果在前后参考帧中找到两个匹配块，在编码时两个匹配块要计算加权和，然后和当前帧的块进行预测编码，这时需要传送两个运动矢量 MV_1、MV_2。预测误差块 ΔMB 经 DCT 变换器和量化器 Q 后，直接进入熵编码器，由于 B 帧不作为参考帧，因此不必存储。

5. 视频基本码流结构

经过编码器编码后，6 个视频层次构成的编码流称为视频基本码流（Elementary Stream，ES），如图 7-47 所示。

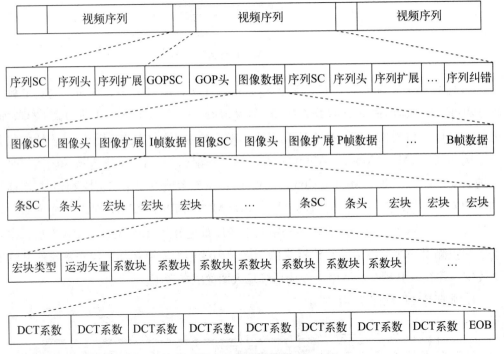

图 7-47 视频基本码流结构

图中，SC 为起始码，上四层都有。SC 有其独特的比特模式，不许出现在数据流中，可作为同步识别用。一旦因误码或其他原因使接收码流失去同步，重新同步的过程就是从码流中寻找新的起始码。

在视频序列层中，序列头给出了图像尺寸、宽高比、帧频和比特率等数据，序列扩展码给出了型/级、逐行/隔行和色度格式（4:2:0、4:2:2、4:4:4）等信息。

在图像组层中，GOP 头给出了时间码和预测特性等信息。

在图像层中，图像头给出了时间参考、图像编码类型、视频缓存校验器（VBV）延时等信息，图像扩展码给出了运动图像、图像结构（顶场、底场或帧）、量化因子类型和可变长编码（VLC）等信息。

在像条层中，像条头给出了像条垂直位置、量化因子码等信息。

在宏块层中，宏块类型码给出了宏块属性。

在块层中，给出了 DCT 系数。

以上数据除图像数据外，其他数据为辅助数据。

6. 解码

MPEG-2 解码是从编码的比特流中重建图像帧，MPEG-2 解码方框图如图 7-48 所示。

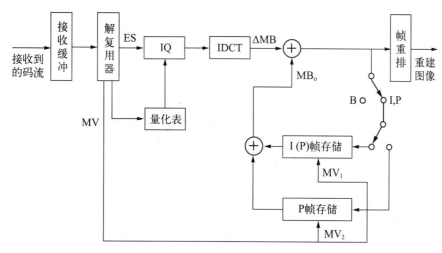

图 7-48 MPEG-2 解码框图

接收到的码流经过 TS 流解复用和视/音频 PES 包解复用后输出视频基本流（ES）和运动矢量（MV）。

7. 可分级编码

分级（scalability）编码可以使原本一体的码流呈现一种分级结构，使其中的部分码流可单独解码，从而可得到不同的分辨率和所需的码率。

一个 N 层可分级码流结构如图 7-49 所示。

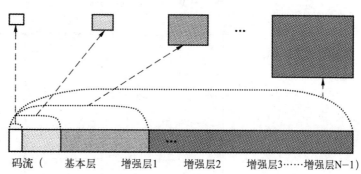

码流（　　基本层　　增强层1　　增强层2　　增强层3……增强层N-1）

图 7-49 N 层可分级码流结构示意图

(1) SNR 可分级（SNR Scalability）

SNR 分级编码将视频序列分成基本层和增强层两个视频层，这两层有相同的图像分辨率但有不同的图像精度。

一个简化的 SNR 可分级编码原理框图如图 7−50 所示。

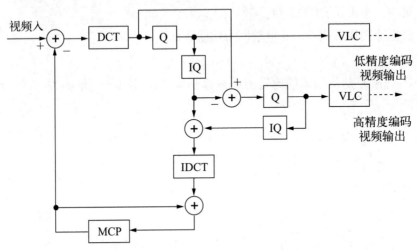

图 7−50　SNR 可分级的编码原理框图

(2) 空间可分级（Spatial Scalability）

空间可分级编码过程如图 7−51 所示。

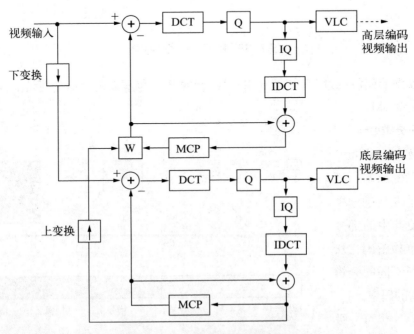

图 7−51　空间可分级编解码框图

（3）时间可分级（Temporal Scalability）

在时间分级中，各层具有相同的帧尺寸和色度格式，但可以有不同的帧频。包含底层和增强层的时间可分级编码框图如图 7-52 所示。

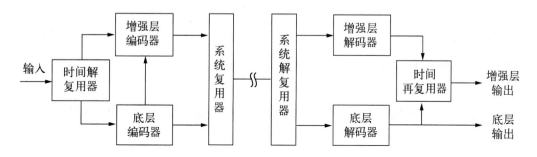

图 7-52　时间可分级的编解码器框图

（二）MPEG-2 系统

MPEG-2 系统主要规定了如何将一个或多个视频流、音频流和其他辅助数据流复合成一个码流以适应存储和传送的需要。

MPEG-2 系统由视频编码器、音频编码器、数据编码器、打包器、复用器组成，视频编码器输出视频基本流（ES），音频编码器输出音频基本流（ES），打包器输出打包基本流（PES），复用器输出节目流（PS）和传输流（TS）。

1. 系统复用

（1）单路节目复用器

视音频数据流的系统复用框图如图 7-53 所示。

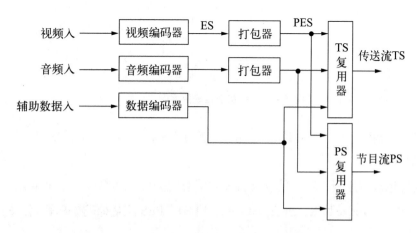

图 7-53　MPEG-2 系统复用框图

经过视音频编码器压缩编码后的视音频码流称为基本数据流，简称基本流。为了使接收端能从总码流中分离出视音频数据，基本流需要打包后再复用传输。将连续传输的基本数据流按一定长度分段，构成具有特定结构和长度的一个个单元包，称为打包的基本码流，简称打包基本流。打包基本流需要再次复用才能存储和传输，复用器有两种不同的输出码流，一种为节目码流简称 PS 流，另一种为传输码流，简称 TS 流，两种码流有不同的抗误码能力，应用场合也不同。

（2）多路节目复用系统

如果在一个电视频道内传输多套数字电视节目，需要将多套节目的 TS 再次复用，多路节目的复用系统框图如图 7-54 所示。

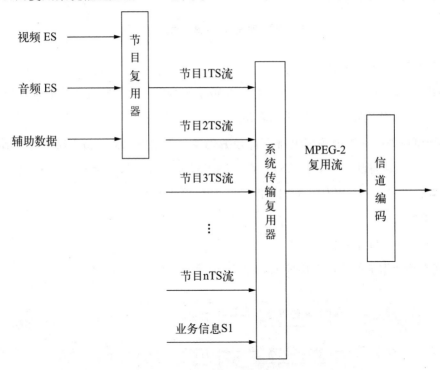

图 7-54　多路节目复用框图

传输复用器能将多套节目的 TS 流复用成一路 TS 流，称为多路节目复用。

2．PES 流分析

ES 经过打包器将连续传输的数据流按一定的长度分段，切割成一个个单元包，称为打包基本码流（Paketized Elementary Stream，PES）。PES 流是编码器和解码器的直接连接形式。

PES 包的结构如图 7-55 所示。

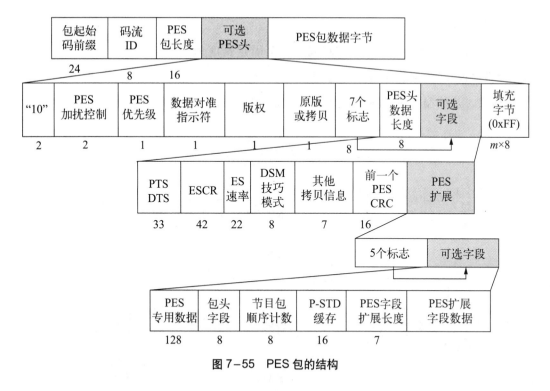

图 7-55　PES 包的结构

3. 节目流 PS

PS 复用器将一个或几个具有公共时间基准的 PES 包组合成单一的码流，称为节目流（Program Stream，PS）。PS 码流的数据结构如图 7-56 所示。

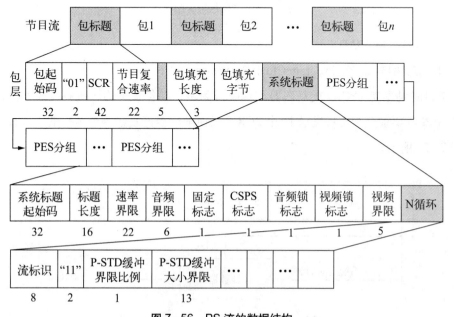

图 7-56　PS 流的数据结构

4. 传送流 TS

PES 流进入传输复用器中切割成一个个固定长度为 188 字节的包，称为传输包。由传输包组成的数据流称为传送流 (Transport Stream，TS)。TS 流是各传输系统之间的连接格式，是传输设备间的基本接口。TS 包的结构如图 7-57 所示。

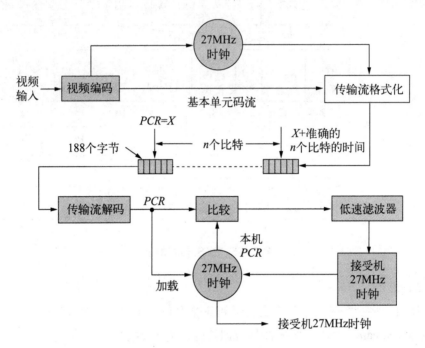

图 7-57　TS 包句法结构图

5. 码流中的时间信息

(1) 节目时钟参考 (Program Clock Reference，PCR)

节目时钟参考 (PCR) 使解码器与编码器同步，在包头中的自适应段周期性地插入 PCR，MPEG 要求至少每秒发送 10 个 PCR，以便解码器能重建每个节目的 27MHz 时钟，如图 7-58 所示。

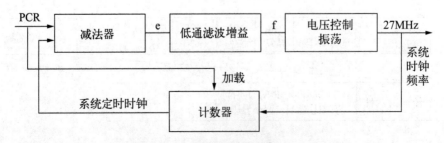

图 7-58　PCR 重建 27MHz 时钟示意图

(2) 时间标记 (DTS 和 PTS)

在视频和音频 PES 包的包头中定期插入解码时间标记 (Decoding Time-Stamp，DTS) 和显示时间标记 (Present Time Stamp，PTS)，使每个基本数据流都能获得有效的时间校正，把视音频基本流同步到一起形成节目流。

DTS/PTS 是 33 比特，以系统时钟的 1/300(90kHz) 为单位，计算关系为：

$$DTS(j) = \{[系统时钟频率 \times tdn(j)] \ DIV300\} \ \%2^{33}$$

$$PTS(k) = \{[系统时钟频率 \times tpn(k)] \ DIV300\} \ \%2^{33}$$

式中，j、k 表示 PES 包的序号，tdn (j)、tpn (k) 表示 j、k 个 PES 包内帧的解码时间和显示时间。

6. 节目专用信息 (PSI)

在 MPEG-2 的码流中必须包含向接收机提供选择控制作用的信息，以帮助接收端正确地进行解码。为此 MPEG-2 系统标准中定义了节目专用信息 (Program Specific Information，PSI)，它是 MPEG 码流中的重要组成部分。

PSI 信息主要由以下几种类型的表构成：节目关联表 (Program Association Table，PAT)、节目映射表 (Program Map Table，PMT)、条件接收表 (Conditional Access Table，CAT)、网络信息表 (Network Information Table，NIT)、传送流描述表 (Transport Stream Description Table，TSDT)、专用段 (Private_section)、描述符 (Descripter)。

节目关联表 (PAT)：由 PID 为 0×0000 的 TS 包传送，为复用的每一路 TS 流提供所包含的节目和节目编号及对应的节目映射表 (PMT) 的位置，即 PMT 的 TS 包的包标识符 (PID) 的值，同时还提供网络信息表 (NIT) 的位置，即 NIT 的 TS 包的包标识符 (PID) 的值。

节目映射表 (PMT)：在传输流中用于指示组成一套节目的视频、音频和数据的位置，即对应的 TS 包的包标识符 (PID) 的值及每套节目的节目时钟参考 (PCR) 字段的位置。

条件接收表 (CAT)：由 PID 为 0×0001 的 TS 包传送，提供在复用流中传输的条件接收系统的有关信息，指定 CA 系统与它们相应的授权管理信息 (EMM) 之间的联系，指定 EMM 的 PID 值及相关参数。

网络信息表 (NIT)：提供关于多组传输流和传输网络相关的信息，如通道频率 (地面、有线)、卫星发射器编号等。

传输流描述表 (TSDT)：提供传输流的主要参数。

使用 PSI 从码流中选择所需节目的过程如图 7-59 所示。

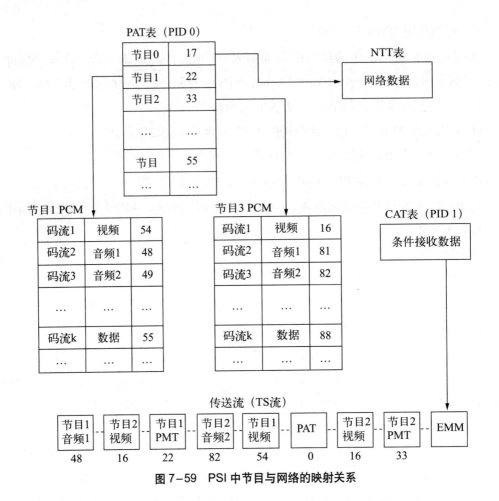

图 7-59 PSI 中节目与网络的映射关系

7. 码率控制

在多路业务的复用中，复用方式大致可以分为两种：固定比特率（Constant Bit Rate，CBR）和可变比特率（Variable Bit Rate，VBR）。

（1）CBR 编码复用方式

CBR 编码复用方式如图 7-60 所示。

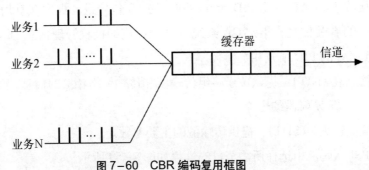

图 7-60 CBR 编码复用框图

（2）VBR 编码复用方式

统计复用方法有很多，下面介绍帧平移法和基于率失真理论的联合码率控制法。

帧平移法利用 IPB 帧码率的差异，以第一路视频业务为基准，将后续接入的业务相对前一业务滞后一帧，这样就可以利用不同帧类型码率分布的差异减小各业务同时达到峰值的可能性。

联合码率控制框图如图 7-61 所示。

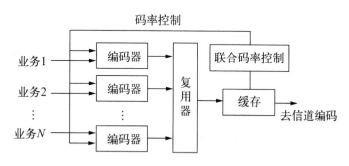

图 7-61　联合码率控制框图

四、H.264 技术

H.264 主要有以下特点：压缩效率高、容错能力强、网络适应性强、计算复杂度高。

（一）H.264 的系统层

H.264 提出了一个新的概念，在视频编码层（Video Coding Layer，VCL）和网络提取层（Network Abstraction Layer，NAL）之间进行概念性分割。H.264 分层结构如图 7-62 所示。

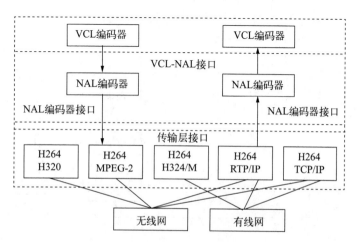

图 7-62　H.264 的分层结构框图

（二）H.264 视频编解码

H.264 编码系统框图如图 7-63 所示。

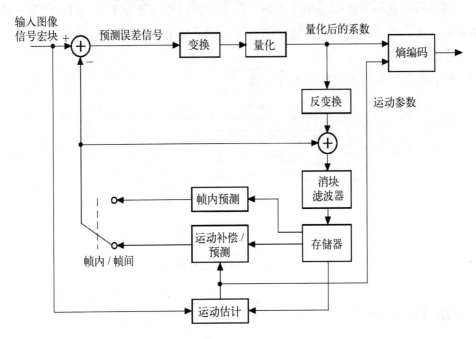

图 7-63　H.264 编码系统框图

H.264 编码系统与以前标准有以下不同：

自适应消块滤波器（Deblocking Filter）；

帧内预测（Intra-Frame Prediction）；

在变换（Transform）模块中，使用整数 DCT 变换；

在 H.264 编码系统图中，帧存储器可以存储多个帧。

H.264 解码系统框图如图 7-64 所示。

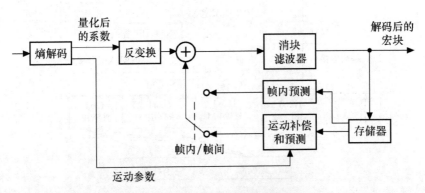

图 7-64　H.264 解码系统框图

（三）H.264 编码主要特点

1. 像条（slice）

像条由宏块组成，一般情况下，像条分为 I 像条、P 像条和 B 像条。

2. 像条组

H.264/AVC 支持一种新的灵活的宏块排序，简称为 FMO（Flexible Macroblock Ordering）。

3. 帧内预测（Intra Prediction）

对于亮度信号有两种不同的预测模式：INTRA_4×4 和 INTRA_16×16。

有九种预测模式，其中三种如图 7-65 所示。

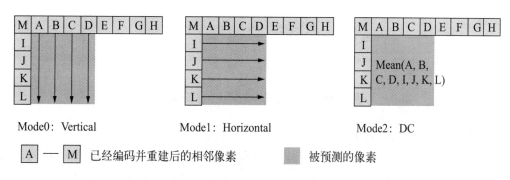

图 7-65　INTRA_4×4 九种预测模式中的三种

DC 预测模式中，当前 4×4 块中的每一个像素都对左边和上边的已经重建的像素的均值做预测。

除了 DC 模式以外，还有八种预测模式，所有可能的预测方向如图 7-66 所示。

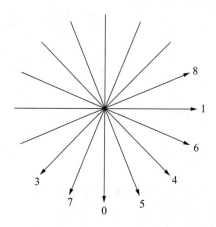

图 7-66　INTRA_4×4 块可能的预测模式

其中 0 和 1 方向已经显示在图 7-65 中，是垂直和水平预测，例如，如果选择垂直模式，那么 A 下面的所有当前块的样值都对 A 预测。

4. 运动补偿预测（Motion Compensated Prediction）

（1）不同大小和形状的宏块分割

支持 16×16 到 4×4 范围尺寸的运动补偿块，如图 7-67 所示。

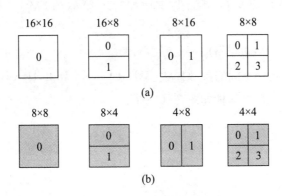

图 7-67　运动补偿中的宏块和子宏块模式

（2）多参考帧预测估计

在帧间编码时，可选五个先前帧作为运动估计的参考帧，即多帧参考技术。这一功能特别适合周期性运动、平移运动、在两个不同场景之间来回变换摄像机镜头等场合。

多参考帧预测估计示意图如图 7-68 所示。

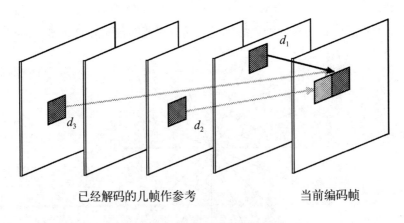

图 7-68　多参考帧预测估计

（3）高精度估计

支持 1/4 或 1/8 像素精度的运动估计，运动矢量的位移可以 1/4 或 1/8 像素为单位。精度越高，则帧间预测差越小、码率越低、压缩比越高。

5.变换编码（Transform Coding）

H.264/AVC 中采用了三种类型的变换，如图 7-69 所示。

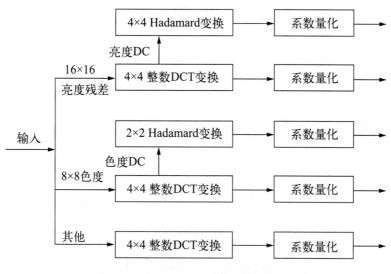

图 7-69　三种类型的变换

(1) 4×4 的整数 DCT 变换

无论是帧内预测还是帧间运动预测，所有 Y 的预测残差块和所有色度 Cb 和 Cr 块，都进行 4×4 的整数 DCT 变换，变换矩阵如图 7-70 的 H_1 所示。

(2) 4×4 Hadamard 变换

可以消除小尺寸块的变换方式对图像中较大面积的平滑区域之间产生的灰度差异，变换矩阵如图 7-70 的 H_2 所示。

(3) 2×2 Hadamard 变换

由于变换块的尺寸缩小、运动物体的划分更精确，因此计算量也小、运动物体边缘的衔接误差减小、块效应和人工痕迹也减小，变换矩阵如图 7-70 的 H_3 所示。

$$H_1=\begin{bmatrix} 1 & 1 & 1 & 1 \\ 2 & 1 & -1 & -2 \\ 1 & -1 & -1 & 1 \\ 1 & -2 & 2 & -1 \end{bmatrix} \qquad H_2=\begin{bmatrix} 1 & 1 & 1 & 1 \\ 1 & 1 & -1 & -1 \\ 1 & -1 & -1 & 1 \\ 1 & -1 & 1 & -1 \end{bmatrix} \qquad H_3=\begin{bmatrix} 1 & 1 \\ 1 & -1 \end{bmatrix}$$

图 7-70　变换矩阵图

6.熵编码方案（Entropy Coding Schemes）

采用了两种熵编码方法：基于上下文的自适应可变长编码（context-adaptively switched sets of variable length codes，CAVLC）和基于上下文的自适应二进制算术编码

(context-based adaptive binary arithmetic coding，CABAC)。CAVLC 是基本编码方法，CABAC 是可选的方法。

7. 自适应消块滤波器（Adaptive Deblocking Filter）

块效应是指块边缘由于变换/量化和来自于相邻运动块矢量的差别引起的人工痕迹，定义了一个 16×16 宏块和 4×4 块自适应去除块效应的环路滤波器，可以处理预测环路中的水平和垂直边缘，减少块效应。

（四）H.264 的型（Profiles）

H.264 定义了三类型，如图 7-71 所示。

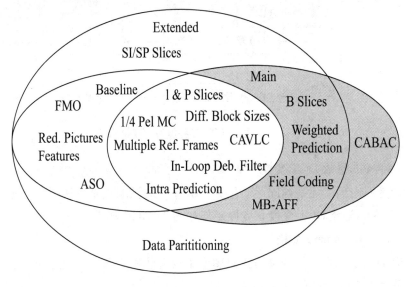

图 7-71　H.264 型的范围

第一类：基本型（Baseline Profile）
第二类：主型（Main Profile）
第三类：扩展型（Extended Profile）

五、AVS

AVS 视频标准不同于 H.264 标准，后者是一个独立的视频标准，而 AVS 标准是一套包含系统、视频、音频、媒体版权管理在内的完整标准体系，这保证了实际应用系统所需的技术完备性。因此 AVS 视频标准具有技术高效、实现方案简洁，专利许可政策简单、许可费用低廉，相关标准配套的特色。

AVS 视频编码技术：

AVS1-P2 视频标准采用经典的混合编码框架，此框架与以往视频标准相同，但由于不同标准制订时出于对不同应用的考虑，在技术取舍上对复杂度-性能的衡量指标各不相同，因而在复杂性、编码效率上的表现也各不相同。比如，一般认为 H.264 的编码器大概比 MPEG-2 复杂 9 倍，而 AVS 视频标准则由于编码模块中的各项技术复杂度都有所降低，其编码器复杂度大致为 MPEG-2 的 6 倍，但编码高清序列 AVS 视频标准具有与 H.264 相近的编码效率。

视频编码的基本流程为：将视频序列的每一帧划分为固定大小的宏块，通常为 16×16 像素的亮度分量及两个 8×8 像素的色度分量，之后以宏块为单位进行编码。对视频序列的第一帧及场景切换帧或者随机读取帧采用 I 帧编码方式，I 帧编码只利用当前帧内的像素作空间预测，类似于 JPEG 图像编码方式。其大致过程为，利用帧内先前已经编码块中的像素对当前块内的像素值作出预测，将预测值与原始视频信号作差运算得到预测残差，再对预测残差进行变换、量化及熵编码形成编码码流。对其余帧采用帧间编码方式，包括前向预测 P 帧和双向预测 B 帧，帧间编码是对当前帧内的块在先前已编码帧中寻找最相似块（运动估计）作为当前块的预测值（运动补偿），之后如 I 帧的编码过程对预测残差进行编码。编码器中还内含一个解码器，内嵌解码器模拟解码过程，以获得解码重构图像，作为编码下一帧或下一块的预测参考。解码步骤包括对变换量化后的系数进行反量化、反变换，得到预测残差，之后预测残差与预测值相加，经滤波去除块效应后得到解码重构图像。

以上编码框架包含如下关键技术：

1. 帧内预测

AVS 视频标准采用空域内的多方向帧内预测技术。以往的编码标准都是在频域内进行帧内预测，如 MPEG-2 的直流系数（DC）差分预测、MPEG-4 的 DC 及高频系数（AC）预测。基于空域多方向的帧内预测提高了预测精度，从而提高了编码效率。AVC/H.264 标准也采用了这一技术，其预测块大小为 4×4 及 16×16，其中 4×4 帧内预测时有 9 种模式，16×16 帧内预测时有四种模式。AVS 视频标准的帧内预测基于 8×8 块大小，亮度分量只有五种预测模式，大大降低了帧内预测模式决策的计算复杂度，但性能与 AVC/H.264 十分接近。除了预测块尺寸及模式种类的不同外，AVS 视频的帧内预测还对相邻像素进行了滤波处理来去除噪声。

2. 变块大小运动补偿

变块大小运动补偿是提高运动预测精确度的重要手段之一，对提高编码效率起重要作用。在以前的编码标准 MPEG-1、MPEG-2 中，运动预测都是基于 16×16 的宏块进行的（MPEG-2 隔行编码支持 16×8 划分），在 MPEG-4 中添加了 8×8 块划分模式，而在 H.264 中则进一步添加了 16×8、8×16、8×4、4×8、4×4 等划分模式。但

实验数据表明小于 8×8 块的划分模式对低分辨率编码效率影响较大，而对于高分辨率编码则影响甚微。

在高清序列上的大量实验数据表明，去掉 8×8 以下大小块的运动预测模式，整体性能降低 2%~4%，但其编码复杂度则可降低 30%~40%。因此在 AVS1-P2 中将最小宏块划分限制为 8×8，这一限制大大降低了编解码器的复杂度。

3. 多参考帧预测

多参考帧预测使得当前块可以从前面几帧图像中寻找更好地匹配，因此能够提高编码效率。但一般来讲 2~3 个参考帧基本上能达到最高的性能，更多的参考图像对性能提升影响甚微。复杂度却会成倍增加。H.264 最多可采用 16 个参考帧，并且为了支持灵活的参考图像引用，采用了复杂的参考图像缓冲区管理机制，实现较繁琐。而 AVS 视频标准限定最多采用两个参考帧，其优点在于：在没有增大缓冲区的条件下提高了编码效率，因为 B 帧本身也需要两个参考图像的缓冲区。

4. 1/4 像素插值

MPEG-2 标准采用 1/2 像素精度运动补偿，相比于整像素精度提高约 1.5 dB 编码效率；H.264 采用 1/4 像素精度补偿，比 1/2 精度提高约 0.6 dB 的编码效率，因此运动矢量的精度是提高预测准确度的重要手段之一。影响高精度运动补偿性能的一个核心技术是插值滤波器的选择。AVC/H.264 亚像素插值半像素位置采用 6 拍滤波，这个方案对低分辨率图像效果显著。由于高清视频的特性，AVS 视频标准对 1/2 像素位置插值采用 4 拍滤波器，其效果与 6 拍滤波器相同，优点是大大降低了访问存取带宽，是一个对硬件实现非常有价值的特性。

5. B 帧宏块编码模式

在 AVC/H.264 标准中，时域直接模式与空域直接模式是相互独立的。而 AVS 视频标准采用了更加高效的空域/时域相结合的直接模式，并在此基础上使用了运动矢量舍入控制技术——1/4 像素插值，AVS 标准 B 帧的性能比 H.264 中 B 帧性能有所提高。此外，AVS 标准还提出了对称模式，即只编码前向运动矢量，后向运动矢量通过前向运动矢量导出，从而实现双向预测。此方案与编码双向运动矢量效率相当。

6. 整数变换与量化

AVS 视频标准采用整数变换代替了传统的浮点离散余弦变换 (DCT)。整数变换具有复杂度低、完全匹配等优点。由于 AVS1-P2 中最小块预测是基于 8×8 块大小的，因此采用了 8×8 整数 DCT 变换矩阵。8×8 变换比 4×4 变换的去相关性能强，在变换模块，AVS 标准编码效率相比 H.264 提高 2%（约 0.1 dB）。同时与 H.264 中的变换相比，AVS 标准中的变换有自身的优点，即由于变换矩阵每行的模比较接近，可以将变换矩阵的归一化在编码端完成，从而节省解码反变换所需的缩放表，降低了解码器的复杂度。

量化是编码过程中唯一带来损失的模块。以前典型的量化机制有两种，一种是H.263 中的量化方法，一种是 MPEG−2 中的加权矩阵量化形式。与以前的量化方法相比，AVS 标准中的量化与变换归一化相结合，同时可以通过乘法和移位来实现，对于量化步长的设计，量化参数每增加 8，相应的量化步长扩大 1 倍。由于 AVS 标准中变换矩阵每行的模比较接近，变换矩阵的归一化可以在编码端完成，从而解码端反量化表不再与变换系数位置相关。

7. 熵编码

熵编码是视频编码器的重要组成部分，用于去除数据的统计冗余。AVS 视频标准采用基于上下文的自适应变长编码器对变换量化后预测残差进行编码。其具体策略为，系数经过"之"字形扫描后，形成多个（Run，Level）数对，其中，Run 表示非零系数前连续值为零的系数个数，Level 表示一个非零系数；之后采用多个变长码表对这些数对进行编码，编码过程中进行码表的自适应切换来匹配数对的局部概率分布，从而提高编码效率。编码顺序为逆向扫描顺序，这样易于局部概率分布变化的识别。变长码采用指数哥伦布码，这样可降低多码表的存储空间。此方法与 H.264 用于编码 4×4 变换系数的基于上下文的自适应变长编码器（CAVLC）具有相当的编码效率。相比于 H.264 的算术编码方案，AVS 的熵编码方法编码效率低 0.5 dB，但算术编码器计算复杂，硬件实现代价很高。

8. 环路滤波

起源于 H.263++的环路滤波技术的特点在于把去块效应滤波放在编码的闭环内，而此前去块效应滤波都是作为后处理来进行的，如在 MPEG−4 中。在 AVS 视频标准中，由于最小预测块和变换都是基于 8×8 的，环路滤波也只在 8×8 块边缘进行，与 H.264 对 4×4 块进行滤波相比，其滤波边数变为 H.264 的 1/4。同时由于 AVS 视频滤波点数、滤波强度分类数都比 H.264 中的少，大大减少了判断、计算的次数。环路滤波在解码端占有很大的计算量，因此降低环路滤波的计算复杂度十分重要。

第五节　数字音频压缩编码标准

目前已有多种数字音频标准，但是在数字电视广播中主要有两大类，即 MPEG 音频编码标准和 Dolby AC-3 音频编码标准。

一、MPEG-1 音频标准

MPEG-1(ISO/IEC11172) 标准的第三部分 (ISO/IEC 11172-3)，称为 MPEG-1 Audio。

(一) MPEG-1 音频的三种层次

MPEG-1Audio 按照压缩编码的复杂程度规定了三种层次，即 Layer I 、Layer II 和 Layer III，每个层次针对不同的应用，但是三个层的基本模型是相同的。

(二) Layer I 音频编码器

Layer I 音频编码器框图如图 7-72 所示。

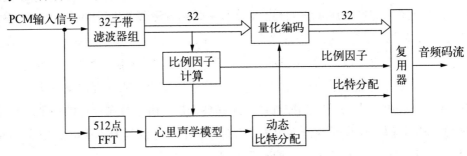

图 7-72　Layer I 音频编码器

1. 多通道滤波器

将输入音频信号变换成 32 个等宽频带子带。

2. 心理声学模型

MPEG 音频心理声学模型主要实现步骤如下。

(1) 用快速傅立叶变换 FFT 将音频样值转换到频域。

(2) 将得到的频率组成临界频带。

(3) 在临界频带的谱值中，将单音 (似正弦) 和非单音 (似噪声) 分开。

(4) 在临界频带决定噪声掩蔽阈值之间，模型在不同的临界频带给信号应用适当的掩蔽函数。

(5) 计算由临界频带引起的每个子带的掩蔽值。

(6) 计算每个子带的 SMR。

3. 比特分配

比特分配过程决定分配给各个子带的编码比特数，分配的依据是心理声学模型的信息。Layer I 和 Layer II 的比特分配过程是从计算掩蔽噪声比开始的 (MNR=SNR-SMR)。

4. 比例因子

按输入信号的大小来缩放量化步长，输入信号小用较小的量化步长，输入信号大用较大的量化步长。

5. 码流格式化——帧形成

MPEG-1 音频数据是分成帧（frame）传送的，Layer Ⅰ 每帧由 32 个子带，每个子带 12 个样值，共 384 个样值的数据组成。Layer Ⅰ 的帧结构如图 7-73 所示。

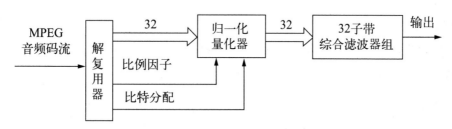

图 7-73　Layer Ⅰ 的帧结构图

（三）Layer Ⅱ 的特点

Layer Ⅱ 和 Layer Ⅰ 编码原理类似，不同之处有以下几点：

Layer Ⅱ 的每个子带不是均匀带宽；

Layer Ⅱ 使用的 FFT 精度高一些；

Layer Ⅱ 的帧长度码流是 Layer Ⅰ 的 3 倍；

Layer Ⅱ 和 Layer Ⅰ 帧结构的不同之处在于描述比特分配的比特位数是不一样的。

Layer Ⅱ 的帧包含 1152 个 PCM 的样值，如果取样频率为 48kHz，一帧相当于 1152/48k=24ms 的声音样值，这样 Layer Ⅱ 的精确度为 24ms，而对于 Layer Ⅰ 来言，精确度为 8ms，如果用于编辑的话，Layer Ⅰ 更精确。

Layer Ⅱ 音频编码器和帧结构分别如图 7-74 和图 7-75 所示。

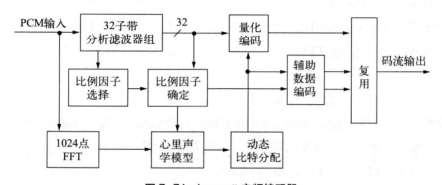

图 7-74　Layer Ⅱ 音频编码器

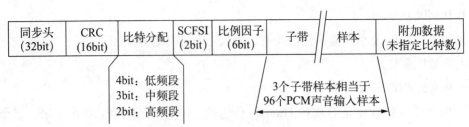

图 7-75　Layer II 码流结构图

（四）Layer III

Layer III（也即 MP3）采用了 Layer I 和 Layer II 未用到的技术。Layer III 编码器框图如图 7-76 所示。

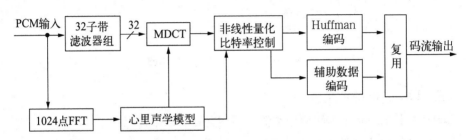

图 7-76　Layer III 编码器框图

二、MPEG-2 音频标准

MPEG-2 定义了两种声音数据压缩格式：一种称为 MPEG-2 Audio，或者称为 MPEG-2 多通道（Multichannel）声音，它是与 MPEG-1 Audio 兼容的格式；另一种称为 MPEG-2 AAC（Advanced Audio Coding），它是与 MPEG-1 Audio 不兼容的格式。

（一）MPEG-2 Audio

MPEG-2 Audio（ISO/IEC 13818-3）和 MPEG-1 Audio（ISO/IEC 1117-3）标准都使用相同类型的编译码器，与 MPEG-1 Audio 相比，MPEG-2 Audio 做了如下扩充：

a. 增加了 16kHz、22.05kHz 和 24kHz 取样频率；

b. 扩展了编码器的输出速率范围，由 32kbit/s~384kbit/s 扩展到 8kbit/s~640kbit/s；

c. 增加了声道数，支持 5.1 声道和 7.1 声道的环绕声。

d. 支持 Liner PCM 和 Dolby AC-3 编码。

环绕立体声声道示意图如图 7-77 所示。

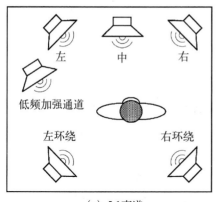 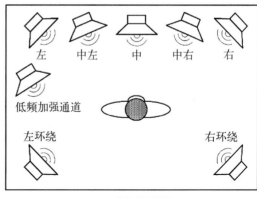

　　(a) 5.1声道　　　　　　　　　　　　　　(b) 7.1声道

图 7-77　5.1 声道和 7.1 声道示意图

　　MPEG-2 Audio 的音频编解码器的框图如图 7-78 所示。

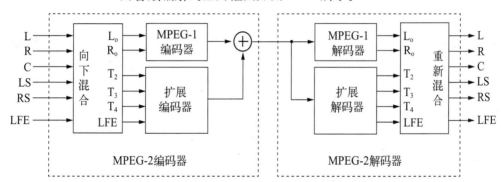

图 7-78　MPEG-2 Audio 音频编解码器框图

　　MPEG-2 Audio 信号的 MPEG-1 解码框图如图 7-79 所示。

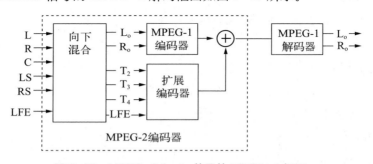

图 7-79　MPEG-2 Audio 信号的 MPEG-1 解码

（二）MPEG-2 AAC

　　AAC 的全名为 Advanced Audio Coding，其意为高级音频编码，AAC 是 1997 年国际标准组织（ISO/IEC）制定的音频编码标准，也是 MPEG-2 标准的一个部分，标准号为 MPEG-2 AAC（ISO/IEC 13818-7）。AAC 是一个可以提供更高的音频质量和多通道音频编码标准。

1. AAC 增加的新编码工具

（1）AAC 采用了改进的余弦变换 MDCT 滤波器组。

（2）采用了新的时间/频率编码方案，即瞬时噪声定形（Temporal Noise Shaping，TNS）。

（3）因为音频信号有较强的相关性，在 AAC 系统中采用了预测技术，有效地提高了编码效率。

（4）能细致地控制量化步长大小，使得比特利用更为有效。

（5）在 AAC 系统中采用了哈夫曼熵编码，并配合灵活的码流结构，进一步提高了编码效率。

与 Layer Ⅱ相比，AAC 的压缩率可提高 1 倍，而且质量更高，与 Layer Ⅲ相比，在质量相同的条件下，数据率是它的 70%。

2. AAC 定义的三种型

AAC 标准定义了三种型（Profile）：基本型（Main Profile）、低复杂度型（Low Complexity Profile）和可变取样率型（Scalable Sampling Rate Profile）。

思考与练习：

1. 简述 JPEG 视频压缩编码原理。

2. 简述 DCT 变换之后进行之字形扫描的目的。

3. 列表说明 H.261、MPEG-1、MPEG-2 的图像格式。

4. 简述 MPEG-1、MPEG-2 的区别。

5. 简述 MPEG-2 视频中的型和级。

6. 简述 MPEG-2 视频中 IBP 图像编码原理。

7. 简述压缩和解压缩过程中引起图像失真的主要原因。

8. 简述 MPEG-2 中的可分级编码。

9. 简述 MPEG-2 系统复用框图中各部分作用。

10. 简述 MPEG-2 系统码率控制原理。

11. H.264 和以往的视频压缩标准相比有哪些突出的优缺点？

12. 简述 AVS 的关键技术。

13. 什么是 MPEG-1 LayerⅠ、Ⅱ、Ⅲ，各有什么不同？

14. 什么是 MPEG-2 Audio 和 ACC，各有什么特点？

15. 简述 5.1 声道和 7.1 声道的区别。

第八章　数字电视信道编码技术

本章学习提要

1. 信道噪声与干扰：信道模型、误码的产生及误码率与信噪比的关系、信道编码的要求。

2. 差错控制编码：差错控制编码的方式、纠错码的分类、差错控制编码的几个基本概念。

3. 线性分组码：奇偶校验码、线性分组码。

4. 循环码：循环码中的几个定理、循环码的编码和解码方法。

5. BCH码：本原BCH码和非本原BCH码、BCH码的生成多项式、BCH码纠错原理。

6. RS码：RS码的生成、RS码纠错原理。

7. 交织码：块交织、卷积交织、伪随机交织。

8. 卷积码：卷积编码器的基本形式及工作原理、删余截短卷积码。

9. 编码与调制相结合的卷积码（TCM）：欧氏距离、信号空间的子集划分。

10. Turbo码：Turbo码编码器组成、Turbo码的译码。

11. 循环冗余校验码（CRCC）：CRCC码的产生、CRCC码的检错原理。

12. 校验和（CS）码：前向误码校正（FEC）编码。

13. 低密度奇偶校验（LDPC）码：LDPC码的编码、LDPC码的译码。

14. 信道编码技术的应用：DVB-C、DVB-S、ATSC、DVB-T、ISDB-T、DTMB。

在信源编码基础上为提高传输系统的抗干扰能力，需要在数字调制之前对数字基带信号进行前向纠错编码，也就是信道编码，又称为差错控制编码。

信道编码是数字电视非常重要的组成部分，信道编码需要对信源编码后的数据流添加一些符合特定逻辑关系的附加数据，传输码率将有所升高。这是必须付出的代价，收益是能确保接收可靠、数据正确还原。

第一节 信道噪声与干扰

信源编码去冗余后提高了信源的信息熵，信息熵是指每个符号或事件的平均信息量，单位为 bit/symbol（比特/符号）或 bit/event（比特/事件）。但此时比特流没有了信息冗余，当传输中发生加性噪声、杂散电磁波干扰或存在多径反射和阻抗不匹配等情况时，接收端很容易产生不同程度的误码，造成复原数据出错，甚至完全不能恢复数据，使数据传输缺乏可靠性。

一、信道模型

有三类信道模型，即随机（误码）信道、突发（误码）信道和混合（误码）信道。

（一）随机信道

随机信道是指数据流在其中传输时会受到随机噪声的干扰，使高低电平的码元在信道输出端产生电平失真，导致接收端解码时发生码元值的误判决，形成误码。

（二）突发信道

传输通道中常有一些瞬间出现的短脉冲干扰，它们引起的不是单个码元误码，而往往是一串码元内存在大量误码，前后码元的误码之间表现为有一定的相关性。这种信道称为突发信道，也称为有记忆信道。

（三）混合信道

实际的传输通道往往不是单纯的随机信道或突发信道，而是二者兼有，或者以某个信道属性为主。这种两类特性并存的信道可称为混合信道或复合信道。

信道中干扰有加性干扰、乘性干扰（码间串扰、多径反射、信道均衡）。

二、误码的产生及误码率与信噪比的关系

以不归零二元码为例分析误码的产生及误码率与信噪比的关系。

（一）二元码的误码产生

一种不归零二元码传输过程中受噪声影响产生误码的情况如图 8-1 所示。

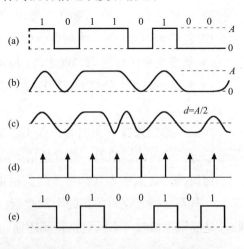

图 8-1 二元码产生误码的情况

在图 8-1 中，图 (a) 表示原始数据序列的不归零二元码波形；图 (b) 表示经传输通道中频率特性失真后接收端得到的序列波形；图 (c) 表示叠加入噪声干扰之后的波形，中间一条虚线表示判决门限电平 d（高电平与低电平的平均值），高于 d 的电平判决为数据"1"，低于 d 的电平判决为数据"0"；图 (d) 表示判决定时脉冲；图 (e) 表示判决后恢复的数据序列。比较图 (a) 和图 (e) 可以看出，在两处由于噪声幅度超过判决电平而发生接收误码。

（二）误码率与信噪比的关系

1. 误码率

数字信号传输系统中，误码的多少通常以误码率（误比特率 BER 或误符号率 SER）衡量，它表示为单位时间内误码数目占总数据数目的比例值。

2. 误码率与信噪比的关系

设二元码数字信号为 $s(t)$，信道产生的噪声（平均值为零的高斯白噪声）为 $n(t)$，则数字信号经过信道传输后，在接收端的输出信号 $y(t)$ 为这两者的相加，即：

$$y(t) = s(t) + n(t)$$

有高斯白噪声的数字信号波形及噪声能量分布如图 8-2 所示。

图 8-2(a) 所示为接收端含有

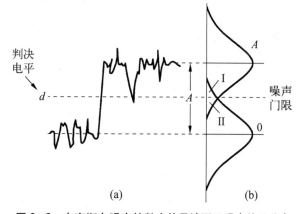

图 8-2　有高斯白噪声的数字信号波形及噪声能量分布

高斯白噪声的数字信号波形，图 8-2(b) 所示为与信号电平相应的噪声能量分布。由图可见，因噪声影响使信号电平发生失真而超过判决电平的概率是很小的，但在电平判决时刻一旦出现这种情况，就会形成误码。图 (b) 上示明的曲线交叠部分表示会产生误码的电平范围。

平均值为 0 的高斯白噪声的幅度概率密度函数 $P(n)$ 为：

$$P(n) = \frac{1}{\sigma\sqrt{2\pi}} e^{\frac{-n^2}{2\sigma^2}}$$

式中，σ^2 为噪声功率，也即噪声均方值。

当发送端传输数据"0"（幅值 0）时，叠加噪声后接收端的信号幅度概率密度函数为 $P_0(y)$（上式中左边的 $n=y$，右边的 $n=y$）。当发送端传输数据"1"（幅值 A）时，叠加噪声后接收端的信号幅度概率密度函数为 $P_1(y)$（上式中左边的 $n=y$，右边的 $n=y-A$）。

由此得到 $P_0(y)$、$P_1(y)$ 的函数图形，如图 8-3 所示。

它们与图 8-2(b) 相似。图中，判决门限电平选为 $d=A/2$。

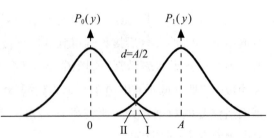

图 8-3　高斯白噪声的幅度概率密度函数

由图 8-2 和图 8-3 可见，发送信号幅度为 0 时，如果时钟脉冲判决时刻 $Y(KT) \geqslant d$（图 8-2 和图 8-3 中 I 区内），则接收端判决结果将误认为发送信号的幅度为 A；同理，发送信号幅度为 A 时，如果时钟脉冲判决时刻 $Y(KT) < d$（图中 II 区内），则判决结果将误认为发送信号幅度为 0。这两种情况都造成数据误码。

根据 Q 函数得到的总误码率 P_b 与信噪比 S/N 之间的关系曲线如图 8-4 所示。

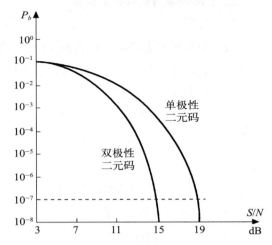

图 8-4　总误码率 P_b 与信噪比 S/N 之间的关系

三、信道编码的要求

一般地说，信道编码通常有下列要求：

增加尽可能少的数据量而能获得较强的检错和纠错能力，也即前向纠错编码效率高，抗干扰能力强；

对数字信号有良好的透明性，也即传输通道对于传输的数字信号内容没有任何限制；

使传输信号的频谱特性与传输通道的通频带有最合适的匹配；

编码数据流内包含正确的数据定时信息和帧同步信息，以便接收端准确解码数据流；

编码的数字信号具有适当的电平值范围；

发生误码时，误码的扩散蔓延小。

其中，最主要的可概括为两点：

第一，附加上不多的校验数据而能实现较强的数据信息检错和纠错，具体涉及差错编码原理和特性的分析，以及实施方案的优选。

第二，使数据流频谱特性适应传输通道的通频带特性，保证信号能量经过传输通道传输时损失最小，有利于接收端载噪比（C/N）高，误码的可能性小，而做到这一点需应用到数字信号序列的频谱成形技术，即涉及传输码型的选择和转换。

第二节　差错控制编码

要消除误码造成接收端获得的信息发生错误的影响，需要在信道编码中实施差错控制，当出现误码时接收端能够检知并纠正，这就是差错控制编码。

一、差错控制编码的方式

各种差错控制编码的方式具有不同的检错和纠错特性，适用于不同的场合，总体上有以下三种方式。

（一）反馈重发（ARQ，自动重发请求）方式

这种方式中，接收端发现误码后通过反馈信道请求发送端重发数据。因此，接收端需要有误码检测和反馈信道。信息的连续性、实时性差。设备简单。适合于干扰不严重的点对点通信。

（二）前向纠错（FEC）方式

此方式中，发送端发送的数据内包括信息码元以及供接收端自动发现错误和纠正误码的监督码元。不需要反馈信道，能进行单点对多点同步通信，实时性好。效率低。

（三）混合纠错（HEC）方式

这种方式中，发送端发出的信息内包含有给出检错纠错能力的监督码元，误码量少时接收端检知后能自动纠错，误码量超过纠错能力时接收端能通过反馈信道请求发送端重发有关信息。

三种差错控制编码方式如图 8-5 所示。

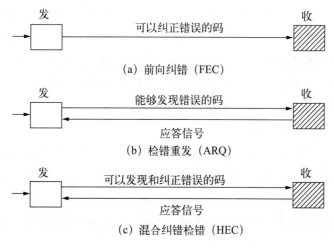

(a) 前向纠错（FEC）

(b) 检错重发（ARQ）

(c) 混合纠错检错（HEC）

图 8-5　三种差错控制编码方式

二、纠错码的分类

对具体的纠错码，可以从不同角度将其分类，如图8-6所示。

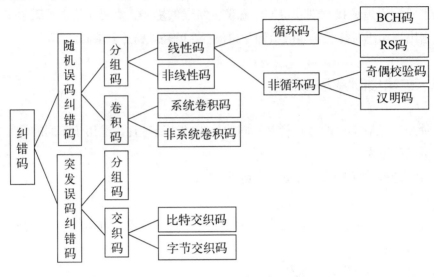

图8-6　纠错码的分类

纠错码按照检错纠错功能的不同，可分为检错码、纠错码和纠删码三种。检错码只能检错，纠错码具备检错能力和一定的纠错能力，纠删码既能检错也能纠错。

三、差错控制编码的几个基本概念

（一）信息码元和监督码元

信息码元又称信息序列或信息位，是发送端由信源编码给出的信息数据比特。以 k 个码元为一个码组时，在二元码情况下，总共可有 2^k 个不同的信息码组。

监督码元又称监督位或校验码元，是为了检错纠错在信道编码中附加入的校验数据。通常，对 k 个信息码元的码组附加入 r 个监督码元，组成一组组总码元数为 $n\,(=k+r)$ 的码组，它们具有一定的检错纠错能力。

（二）许用码组和禁用码组

信道编码后总码长为 n 的不同码组值可有 2^n 个。其中，发送的信息码组有 2^k 个，通常称之为许用码组，其余的 (2^n-2^k) 个码组不予传送，称之为禁用码组。

（三）编码效率

通常，将每个码组内信息码元数 k 值与总码元数 n 值之比 $\eta=k/n$ 称为信道编码的编码效率，即：

$$\eta=k/n=k/(k+r)$$

编码效率 η 是衡量信道编码性能的一个重要指标。

（四）码重和码距

在分组编码中，每个码组内码元"1"的数目称为码组的重量，简称码重。每两个码组间相应位置上码元值不相同的个数称为码距，又称为汉明距离，通常用 d 表示。

（五）最小码距与检错和纠错能力的关系

最小码距 d_0 的大小与信道编解码检错纠错能力密切相关。

假设有两个信息 A 和 B，各用 1 个比特标记，0 表示 A，1 表示 B，码距 $d_0=1$。如果直接传送该信息码，就没有检错纠错能力，无论 0 错成 1 还是 1 错成 0，接收端都无法判断正确与否，更不能纠错，因为 0 和 1 都是信息码的许用码组。

如果对 A 和 B 两个信息各增加 1 比特监督码元，组成 (2, 1) 码组，便具有检错能力，这可用图 8-7 来说明。

图 8-7 中，可用码组数为 $2^1=2$ 个，可能的码组有 00、01、10、11，选择 $d_0=2$ 的一对码组作为信息 A 和 B，如 $A=00$，$B=11$，而 01 和 10 为禁用码组。当 00 和 11 在传输中发生 1 位误码时，接收端得到的是 01 或 10，即可检知为错误码组。也就是说，对 (2, 1) 码组，可检知 1 比特误码，但不能纠错。或者说，当 $d_0=2$ 时，码组的检错能力为 $e=1$，而纠错能力 $t=0$。

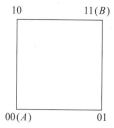

图 8-7　(2, 1) 码组

为了提高检错纠错能力，可在每个 1 比特信息码元上附加 2 比特监督码元，即组成 (3, 1) 码组，便具有检 2(比特) 错、纠 1(比特) 错的能力。

设：有一种由 3 个二进制码元构成的编码，它共有 $2^3=8$ 种不同的可能码组：

000 – 晴　　001 – 云　　010 – 阴　　011 – 雨

100 – 雪　　101 – 霜　　110 – 雾　　111 – 雹

若规定只许用两个码组：例如

000 – 晴　　111 – 雨

则其余 6 组为禁用码组。信息 A 与 B 有 4 种选择：000 与 111、001 与 110、010 与 101、011 与 100，码距都是 $d_0=3$。如选择 000 与 111，当发生 1 位或 2 位误码时，接收端都能检知是错误码组，而若发生 1 位误码，例如 000 错成 001、010、100，则由于它们与 000(A) 的码距为 1、与 111(B) 的码距为 2，根据误码概率，接收端可判定为信息 A。这就是说，$d_0=3$ 时，检错能力 $e=2$，纠错能力 $t=1$。

一般地，对于分组码，可得出以下三条关于最小码距与检错纠错能力间关系的结论。

第一，在一个码组内为了检知 e 个误码，要求最小码距应满足 $d_0 \geqslant e+1$。

第二，在一个码组内为了纠正 t 个误码，要求最小码距应满足 $d_0 \geqslant 2t+1$。

第三，在一个码组内为了纠正 t 个误码并同时检知 e 个误码（$e > t$），最小码距应满足 $d_0 \geqslant e+t+1$。对于上述结论，可知最小码距与检错纠错能力间的关系如图8-8所示。

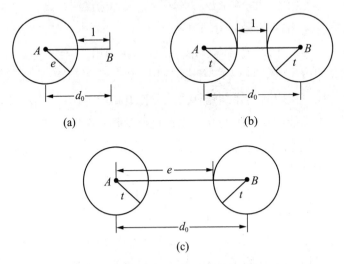

图8-8　最小码距与检错纠错能力间的关系

第三节　线性分组码

先介绍奇偶校验码，再讲线性分组码、扩展汉明码和缩短汉明码。

一、奇偶校验码

假设信息码组为 a_k，a_{k-1}，a_{k-2}，$\cdots$，a_1，令奇偶校验位为 a_0，则奇校验和偶校验编码应分别满足下式：

$$\left. \begin{array}{l} \text{奇校验 } a_k \oplus a_{k-1} \oplus a_{k-2} \oplus \cdots \oplus a_0 = 1 \\ \text{偶校验 } a_k \oplus a_{k-1} \oplus a_{k-2} \oplus \cdots \oplus a_0 = 0 \end{array} \right\}$$

不难理解，奇偶校验码可以检知奇数个误码，而不能发现偶数个误码，故检错能力有限。并且，编码后码组间最小码距 d0＝2，所以没有纠错能力。

二、线性分组码

（一）基本原理

线性分组码中，信息码元与监督码元通过线性方程联系起来。

上述的奇偶校验码是一种最简单的线性分组码，以偶校验为例，编码后的每个码组应满足下式：

$$a_{n-1} \oplus a_{n-2} \oplus \cdots \oplus a_0 = 0$$

上式称为监督方程式。

接收端的检错中，可将上式再计算一遍，按下式进行：

$$s = a_{n-1} \oplus a_{n-2} \oplus \cdots \oplus a_0$$

（二）监督矩阵

设（7，4）码监督方程组可写成如下形式：

$$1 \cdot a_6 + 1 \cdot a_5 + 1 \cdot a_4 + 0 \cdot a_3 + 1 \cdot a_2 + 0 \cdot a_1 + 0 \cdot a_0 = 0$$
$$1 \cdot a_6 + 1 \cdot a_5 + 0 \cdot a_4 + 1 \cdot a_3 + 0 \cdot a_2 + 1 \cdot a_1 + 0 \cdot a_0 = 0$$
$$1 \cdot a_6 + 0 \cdot a_5 + 1 \cdot a_4 + 1 \cdot a_3 + 0 \cdot a_2 + 0 \cdot a_1 + 1 \cdot a_0 = 0$$

对此，可用矩阵形式表示为：

$$\begin{bmatrix} 1 & 1 & 1 & 0 & 1 & 0 & 0 \\ 1 & 1 & 0 & 1 & 0 & 1 & 0 \\ 1 & 0 & 1 & 1 & 0 & 0 & 1 \end{bmatrix} [a_6\ a_5\ a_4\ a_3\ a_2\ a_1\ a_0]^T = \begin{bmatrix} 0 \\ 0 \\ 0 \end{bmatrix}$$

可以简化记作：

$$HA^T = 0^T$$

其中，

$$H = \begin{bmatrix} 1 & 1 & 1 & 0 & 1 & 0 & 0 \\ 1 & 1 & 0 & 1 & 0 & 1 & 0 \\ 1 & 0 & 1 & 1 & 0 & 0 & 1 \end{bmatrix}$$

$$A = [a_6\ a_5\ a_4\ a_3\ a_2\ a_1\ a_0]$$

$$0^T = \begin{bmatrix} 0 \\ 0 \\ 0 \end{bmatrix}$$

H 称为监督矩阵，它决定了信息码元与监督码元之间的校验关系。H 为 $r \times n$ 阶矩阵，矩阵中的元素"1"表示有关码元之间存在偶校验关系。

（三）扩展汉明码和缩短汉明码

1. 扩展汉明码

扩展汉明码实质上是在原汉明码的每个码组后面增加1位偶监督码元，原汉明码中码重 $W=3$ 的码字，扩展后变成码重 $W=4$ 的码字，故最小码距也将由 $d_0=3$ 变为 $d'_0=4$。根据前述的最小码距 d_0 与检错（e）和纠错（t）能力之间的关系知道，所以（8，4）扩展汉明码能同时检2错和纠1错。

2. 缩短汉明码

汉明码的基本码长 $n=2^m-1$，m 为 ≥ 2 的正整数。

对于扩展汉明码，可以表示为 $(n+1，k)$ 码，而某些情况下，需要采用 $n \leqslant 2^m-1$ 的码，称为缩短汉明码。

第四节　循环码

一、循环码中的几个定理

循环码不仅可用于纠正随机误码，也可用于纠正突发误码。循环码形式上也是每个 n 码元的码组中 k 个信息码元在前，r 个监督码元在后。

1. 循环码中，若 $T(x)$ 是一个长度为 n 的许用码组，则 $x^i \cdot T(x)$ 在按模 (x^n+1) 运算下也是一个许用码组。也就是，下式中：

$$x^i \cdot T(x) \equiv T'(x) \bmod(x^n+1)$$

$T'(x)$ 亦是一个许用码组。

$T'(x)$ 也是 $T(x)$ 码组向左循环移位 i 次的结果。

例：

设循环码 $T(x)=x^6+x^5+x^2+1$，码组为（1100101），给定 $i=3$，则有：

$$\begin{aligned}
x^i T(x) &= x^3(x^6+x^5+x^2+1) \\
&= x^9+x^8+x^5+x^3 \\
&= x^5+x^3+x^2+x[\bmod(x^7+1)]
\end{aligned}$$

码组为（0101110）是许用码组，它是（1100101）向左循环移位3次的结果。

2. 在一个 $(n，k)$ 循环码中，有唯一的一个 $r=n-k$ 次多项式 $g(x)$。

$$g(x)=1+g_1 x+g_2 x^2+\cdots+g_{r-1}x^{r-1}+g_r x^r$$

它是该循环码中次数最低的非零多项式。每个码元多项式都能被 $g(x)$ 整除。

3. $(n，k)$ 循环码的生成多项式 $g(x)$ 是 x^n+1 的一个因式，即：

$$x^n+1=g(x)h(x)$$

二、循环码的编码和解码方法

（一）循环码编码方法

1. 根据给定的 $(n，k)$ 值选定生成多项式 $g(x)$，从 (x^n+1) 的因式中选出一个 $n-k$ 次多项式作为 $g(x)$；

2. 假设 $m(x)$ 为信息码元多项式，其次数小于 k；

3. 用 x^{n-k} 乘 $m(x)$，得到 $x^{n-k}m(x)$ 的次数必小于 n；

4. 用 $g(x)$ 除 $x^{n-k}m(x)$，得到余式 $r(x)$，次数小于 $n-k$；

5. 将余式 $r(x)$ 与 $x^{n-k}m(x)$ 相加，得到编码成的码组。

（二）循环码的解码方法

当接收端接收到码组 $R(x)$ 时，需实现解码和检错纠错的目的。由于任一码组的码元多项式 $T(x)$ 都应被码元多项式 $g(x)$ 整除，因此接收端可将接收码组 $R(x)$ 用原始生成多项式 $g(x)$ 相除。如果传输中未发生误码，接收码组与发送码组相同，即 $R(x)=T(x)$，则 $R(x)$ 必能被 $g(x)$ 整除，无余项；如果发生误码，$R(x) \neq T(x)$，则 $R(x)$ 被 $g(x)$ 相除时会有余项出现。

具体步骤如下：

1. 生成多项式 $g(x)$ 除接收码组 $R(x)$ 得商和余式；

2. 根据余式查表或运算得到差错值 $E(x)$（错误码组构成样式必须与一个特定余式相互对应），$R(x) = T(x) + E(x)$；

3. 从 $R(x)$ 中减掉 $E(x)$，得到正确的原始码组 $T(x)$。

第五节 BCH 码

BCH 码是循环码中的一个重要子类，具有纠正多位随机误码的能力，于 1959 年由霍昆格姆（Hocquenghem），又于 1960 年由博斯（Bose）和查德胡里（Chaudhuri）三位学者相继提出，是对 1950 年汉明（Hemming）所提出纠正单个随机误码的汉明码的重大发展。

BCH 码的特点在于，它的码生成多项式 $g(x)$ 与最小码距 d_0 之间有明确的联系，可根据所要求的纠正 t 个误码的能力容易地构造 BCH 码。

对于特定的码字长度，BCH 码只能对特定的长度为 k 的信息序列进行编码。其纠错性能在短码长和中等码长下接近理论值。

一、本原 BCH 码和非本原 BCH 码

BCH 码属于循环码的一种，构造一般的 (n, k) 循环码时，是在 x^n+1 的诸个因子中选择 $n-k$ 次的多项式作为生成多项式。BCH 码的码长 $n=2^m-1$，称为本原 BCH 码，BCH 码的码长 n 是 2^m-1 的一个因子（即码长 n 能除尽 $n=2^m-1$），称为非本原 BCH 码。

码长 n、监督码元 $n-k$ 与纠错数 t 的关系如下：

对于任何一个正整数 m 和小于 $m/2$ 的纠错数 t，存在一种码长 $n=2^m-1$，监督码元数 $n-k \leqslant mt$ 构成的 BCH 码，可纠正小于等于 t 个随机误码。

本原 BCH 码如表 8-1 所示。

表 8-1　$n \leqslant 63$ 本原 BCH 码

m	n	k	t	$g(x)$	m	n	k	t	$g(x)$
3	7	4	1	13	6	63	51	2	12471
4	15	11	1	23	6	63	45	3	1701317
4	15	7	2	721	6	63	39	4	166623576
4	15	5	3	2467	6	63	36	5	1033500423
5	31	26	1	45	6	63	30	6	157464165547
5	31	21	2	3551	6	63	24	7	17323260404441
5	31	16	3	107657	6	63	18	10	1363026512351725
5	31	11	5	5423325	6	63	16	11	6331141367235453
5	31	6	7	313365047	6	63	10	13	472622305527250155
6	63	57	1	103	6	63	7	15	5231045543503271737

非本原 BCH 码如表 8-2 所示。

表 8-2　$n \leqslant 73$ 非本原 BCH 码

m	n	k	t	g (x)	m	n	k	t	g (x)
8	17	9	2	727	20	41	21	4	6647133
6	21	12	2	1663	23	47	24	5	43073357
11	23	12	3	5343	12	65	53	2	10761
10	33	22	2	5145	12	65	40	4	354300067
10	33	12	4	3777	9	73	46	4	1717773537

二、BCH 码的生成多项式

BCH 码的生成多项式 g (x) 具有如下形式:

$$g(x) = LCM[m_1(x), m_3(x), \cdots, m_{2t-1}(x)]$$

式中，LCM 表示取最小公倍数，$m_i(x)$ 为 $x^n + 1 = 0$ 的 n 个根（n 为奇数）的最小多项式（不能再分解因式的既约多项式），t 为纠错数。LCM 中有 t 个因式，每个因式的最高幂次为 m，故监督码元数最多为 mt 位。

结合表 8-1 中 $n \leqslant 31$ 的本原 BCH 码，人们根据上式计算出的具体的 BCH 码的生成多项式 g (x)，如表 8-3 所示。

表 8-3　$n \leqslant 31$ 的 BCH 码生成多项式

整数 m	码长 n	信息 k	监督 r	码距 d_0	纠错 t	生成多项式 g (z)
3	7	4	3	3	1	$x^3 + x + 1$
4	15	11	4	3	1	$x^4 + x + 1$
4	15	7	8	5	2	$(x^4 + x + 1)(x^4 + x^3 + x^2 + x + 1)$
4	15	5	10	7	3	$(x^4 + x + 1)(x^4 + x^3 + x^2 + x + 1)(x^2 + x + 1)$
5	31	26	5	3	1	$x^5 + x^2 + 1$
5	31	21	10	5	2	$(x^5 + x^2 + 1)(x^5 + x^4 + x^3 + x^2 + 1)$
5	31	16	15	7	3	$(x^5 + x^2 + 1)(x^5 + x^4 + x^3 + x^2 + 1)(x^5 + x^4 + x^2 + x + 1)$
5	31	11	20	11	4	$(x^5 + x^2 + 1)(x^5 + x^4 + x^3 + x^2 + 1)(x^5 + x^4 + x^2 + x + 1)$
5	31	6	25	15	5	$(x^5 + x^2 + 1)(x^5 + x^4 + x^3 + x^2 + 1)(x^5 + x^4 + x^2 + x + 1)$ $(x^5 + x^3 + x^2 + x + 1)(x^5 + x^4 + x^3 + x + 1)$

表 8-3 中，$d_0 \geq 2t+1$（参见图 8-8）。

根据 $g(x)$ 就可构成相应的 BCH 码产生电路，$g(x) = x^8 + x^7 + x^6 + x^4 + 1$，如图 8-9 所示。

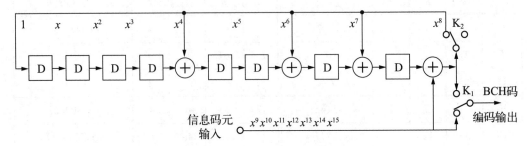

图 8-9　(15，7) BCH 码编码电路

三、BCH 码纠错原理

BCH 码的译码方法可分为时域译码和频域译码两类。

时域译码中，1960 年彼得森提出了二进制 BCH 码的译码理论基础。彼得森译码仍然利用校验子的计算，通过校验子找寻误码样式，由此得知译码位置并予以纠正，具体可分为四步：

第一步：用 $g(x)$ 的各因式作为除式对接收的码组多项式求余式，得到 t 个称为部分校验子的余式；

第二步：对 t 个部分校验子通过误码位置计算电路构造出特定的误码多项式，它以误码位置作为多项式的根；

第三步：求解误码多项式，得到误码位置的解；

第四步：纠正存在的误码时，原理上是对误码求其反码，具体可用码元"1"与 i 求模 2 和。

该方法的译码器方框图如图 8-10 所示。

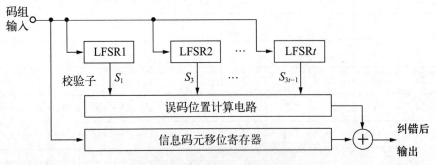

图 8-10　BCH 码译码器方框图

下面，以 BCH（15，7）码的译码为例作具体说明。由表 8-3 可知，（15，7）码能纠 2 错，2 个生成多项式为 $g_1(x)=x^4+x+1$、$g_2(x)=x^4+x^3+x^2+x+1$，两者的电路构成如图 8-11 所示，它们对接收码组作除法运算，分别给出余数 $r_1(x)$、$r_2(x)$，余数范围各为 0000-1111。

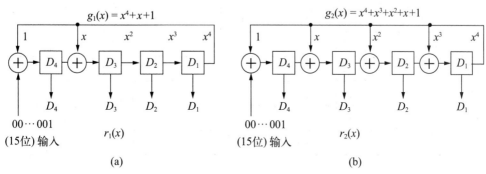

图 8-11　BCH（15，7）码的两个除法电路

以上电路输出余数综合有三类情况，第一类是无误码，第二类是 15 位码组中有 1 位误码，第三类是 15 位码组中有 2 位误码，这三类情况均可译码出正确数据信息。

概括上面三类情况，由余数确定的误码位置如表 8-4 所示。

表 8-4　由余数 r1(x)、r2(x) 确定的误码位置

$g_1(x)$ 余数 ＼ $g_2(x)$ 余数	0000	0001	0010	0011	0100	0101	0110	0111	1000	1001	1010	1011	1100	1101	1110	1111
0000	无错															
0001	2.7	⑫				9.13	1.15				3.5	6.14	4.10	8.11		
0010	3.8		⑬			9.12		5.11		7.15		4.6	10.14		1.2	
0011	3.14			12.13	⑨		6.10		2.15	5.8				3.11	1.7	
0100	4.9			2.3	⑩			11.15			5.7	10.13		1.8	6.12	
0101	1.11			3.7		12.14	4.13		2.5	8.5		9.10				⑥
0110	5.15			2.8		4.12	13.14	⑪			6.9		1.3	7.11		
0111	9.14			7.8	④		1.5		10.12	3.15				6.13	2.11	
1000	5.10			7.13		2.9	3.4	⑮			11.14		6.8	1.12		
1001	6.11			2.13		7.10	8.14		12.15	3.10		4.5				①

255

续表

g₂(x)余数 / g₂(x)余数	0000	0001	0010	0011	0100	0101	0110	0111	1000	1001	1010	1011	1100	1101	1110	1111
1010	2.12	⑦					4.8	10.11			13.15	1.9	5.14	3.6		
1011	7.12	②					3.14	5.6			8.10	4.11	9.15	1.13		
1100	1.6			8.12	2.4	3.9				7.10	5.13		14.15			⑪
1101	3.13		⑧		4.7		6.15			2.10		1.14	5.9		11.12	
1110	10.15			3.12	7.14	8.9		⑤				1.4		11.13	2.6	
1111	8.13		③		2.14		1.10		5.12			9.11	4.15		6.7	

第六节　RS 码（里德—索罗蒙码）

RS 码是 Reed 和 Solomon 二位研究者发明的，故称为里德—索罗蒙码，简称 RS 码。它是一种适合于多进制的、具有强纠错能力的码，为非二进制的纠错码，适合纠正突发误码。

一个能纠正 t 个符号错误的 RS 码有如下参数：

码长 $n \leqslant 2^m - 1$ 符号或是 $\leqslant m(2^m - 1)$ 比特

信息段 k 个符号或是 $k \times m$ 比特

监督段 $n-k$ 个符号或是 $m \times (n-k)$ 比特

最小码距 $d0 = 2t + 1$ 符号或是 $m(2t + 1)$ 比特

数字电视数据流信道编码中，采用 (204, 188, t=8) 或 (207, 187, t=10) 的 RS 码，也即数据包的长度为 204 字节或 208 字节（207 字节加上 1 个同步字节）。其余信息段为 188 字节，RS 纠错码为 16 或 20 字节。也就是说，不论是一个字节内发生 1 位误码或 8 位全误码，这种 RS 码总共能纠正 204 个（或 207 个）字节中发生的 8 个或 10 个有误码的差错字节。

一、RS 码的生成

RS 码是一种多进制的线性分组码，数字电视中常以 8bit 的符号（字节，byte）为码字构成 256 进制的分组码，用 (n, k, t) 或者 (n, k) 标记。构成 RS (n, k) 码时采用下面的 RS 码多项式 $C(x)$ 表示对信息码字组的编码结果：

$C(x)=x^r \cdot I(x)+Q(x)$

式中，$I(x)$ 为信息多项式，例如写成：

$I(x)=a^7 x^7+a^6 x^6+a^5 x^5+\cdots+a^2 x^2+a^1 x+a^0$

其中，$a^7 \sim a^0$ 为 1 或 0，具体视符号值而定。

上式 $C(x)$ 中 x^r 的幂值 $r=n-k$，$x^r \cdot I(x)$ 意味着使 $I(x)$ 左移 r 个码字。

式中，$Q(x)$ 为加在移位后信息码字组后面的 r 个校验码字多项式，$Q(x)$ 由下式给出：

$Q(x)=x^r \cdot I(x) \ modg(x)$

上式表示在 $I(x)$ 左移 r 个码字后除以码生成多项式 $g(x)$，所得的余式即为 $Q(x)$。

这里，重要的是码生成多项式 $g(x)$ 的规定。具体地，对于能纠正 t 个误码字节或者可检错但不能纠错 te 个误码字节的 RS 码（$t \leqslant r/2$ 或者 $te \leqslant r$），$g(x)$ 为如下形式：

$g(x)=(x+1)(x+\alpha)(x+a^2)\cdots(x+a^{r-1})$

这里，α 为 x^{n-1} 中本原多项式的本原根。

二、RS 码纠错原理

接收端接收到每个 RS 码后，通过由信息码字与两个监督码字组成的两个校验子 S0 和 S1 实现检错和纠错，纠错能力为 1 个码字。

可以证明，发生 2 个码字出错时，（7，5）RS 码只能检错而不能正确地纠错。

第七节　交织码

所谓随机误码，是指个别码元的差错其发生是随机的、孤立的，原因难以追踪的，并与其前面码元是否发生差错无相关性，也就是，传输信道是无记忆的。关于突发误码，是指诸如无线信道中的信号衰落、脉冲干扰或者杂散电磁波等造成的瞬间码元突发性出错，往往引起前后码元间有一定相关性的误码。产生此类误码的信道可称为有记忆信道。

抗御突发误码的一种简单有效方法是采用交织码，借助交织技术可将较长的突发误码或多个较短的突发误码离散成不相关的随机误码，再通过纠正随机误码的方法纠正个别的随机误码。用交织技术构造出的码称为交织码，交织码并不添加监督码元，但可以在原有的纠正随机误码的能力上兼具纠正突发误码的能力。

一、块交织

将编码后码长 $n=I \cdot L$ 比特的数据串行流排列成 I 行、L 列的阵列，自左向右逐列地写入随机存取寄存器 RAM 内，随后，以原来的时钟频率自左向右按逐行顺序读出如图 8–12 所示。

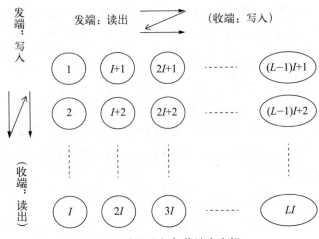

图8-12　发端交织与收端去交织

交织码并没有附加入监督码元，但可使原来的汉明码或 RS 码在传输中增加抗突发误码的能力。

如果能纠正 t 个随机误码的码长 L 作为阵列的行长，以 I 行构成一个阵列，则这种 $L \cdot I$ 比特的数据包可纠正突发长度为 I 的 t 个突发误码。

交织编码的优点明显，其实质是将突发误码分散为随机误码，不增添附加的监督码元而提高了抗突发误码的能力（单个较长的突发误码或多个较短的突发误码）。

其缺点：一是需要随机存取存储器等硬件电路；二是对处理中的数据流将引入一定的延时，数据包越大，延时时间越长，既在发送端实施交织时引入，也在接收端实施去交织时引入，在特定情况下这对于数据流的实时处理来说或许是不可接受的。

交织原理示意图如图 8–13 所示。

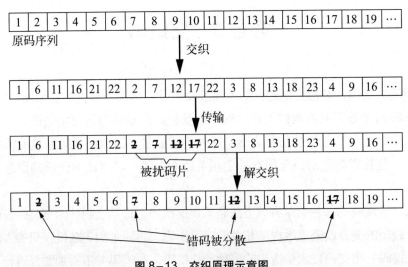

图8-13　交织原理示意图

二、卷积交织

卷积交织以先进先出（FIFO）移位寄存器替代 RAM 作为数据存储单元，在同样的交织深度 I 下存储容量可以减少，附加的传输延时也可以减少。

卷积交织器和去交织器联合工作的原理图如图 8-14 所示。

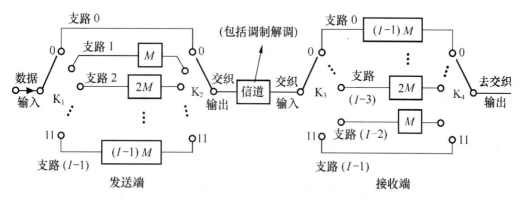

图 8-14　卷积交织器和去交织器联合工作的原理图

图中，M 表示容量为 M 数据的 FIFO 寄存器，$2M$ 表示容量为 $2M$ 数据的 FIFO 寄存器，等等。交织器与去交织器都有 I 条支路，发端开关 K_1、K_2 同步，收端开关 K_3、K_4 也同步，在每个切换点上开关停留 1 个数据的传输时间，可以看出，交织深度为 I。

三、伪随机交织

与块交织和卷积交织不同，其信道编码交织后输出数据的重新排序规律是伪随机的。DVB-T 中的调制传输采用多载波正交频分复用（OFDM）调制方式，在一个 OFDM 符号持续期内由 N 个复数数据分别对 N 个载波进行数字调制，构成一个 OFDM 符号。

该系统中采用数据伪随机交织，其作用实际是使时间上相继的符号对不同序号的载波进行调制，有助于解决多径传输中的频率选择性衰落引起的问题。

第八节　卷积码

卷积码是 1955 年由伊利亚斯（P.Elias）提出的，它也是由 k 个信息比特编码成 n（$n>k$）比特的码组。但编码出的 n 比特的码组值不仅与当前码字中的 k 个信息比特值有关，而且与前面 $N-1$ 个码字中的 $(N-1)k$ 个信息比特值有关，也即当前码组内的 n 个码元的值取决于 N 个码组内的全部信息码元，N 可称为卷积码编码的约束长度。

有时约束长度也以 $N \cdot n$ 表示，单位为位。通常，卷积码的标记法采用 $(n, k, N-1)$ 或 (n, k, m) 表示，$m=N-1$。它的编码效率为 $\eta=k/n$。

一、卷积编码器的基本形式及工作原理

卷积码编码器一般由若干个 1 位的移位寄存器及几个模 2 和加法器组成。通常，移位寄存器数目等于 $N-1$，模 2 和加法器数目等于 n 值。

几种编码器电路如图 8-15 所示。

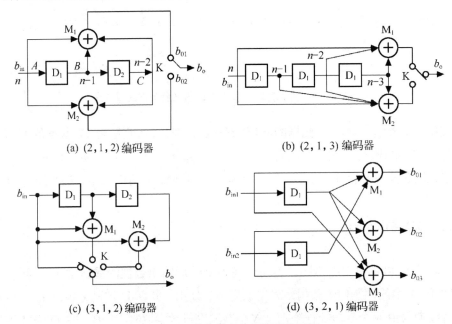

(a) (2,1,2)编码器　　(b) (2,1,3)编码器

(c) (3,1,2)编码器　　(d) (3,2,1)编码器

图 8-15　几种卷积码编码器结构示例

图 (a)、(b)、(c) 和 (d) 中示出了 (2, 1, 2)、(2, 1, 3)、(3, 1, 2) 和 (3, 2, 1)。由于串行输入的 k 个信息码元生成 n 个卷积码元后一般仍以串行数据流形式输出，所以在输出端加入一个并/串转换开关。

显然，图中的电路结构只是特定的设计例子，完全可以有其他的设计方案。而哪种编码电路最为优化，纠错能力最好，需用计算机进行分析。

二、删余截短卷积码

如果传输环境比较好，干扰相对较小，则可对主卷积码实施删余截短措施来提

高编码效率，增大有用比特率的传输。具体地，η 可从 1/2 提高为 2/3、3/4、5/6 或 7/8。7/8 比 1/2 卷积码编码效率提高 1.75 倍。

改变编码效率 η 的删余截短方式如表 8-5 所示。

表 8-5　删余截短法构成方式

η	1/2	2/3	3/4	5/6	7/8
删除方式	X: 1 Y: 1	X: 10 Y: 11	X: 101 Y: 110	X: 10101 Y: 11010	X: 1000101 Y: 1111010
DVB-S 传送流	$I = X_1$ $Q = Y_1$	$I = X_1 Y_2 Y_3$ $Q = Y_1 X_3 Y_4$	$I = X_1 Y_2$ $Q = Y_1 X_3$	$I = X_1 Y_2 Y_4$ $Q = Y_1 X_3 X_5$	$I = X_1 Y_2 Y_4 Y_6$ $Q = Y_1 X_3 X_5 X_7$
DVB-T 传送流	$X_1 Y_1$	$X_1 Y_1 Y_2 X_3 Y_3 Y_4$	$X_1 Y_1 Y_2 X_3$	$X_1 Y_1 Y_2 X_3 Y_4 X_5$	$X_1 Y_1 Y_2 Y_3 Y_4 X_5 Y_6 X_7$

删除方式一栏内的"1"表示照样传输的比特，"0"表示省略不传输的比特。由于卷积码编码中约束长度内的码组间具有相关性，所以省略一些特定码元后再传输，接收端译码时可在这些位置上填充特定的码元然后译码，在容许的误码范围内可以正确地译码出原始信息比特，代价是纠错能力随之下降。

第九节　编码与调制相结合的卷积码（TCM）

现代通信系统中，实现差错控制的信道编码译码器及完成射频信号传输的调制解调器是系统中的两大主要组成部分，前者保证误码率低而信息传输可靠，后者保证单位频带内运载的数据多而信息传输快速。一般地说，信息传输可靠和信息传输快速两者是有矛盾的，如何做到既可靠又快速是通信系统设计和实践中的重要研究课题。

一、欧氏距离

在 TCM 中，由于编码与调制结合在一起，系统的抗干扰能力将与已调制射频信号序列之间的已调制波矢量点距离有关，这种距离称为欧氏距离或称欧几里德距离，它反映了已调制波星座图上信号点之间的空间距离。

二、信号空间的子集划分

信号空间的子集划分是昂格尔博克于 1982 年发表的文章中提出的，是在信息码字与已调制信号之间进行映射变换，利用计算机搜索出一批由子集划分方法得到的有最大的欧氏距离的码，这类码称为 UB 码。

第十节　Turbo 码

Turbo 码是法国工程师 C.Berrou 等三人在 ICC'93 会议上提出的，他们巧妙地将卷积码和随机交织结合在一起实现随机编码，同时，采用软输出迭代译码以逼近最大似然（ML）译码。

一、Turbo 码编码器组成

Turbo 码编码器的基本组成为一种并行级联卷积码（PCCC）电路形式，对每一帧数据进行独立编码，因此，严格地说属于分组码的一个子类。

一个典型的 Turbo 码编码器由两个 1/2 编码率的递归系统卷积码（RSC）、一个交织器（置换器）和删余器组成，两个 RSC 分别称为分量码（成员码）编码器。

二、Turbo 码的译码

（一）卷积码的硬判决和软判决

噪声信道的输入序列 x 是一个二进制符号序列，对其输出序列 y 如果也按二进制数据进行判决，给出译码序列 M'，则一般称为硬判决（硬量化）卷积译码。

如果为了充分利用信道输出序列的数据信息以提高译码可靠性，可将信道输出的数据作出多电平量化，例如 8 电平量化，再进行卷积译码，则通常称为软判决（软量化）卷积译码。对 AWGN 信道来说，软判决译码比硬判决译码可获得 2dB 的性能改善。

假设所有信息序列的出现概率相同，译码器接收到 y 序列后如果译码时条件概率为：
$$P\left[y|x\left(M'\right)\right] \geqslant P\left[y|x\left(M\right)\right]，对于 M' \neq M$$

则可判定输出为 M'。因为能够证明，此时译码序列差错率最小。这类译码器称为最大似然（ML）译码器，条件概率 $P\left[y|x\left(\ \right)\right]$ 称为似然函数。因此，ML 译码器判定和

输出是似然函数为最大值所对应的译码序列 M'。

（二）Turbo 码译码原理

C.Berrou 等人在他们的一篇 Turbo 码论文中发表了 AWGN 信道仿真结果曲线，该曲线表明，相对于 1/2 编码效率下香农理论的 Eb/No 界限值 0dB（BER 在 10^{-5} 以下，基本上可认为是无差错传输）而言，18 次迭代译码时达到该 BER 值的 Eb/No 值仅需 0.7dB，这是其他编码方式难做到的。

以 BER$=10^{-4}$ 为准时，2 次迭代比之 18 次迭代的 Eb/No 需高出 1.7dB，3 次迭代只需高出 0.8dB，6 次迭代的曲线已接近 18 次迭代的曲线。所以，从 BER 值和译码速度两者兼顾的要求看，迭代次数在 10 次以下已实用。

Turbo 码特定的编码方式，其最优译码也应是最大似然译码。但是，交织器的存在使整体的 ML 译码算法非常复杂，难以实现。为此，必须考虑次优的算法。

第十一节　循环冗余校验码（CRCC）

CRCC 码也是一种循环码，它附加在一系列信息比特之后可以对该串信息比特起检错的作用。

一、CRCC 码的产生

假设二进制序列的信息比特多项式 $M(x)$ 为：

$$M(x) = ak-1x^{k-1} + ak-2x^{k-2} + \cdots + a_2x^2 + a_1x + a_0$$

选用的生成多项式 $G(x)$ 为：

$$G(x) = b_{r-1}x^{r-1} + b_{r-2}x^{r-2} + \cdots + b_2x^2 + b_1x + b_0$$

式中，$r=n-k$。

然后，进行如下的运算：

① 对 $M(x)$ 乘上 x^{n-k} 值，得到 $x^{n-k} \cdot M(x)$；

② 将 $x^{n-k} \cdot M(x)$ 除以 $G(x)$，产生下式：

$$\frac{x^{n-k} \cdot M(x)}{G(x)} = Q(x) + \frac{R(x)}{G(x)}$$

于是：$x^{n-k} \cdot M(x) = Q(x)G(x) + R(x)$

也即：$x^{n-k} \cdot M(x) + R(x) = Q(x)G(x)$

上式表明，引入该 $G(x)$ 时，将 $M(x)$ 序列左移 $n-k=r$ 位后，再在右边附加上从②式中运算得到的 $R(x)$，所形成的 $x^{n-k} \cdot M(x)+R(x)$ 能够整除 $G(x)$。

附加 CRCC 码前后的数据序列如图 8-16 所示。

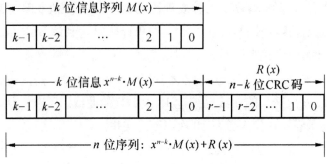

图 8-16 附加 CRCC 码前后的数据序列

生成 CRCC 码的具体电路框图如图 8-17 所示。

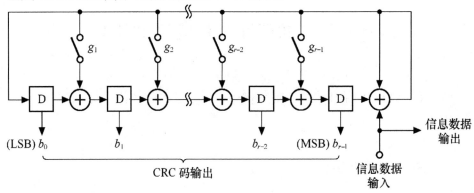

图 8-17 CRCC 码生成电路方框图

二、CRCC 码检错原理

CRCC 码的检错原理可用图 8-18 说明。

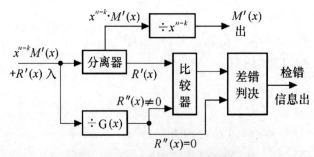

图 8-18 CRCC 码检错电路方框图

CRCC 码的检错能力如下：

a. 能检知突发长度 $\leqslant n-k$ 的突发误码；

b. 能检知突发长度 $=n-k+1$ 的大部分误码，不能检知的此类误码只占 $2^{-(n-k-1)}$ 的比例；

c. 能检知突发长度 $>n-k+1$ 的大部分误码，不能检知的此类误码只占 $2^{-(n-k)}$ 的比例；

d. 能检知许用码组的码距值 $\leqslant$ dmin-1 的所有误码；

e. 能检知所有奇数个的随机误码。

规定了通用的四种 CRCC 码，如表 8-6 所示。

表 8-6　国际上规范的 CRCC 码

CRCC 码	生成多项式 $G(x)$
CRC-12	$x^{12}+x^{11}+x^3+x^2+x+1$
CRC-16	$x^{16}+x^{15}+x^2+1$
CRC-CCITT	$x^{16}+x^{12}+x^5+1$
CRC-32	$x^{32}+x^{26}+x^{23}+x^{22}+x^{16}+x^{12}+x^{11}+x^{10}+x^8+x^7+x^5+x^4+x^2+x+1$

第十二节　校验和（CS）码

校验和（CS）码也是在信源编码中经运算加入的，是对数据包或数据段内的信息比特作出的一种简单的前向误码校正（FEC）编码。

第十三节　低密度奇偶校验（LDPC）码

LDPC 码是 R.Gallager（加拉格）于 1962 年和 1963 年的两篇论文中提出的。

一、LDPC 码的编码

(一) 汉明码的矩阵表示

LDPC 码是一种线性分组码，它生成时应用到矩阵运算。

线性分组码是在信息码组中增加监督码元，并使两者满足特定的线性函数关系。

奇偶校验码是一种最简单的线性分组码，例如 $a_{n-1} \sim a_1$ 共 $n-1$ 个码元的码组，加上一个偶校验码 a_0 时构成的偶校验码组应满足下式：

$$a_{n-1} \oplus a_{n-2} \oplus \cdots \oplus a_1 \oplus a_0 = 0$$

此式称为监督方程式。

在接收端，将上式再计算一遍，以检查下式的 s 是否为 0。

$$s = a_{n-1} \oplus a_{n-2} \oplus \cdots \oplus a_1 \oplus a_0$$

s 常称为校验子或校正子。由于只有一位监督码元，故只能检错，不能纠错。

如果 k 位的信息码元上加上 r 位监督码元，就可构成 r 个监督方程式和 r 个相应的校正子。r 个校正子 $s_1 \sim s_r$ 可形成 2^r 种状态，其中除一个全 0 状态表示无误码外，余下 $2^r - 1$ 种状态能表明 $2^r - 1$ 种误码所在位置。编码后，码组的总长为 $k+r=n$，只要满足 $2^r - 1 \geq n$，就有可能编码出纠正一位误码的线性分组码 (n, k)。

现以 (7，4) 汉明码为例说明其矩阵运算。

1. 监督矩阵

假设码组中 7 个码元为 $a_6 \sim a_0$，其中 $a_6 \sim a_3$ 为信息码元，$a_2 \sim a_0$ 为监督码元，设计的三个监督方程式为：

$$\left. \begin{array}{l} a_6 + a_5 + a_4 + a_2 = 0 \\ a_6 + a_5 + a_3 + a_1 = 0 \\ a_6 + a_4 + a_3 + a_0 = 0 \end{array} \right\}$$

对此，可重写为如下的线性方程组：

$$1 \cdot a_6 + 1 \cdot a_5 + 1 \cdot a_4 + 0 \cdot a_3 + 1 \cdot a_2 + 0 \cdot a_1 + 0 \cdot a_0 = 0$$
$$1 \cdot a_6 + 1 \cdot a_5 + 0 \cdot a_4 + 1 \cdot a_3 + 0 \cdot a_2 + 1 \cdot a_1 + 0 \cdot a_0 = 0$$
$$1 \cdot a_6 + 0 \cdot a_5 + 1 \cdot a_4 + 1 \cdot a_3 + 0 \cdot a_2 + 0 \cdot a_1 + 1 \cdot a_0 = 0$$

该线性方程组可用矩阵形式表示为：

$$\begin{bmatrix} 1 & 1 & 1 & 0 & 1 & 0 & 0 \\ 1 & 1 & 0 & 1 & 0 & 1 & 0 \\ 1 & 0 & 1 & 1 & 0 & 0 & 1 \end{bmatrix} \begin{bmatrix} a_6 & a_5 & a_4 & a_3 & a_2 & a_1 & a_0 \end{bmatrix}^T = \begin{bmatrix} 0 \\ 0 \\ 0 \end{bmatrix}$$

通常记作:

$HA^T = 0$ 或 $AH^T = 0$

其中:

$$H = \begin{bmatrix} 1 & 1 & 1 & 0 & 1 & 0 & 0 \\ 1 & 1 & 0 & 1 & 0 & 1 & 0 \\ 1 & 0 & 1 & 1 & 0 & 0 & 1 \end{bmatrix}, \quad A^T = [a_6 \; a_5 \; a_4 \; a_3 \; a_2 \; a_1 \; a_0], \quad 0 = \begin{bmatrix} 0 \\ 0 \\ 0 \end{bmatrix}$$

H 称为监督矩阵,它决定了信息码元与监督码元之间的校验关系。它是一个由 r 行、n 列组成的 $r \times n$ 阶矩阵。其每一行代表一个监督方程,对应一个监督码元 (a_2, a_1, a_0)。仔细观察,H 又可分成两部分,如下式的虚线划分所示。

$$H = \begin{bmatrix} 1 & 1 & 1 & 0 & \vdots & 1 & 0 & 0 \\ 1 & 1 & 0 & 1 & \vdots & 0 & 1 & 0 \\ 1 & 0 & 1 & 1 & \vdots & 0 & 0 & 1 \end{bmatrix} = [PI_r]$$

P 称为信息位矩阵,是 $r \times k$ 阶矩阵,表明信息位的系数模式,I_r 为 $r \times r$ 阶的单位方阵,表明监督位的系数模式。因此,根据监督矩阵,给出信息码元 $a_6 \sim a_3$ 后容易计算出监督码元 $a_2 \sim a_0$,完成编码工作。

2. 生成矩阵

确定监督码元的另一种运算方式是借助于生成矩阵,利用生成矩阵可根据信息码元直接写出编码码组。仍以上述 (7,4) 码为例,确定三个监督码元的监督方程为:

$$\left. \begin{aligned} a_2 &= a_6 + a_5 + a_4 \\ a_1 &= a_6 + a_5 + a_3 \\ a_0 &= a_6 + a_4 + a_3 \end{aligned} \right\}$$

又可写为:

$$\begin{bmatrix} a_2 \\ a_1 \\ a_0 \end{bmatrix} = \begin{bmatrix} 1 & 1 & 1 & 0 \\ 1 & 1 & 0 & 1 \\ 1 & 0 & 1 & 1 \end{bmatrix} \begin{bmatrix} a_6 \\ a_5 \\ a_4 \\ a_3 \end{bmatrix} = P \begin{bmatrix} a_6 \\ a_5 \\ a_4 \\ a_3 \end{bmatrix}$$

上式又可写成:

$$[a_2 a_1 a_0] = [a_6 a_5 a_4 a_3] \begin{bmatrix} 1 & 1 & 1 \\ 1 & 1 & 0 \\ 1 & 0 & 1 \end{bmatrix} = P[a_6 a_5 a_4 a_3]Q$$

式中,Q 为 $k \times r$ 阶矩阵,是信息位矩阵的转置矩阵,即:

$Q = P^T$ 或 $P = Q^T$

已知 Q 矩阵和信息码元时，可求出监督码元，其方法是在 Q 矩阵前面加上一个 $k \times k$ 阶的单位方程，组成一个称为生成矩阵的矩阵 G，即：

$$G = [I_K Q] = \begin{bmatrix} 1 & 0 & 0 & 0 & 1 & 1 & 1 \\ 0 & 1 & 0 & 0 & 1 & 1 & 0 \\ 0 & 0 & 1 & 0 & 1 & 0 & 1 \\ 0 & 0 & 0 & 1 & 0 & 1 & 1 \end{bmatrix}$$

于是，根据生成矩阵 G 和已知的信息码元可以按下式产生整个码组 A：

$$A = [a_6 a_5 a_4 a_3] \; G$$

此矩阵称为典型生成矩阵，由它产生的分组码必为系统码，信息码元位置不变地位于前面，监督码元附加在其后构成许用码组。因为，展开时得到的矩阵 A 为：

$$A = [a_6 a_5 a_4 a_3 a_6 + a_5 + a_4 a_6 + a_5 + a_3 a_6 + a_4 + a_3]$$

上式隐指，$a_2 = a_6 + a_5 + a_4$，$a_1 = a_6 + a_5 + a_3$，$a_0 = a_6 + a_4 + a_3$。

对 (7, 4) 码的上述分析可推广到任意的 (n, k) 码。这里，监督矩阵 H 与生成矩阵 G 是相互关联的，有下面的关系式：

$$\left. \begin{array}{l} H = [P I_r], G = [I_K P^T] \\ H = [Q^T I_r], G = [I_K Q] \end{array} \right\}$$

(二) LDPC 码的 H 矩阵

举一个 $(3, 6)$ 规则 LDPC 码的 H 矩阵的例子。

$$H = \begin{bmatrix} 1 & 1 & 1 & 0 & 0 & 1 & 1 & 0 & 0 & 0 & 1 & 0 \\ 1 & 1 & 1 & 1 & 1 & 0 & 0 & 0 & 0 & 0 & 0 & 1 \\ 0 & 0 & 0 & 0 & 0 & 1 & 1 & 1 & 0 & 1 & 1 & 1 \\ 1 & 0 & 0 & 1 & 0 & 0 & 0 & 1 & 1 & 1 & 0 & 1 \\ 0 & 1 & 0 & 1 & 1 & 0 & 1 & 1 & 1 & 0 & 0 & 0 \\ 0 & 0 & 1 & 0 & 1 & 1 & 0 & 0 & 1 & 1 & 1 & 0 \end{bmatrix}$$

对于上式，又可用二分图方式表明 H 矩阵使变量节点与校验节点相联系的关系，如图 8-19 所示。

(三) LDPC 码的译码

LDPC 码的编码并非基于汉明码那样的编码设计，因而无法采用硬判决进行译码。像 Turbo 码一样，LDPC 码译码依靠最大似然 (ML) 的迭代译码，而且迭代次数可能高达成百上千次，所以，如同 Turbo 码一样，LDPC 码也是译码比编码更复杂的一种 FEC 编码方式。

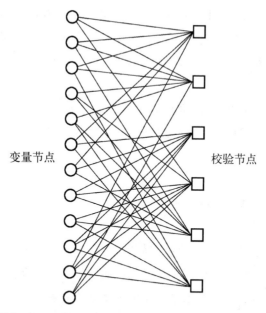

图 8-19　码长 12 比特的 (3，6) LDPC 码二分图

由于依靠最大似然进行迭代译码，各种算法涉及条件概率和大量线性代数运算，需要在图 8-19 的变量节点与校验节点之间反复迭代，求得最大似然的信息码元。如果 $\hat{A}H^T=0$（$\hat{A}$ 为 A 的预测信息矩阵）或者迭代次数超过预定值，便结束运算，完成译码。

第十四节　信道编码技术的应用

在 DVB-C 有线数字电视传输系统中，信道编码主要采用了数据随机化，前向纠错编码采用 RS 编码和数据交织方法。

DVB-S 卫星数字电视传输系统也有数据随机化、外编码器和卷积交织器，但由于卫星信道传输距离远（同步卫星在赤道顶上方 35800km 处），辐射功率有限（转发器功率约 100W~200W），传输路径中干扰多，易受雨衰影响，因此，为保证必要的接收端 C/N 比，需进一步采用卷积内编码，通常采用 $\eta=1/2$、2/3 或 3/4 较低编码率的卷积内编码。

ATSC 中的信道编码主要包括数据随机化、外编码（RS 编码）、数据交织和内编码（格栅编码）四个部分，其中格栅编码是编码与调制相结合的编码模式。

DVB–T 中，信道编码与 DVB–S 中前四个部分完全相同，也采用数据随机化、外编码 RS（204，188）、比特交织（外交织）、编码率为 $\eta=1/2\sim7/8$ 的卷积内编码。

ISDB–T 的信道编码部分与 DVB–T 类似，不同之处是分段进行，最多可分为四个段。

DTMB 与 ATSC、DVB–T 和 ISDB–T 的不同之处是外码采用 BCH 码取代 RS 码、内码采用 LDPC 码取代卷积码，编码效率有一定提高。

思考与练习：

1. 简述信道编码的作用和基本要求。

2. 简述三种信道模型及其特点。

3. 简述差错控制编码的定义、纠错码分类、分组码和卷积码的基本概念。

4. 解释以下名词：信息码元、监督码元、编码效率、码重、码距。

5. 简述分组码中最小码距与检错纠错能力之间的关系。

6. 简述循环码的编码方法。

7. 简述循环码解码时的检错纠错原理。

8. 简述 RS 码的特点。

9. 简述 RS（204，188，t=8）码和 RS（207，187，t=10）码的含义。

10. 简述交织码能提高信道解码时纠正突发误码导致差错的原理。

11. 简述交织码编码技术的优缺点。

12. 简述卷积交织和去交织的工作原理。

13. 什么是 TCM 编码？

14. 什么是循环冗余校验码（CRCC）？它有怎样的检错纠错能力？

15. 什么是 LDPC 码？简述 LDPC 码的译码原理。

第九章　电视信号传输

本章学习提要

1. 电波特性：电磁波谱、电磁波传输特性、无线电频谱划分。
2. 调制方式：调幅、调频、数字调制。
3. 电视信号的传输方式：卫星传输、地面传输、有线传输、IP 网络传输。

目前，我国地面电视以模拟信号传输为主、数字信号传输为辅（2020 年停止模拟电视传输），卫星电视、有线电视都用数字信号传输，数字电视还通过 IP 网络传输。

第一节　电波特性

在空间传播着的交变电磁场，即电磁波（Electromagnetic Wave），简称电波，它是电场强度矢量 E 和磁场强度矢量 H 的存在而引起周围空间中场的激励所产生的振动在空间的传播，凡是高于绝对零度的物体，都会释放出电磁波，电磁波是能量的一种。只要有任何电和磁的扰动发生就会产生一连串电和磁的交替变换，即能量的交替变换，形成了电磁波的传播。正像人们一直生活在空气中而眼睛却看不见空气一样，除光波外，人们也看不见无处不在的电磁波。实际中电磁波的形成是靠高频电磁振荡电路来实现的，在高频率的电磁振荡中，磁能和电能的交替变换非常快，能量无法全部返回原振荡电路，于是电能、磁能随着电场与磁场的周期变化以电磁波的形式向空间传播出去。

一、电磁波谱

电磁波的电场（或磁场）随时间变化，具有周期性。在一个振荡周期中传播的距离叫波长。振荡周期的倒数，即每秒钟振动（变化）的次数称频率。电磁波在真空中的传播速度等于光速，约为每秒30万千米，即波速 $C=3 \times 10^8 m/s$。电磁每秒钟变动的频率、波长、波速 C 之间满足关系式：

$$C=\lambda f$$

式中：f 为频率（单位：Hz），λ 为波长（单位：m），C 为波速（$C=3 \times 10^8 m/s$）。

不同频率（或不同波长）的电磁波具有不同的性质，人们按照频率和波长的不同把电磁波分为无线电波、红外线、可见光、紫外线、X射线、γ 射线。按照波长或频率的顺序把这些电磁波排列起来，这就是电磁波谱（Electromagnetic Spectrum）。

由于辐射强度随频率的减小而急剧下降，因此波长为几百千米的低频电磁波强度很弱，通常不为人们注意。实际中用的无线电波是从波长约几千米（频率为几百千赫）开始。波长3000m～50m（频率100kHz～6MHz）的属于中波段；波长50m～10m（频率6MHz～30MHz）的为短波；波长10m～1cm（频率30MHz～30GHz）甚至达到1mm（频率为 $3 \times 10^5 MHz$）以下的为超短波（或微波）。有时按照波长的数量级大小也常出现米波、分米波、厘米波、毫米波等名称。中波和短波用于无线电广播和通信，微波用于电视和无线电定位技术（雷达）。

电磁波谱中上述各波段主要是按照得到和探测它们的方式不同来划分的。随着科学技术的发展，各波段都已冲破界限与其他相邻波段重叠起来。目前在电磁波谱中除了波长极短（10^{-4}～10^{-5}m 以下）的一端外，不再留有任何未知的空白了。

在电磁波谱中各种电磁波由于频率或波长不同而表现出不同的特性，如波长较长的无线电波很容易表现出干涉、衍射等现象，但对波长越来越短的可见光、紫外线、伦琴射线、γ 射线要观察到它们的干涉衍射现象就越来越困难。但是从电磁波谱中看到各种电磁波的范围已经衔接起来，并且发生了交错，因此它们本质上相同，服从共同的规律。为了充分利用频率资源，国际上对电磁波谱进行了详细规划，并由各国专门的无线电管理委员会进行管理。

二、电磁波传输特性

电磁波既可以在空间传播，也可以在传输线或波导中传播。电磁波的传输特性同时取决于媒质结构特性和电波特性参数，这里主要讨论电磁波在空间的传播。

电磁波在空间的传播有地面波、空间波和天波三种途径，如图9-1所示。

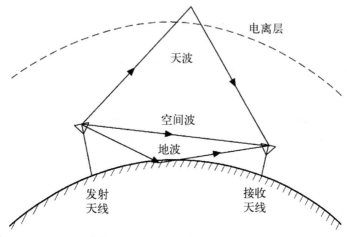

图 9-1　电磁波在空间的传播

（一）地面波传输

无线电波沿着地球表面的传播方式，称为地面波传输。当天线架设较低，且其沿地面方向为最大辐射方向时，主要是地波传播。地波传播的特点是信号比较稳定，基本上不受天气的影响，但随着电波频率的升高，传输损耗迅速增大。因此，这种方式更加适合中波传输。

地波传输的情况主要取决于地面条件。地面条件的影响主要表现在两个方面：一是地面的不平坦性，二是地面的地质情况。前者对电波的影响随波长不同而变化，而后者是从土壤的电气性质来研究对电波传播的影响。描述大地电磁特性的参数有介电系数 ε（或相对介电常数 ε_r）、电导率 σ、磁导率 μ。

（二）空间波传输

从发射点经空间直线传播到接收点的无线电波叫空间波，又叫直射波。空间波传播距离限于视距范围，因此又叫视距传播。视距传播是指在发射天线和接收天线间能相互"看见"的距离内，电波直接从发射点传播到接收点（包括地面的反射波）的一种传播方式。

超短波和微波不能被电离层反射，主要是在空间直接传播。其传播距离很近，易受高山和高大建筑物阻挡，为了加大传输距离，必须架高天线，尽管这样，传输距离也不过 50km 左右。在传播过程中，它的强度衰减较慢，超短波和微波通信就是利用直射波传播的。在地面进行直射波通信，其接收点的场强由两路组成：一路由发射天线直达接收天线；另一路由地面反射后到达接收天线，如果天线高度和方向架设不当，容易造成相互干扰（例如电视的重影）。

当电波在低空大气层中传播时还要受到地面的影响。地球表面的物理结构例如地形起伏和任意尺寸的人造结构等，都会对电波有反射、散射和绕射等作用。特别是在地面视距传播方式中，地面结构几何尺寸和波长的比值不同，对电波传播的影响也不同。如当天线高架、地面平滑范围很大时，往往以反射为主；地面粗糙不平起伏较大时，必须考虑散射影响；当天线低架或障碍物尺寸比波长小得多时，则以绕射为主。而在地对空视距传播中如同步卫星通信系统，由于发（收）的另一端处于高达 35800km 的高空，再加上天线的方向图较尖锐，因而可以忽略地面的影响。

空间波传输的应用之一是电视广播和调频广播。电视广播工作于甚高频段（Very High Frequency，VHF）和特高频段（Ultra High Frequency，UHF），调频广播工作于甚高频段。

（三）天波传输

经过空中电离层的反射或折射后返回地面的无线电波叫天波。所谓电离层，是地面上空 40km~800km 高度电离了的气体层，包含有大量的自由电子和离子。这主要是由于大气中的中性气体分子和原子，受到太阳辐射出的紫外线和带电微粒的作用所形成的。电离层能反射电波，也能吸收电波。对频率很高的电波吸收得很少。短波（即高频）是利用电离层反射传播的最佳波段，它可以借助电离层这面"镜子"反射传播；被电离层反射到地面后，地面又把它反射到电离层，然后再被电离层反射到地面，这样经过多次反射，电磁波可以传播 10000km 以上。利用电离层反射的传播方式称为天波传输。

一年四季和昼夜的不同时间，电离层都有变化，影响电波的反射，因此天波传播具有不稳定的特点。白天电离作用强，中波无线电波几乎全部被吸收掉，在收音机里难以收到远地中波电台播音；夜晚电离层对短波吸收得比较少，收听到的广播就比较多，声音也比较清晰。由于电离层总处在变化之中，反射到地面的电波有强有弱，所以用短波收音时会出现忽大忽小的衰落现象。太阳黑子爆发会引起电离层的骚动，增加对电波的吸收，甚至会造成短波通信的暂时中断。

由于大地对短波吸收严重，所以短波沿地面只能传播几十千米。电离层反射到地面的区域可能是不连续的。

三、无线电波频谱划分

电磁波谱（波长从长到短）是无线电波、微波、红外线、可见光、紫外线、伦琴射线（X 射线）、γ 射线的组合。其中无线电波用于通信，这里主要讨论无线电波。

无线电广播与电视都是利用电磁波来进行的。在无线电广播中，人们先将声音信号转变为电信号，然后将这些信号由高频振荡的电磁波带着向周围空间传播。而在另一地点，人们利用接收机接收到这些电磁波后，又将其中的电信号还原成声音信号，这就是无线广播的大致过程。而在电视中，除了要像无线广播那样处理声音信号外，还要将图像的光信号转变为电信号，然后将这两种信号一起由高频振荡的电磁波带着向周围空间传播，而电视接收机接收到这些电磁波后又将其中的电信号还原成声音信号和光信号，重现画面和声音。

根据不同的传播特性，不同的使用业务，对整个无线电频谱进行划分，按频段共分9段：甚低频（VLF）、低频（LF）、中频（MF）、高频（HF）、甚高频（VHF）、特高频（UHF）、超高频（SHF）、极高频（EHF）和至高频，对应的波段为甚长波、长波、中波、短波、米波、分米波、厘米波、毫米波和丝米波（后四种统称为微波），如表9-1所示。

表9-1　无线电频谱和波段划分

段　号	频段名称	频段范围（含上限不含下限）	波段名称	波长范围（含上限不含下限）
1	甚低频（VLF）	3~30 千赫（kHz）	甚长波	100km~10km
2	低频（LF）	30~300 千赫（kHz）	长波	10km~1km
3	中频（MF）	300~3000 千赫（kHz）	中波	1000m~100m
4	高频（HF）	3~30 兆赫（MHz）	短波	100m~10m
5	甚高频（VHF）	30~300 兆赫（MHz）	米波	10m~1m
6	特高频（UHF）	300~3000 兆赫（MHz）	分米波	1m~10cm
7	超高频（SHF）	3~30 吉赫（GHz）	厘米波	10cm~1cm
8	极高频（EHF）	30~300 吉赫（GHz）	毫米波	10mm~1mm
9	至高频	300~3000 吉赫（GHz）	丝米波	1mm~0.1mm

第二节　调制方式

调制是将图像信号和伴音信号放到高频载波上的技术，分为模拟调制和数字调制，模拟调制又分为调幅（Amplitude Modulation，AM）、调频（Frequency Modulation，FM）和调相。电视信号主要采用调幅和调频，本节只介绍这两种模拟调制方式，数字调制在后面相关章节介绍。

一、调幅

调幅是将图像信号或伴音信号改变高频载波幅度的技术，根据调幅后已调波所占的带宽不同，将调幅分为双边带调幅（DSB）、单边带调幅（SSB）和残留边带调幅（VSB）。

（一）双边带调幅（DSB）

一般原理，设正弦型载波为：

$$C(t) = A\cos\omega ct$$

式中，A——载波幅度；ωc——载波角频率；假定载波初始相位为 0。

则根据调制定义，DSB 调制信号（已调信号）一般可表示成：

$$S_{DSB}(t) = m(t)\cos\omega_c t$$

式中，$m(t)$——基带调制信号。由上式可得已调信号的频谱为：

$$S_{DSB}(\omega) = \frac{1}{2}[M(\omega + \omega_c) + M(\omega - \omega_c)]$$

其典型的波形和频谱如图 9-2 所示。

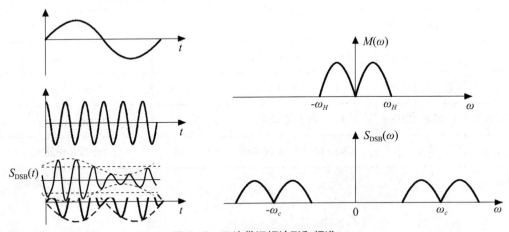

图 9-2 双边带调幅波形和频谱

双边带信号两个边带中的任意一个都包含了调制信号频谱 $M(\omega)$ 的所有频谱成分，因此仅传输其中一个边带即可。这样既节省发送功率，还可节省一半传输频带，这种方式称为单边带调制。

（二）单边带调幅（SSB）

单边带信号是将双边带信号中的一个边带滤掉而形成的，可采用理想高通滤波

器滤除下边带保留上边带或采用理想低通滤波器滤除上边带保留下边带产生 SSB
信号。

设单边带滤波器的传输函数为 $H(\omega)$，则 SSB 信号的频谱可表示为：

$$S_{SSB}(\omega) = S_{DSB}(\omega) \cdot H(\omega)$$

用滤波法形成上边带信号的频谱图如图 9-3 所示。

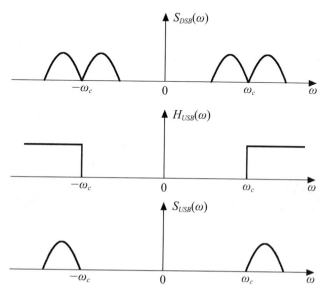

图 9-3　滤波法形成上边带信号的频谱图

由此可见，如果采用调幅单边带，固然可以将已调波频带压缩一半，但同时存在
着以下缺点：如果不发送载频，只发一个边带，接收机中只有采用同步检波方式，才
能解调出调制信号。而同步检波必须恢复载频，这增加了接收机的复杂性，对数以
千万计的用户而言，在经济上是不划算的。如果发送载频（假定只传送上边带和载波），
接收机可以采用普通检波方式解调出调制信号，但是这种收、发方式却带来如下两个
缺点：

一是要得到纯净的单边带信号，必须让双边带调幅信号通过频带锐截止的单边带
滤波器。其通频带为 $fc—(fc+6)$ MHz，其中，fc 为载波频率，6MHz 为图像信号频率。
显然，要制作出如此幅频特性的滤波器是相当困难的，而且在截止频率附近滤波器的
相频特性会出现严重的非线性，导致调制信号低频分量会有明显的失真，信号质量大
大下降。

二是解调信号存在失真，并且调制度越大，失真愈严重。

（三）残留边带调幅（VSB）

残留边带调幅是介于 SSB 与 DSB 之间的一种折中方式，它既克服了 DSB 信号占

用频带宽的缺点，又解决了 SSB 信号实现中的困难。在这种调制方式中，不像 SSB 那样完全抑制 DSB 信号的一个边带，而是逐渐切割，使其残留一小部分，如图 9-4 所示。

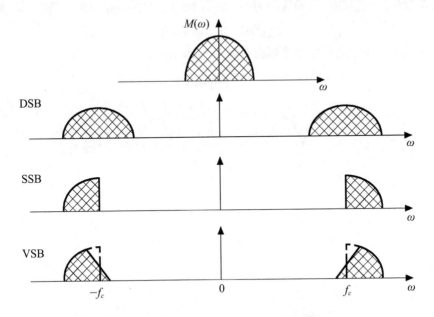

图 9-4 DSB、SSB 和 VSB 信号的频谱

电视图像信号为减少带宽又使解调方式简单采用残留边带调幅方式，我国采用的残留边带调幅的幅频特性如图 9-5 所示。

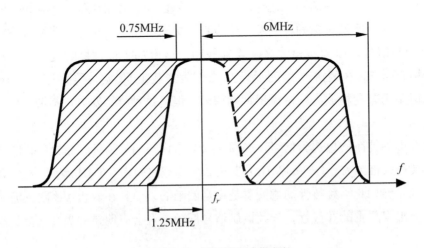

图 9-5 我国残留边带参数

即 0MHz~0.75MHz 的图像信号采用双边带传送，0.75MHz~6MHz 的图像信号采用单边带传送。

在图像信号的调制中另一个要考虑的问题是调制极性，即以正极性的还是以负极性的全电视信号来调制图像载波。原则上两种调制极性均可采用，前者称为正极性调制，而后者叫负极性调制，两种已调波波形如图 9-6 所示。

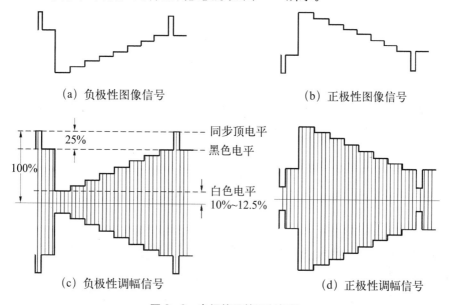

(a) 负极性图像信号　　　　　　　　　(b) 正极性图像信号

(c) 负极性调幅信号　　　　　　　　　(d) 正极性调幅信号

图 9-6　电视信号的调制极性

设已调波中同步电平幅度为 100%，则消隐电平应为 75%，白电平应为 (10~12.5) %，即真正的图像信号占有约 (62.5~65) %的变化范围。白电平之所以不是 0，是为了让内载波式电视接收机的检波器里总能差拍出 6.5MHz 的第二伴音载波，保证伴音接收正常。由于负极性调制比正极性调制具有如下优点，故目前全国的电视发射广泛采用负极性调制。

首先，发射机输出效率高。一般图像中明亮部分总比黑暗部分占的面积大，因此，负极性调制时调幅信号的平均功率要比峰值功率小得多，通常为峰值功率的 1/3~1/2，而正极性调制则刚好相反。因此从发射机输出功率的效率上看，负极性调制必大正极性调制。另外，在负极性调制时，调制级中同步脉冲可以增大到进入调制特性曲线的上部弯曲部分，因而可充分利用调制特性曲线的动态范围，使已调波的功率输出尽量大；正极性调制则不能利用调制特性曲线的上部弯曲部分，否则，就会引起图像的灰度畸变而较难弥补。因此，负极性调制所能发送的最大功率可比正极性调制提高 1.5 倍。

其次，杂波干扰影响小。射频信号受外来杂散电磁场干扰时，干扰电压是迭加在调幅波电压上的。脉冲性干扰将向已调波方向伸出，经检波后在屏幕上形成干扰光点，负极性调制时为暗点，正极性调制时为亮点，显然亮点干扰比暗点干扰易为人们所察觉，虽然，这种脉冲性干扰可能影响电视机的同步扫描电路，但现在的扫描电路都有良好的抗干扰措施。

再次，便于实现自动增益控制。负极性调制时，同步电平就是信号的峰值电平，便于用作基准电平进行信号的自动增益控制。

二、调频

调频是将图像信号或伴音信号改变高频载波频率的技术，为防止图像与伴音信号相互干扰，我国电视规定伴音信号的调制方式采用调频方式。

设：

$$U_\Omega = U_{\Omega m}\cos\Omega t$$
$$U_o = U_{Om}\cos(\omega t + \varnothing)$$

则：

$U_{FM}(t) = U_{FMm}\cos(\omega t + M\sin\omega t)$，$M = f/F$，$f$ 为最大频偏，F 为调制信号频率，调频带宽 $B = 2(f+F)$。

调频信号幅度不变，频率随调制信号变化，调频波形如图 9-7 所示。

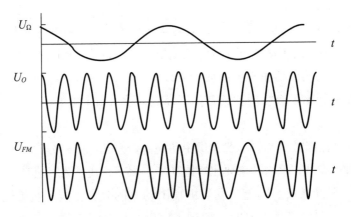

图 9-7　调频波形

伴音信号与图像信号一样，也必须调制在载频上，才能发送出去。在现行电视广播中，电视伴音射频信号按频分复用方式与图像射频信号一起通过同一副天线以电磁波形式传输。对于 6MHz 视频带宽的电视标准，伴音载频规定比图像载频高 6.5MHz。伴音信号（也称基带信号）带宽：40Hz~15kHz，采用调频方式，我国规定最大频偏 $f = \pm 50$kHz，已调波带宽为 $B = 2(50+15)$ kHz=130kHz。按我国标准，伴音射频信号的频率范围是 6.5MHz±65kHz，但我国电视制式规定为 6.5MHz±0.25MHz，因此，伴音载频比图像载频高 6.5MHz 时，不会产生图像与伴音已调波信号频谱重叠的现象。

伴音采用调频方式的优点是：

a. 相同的信噪比下，所需发射功率小；

b. 信噪比高，音质好；

c. 抗干扰能力强，以及减少与调幅图像信号之间的相互串扰；

d. 发射机利用率高。

采用调频方式的缺点是：已调波频带宽，但对电视广播总带宽而言是可行的。

为了改善伴音调频信号（特别是高频分量）的抗干扰性能，还须采取高音预加重措施，即在发送端人为地对伴音的高频部分的幅度进行提升，增强高音的强度。

三、数字调制

经过信源编码数据压缩和信道编码差错控制后得到的数字信号，通常为二元数字信息，其频带一般从直流或低频率开始直至可能的最高数据频率（几十千赫、几百千赫或几兆赫、几十兆赫），称为数字基带信号。如果有线传输距离不长，可直接传输数字基带信号，如果有线传输距离长或用无线传输，则需要调制传输。

（一）数字基带信号的常用码型和功率谱

1. 码型选择原则

确定码型（不同表示形式的基带信号）时必须考虑到以下几个方面：

（1）对于传输频带低端受限的信道，传输信号码型的频谱中不应包含直流或低频成分。

（2）应尽量减小码型频谱中的高频成分，既可节省传输频带、提高频谱利用率，又可减少有线信道电缆内不同线对之间的信号串扰。

（3）接收端易于从串行的基带信号中提取位定时信息，再生出准确的时钟信号供数据判决使用。

（4）便于实时监测传输系统中的信号传输质量，能监测出码流中错误的信号状态。

（5）信道中发生误码时要求所选码型不致造成误码扩散（或称误码蔓延）。

（6）码型变换过程不受信源统计特性（信源中各种数字信息的概率分布）的影响，即码型变换对任何信源具有透明性。

2. 码型分类及其特点

（1）二元码

二元码中基带信号的脉冲波形只有两种幅度，即高电平（H）和低电平（L）。两种二元码波形如图9-8所示。

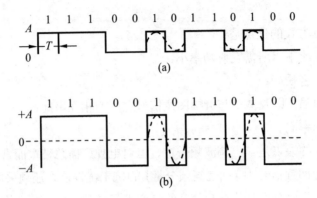

图9-8 二元码波形示例

(2) 三元码 (双二进制码，三进制码)

三元码中，数字基带信号的幅度取值有+1，0和-1三种电平，一个示例如图9-9
(a) 所示。

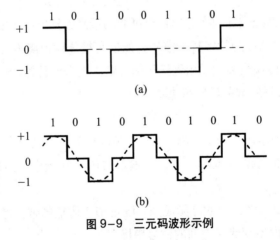

图9-9 三元码波形示例

(3) 多元码

多元码码型具有多种电平的幅度取值，如果以 m 个比特组成一个字，则对应地有
$2m$ 元码的码型。$m=2$ 时构成四元码，如图9-10所示。

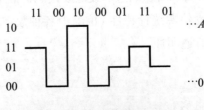

图9-10 多元码波形示例

多元码是以误码率可能增高为代价来换取频谱利用率的提高的。

3. 二元码的种类和特点

几种常用二元码如图 9-11 所示。

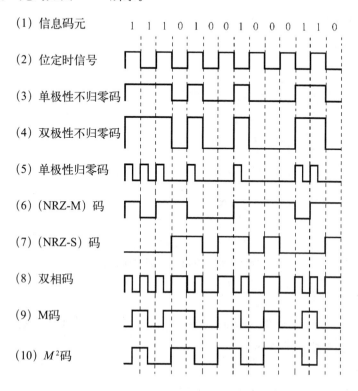

(1) 信息码元　　1 1 1 0 1 0 0 1 0 0 0 0 1 1 0

(2) 位定时信号

(3) 单极性不归零码

(4) 双极性不归零码

(5) 单极性归零码

(6) (NRZ-M) 码

(7) (NRZ-S) 码

(8) 双相码

(9) M码

(10) M^2码

图 9-11　几种常用二元码波形图

图 9-11 中，定时信号的脉宽 T 代表 1 比特的宽度，升降沿代表每比特定时的开始。单极性归零 (RZ) 码的区别在于码元"1"的高电平持续时间 $\tau < T/2$，其余时间返回 0 电平 (低电平)，而码元"0"一直处于 0 电平。单极性传号差分 (NRZ-M) 码的特点是以位定时信号边沿时刻有电平跳变表示"1"，无电平跳变表示"0"。单极性空号差分 (NRZ-S) 码的特点是以位定时信号边沿时刻有电平跳变表示"0"，无跳变表示"1"。双相码 (也称曼彻斯特码或调频码) 的特点是无论码元"1"或"0"，每一码元比特的边缘都有电平跳变。密勒码 (Miller, M) 是双相码的一种变形，"1"用码元周期中央出现跳变 (而其前后沿不出现跳变) 来表示；对码元"0"则有两种处理情况，单个"0"时码元周期内不出现跳变，连"0"时在相邻的"0"交界处出现跳变。密勒码的特点在于，不但无直流成分和保留有定时信息，而且基带上限频率明显降低，仅为双相码的一半；它的最大脉冲宽度为两个码元周期，这不但使功率谱相对集中，而且利用该特点可以检测传输误码。密勒平方码 (M²) 是密勒码的变型，其区别在于无论"1"还是"0"，当

连续出现的相同码元超过 2 时省去最后一个比特上的电平跳变，即对于"1"省去其中央电平跳变，对于"0"省去其最后一个码元"0"的前沿跳变。

4. 二元码的功率谱

几种二元码的功率谱密度曲线如图 9-12 所示。

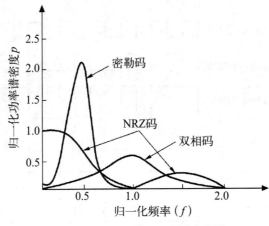

图 9-12　几种二元码的功率谱

5. 码型转换

上述各种码型可从基本的 NRZ 码转换产生，并可以从一种码型转换成另一种码型。

（二）使用伪随机序列扰码

1. m 序列的产生

m 序列是最常用的一种伪随机二进制序列，它是最长线性反馈移存器序列的简称，是带线性反馈的移存器所产生的周期最长的序列。一个 4 级反馈移存器 m 序列发生器电路如图 9-13 所示。

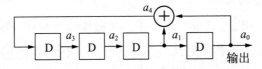

图 9-13　4 级移存器 m 序列发生器电路

图中的线性反馈遵从下式的递归关系式：

$$a_4 = a_1 \oplus a_0$$

2. m 序列的性质

m 序列具有下列特定的性质：

（1）均衡性；

（2）游程分布；

（3）移位相加（mod2）特性；

（4）伪噪声特性。

3．数据序列的加扰和解扰

数据加扰原理是以 m 序列为基础的，一般的加扰电路构成如图9-14所示。

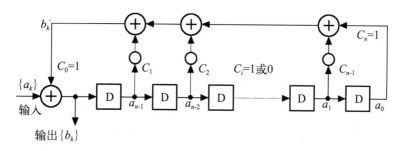

图9-14　加扰电路的一般形式

解扰电路的一般形式如图9-15所示。

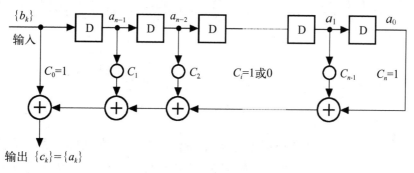

图9-15　解扰电路的一般形式

它的输入序列是 $\{b_k\}$，m序列发生器与编码端的完全一样，输出序列为 $\{c_k\}$。

4．加解扰的优点和缺点

加解扰的优点在于，对于会包含有连"1"、连"0"的数据序列，经过PRBS产生的 m 序列进行模2和后，将变为伪随机型的数据序列，从而使其功率谱较适合于传输信道的特性，并且接收端容易从数据流中提取出时钟信号。

至于缺点，一是加扰码传输中发生单个误码时会影响到接收端相继的 n 个码元的正确解扰，造成误码蔓延（或称误码增值）；二是如果输入的数据序列很特殊，与 m 序列作模2和时可能正好形成不良的包含长"1"长"0"的加扰序列，当然这种概率非常小。

由于优点胜过缺点，所以在实际的数字信号基带传输中普遍地对串行数据流施加了加扰处理。

5. 实用的加扰电路

采用 15 级移存器的 PRBS 对数据序列作模 2 和，电路如图 9−16 所示。

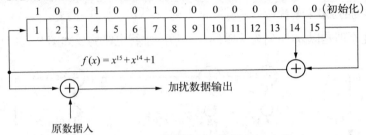

图 9−16　15 级移存器的 PRBS 加扰电路

（三）无码间干扰基带传输

1. 基带传输系统的基本特点

基带传输系统典型方框图如图 9−17 所示。

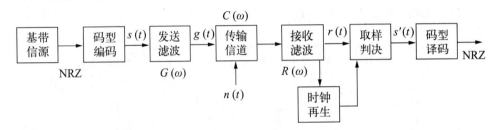

图 9−17　基带传输系统典型方框图

这里，要讨论的就是关于码间干扰及其消除问题。至于随机噪声和时基抖动的影响，属于另外的讨论范围。当然，应做到随机噪声尽量小，再生时钟尽量稳定和准确。

2. 无码间干扰的基带传输特性

发送滤波、传输信道和接收滤波的复频率特性分别为 $G(\omega)$、$C(\omega)$ 和 $R(\omega)$，因此，整个系统的传输特性 $H(\omega)$ 为：

$$H(\omega)=G(\omega)C(\omega)R(\omega)$$

经过传输信道和接收滤波后，输出信号 $r(t)$ 有下列的波形序列：

$$r(t)=\sum_{n=-\infty}^{\infty}a_nh(t-nT)$$

式中，$h(t)$ 为 $H(\omega)$ 的冲激响应：

$$h(t)=\frac{1}{2\pi}\int_{-\infty}^{\infty}G(\omega)C(\omega)R(\omega)e^{j\omega t}d\omega$$

$r(t)$ 馈入取样判决电路，由该电路确定 an 的取值，恢复出接收的信号序列 $s'(t)$。理想上，无误码时 $s'(t)$ 应等于发送序列 $s(t)$。

现在来讨论，对于冲激响应为 $h(t)$ 的 $H(\omega)=G(\omega)C(\omega)R(\omega)$，什么样的 $H(\omega)$ 可使 $r(t)$ 信号成为无码间干扰的输出波形。所谓无码间干扰，即是对在每一时刻 kT 上对 $h(t)$ 进行取样时，应存在下列关系式：

$$h(kT)=\begin{cases}1, & k=0\\0, & k\text{为其他整数}\end{cases}$$

就是说，除了 k=0 能得到取样值 $h(t)=1$ 外，在其他取样点上 $h(t)$ 均为 0。

无码间干扰时的基带传输特性应满足下式：

$$H(\omega)=\begin{cases}\sum H(\omega+\dfrac{2n\pi}{T})=1, & -\dfrac{\pi}{T}\leqslant\omega\leqslant\dfrac{\pi}{T}\\0,-\dfrac{\pi}{T}>\omega, & \omega>\dfrac{\pi}{T}\text{或}|\omega|>\dfrac{\pi}{T}\end{cases}$$

凡是能满足上式的基带传输系统均可消除码间串扰，这个准则称为奈奎斯特第一准则。其物理意义在于，将传输函数 $H(\omega)$ 沿 ω 轴以 $2\pi/T$ 为间隔（n=0，±1，±2…）切开，然后分段平移到 $(-\pi/T,\pi/T)$ 区间内进行相加，结果形成一条水平直线，（也即是常数值）。这时上式 $h(kT)$ 成立，实现了无码间干扰传输。

3. 无码间干扰传输的实现方法

（1）理想低通型

实际的、无负频率的理想低通特性及其冲激响应 $h(t)$ 的波形如图 9-18 所示。

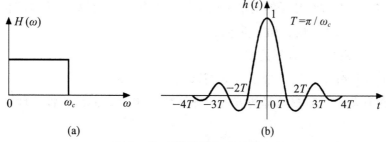

| (a) | (b) |

图 9-18 理想低通及其冲激响应

（2）升余弦滚降特性

$\alpha=0$ 的传输函数 $H(\omega)$ 就是理想低通特性的情况，其 $h(t)$ 有较大的衰减振荡拖尾。当 $0<\alpha\leqslant1$ 时，余弦滚降特点 $H(\omega)$ 可表示成下式：

$$H(\omega)=\begin{cases}1, & 0\leqslant|\omega|\leqslant\dfrac{(1-\alpha)\pi}{T}\\\dfrac{1}{2}\left[1+\sin\dfrac{T}{2\alpha}(\dfrac{\pi}{T}-\omega)\right], & \dfrac{(1-\alpha)\pi}{T}\leqslant|\omega|\leqslant\dfrac{(1-\alpha)\pi}{T}\\0, & |\omega|\geqslant\dfrac{(1+\alpha)\pi}{T}\end{cases}$$

相应的冲激响应 $h(t)$ 为：

$$h(t) = \frac{\sin \pi t}{\dfrac{\pi t}{t}} \cdot \frac{\cos \alpha \pi t}{1 - \dfrac{4\alpha^2 t^2}{T^2}}$$

升余弦滚降特性及其冲激响应曲线如图 9-19 所示。

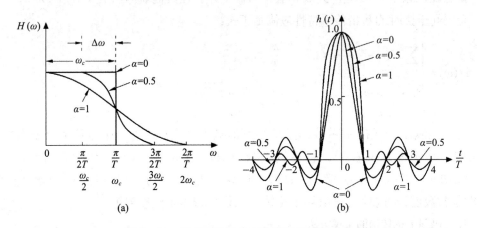

(a)   (b)

图 9-19　升余弦滚降特性及其冲激响应曲线

4. 无码间干扰传输的参数实例

在数字视频、音频和数据的基带传输实际系统中，根据传输信道的特性和系统质量，应采取一些不同的 α 值，如下所述：

(1) DVB-S 系统中的发送滤波

在 DVB-S 系统中，当基带信号对高频载波进行 QPSK 调制之前，使调制信号 I 和 Q 先受到升余弦平方根滚降滤波，滚降系数 $\alpha = 0.35$。滤波特性的理论函数规定如下：

$$H(f) = \begin{cases} 1, & |f| < f_N(1-\alpha) \\ \left\{ \dfrac{1}{2} + \dfrac{1}{2}\sin\dfrac{\pi}{f_N}\left[\dfrac{f_N - |f|}{\alpha}\right] \right\}^{\frac{1}{2}}, & f_N(1-\alpha) \leqslant |f| \leqslant f_N(1+\alpha) \\ 0, & |f| > f_N(1+\alpha) \end{cases}$$

(2) DVB-C 系统中的发送滤波

在 DVB-C 系统中，当基带信号对高频载波进行 QAM 调制之前，使调制信号 I 和 Q 先受到升余弦平方根滚降滤波，滚降系数 $\alpha = 0.15$。

（四）数字调制

数字调制是由数据流对高频载波进行调制，对于正弦高频载波，也有调幅、调频和调相三种基本调制方式，并可以派生出多种其他调制方式，但数据流调制中不再以高频脉冲作为载波使用。

数字调制信号也称为键控信号，可使高频载波受到幅度键控（ASK）、频移键控（FSK）、相移键控（PSK）。这三种键控方式即对应于模拟调制中的调幅、调频和调相，如图9-20所示。

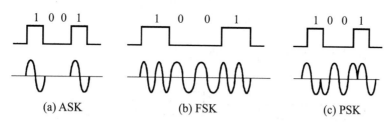

图9-20 数字调制的三种键控方式

数字调制中，典型的调制信号是二进制的数字值。另一方面，为了提高高频载波的调制效率，也常采用多进制信号进行高频调制，使一定的已调波高频带宽内能包含更高的码率。高频载波的调制效率可以用每赫（Hz）已调波带宽内可传输的码率（bit/s）来标记，故单位为bit/s/Hz。

ASK和FSK二进制数字调制信号的接收系统框图如图9-21所示。

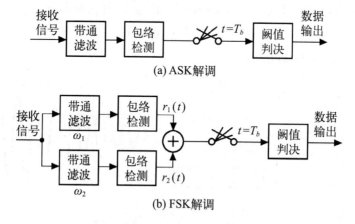

图9-21 ASK和FSK信号接收系统方框图

与ASK和FSK不同，PSK属于相干性数字调制，接收机中要借助一个本机振荡电路和一个鉴相器与接收载波的基准相位进行锁相，产生出稳定的、正确相位的参考载波实现对已调波的解调。

1. 2ASK 和 MASK

（1）2ASK

2ASK 是二进制幅度键控，由二进制数据 1 和 0 组成的序列对载波进行幅度调制。2ASK 可以表示成一个单极性矩形脉冲序列与一个正弦型载波相乘，即：

$$e_0(t) = \left[\sum_n a_n g(t - nT_S)\right] \cos\omega_c t$$

$a_n = 0$　概率为 p；

$a_n = 1$　概率为 $(1-p)$；

$$s(t) = \sum_n a_n g(t - nT_S)。$$

通常，2ASK 有两种调制方法，如图 9-22 所示。

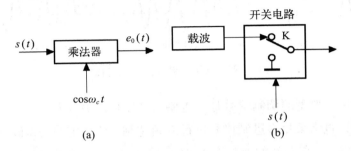

图 9-22　2ASK 的两种调制方法

（2）MASK

MASK 表示多电平（M 个电平）的 ASK，比如将串行数据流经并行变换后形成 k 路的并行比特数据流，再进行 D/A 转换和 ASK，则成为 2^k=M 电平的 ASK。K=2 时为 4ASK，如图 9-23 所示。

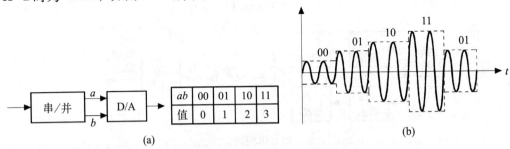

图 9-23　4ASK 调制的框图和波形

2. 2PSK 和 2DPSK

（1）2PSK（BPSK）调制

2PSK 是二进制相移键控，也可记作 BPSK，由二进制数据+1 和-1 对载波进行相位调制。2PSK 可以表示成下式：

$$e_0(t) = \left[\sum_n a_n g(t - nT_S) \right] \cos \omega_c t$$

式中，$g(t)$ 是持续时间为 Ts 的矩形脉冲，an 的取值服从下列关系式：

$a_n = 0$ 概率为 p；

$a_n = 1$ 概率为 $(1-p)$。

这里，当数据为 0 时 $a_n = +1$，当数据为 1 时 $a_n = -1$。于是有：

$$e_0(t) = \begin{cases} \cos \omega_c t, & \text{数据为 0 时} \\ -\cos \omega_c t, & \text{数据为 1 时} \end{cases}$$

已调相波通常采用星座图来表示调制结果，2PSK 的一种星座图如图 9-24 所示。

图中用两个"·"表示，但也可以是两个"×"点的星座图 $e_0(t) = \pm \sin \omega ct$。

（2）2DPSK（BDPSK 或 DBPSK）

2DPSK 是利用前后相邻比特码元已调波的相对相位值来表示调制信号的数字信息的。

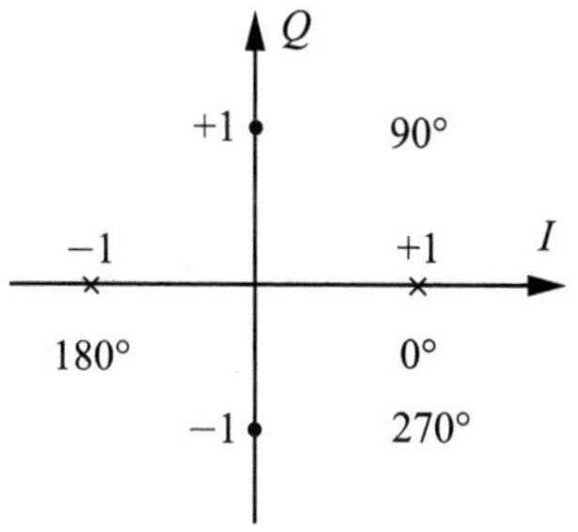

2PSK 和 2DPSK 的调制电路方框图如图 9-25 所示。

图 9-24　2PSK 调制的星座图

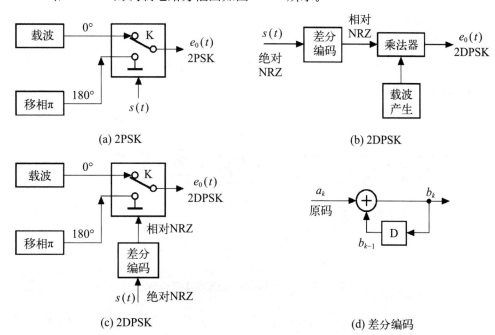

(a) 2PSK

(b) 2DPSK

(c) 2DPSK

(d) 差分编码

图 9-25　2PSK 和 2DPSK 调制电路方框图

图 9-25 中，图 (a) 是产生 2PSK 信号的键控法电路方框图，图 (c) 是产生 2DPSK 信号的键控方框图，图 (b) 是产生 2DPSK 信号的模拟调制方框图。

(3) 2PSK 解调

2PSK 信号的解调必须采用相干解调方法，接收端所需的与发送端基准载波同频同相的参考载波的获得是个关键问题。

2PSK 的一种解调电路如图 9-26 所示。

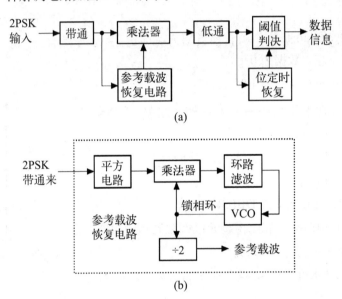

图 9-26　2PSK 解调电路方框图

其中，图 (a) 为总体框图，图 (b) 为图 (a) 中的参考载波恢复电路细节，VCO 为压控振荡器。

(4) 2DPSK 解调

差分译码的逻辑电路框图如图 9-27(b) 所示。

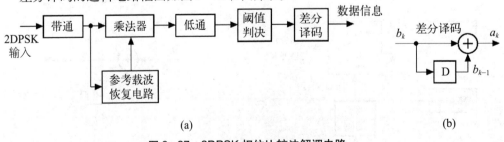

图 9-27　2DPSK 相位比较法解调电路

图 (b) 中，a_k 为译码器得到的 NRZ 原码（绝对码），b_k 为差分码（相对码），b_{k-1} 为延时一位的 b_k 序列。

图 9-26(a) 和图 9-27(a) 的解调原理属于极性比较法解调，由参考载波对已调相波进行极性比较，得出已调相波的解调数据。

2DPSK 信号的另一种解调方法是差分相干解调，其方框图如图 9-28 所示。

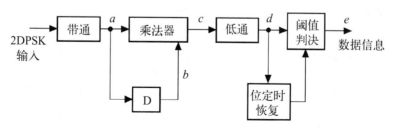

图 9-28　差分相干解调电路

3. QPSK 和 DQPSK

（1）QPSK（4PSK）调制

在相移键控（PSK）调制中，最常用的是四相相移键控（4PSK 或 QPSK）和差分四相相移键控（4DPSK 或 DPSK）方式。本小节中介绍 QPSK 调制器的构成。它可以看成是两个 2PSK 综合构成的，QPSK 调制器实际上由正交平衡调制器组成，如图 9-29 所示。

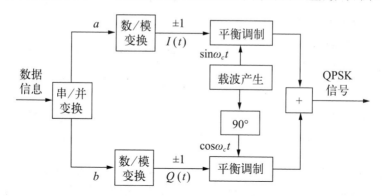

图 9-29　QPSK 调制器电路框图

据此，a、b 码元的调制波组合可形成四种绝对相位的 QPSK 信号，如表 9-2 所示。

表 9-2　双码元与载波相位

双比特码元		载波相位 φ	
a (I)	b (Q)	A 方式	B 方式
0, +1	0, +1	45°	0°
0, +1	1, −1	315°	270°
1, −1	1, −1	225°	180°
1, −1	0, +1	135°	90°

已调相波星座图（四个"·"点）如图9–30所示。

（2）QPSK 信号解调

关于 QPSK 信号的解调，由于 QPSK 信号可看成是两个正交 2PSK 信号的合成，所以可采用 2PSK 信号的解调方法进行解调，即由两个 2PSK 相干解调器构成解调电路，其组成方框图如图9–31所示。

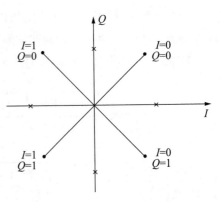

图9–30 QPSK 调制的星座图

（3）DQPSK 调制

现在，再讨论 DQPSK 信号的产生。DQPSK 与 QPSK 相比较，是以前后符号间调相波的相位差来反映当前调制符号的数据的。所以，其调制电路中在串/并变换之后要经过差分编码处理，而后再进行 QPSK 调制，具体方框图如图9–32所示。

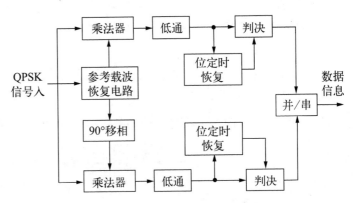

图9–31 QPSK 解调电路方框图

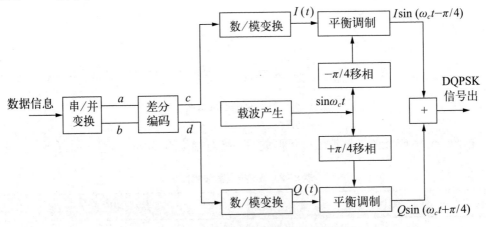

图9–32 DQPSK 调制器电路方框图

双比特差分编码的方法有两种：一种是自然码编码，另一种是反射码（格雷码）编码。

（4）DQPSK 解调

DQPSK 信号的解调方法与 2DPSK 信号解调方法类似，也有极性比较法和相位比较法两种方式。由于 DQPSK 信号可以看作由两路 2DPSK 信号组合构成，因此解调时也能按两路 2DPSK 信号进行分别的解调，如图 9-33 所示。

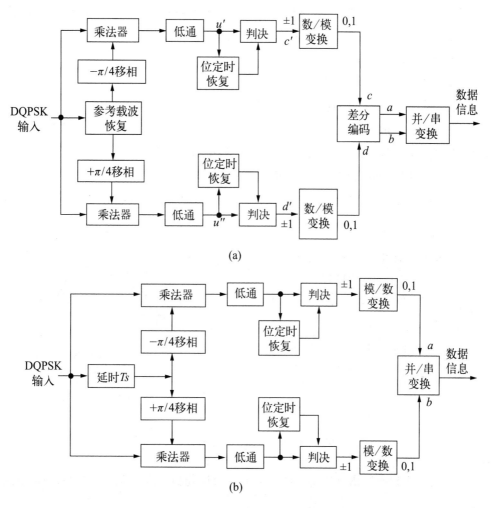

图 9-33　DQPSK 信号的解调电路方框图

图 9-33 中，图（a）和图（b）所示的分别是上述两种解调方法的电路框图，图（a）为极性比较法解调电路，图（b）为相位比较法解调电路。

差分译码器的作用与发送端的差分编码器相反，它将相对码 c,d 转换成绝对码 a,b。

（5）四相调制与二相调制的比较

四相调制（QPSK 和 DQPSK）与二相调制（2PSK 和 2DPSK）相比较，四相信号是以两个比特组成一个符号，在相同的已调相波频带下，其信息速率比二相信号高一倍。因此，四相调制比二相调制的高频调制效率（bit/s/Hz）高一倍。在电话通信和卫星电视广播等适于应用 PSK 调制的传输信道中，一般都采用四相移相调制。

另一方面，在抗干扰能力上，由于四相移相调制的已调波相位间隔为90°，小于二相移相调制的相位间隔180°，因此其抗相位噪声的能力低于二相移相调制。因此，一些通信系统中在视、音频数据信息采用四相移相调制的同时，对于数据流正确接收十分重要的同步信息采用了二相移相键控调制方式。

4. MPSK 和 MQAM 调制

（1）MPSK（多进制相移键控）调制

前面介绍过 MASK（多进制幅度键控），即以多种符号电平（±1、±3、±5…）对 $\sin\omega_c t$ 或 $\cos\omega_c t$ 载波进行幅度调制，这时的星座图是在水平轴（I轴，载波为 $\sin\omega_c t$ 时）或垂直轴（Q轴，载波为 $\cos\omega_c t$ 时）上呈线状分布的若干个（M个）矢量端点。

而在四相移相键控调制时，其已调载波的星座图是均匀分布在同一圆周上的4个点。容易想象到，可以进一步采用 MPSK（多进制相移键控）调制，如图9-34所示。

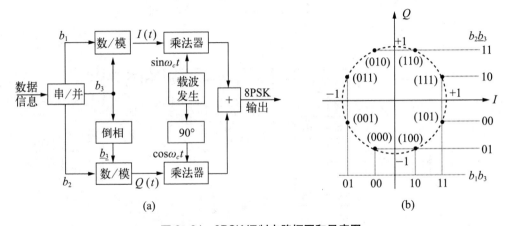

图 9-34　8PSK 调制电路框图和星座图

为了进一步提高频谱利用率，可以采用16PSK调制。其星座图如图9-35(a)所示。

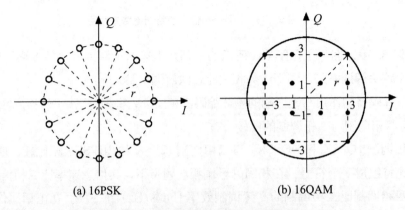

(a) 16PSK   (b) 16QAM

图 9-35　16PSK 和 16QAM 调制星座图

（2）MQAM

MQAM 信号的已调载波矢量可充分利用整个调制平面，在相同的平均载波功率下对于相同的 M 值可使 MQAM 的抗干扰能力强于 MASK 和 MPSK。图 9-36(b) 所示为 16QAM 信号的星座图，并假设圆周半径 r 与图 9-36(a) 的相同，故两者有相同的峰值功率。

16QAM 调制电路的方框图如图 9-36 所示。

输入的串行数据流经过串/并变换器分成两路双比特流 b_1b_2 和 b_3b_4，它们分别由数/模变换器把四种数据组合（00，01，11，10）变换成 4 种模拟信号电平（+3，+1，−1，−3）上、下支路的模拟输出分别调制载波信号 $\sin\omega_c t$ 和 $\cos\omega_c t$，然后通过加法器使两个已调波相加，得到合成的调相波信号 16QAM 输出。

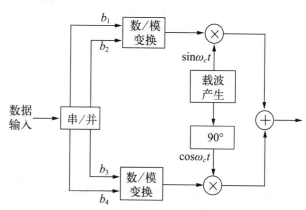

图 9-36　16QAM 调制器电路框图

根据上面的取值规定，b_1b_2、b_3b_4 值与图 9-36(b) 中 I 轴（同相轴）值、Q 轴（正交轴）值间的关系如表 9-3 所示。

表 9-3　b_1b_2、b_3b_4 值与 I、Q 值的关系

b_1	b_2	b_3	b_4	I	Q	归一化矢量 A/φ-
0	0	0	0	3	3	1/45°
0	0	0	1	3	1	0.745/18.4°
0	0	1	0	3	−3	1/315°
0	0	1	1	3	−1	0.745/341.6°
0	1	0	0	1	3	0.745/71.6°
0	1	0	1	1	1	0.333/45°
0	1	1	0	1	−3	0.745/288.4°
0	1	1	1	1	−1	0.333/315°
1	0	0	0	−3	3	1/135°
1	0	0	1	−3	1	0.745/171.6°

续表

b_1	b_2	b_3	b_4	I	Q	归一化矢量 A/φ-
1	0	1	0	−3	−3	1/225°
1	0	1	1	−3	−1	0.745/198.4°
1	1	0	0	−1	3	0.745/108.4°
1	1	0	1	−1	1	0.333/135°
1	1	1	0	−1	−3	0.745/252.6°
1	1	1	1	−1	−1	0.333/225°

按表 9-3，可进一步画出 16QAM 星座图中星座点与 $b_1b_2b_3b_4$ 四比特数据之间的关系，如图 9-37 所示。

MQAM 调制方式中除了常用的 16QAM 外，还有 4QAM、32QAM、64QAM、128QAM 和 256QAM 等。其中，4QAM 实际与 4PSK 是等效的，星座图上都是 4 个星座点。全部可能的 MQAM（$M=4$，16，32，64，128，256）的星座图综合如图 9-38 所示。

（3）MQAM 与 MPSK 的比较

从图 9-36(a) 和 (b) 所示的星座图看，16PSK 与 16QAM 的载波调制矢量都有 16 个端点，因而也有相同的高频载波带宽效率（bit/s/Hz），但在抗干扰能力上是有差别的。d_{MPSK} 为：

$$d_{MPSK}=2\sin(180°/M)$$

而对于 MQAM，若 $M=2^k$ 中 k 为偶数，则其相应的最小距离 d_{MQAM} 为：

$$d_{MQAM}=\frac{\sqrt{2}}{L-1}=\frac{\sqrt{2}}{\sqrt{M}-1}$$

式中，$M=L^2$，L 为星座图上星座点

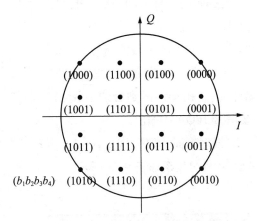

图 9-37　16QAM 星座点与码元的关系

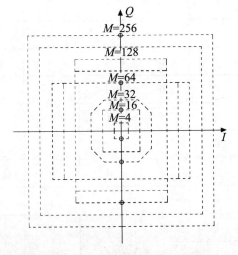

图 9-38　MQAM 调制的各种星座图

在水平轴和垂直轴上的投影点数目。

　　MQAM 信号的调制器和解调器的方框图如图 9–39 所示。

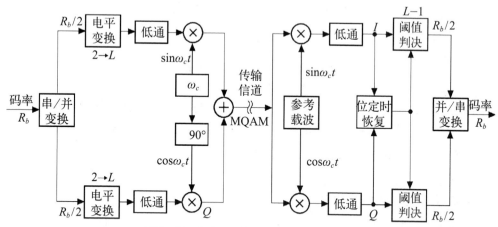

图 9–39　MQAM 的调制器和解调器框图

　　图 9–39 右侧电路的处理是调制器的逆过程，由恢复的参考载波对已调波进行同步解调，解调的信号经低通滤波后受到 $L-1$ 种电平的阈值判决，得到两路码率为 $R_b/2$ 的二进制序列，再通过并/串变换器形成一路码率为 R_b 的二进制序列。

5. Offset–QAM 调制（OQAM 调制）

　　OQAM 调制原理可克服 QAM 调制的上述缺点，它先将 I、Q 两路数字信号通过偏置取样合成一路信号，再经由滤波器（例如升余弦平方根滚降 RRC 滤波器）变换为模拟基带信号并实施中频调制，将中频 QAM 信号传输至高频信道上。

　　这种 I、Q 信号的数字合成其后面只用一个低通滤波器，可消除两个低通滤波器特性不一致的问题；另外，对 I、Q 信号作偏置取样与合成时两路信号的取样时钟来自同一源，相位精度高，没有正交偏差问题。

　　偏置取样使 I、Q 信号合成一路数字信号的方框图如图 9–40(a) 所示，I、Q 样本的输出序列如图 9–40(b) 所示。

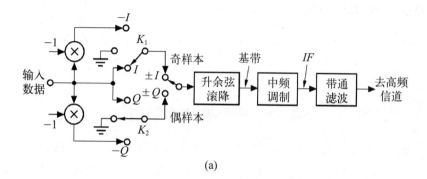

(a)

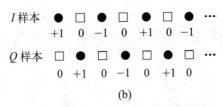

(b)

图 9-40 I、Q 信号的偏置和合成

图 9-40(a) 中，开关 K_1 和 K_2 分别选通输入数据中的 I、Q 信号，由 K_1 选通 I 的奇样本、K_2 选通 Q 的偶样本 [参见图 9-40(b)]。并且，I 和 Q 样本交替地变换正负号。所以，输入升余弦平方根滚降滤波器即正交样本序列为：

I_1，Q_2，$-I_3$，$-Q_4$，I_5，Q_6，$-I_7$，$-Q_8$，…

上式实现了 MQAM 的全数字调制。

从频域-时域的信号变换看，I_1，$-I_3$，I_5，$-I_7$，… 将变换成 $I(t)\sin\omega_c t$；Q_2，$-Q_4$，Q_6，$-Q_8$，…将变换成 $Q(t)\cos\omega_c t$。因此，从时域看，上式的信号对应于图 9-41 中两个波形的合成，而这正是 MQAM 的信号表示式：

$$u(t)=I(t)\sin\omega_c t+Q(t)\cos\omega_c t$$

OQAM 中信号的频域-时域关系如图 9-41 所示。

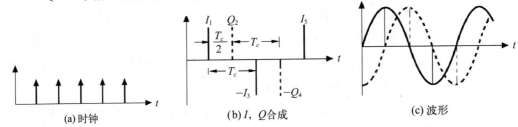

(a) 时钟   (b) I，Q 合成   (c) 波形

图 9-41 OQAM 中信号的频域-时域关系

6. MVSB 调制

（1）MVSB 调制原理

一般地，调制框图如图 9-42 所示。

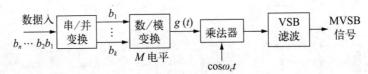

图 9-42 MASK 调制器原理方框图

输入数据的码率为 Rbbit/s 时经串/并变换成 k 路数据后，每路数据的码率为 Rb/k bit/s，再由数/模变换器变换成 2^k=M 电平的数据，与载波 $\cos\omega_c t$ 相乘而形成

MASK 已调波。

在传送信号中尚需再传送一个低电平的、被抑制的基准载波信息，它称为导频信号。这时，具体可将传送的上边带向下侧展宽一些，使包含进载波分量，就像目前的模拟电视信号广播中应用的残留边带调制（VSB）方式一样。因此，此种 MASK 调制传输方式在数字电视的应用中称为 MVSB 调制。

（2）MVSB 和 MQAM 的比较

在高斯白噪声下，它们也具有相同的误码率特性，从频谱利用率和抗干扰能力上看，X–VSB 与 X^2–QAM 特性相当。

在电路构成上，两者是有差别的，VSB 比 QAM 简单些，硬件复杂度低。另外，VSB 中依靠导频信号使接收端恢复出参考载波，虽然保证了载波的恢复，但一定程度上消耗了一部分数据信号功率，导频信号能量太小时则容易受噪声的干扰。在 QAM 调制信号传送中，没有导频信号，可最大程度地利用高频功率，并且这种方式在通信系统中早已得到应用，技术比较成熟。

7. COFDM 调制

为了解决高速率数据在通过开路通道传输时因多径效应引入的码间干扰问题，采取的一种方法是在规定的高频带宽 B 内均匀安排以 $N=2^r$ 个子载波，同时将高码率的串行数据流经串/并变换器分路成 N 个并行支路，使支路的码率相应地大为降低，然后由 N 路符号（每符号由 2，4 或 6 比特组成）分别对 N 个子载波进行调制（4PSK、16QAM 或 64QAM），再将各路已调波混合，便可得到总带宽为 B、频分复用的 FDM 信号。

正交指各个载波的信号频谱是正交的，即各个载波的频谱间虽有重叠部分，但解调时利用正交性可正确解调每个载波的调制符号，因为其他载波的频谱值正对应于函数 $(\sin x)/x$ 中的零点。

（1）基本原理

OFDM 调制器原理方框图如图 9–43 所示。

输入数据流经串/并和 D/A（数/模）变换后，I_j 和 Q_j 数值为 ±1、±3 或 ±5，调制正交载波后得到相应的星座图。各路已调波经相加后复用成最终的 OFDM 信号输出。

接收端对此 OFDM 信号的

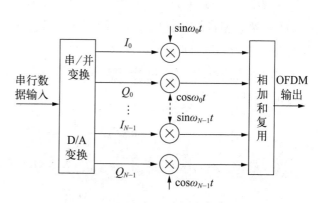

图 9–43　OFDM 调制器原理方框图

解调是调制的逆过程，解调器的原理框图如图9-44所示。

（2）具体实施方法

按照上述的OFDM调制解调原理和图9-43和图9-44所示的框图，在发送端和接收端都需要有N个等级差频率的振荡器，而N值可能是两千多甚至八千多，显然难以实际做到。因此，实现OFDM调制和解调需通过数学运算的帮助，具体是利用了IDFT

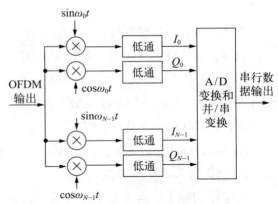

图9-44　OFDM信号解调器原理方框图

（离散傅立叶反变换）和DFT（离散傅立叶变换），而实际应用了IFFT（快速离散傅立叶反变换）和FFT（快速离散傅立叶变换）运算，并由专用的集成块芯片来完成运算，给出所需的结果。

由于对每个载波进行正交调制时，得到的每个已调波矢量具有该载波独具的幅度和相位，它们可表示成下式：

$$s_k(t) = A_k(t)e^{j[\omega_k t + \phi_k(t)]}$$

公式中，$s_k(t)$为用复数表示的载频ωk的已调波函数，$A_k(t)$为已调波的幅度，$\Phi_k(t)$为已调波的相位。实际传输的信号是$s_k(t)$的实数部分，其$A_k(t)$和$\Phi_k(t)$是随逐个调制符号变化的。

由于OFDM信号有N个调制符号$(I+jQ)$和N个载波ω，所以它们形成的相应复信号为：

$$s(t) = \frac{1}{N}\sum_{k=0}^{N-1} A_k(t)e^{j[\omega_k t + \phi_k(t)]}$$

公式中，$\omega_k = \omega_0 + k\Delta\omega_0$。考虑到一个符号周期$Ts$上信号是一个定值，有$A_k(t) \to A_k$，$\Phi_k(t) \to \Phi_k$。串行数据流并行分散到N个子载波上后，每个符号的传输时间Ts是串行数据流中符号传输时间ΔT的N倍，也即$Ts = N \cdot \Delta T$。

对时间上连续的$s(t)$进行间隔为ΔT的取样，在一个符号周期Ts内取N个样值，则第n个样值可表示成：

$$s(n\Delta T) = \frac{1}{N}\sum_{k=0}^{N-1} A_k e^{j[(\omega_0 + k\Delta\omega)n\Delta T + \phi_k]}$$

为了简化，令$\omega_0 = 0$，即$\omega_k = k\Delta\omega$，它不影响该公式的通用性，于是：

$$s(n\Delta T) = \frac{1}{N}\sum_{k=0}^{N-1} A_k e^{j\phi_k} e^{j(k\Delta\omega)n\Delta T}$$

式中，$A_k e^{j\phi k}$ 表明了频域内 $k\Delta\omega$ 频率分量的幅度和相位。

上式实际上是一个离散傅立叶反变换公式。因为，$\Delta f = 1/T_S = 1/(N\Delta T)$，所以 $k\Delta\omega n\Delta T = k2\pi\Delta fn\Delta T = (2\pi kn)/N$。$A_k e^{j\phi k}$ 定义了离散的频域信号，标记成 $A_k e^{j\phi k} = s(k)$。再将式左边写成 $s(n)$，成为：

$$s(n) = \frac{1}{N}\sum_{k=0}^{N-1} s(k)e^{j\frac{2\pi nk}{N}} \qquad 0 \leqslant n \leqslant N-1$$

上式正是离散傅立叶反变换的一般表示式，已知等式右边的频域函数就可以计算出左边的时域函数。两端是复数值之间的运算，运算量极大，可以使用快速离散傅立叶反变换（IFFT）来实现，具体使用高速处理芯片。

接收端对接收到的 OFDM 信号的解调是发送端的逆过程，其中关键部分是 IFFT 的反运算也是 FFT（快速离散傅立叶变换）。FFT 是将不同载频的已调波组合成的 OFDM 信号变换为其各个已调波分量，数学表示式为：

$$s(k) = \sum_{n=0}^{N-1} s(n)e^{-j\frac{2\pi nk}{N}}$$

从各已调波中得到相应的 A_k，Φ_k 数据，由此恢复出有关的 Ik，Qk 数据，经阈值判决而获得相应数值 ± 1、± 3 或 ± 5 后，便译码出图 9-44 中所示的每路 x 比特的 1，0 组合值，最后经并/串变换后成为原来的基带信号数据流。

为了帮助理解 OFDM 信号构成成分的波形例子，OFDM 复信号构成的一个示例如图 9-45 所示。

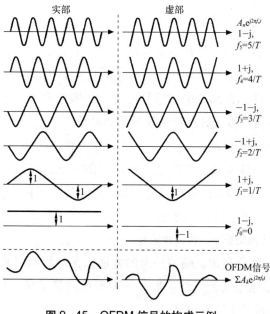

图 9-45　OFDM 信号的构成示例

第三节　电视信号的传输方式

电视信号的传输方式主要有卫星传输、地面传输、有线传输、IPTV，前三种为调制传输，IPTV 为 IP 网络传输。

一、卫星传输

广播系统中电视节目由电视台通过卫星电视地面发射站，用定向卫星天线通过上行频率 (f_1) 向太空中的卫星电视发射电视信号，卫星电视转发器接收到来自地面的电视信号后，经过放大、变换等一系列处理，再用下行频率 (f_2) 向地面服务区转发电视信号。这样，服务区众多的地面卫星电视接收站便可接收到电视台发出的电视节目。通常一颗卫星电视上装有 24 个以上的转发器，每个转发器可以转发一套模拟电视节目或 4~10 套经数字视频压缩的电视节目，如图 9-46 所示。

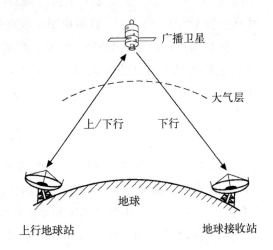

图 9-46　卫星广播电视传输

（一）卫星传输的优点

利用卫星传输广播电视节目是卫星应用技术的重大发展，卫星广播电视传输同现在常用的电缆通信、微波通信等相比，有较多的优点，因而被用于高质量的电视、广播信号的传送，特别是远距离的电视信号传送，如体育比赛、会议、新闻等实况的传送。卫星广播电视传输具体优势表现在以下几个方面：

1. 传播距离远，覆盖面积大

同步通信卫星可以覆盖最大跨度达 18000km 的区域。在这个覆盖区的任意两点都可通过卫星进行通信，而微波通信一般是 50km 左右设一个中继站，一颗同步通信卫星的覆盖距离相当于 300 多个微波中继站。

2. 卫星广播电视传输路数多、传输容量大

早期卫星采用 C 波段频率，随着技术的发展，又开始利用 Ku 波段（12GHz 频段）的频率资源，使可用频带又大大地扩展。一颗现代通信卫星，可携带几十个转发器，可提供几十路电视和成千上万路电话。

3．卫星广播电视传输信道特性稳定，可靠性高

由于电波主要在大气层的外层——宇宙空间传播，而宇宙空间是接近真空的，可看作为均匀媒质，故电波传播特性相当稳定，不受地理条件和气象的影响，可获得高质量的通信信号。

4．卫星广播电视传输运用灵活、适应性强

它不仅能实现陆上任意两点间的通信，而且能实现船与船、船与岸上、空中与陆地之间的通信，它可以组成一个多方向、多点的立体通信网。

5．成本低

在同样容量、同样距离的条件下，卫星广播电视传输和其他通信设备相比，耗费的资金少，卫星广播电视传输系统的造价并不随通信距离的增加而提高，随着设计和工艺的成熟，成本还在不断降低。

卫星电视广播系统主要由四部分组成：上行发射站、星载转发器、测控站、地球接收站。上行发射站把节目制作中心送来的信号（可以是数字电视信号、数字广播、视频、音频、中频信号等）加以处理，经过调制，上变频和高功率放大，通过定向天线向卫星发射上行 C、Ku 波段信号；同时也接收由卫星下行转发的微弱的微波信号，监测卫星转播节目的质量。星载转发器用于接收地面上行站送来的上行微波信号（C 波段为6GHz，Ku 波段为14GHz），并将它放大、变频、再放大后，发射到地面服务区内。因此，星载转发器实际上是起一个空间中继站的作用，它应以最低附加噪声和失真传送电视广播信号。地面接收站接收来自卫星的信号，经过低噪声放大，下变频为中频信号、中频信号经过解调后得到基带信号，分别送到视频恢复电路和伴音解调电路，重新得到正常的视频信号和伴音信号，直接送到电视监视器或电视机，重现彩色图像和重放伴音，也可以重新调制到电视频道上传送给用户。

（二）卫星电视频道

由国际电联分配给卫星广播业务使用的频段共有 6 个，如表 9-4 所示。

表 9-4　卫星广播业务使用的频段

频段	频率范围（GHz）	带宽（MHz）	地区分配
L	0.620~0.790	170	第一、二、三区
S	2.5~2.69	190	全世界
	2.5~2.535	35	第二区
	2.655~2.69	35	第三区

续表

频段	频率范围（GHz）	带宽（MHz）	地区分配
Ku	11.7~12.2	500	第二、三区
	11.7~12.5	800	第一区
	12.5~17.75	250	第三区
Ka	22.5~23	500	第三区
Q	40.5~42.5	2000	全世界
W	84~86	2000	全世界

　　表 9-4 中后三个较高频段（Ka、Q、W 波段）在技术上尚不成熟，因此，目前在卫星电视广播中使用的只有前三个较低频段，即 L、S、Ku 频段。

　　由于我国卫星电视广播开始时使用的是通信卫星，因此使用了用于通信业务的 C 频段。后来，又开启了 Ku 频段。我国在 C 和 Ku 频段内可以使用的上行频率和下行频率的范围如表 9-5 所示。

表 9-5　卫星广播业务使用的上行频率和下行频率

频段	上行频率范围（GHz）	带宽（MHz）	下行频率范围（GHz）	带宽（MHz）
C	5.85~7.075	1225	3.4~4.2	800
Ku	14.0~14.8	800	11.7~12.2	500
	17.3~17.8	500		

　　为了充分利用各频段内的无线电频谱，并防止互相干扰，通常将频段分成若干个频道。划分频道时，要确定每个频道的带宽，还要确定相邻频道的间隔及频段两端的保护带。Ku 频段和 C 频段的频道划分如表 9-6 所示。

表 9-6　C/Ku 频段频道划分

(a) C 频段频道划分

频道	中心频率（MHz）	频道	中心频率（MHz）	频道	中心频率（MHz）
1	3727.48	9	3880.92	17	4034.36
2	3746.66	10	3900.10	18	4053.54

频道	中心频率（MHz）	频道	中心频率（MHz）	频道	中心频率（MHz）
3	3765.84	11	3919.28	19	4072.72
4	3785.02	12	3938.46	20	4091.90
5	3804.20	13	3957.64	21	4111.08
6	3823.38	14	3976.82	22	4130.26
7	3842.56	15	3996.00	23	4149.44
8	3861.74	16	4015.18	24	4163.62

（b）Ku 频段频道划分

频道	中心频率（MHz）	频道	中心频率（MHz）	频道	中心频率（MHz）
1	11727.48	9	11880.92	17	12034.36
2	11746.66	10	11900.10	18	12053.54
3	11765.84	11	11919.28	19	12072.72
4	11785.02	12	11938.46	20	12091.90
5	11804.20	13	11957.64	21	12111.08
6	11823.38	14	11976.82	22	12130.26
7	11842.56	15	11996.00	23	12149.44
8	11861.74	16	12015.18	24	12168.62

（三）卫星电视传输原理

在数字技术未成熟和普遍应用之前，卫星电视是利用 C 频段或 Ku 频段的通信转发器来传输模拟广播电视信号。对于模拟传输，信道调制一般可采用调幅（AM）或调频（FM）两种方法。地面开路模拟电视广播信道调制采用的是调幅制中的残留边带调幅（VSB），这种调制方法的特点是频带利用率高，但发射效率低、抗干扰能力差，所以不适宜用于卫星电视信号的传输。因此，卫星模拟广播电视采用发射效率高、抗干扰能力较强的调频制。

1. 发送端原理

模拟卫星电视系统发送端的构成如图 9-47 所示，它主要包括基带处理、中频调制及射频处理三个部分。

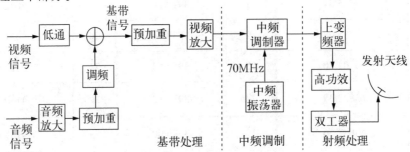

图 9-47　模拟卫星电视系统发送端原理框图

在基带处理部分，输入的视频信号与调频之后的音频信号相加，形成基带信号，其频谱如图 9-48 所示。

基带信号经过预加重和视频放大之后送入中频调制器。

中频调制器采用调频方式。由于调频信号在解调时高频端的信噪比会下降，因此，需要用预加重电路来改善信噪比。中频调制器是用基带信号对 70MHz 的载波进行调频。

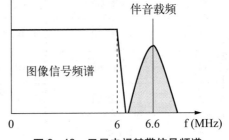

图 9-48　卫星电视基带信号频谱

在射频处理部分，中频信号进行上变频后变为适合卫星信道传输的频段，然后经过高频功率放大后送往天线发射。

目前，我国卫星电视全部采用数字信号传输。

2. 接收端原理

后面相关章节介绍。

二、地面传输

地面广播电视传输是指利用超短波段的电磁波来传输广播电视信号的一种方式，超短波的频率范围是 30MHz~1GHz，这种超短波传输方式主要用于 VHF（甚高频）和 UHF（特高频）电视广播，还可用于声音调频广播、雷达、导航、移动通信等业务。

（一）地面传输的特点

超短波在传输特性上与短波有很大差别。由于频率较高，发射的天波一般将穿透电离层射向太空，而不能被电离层反射回地面，所以主要依靠空间直射波传播（只有有限的绕射能力）。像光线一样，传播距离不仅受视距的限制，还要受高山和高大建筑物的影响。如架设几百米高的电视塔，服务半径最大也只能达150km。要想传播得更远，就必须依靠中继站转发。超短波的波长较短，因而收发天线尺寸可以较小。在短距离通信时，只需要配备很小的通信设备。

地面电视传输主要特点如下：

1.超短波通信利用视距传播方式，比短波天波传播方式稳定性高，受季节和昼夜变化的影响小；

2.天线可用尺寸小、结构简单、增益较高的定向天线。这样，可用功率较小的发射机；

3.频率较高，频带较宽，能用于多路通信；

4.调制方式：图像用负极性残留边带调幅，伴音用调频。

（二）地面电视频道

我国模拟电视的视频信号带宽为6MHz，射频带宽为8MHz（包括图像和伴音）。也就是说，一套电视节目在传输时需占据8MHz的带宽。

地面电视使用的频段属于超短波范围，我国规定为甚高频波段（VHF）的48MHz~223MHz和特高频波段（UHF）的470MHz~960MHz范围，共安排了68个频道。在VHF波段中有12个频道，在UHF中有56个频道。具体的频道划分如表9-7、表9-8所示。

表9-7　我国VHF波段电视频道划分

频段	频道	频率范围（MHz）	图像载波（MHz）	声音载波（MHz）
I （米波）	1	48.5~56.5	49.75	56.25
	2	56.5~64.5	57.75	64.25
	3	64.5~72.5	65.75	72.25
	4	76~84	77.25	83.75
	5	84~92	85.25	91.75
III （米波）	6	167~175	168.25	174.75
	7	175~183	176.25	182.75
	8	183~191	184.25	190.75
	9	191~199	192.25	198.75
	10	199~207	200.25	206.75
	11	207~215	208.25	214.75
	12	215~223	216.25	222.75

表 9-8　我国 UHF 波段电视频道划分

频段	频道	频率范围（MHz）	图像载波（MHz）	声音载波（MHz）
IV（分米波）	13	470~478	471.25	477.75
	14	478~486	479.25	485.75
	15	486~494	487.25	493.75
	16	494~502	495.25	501.75
	17	502~510	503.25	509.75
	18	510~518	511.25	517.75
	19	518~526	519.25	525.75
	20	526~534	527.25	533.75
	21	534~542	535.25	541.75
	22	542~550	543.25	549.75
	23	550~558	551.25	557.75
	24	558~566	559.25	565.75
V（分米波）	25	606~614	607.25	613.75
	26	614~622	615.25	621.75
	27	622~630	623.25	629.75
	28	630~638	631.25	637.75
	29	638~646	639.25	645.75
	30	646~654	647.25	653.75
	31	654~662	655.25	661.75
	32	662~670	663.25	669.75
	33	670~678	671.25	677.75
	34	678~686	679.25	685.75
	35	686~694	687.25	693.75

续表

频段	频道	频率范围（MHz）	图像载波（MHz）	声音载波（MHz）
V （分米波）	36	694~702	695.25	701.75
	37	702~710	703.25	709.75
	38	710~718	711.25	717.75
	39	718~726	719.25	725.75
	40	726~734	727.25	733.75
	41	734~742	735.25	741.75
	42	742~750	743.25	749.75
	43	750~758	751.25	757.75
	44	758~766	759.25	765.75
	45	766~774	767.25	773.75
	46	774~782	775.25	781.75
	47	782~790	783.25	789.75
	48	790~798	791.25	797.75
	49	798~806	799.25	805.75
	50	806~814	807.25	813.75
	51	814~822	815.25	821.75
	52	822~830	823.25	829.75
	53	830~838	831.25	837.75
	54	838~846	839.25	845.75
	55	846~854	847.25	853.75
	56	854~862	855.25	861.75
	57	862~870	863.25	869.75
	58	870~878	871.25	877.75

续表

频段	频道	频率范围（MHz）	图像载波（MHz）	声音载波（MHz）
V （分米波）	59	878~886	879.25	885.75
	60	886~894	887.25	893.75
	61	894~902	895.25	901.75
	62	902~910	903.25	909.75
	63	910~918	911.25	917.75
	64	918~926	919.25	925.75
	65	926~934	927.25	933.75
	66	934~942	935.25	941.75
	67	942~950	943.25	949.75
	68	950~958	951.25	957.75

（三）地面电视传输原理

我国模拟地面电视系统采用 PAL 制式。

1. 发送端原理

模拟地面电视系统发送端的组成如图 9-49 所示。

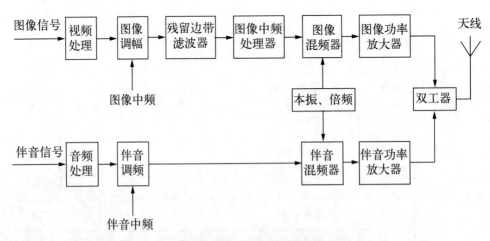

图 9-49　模拟地面电视系统发送端原理框图

图 9-49 中的上部是图像通道，下部是伴音通道。

在图像通道中，图像信号首先经过放大、箝位、微分相位校正等视频处理环节，然后对图像中频（我国电视广播标准规定，图像中频为 38MHz）进行双边带调幅，通过残留边带滤波后形成图像信号的残留边带特性。接下来进入图像中频处理器，在这里要进行群延时校正、微分增益校正等处理。之后在图像混频器中与高频振荡信号进行混频，形成高频图像信号，经功率放大后馈送到双工器，与处理后的伴音信号相加，一起送往天线发射。

在伴音通道中，伴音信号首先经过放大等音频处理，然后对伴音中频（我国电视广播标准规定，伴音第一中频为 31.5MHz，伴音第二中频为 6.5MHz）进行调频。对伴音信号采用调频方式是为了获得较高的音质和较强的抗干扰能力，同时也为了减少与图像调幅信号之间的相互串扰。调频之后的伴音信号在伴音混频器中与高频振荡信号进行混频，得到高频伴音信号，经功率放大后馈送到双工器，与处理后的图像信号相加，一起送往天线发射。

双工器的作用是防止图像信号与伴音信号在同一副天线上产生相互干扰。另外，双工器也可实现发射机、馈线、天线间的良好阻抗匹配，从而保证信号能以最大的能量发射出去。

调制后的图像和伴音信号称为射频信号，其带宽为 8MHz，伴音载频和图像载频相差 6.5MHz，射频信号的频谱结构如图 9–50 所示。

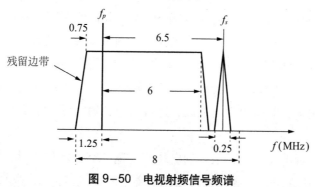

图 9–50　电视射频信号频谱

目前，我国地面电视已部分采用数字信号传输，2020 年开始全部采用数字信号传输（后面相关章节介绍）。

2. 接收端原理

后面相关章节介绍。

三、有线传输

有线电视传输是指传输媒质为有线通道，如电缆、光缆等。随着电视技术的飞速发展，有线传输方式以频带宽、与其他无线电行业互不干扰等优点受到电视台和广大用户的喜爱。目前，有线电视网已成为我国城镇电视信号传输的主要方式。

（一）有线传输的特点

可改善弱场强地区的接收效果，减少雪花干扰和外来的各种噪波干扰；

能在某种程度上消除重影；

传输频带宽，可容纳的频道数量多；

可实现双向化和交互性；

能够扩大卫星电视的覆盖范围。

电缆传输是指用同轴电缆传输电视信号，同轴电缆不仅可以直接传输基带信号，如用来传输在电视中心各设备之间以及较短距离的中心与发射台之间传输的信号，也可以用来传输调制以后的频带信号，但由于同轴电缆的衰耗较大，在传输过程中需要增加一些放大器，因此很多远距离的电缆传输逐渐被光纤取代。

光缆传输是指用光缆来传输电视信号，其传输介质是光纤，光缆传输的主要优点如下：

1. 频带宽

频带的宽窄代表传输容量的大小。载波的频率越高，可以传输信号的频带宽度就越大。在 VHF 频段，载波频率为 48.5MHz~300MHz，带宽约 250MHz，只能传输 27 套电视和几十套调频广播。可见光的频率达 10^5GHz，比 VHF 频段高出 100 多万倍。尽管由于光纤对不同频率的光有不同的损耗，使频带宽度受到影响，但在最低损耗区的频带宽度也可达 30000GHz。目前单个光源的带宽只占了其中很小的一部分（多模光纤的频带约几百兆赫，好的单模光纤可达 10GHz 以上），采用先进的相干光通信可以在 30000GHz 范围内安排 2000 个光载波，进行波分复用，可以容纳上百万个频道。

2. 损耗低

在同轴电缆组成的系统中，最好的电缆在传输 800MHz 信号时，每千米的损耗都在 40dB 以上。相比之下，光导纤维的损耗则要小得多，传输波长为 1.31μm 的光，每公里损耗在 0.35dB 以下；若传输波长为 1.55μm 的光，每千米损耗更小，可达 0.2dB 以下。这就比同轴电缆的功率损耗要小一亿倍，使其能传输的距离要远得多。此外，光纤传输损耗还有两个特点：一是在全部有线电视频道内具有相同的损耗，不需要像电缆干线那样必须引入均衡器进行均衡；二是其损耗几乎不随温度而变，不用担心因环境温度变化而造成干线电平的波动。

3. 重量轻

因为光纤非常细，单模光纤芯线直径一般为 4μm~10μm，外径也只有 125μm，加上防水层、加强筋、护套等，用 4~48 根光纤组成的光缆直径还不到 13mm，比标准同轴电缆的直径 47mm 要小得多,加上光纤是玻璃纤维,比重小,使它具有直径小、重量轻的特点,安装十分方便。

4.抗干扰能力强

因为光纤的基本成分是石英,只传光,不导电,在其中传输的光信号不受电磁场的影响,故光纤传输对电磁干扰、工业干扰有很强的抵御能力。也正因为如此,在光纤中传输的信号不易被窃听,因而利于保密。

5.保真度高

因为光纤传输一般不需要中继放大,不会因为放大引入新的非线性失真。只要激光器的线性好,就可高保真地传输电视信号。实际测试表明,好的调幅光纤系统的载波组合三次差拍比 C/CTB 在 70dB 以上,交调指标 CM 也在 60dB 以上,远高于一般电缆干线系统的非线性失真指标。

6.工作性能可靠

我们知道,一个系统的可靠性与组成该系统的设备数量有关。设备越多,发生故障的机会越大。因为光纤系统包含的设备数量少(不像电缆系统那样需要几十个放大器),可靠性自然也就高,加上光纤设备的寿命都很长,无故障工作时间达 50 万至 75 万小时,其中寿命最短的是光发射机中的激光器,最低寿命也在 10 万小时以上。故一个设计良好、正确安装调试的光纤系统的工作性能是非常可靠的。

7.成本不断下降

目前,有人提出了新摩尔定律,也叫做光学定律(Optical Law)。该定律指出,光纤传输信息的带宽,每 6 个月增加 1 倍,而价格降低了一半。光通信技术的发展,为互联网宽带技术的发展奠定了非常好的基础。这就为大型有线电视系统采用光纤传输方式扫清了最后一个障碍。由于制作光纤的材料(石英)来源十分丰富,随着技术的进步,成本还会进一步降低;而电缆所需的铜原料有限,价格会越来越高。显然,今后光纤传输将占绝对优势,成为建立全省、以至全国有线电视网的最主要传输手段。

(二)有线电视传输频道

传统的单向有线电视系统起源于地面电视的公共接收系统,因此其频道设置与地面电视相同,即 VHF 和 UHF 频道,而且也采用了残留边带调制方案,因此可直接与电视机的射频输入口相连。通常将 VHF 和 UHF 频道称为标准频道,用 DS 表示。

除标准频道外,有线电视系统还开发了一些非标准频道,称为增补频道,用 Z 表示。其中,在 111~167MHz 内共安排了 7 个增补频道(Z1~Z7),在 223MHz~463MHz 范围内共安排了 30 个增补频道(Z8~Z37),在 566MHz~606MHz 范围内共安排了 5 个增补频道(Z38~Z42)。这些频段在开路时已分配给其他通信业务,因此无法用于无线电广播。但因有线电视系统是一个独立、封闭的系统,不会与其他通信业务发生相互干扰，因此可以采用这些频段来增加电视节目的套数。关于有线电视系统增补频道的具体划分如表9-9所示。

表9-9　CATV增补频道划分

频道	频率范围（MHz）	图像载频（MHz）	伴音载频（MHz）
Z-1	111~119	112.25	118.75
Z-2	119~127	120.25	126.75
Z-3	127~135	128.25	134.75
Z-4	135~143	136.25	142.75
Z-5	143~151	144.25	150.75
Z-6	151~159	152.25	158.75
Z-7	159~167	160.25	166.75
Z-8	223~231	224.25	230.75
Z-9	231~239	232.25	238.75
Z-10	239~247	240.25	246.75
Z-11	247~255	248.25	254.75
Z-12	255~263	256.25	262.75
Z-13	263~271	264.25	270.75
Z-14	271~279	272.25	278.75
Z-15	279~287	280.25	286.75
Z-16	287~295	288.25	294.75
Z-17	295~303	296.25	301.75
Z-18	303~311	304.25	310.75
Z-19	311~319	312.25	318.75
Z-20	319~327	320.25	326.75
Z-21	327~335	328.25	334.75
Z-22	335~343	336.25	342.75
Z-23	343~351	344.25	350.75
Z-24	351~359	352.25	358.75
Z-25	359~367	360.25	366.75
Z-26	367~375	368.25	374.75
Z-27	375~383	376.25	382.75
Z-28	383~391	384.25	390.75
Z-29	391~399	392.25	398.75
Z-30	399~407	400.25	406.75
Z-31	407~415	408.25	414.75
Z-32	415~423	416.25	422.75
Z-33	423~431	424.25	430.75
Z-34	431~439	432.25	438.75
Z-35	439~447	440.25	446.75
Z-36	447~455	448.25	454.75
Z-37	455~463	456.25	462.75
Z-38	566~574	567.25	573.75
Z-39	574~582	575.25	581.75
Z-40	582~590	583.25	589.75
Z-41	590~598	591.25	597.75
Z-42	598~606	599.25	605.75

需要说明的是，上述的频道划分都属于邻频传输系统，即相邻频道的信号载波间隔为射频信号带宽（8MHz），也就是说，频道之间前后相接，没有空隙。邻频传输系统是相对于隔频传输系统而言的，隔频传输是指每隔一个或几个频道安排一套节目。采用邻频传输可以充分利用频带资源，但也容易造成相邻频道传输的信号之间相互影响，因此，需要在前端采取一系列严格的技术手段来克服邻频干扰。

在现代的双向有线电视系统中，既要实现由前端向用户终端的下行传输，又要实现由用户终端向前端的上行传输。在同轴电缆分配网中实现双向传输只能采用频分复用方式，因此系统中必须考虑上、下行频率的分割问题。根据国家广播电影电视总局颁布的行业标准 GY/T106-1999 中的规定，双向有线电视系统的工作频带范围是 5~1000MHz。其中：

5MHz~65MHz 是反向上行频带；

65MHz~87MHz 是正向、反向隔离带；

87MHz~108MHz 是正向模拟声音频带；

108MHz~111MHz 是空闲待用频带；

111MHz~550MHz 是正向模拟电视频带；

550MHz~860（或 750）MHz 是正向数字信号频带；

860MHz~900MHz 是预留扩展正向、反向隔离带；

900MHz~1000MHz 是预留扩展反向上行频带。

在这些频段中，用于模拟信号的 87MHz~550MHz 频段并不是永久的，随着模拟信号的逐渐消亡，数字信号将取而代之，这个频段就会逐渐让位于数字信号。

（三）有线电视传输原理

我国模拟有线电视系统采用 PAL 制式。

1. 发送端原理

有线电视模拟前端处理的对象是信号源给出的模拟电视信号，其主要功能包括以下几个方面：

信号放大：当接收到的信号过于微弱，满足不了系统载噪比要求时，在前端要采用低噪声放大器进行放大，以提高载噪比。

频率变换：为了实现传输频道的某种配置，有时也为了避开某种干扰，前端需要对某些频道进行变换。例如，早期的有线电视系统基本上在 VHF 频段内传输信号，对于个别在 UHF 频段内播出的节目，可使用频道变换器，将其从 UHF 频段转换到 VHF 频段。另外，对于距离电视发射塔较近的地区，由于电视信号很强，用户的电视机会直接感应到强信号，该信号与有线电视前端接收下来的同一电视信号都会进入电视机，但两者存在时间差，将在电视机图像上形成不易消除的重影，因此，也需要将该频道信号转换成另一频道信号。

调制、解调：在接收卫星、微波信号时，需先对其进行解调，恢复视、音频信号，然后再将其调制为选定频道的射频信号；自办节目也需要经过调制后才能进入混合器；另外，一些开路信号也采用解调-调制的变换方式来进行处理。

邻频处理：有线电视系统采用邻频传输可以充分利用频谱资源，在有限的频带范围内尽可能多地传输节目，但同时也会造成邻频干扰问题。因此需要在前端采用各种技术措施来进行邻频处理，最大限度地消除邻频干扰。邻频处理主要包括声表面波滤波、锁相环路（PLL）频率合成、图像和伴音分通道处理、A/V比可调等技术，用来完成调制、解调、频率变换、混合等功能。

电平调整与控制：用于各频道的电平进行调整和控制，使频道内和频道间的电平波动不超过要求的范围。

混合：混合的目的是将所有处理后的信号复合在一起，以便用一条线路传输。

模拟前端构成如图9-51所示。

由图可见，卫星接收机将收到的信号以视、音频方式输出到调制器，调制到VHF、UHF或增补频道的某一设定频道，然后送入混合器。自办节目也输入到调制器进行调制。调制器的工作原理与模拟地面电视发射机相同，先将视音频信号调制到中频，经过中频处理后再上变频到射频。地面VHF和UHF信号由

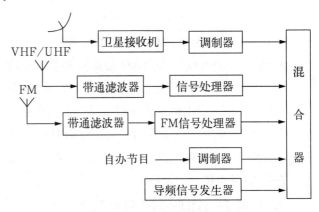

图9-51 模拟前端构成框图

天线接收后要经带通滤波器将带外信号滤除干净，然后进入信号处理器将频率变换到设定频道。频率变换的过程是先将信号下变频到中频，进行中频处理之后上变频到所需频率。调频广播信号经过带通滤波后送入FM信号处理器进行相应处理，然后送入混合器。

导频信号发生器用于产生导频信号。在使用同轴电缆传输的传统有线电视系统中，信号的衰减量和幅频特性的斜率会随着温度的变化而变化。为了保持输出信号电平稳定，必须在干线放大器中进行自动增益控制（AGC）和自动斜率控制（ASC），以补偿温度变化的影响。为了给AGC和ASC电路提供参考信号，在有线电视前端专门产生一到两个固定频率的载波信号，此载波信号就是所谓的导频信号。导频信号同电视信号一起进入干线传输系统，通过干线放大器放大，然后在放大器输出端被提取出来，经处理后对放大器增益特性和均衡特性进行自动控制，从而保证输出电平稳定。

2.传输与分配网络

有线电视干线传输系统的主要传输方式有光缆、微波和同轴电缆，而支线和分配网络则通常采用同轴电缆。

光缆传输是通过光发射机将高频电信号转换到红外光波段，使其沿光导纤维传输，到接收端再通过光接收机把红外波段的光变回到高频电信号。光缆传输具有频带宽、抗干扰能力强、保真度高、性能稳定可靠等特点，在有线电视系统中得到了广泛应用。

微波传输是把电信号的频率变换或调制到微波波段，定向或全方位向服务区发射。在接收端再将其变回到原来的电信号，送入分配网。微波传输方式不需要架设电缆、光缆，只需安装微波发射机、接收机及天线设备，因而施工简单、成本低。微波传输系统从 20 世纪 80 年代起得到广泛应用，90 年代传入我国。微波传输属于无线传输，因此不可避免地带有无线传输的一些通病，例如，电波容易受到障碍物的阻挡和反射，产生阴影区或形成重影；容易受到雨、雪、雾的影响等。

电缆传输是最简单的一种传输方式，具有成本低、设备可靠、安装方便等特点。但因为电缆对信号电平的损耗较大，每隔几百米就要安装一台放大器，因而会引入较多的噪声和非线性失真，这会严重影响信号的质量。电缆传输在以前的有线电视系统中曾得到广泛的使用，但现在一般只在一些较小的系统或在靠近用户分配网的传输部分使用。

目前使用较多的传输与分配网络是光缆与电缆的混合方式（HFC），其干线采用光缆传输，支线和用户分配网使用同轴电缆。HFC 网的构成如图 9–52 所示。

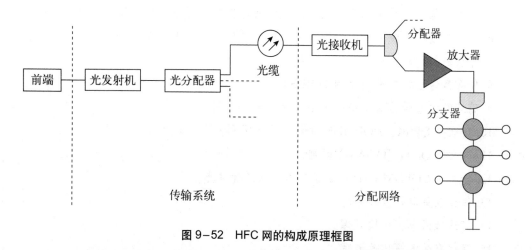

图 9–52　HFC 网的构成原理框图

目前，我国有线电视全部采用数字信号传输（后面相关章节介绍）。

3.接收端原理

后面相关章节介绍。

四、IP 网络传输

IP 是英文 Internet Protocol 的缩写，意思是"网络之间互连的协议"，也就是为计算机网络相互连接进行通信而设计的协议。在因特网中，它是能使连接到网上的所有计算机网络实现相互通信的一套规则，规定了计算机在因特网上进行通信时应当遵守的规则。任何厂家生产的计算机系统，只要遵守 IP 协议就可以与因特网互连互通。正是因为有了 IP 协议，因特网才得以迅速发展成为世界上最大的、开放的计算机通信网络。因此，IP 协议也可以叫做"因特网协议"。

IP 网络是由通过使用 IP 协议的路由设备互连起来的 IP 子网构成的，这些路由设备负责在 IP 子网间寻找路由，并将 IP 分组转发到下一个 IP 子网。

数字电视通过 IP 网络传输到接收端，称为网络电视，又称为 IPTV（后面相关章节介绍）。

思考与练习：

1. 依照波长的长短以及波源的不同，电磁波谱可大致分为哪几种波段？

2. 电视信号的传输系统主要包括哪几种？

3. 卫星电视传输具体优势表现在哪些方面？

4. 调幅制分为几种？各自都有什么特点？电视图像信号为什么采用调幅的残留边带调制？

5. 我国图像信号采用怎样的调制极性？我国伴音信号采用什么调制方式？

6. 什么是数字基带信号的码型和功率谱？选择码型应考虑哪几个方面？

7. 什么是二元码、三元码、多元码？

8. 什么是伪随机二进制序列（PRBS）？

9. 简述数字基带传输系统的组成及其各部分作用。

10. 什么是 QPSK、DQPSK 调制？有什么区别？

11. 什么是 QAM（OQAM）调制？

12. 什么是 COFDM 调制？简述基本原理及优缺点。

13. 简述卫星电视传输原理。

14. 简述地面电视传输原理。

15. 简述有线电视传输原理。

16. 简述卫星、地面、有线传输的射频频率范围。

第十章 数字电视传输系统

本章学习提要

1. 卫星数字电视系统：卫星数字电视系统的信道编码、欧洲 ETSI 制定的新标准 DVB-S2。

2. 有线数字电视系统：有线数字电视的传送层、有线前端的构成和工作原理、有线数字电视接收机、MPEG-2 数据信号接口、4K 电视传输。

3. 地面数字电视系统：DVB-T 数字电视系统、ATSC 数字电视系统、我国数字电视地面广播传输标准 DTMB。

4. IPTV 系统：系统架构、相关技术。

在模拟电视广播系统向数字电视广播系统转换过程中，应该说，完成整体转换包括卫星模拟电视、有线模拟电视和地面模拟电视三种传输系统全面地实现全数字化，用户通过相应的数字接收装置可以完美接收全数字电视节目。

第一节 卫星数字电视系统

卫星电视广播的历史，开始于 20 世纪 60 年代，以 1964 年美国通过同步通信卫星传输东京奥运会为标志。1985 年 8 月，我国也开始应用，租用国际通信卫星的一个东半球的转发器向全国转播中央电视台第一套节目。

卫星电视广播的系统构成可分为上行地球站、星载转发器和下行接收站（包括集体接收和个体接收）三大部分。

卫星系统的另两个重要方面是卫星轨道位置和业务频率范围，它们在国际上都有明确的规定。

卫星数字电视系统上行站的电路构成框图如图 10-1 所示。

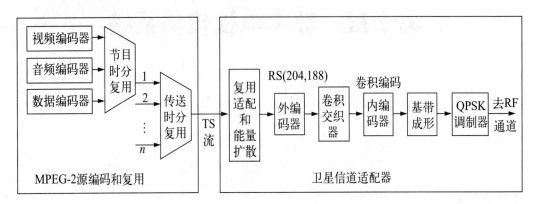

图 10-1　卫星数字电视系统上行站构成

左边的方框是演播室控制机房示意图，一个 Ku 波段的卫星转发器的带宽为 54MHz，可以传 10~12 套数字电视节目。因此，多套节目由传送时分复用器形成多节目 TS 流，送往卫星信道适配器。

我国 AVS+编码复用：

卫星传输分发数字电视系统前端将电视台播出的节目直接进行 AVS+编码，再进行复用、加扰、调制和上星等环节处理，通过卫星信道传输分发；在数字电视网络前端，相应卫星节目信号由 AVS+卫星综合接收解码器接收。

卫星直播数字电视系统前端接收来自卫星或光纤的高清节目，如果节目源是 AVS+码流，则将其直接进行复用、调制和上星，通过卫星信道传输；如果节目源是 MPEG-2 码流，则将其转码为 AVS+码流，再将转码后的 AVS+码流进行复用、加扰、调制和上星等环节处理，通过直播卫星信道传输。在系统终端，AVS+直播卫星高清机顶盒接收直播卫星数字电视信号并进行 AVS+解码。

一、卫星数字电视系统的信道编码

卫星信道适配器就是适用于卫星数字电视的信道编码和载波调制器综合电路，已调制的中频载波信号传输至卫星射频通道，进行上变频和功放，变成大功率高频信号送往发射天线。

（一）复用适配和能量扩散

复用适配的作用是使传输流的数据结构与信号源格式相匹配，一般图像格式为 $720 \times 576/50/2 : 1$，每帧 625 行，有效行 288×2，数字 VBI 期为 $24+25=49$ 行（模拟各 25 行），取样模式为 $4 : 2 : 2$，SDI 串行接口数据率为 270Mbit/s，MPEG-2 信源编码采用 MP@ML（主型主级）规范。图中，输入的数据为 MPEG-2 传送复用包，输入时钟为 270MHz 基准振荡信号。

能量扩散也称数据随机化或频谱成形或数据加扰，作用是使每个数据包内的 187 字节受到逐比特的数据随机化处理，打碎传送层 TS 流中可能发生的长"1"、长"0"，避免数据流频谱低频端有大的能量分布而不适应信道的传输特性。数据随机化原理参考有线数字电视系统相关内容。

（二）外编码器

这里的第 2 个方框也是 RS（204，188）编码，称之为外编码是因为 16 字节的 RS 纠错码附加在 188 字节的信息码元之后，构成所谓的系统码或组织码，编码原理参考有线数字电视系统相关内容。

（三）卷积内编码

内码编码与外码编码相结合，构成了 DVB-S 中的级联编码，它增强了信道纠错能力，有利于抗御卫星广播信道传输中干扰的影响。

DVB-S 中采用的（2，1，7）基本卷积码电路构成如图 10-2 所示。

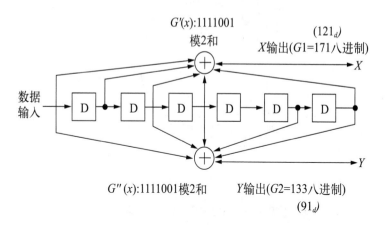

图 10-2　1/2 编码率的基本卷积码

图中的输入数据流来自外交织器，每输入一个比特生成 X、Y 两个比特，X、Y 的生成多项式 $G'(x)$ 和 $G''(x)$ 分别为：

$$\left.\begin{array}{l} G'(x) = x^6 + x^5 + x^4 + x^3 + 1 \\ G''(x) = x^6 + x^4 + x^3 + x + 1 \end{array}\right\}$$

也可以简记为：

$$\left.\begin{array}{l} G'(x): 1111001 = 121_d = 171_{OCT} \\ G''(x): 1111001 = 91_d = 133_{OCT} \end{array}\right\}$$

式中，"d"表示十进制计数，"OCT"表示八进制计数，通常采用八进制数字标记生成多项式。

显然，基本卷积码编码效率低（$\eta=1/2$），优点是纠错能力强。

（四）删余卷积码和基带成形

图 10-2 所示的基带卷积输出 X、Y 输入至收缩卷积码电路，实现 2/3 或 3/4 等编码效率，而后再使该串行序列经串/并变换电路形成 I、Q 两路并行输出，如图 10-3(a) 所示。

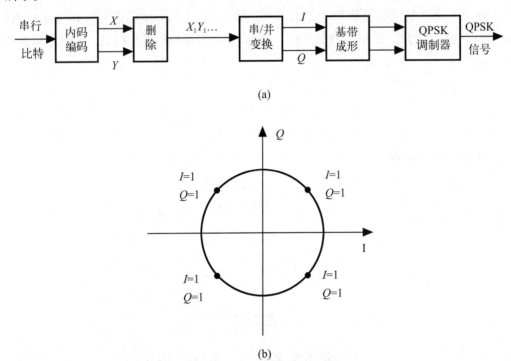

(a)

(b)

图 10-3　删余卷积码和 QPSK 调制

I、Q 两路输出传输至 QPSK 调制器，对高频载波实施 QPSK 调制。

图 10-3(b) 是 QPSK 调制星座图，由图可见，$IQ=00$ 对应于 45°载波相位，$IQ=10$ 对应于 135°，$IQ=11$ 对应于 225°，$IQ=01$ 对应于 315°。所以，使用的是格雷码 QPSK 调制，不是 DQPSK 调制。对于解调器中的 180°相位不确定性问题，通过界定字节交织帧中 MPEG-2 的同步字节予以识别和解决。

（五）误码性能要求

一般情况下，要求接收端在解调和解码后 MPEG-2 的去复用器输入端数据误码率 $BER \leqslant 10^{-11}$，这大约相当于 1 小时发生一次不可纠正的误码事件，并称之为准无误码（QEF）接收。去复用器输入端的 BER 值对应于接收端 RS 解码后的 BER 值，要求 RS

解码后 BER $\leqslant 10^{-11}$，又可往前推移地要求接收端在维特比译码后的 BER $\leqslant 2 \times 10^{-4}$。所需的 Eb/N0 值和相应的高频信号噪载比（C/N）值如表 10-1 所示。

表 10-1　DVB-S 的误码性能要求表

内码编码率	所需的 Eb/N0[dB]		所需的 C/N[dB]	
	AWGN	卫星	AWGN	卫星
1/2	4.5	5.5	4.2	5.2
2/3	5.0	6.0	5.9	6.9
3/4	5.5	6.5	6.9	7.9
5/6	6.0	7.0	7.9	8.9
7/8	6.4	7.4	8.5	9.5

传输信道存在 AWGN 的性能要求（RS 解码后为 BER $\leqslant 10^{-11}$，维特比译码后 BER $\leqslant 2 \cdot 10^{-4}$）

（六）可用比特率与转换器带宽的关系

一个卫星转发器能以 QPSK 调制方式传输的可用比特率值，除了决定于可选用的不同值的内码编码率外，更加决定于卫星转发器本身的带宽。它有 26MHz、27MHz、30MHz、54MHz 等一系列值，因而一个转发器传输的可用比特率值有较大的差别，不同转发器带宽下不同内码编码率时的可用比特率值如表 10-2 所示。

表 10-2　可用比特率与转发器带宽间的关系

-3dB 带度 [MHz]	-1dB 带度 [MHz]	RS (BW/1.28) [Mbaud]	Ru ($\eta=1/2$) [Mbit/s]	Ru ($\eta=2/3$) [Mbit/s]	Ru ($\eta=3/4$) [Mbit/s]	Ru ($\eta=5/6$) [Mbit/s]	Ru ($\eta=7/8$) [Mbit/s]
54	48.6	42.2	38.9	51.8	58.3	64.8	68.0
46	41.4	35.9	33.1	44.2	49.7	55.2	58.0
40	36.0	31.2	28.8	38.4	43.2	48.0	50.4
36	32.4	28.1	25.9	34.6	38.9	43.2	45.4
33	29.7	25.8	23.8	31.7	35.6	39.6	41.6
30	27.0	23.4	21.6	28.8	32.4	36.0	37.8
27	24.3	21.1	19.4	25.9	29.2	32.4	34.0
26	23.4	20.3	18.7	25.0	28.1	31.2	32.8

一个 BW=33MHz 带宽的系统应用参数如表 10−3 所示。

表 10−3   33MHz 转发器系统性能例子

Ru（MUX 后）[Mbit／s]	Ru（R_s 后）[Mbit／s]	符号率 R_s [Mbaud]	内码编码率 η	R_s 外码编码率	载噪比 $C／N$[dB]
23.754	25.776	25.776	1/2	188/204	4.1
31.672	34.368	25.776	2/3	188/204	5.8
35.631	38.664	25.776	3/4	188/204	6.8
39.590	42.960	25.776	5/6	188/204	7.8
41.570	45.108	25.776	7/8	188/204	8.4

（七）SCPC 和 MCPC 工作方式

在 36MHz 或 54MHz 等转发器带宽条件下，有 SCPC（单路单载波）和 MCPC（多路单载波）两种工作方式。对于 SDTV，通过信源编码和信道编码后一路电视节目约需 4Mbit/s~7Mbit/s 的码率，考虑到 α=0.35 的滚降系数和 QPSK 调制，一路电视节目需占用约 4.5MHz 射频带宽。以 54MHz 带宽的转发器为例，在该带宽内如何安排多路电视节目有两种方式，即 SCPC 和 MCPC。

1. MCPC 方式

所谓 MCPC 方式，就是在 54MHz 带宽内安排 n 路电视节目时如图 10−1 所示的在传送系统的时分复用器内将几路单节目 TS 流复用成几路合成的多节目 TS 流，总比特率在 QPSK 调制后占用比如 54MHz，则共可传输 54/4.5=12 套电视节目，这就是 MCPC。

2. SCPC 方式

所谓 SCPC 方式，就是 n 路电视节目不是以时分方式形成总 TS 流，而是各以分配到的特定射频带宽调制各自的高频载波，在转发器全部带宽内以频分方式分享同一 TWTA 的功率容量。

（八）卫星数字电视广播接收系统

卫星数字电视广播系统的设计，原本针对的接收对象是个体家庭，这称为 DBS（直播卫星）的 DTH（直接到家）方式。

从接收系统看具有个体接收、集体接收和有线电视台转发三种接收方式：

1. 个体接收；2. 集体接收；3. 有线电视台接收。

二、欧洲 ETSI 制定的新标准 DVB-S2

DVB-S 标准由 EBU/ETSI JTC 公布于 1994 年 12 月，编号 ETS 300421，规定了 11/12GHz 卫星业务的帧结构、信道编码和高频调制。

DVB-S2 的设计预定对家庭中的 IRD（综合接收解码器）提供 DTH（直接到户）电视广播服务，同时也适合于集体接收系统（SMATV，卫星主天线电视）和本地有线电视网。

DVB-S2 是 DVB 系列内最新的先进卫星传输系统，可以改善和扩展 DVB-S 的应用范围，能适应今天的卫星数字电视广播中更多更高的要求。

首先，DVB-S2 优点。与 DVB-S 相比较，DVB-S2 具有下列主要优点：

（1）在其他条件相同下，信道容量大 30%；

（2）应用范围增加，可以组合 DVB-S 的 DTH 功能与 DVB-DSNG（专业应用的数字卫星新闻采集）功能；

（3）自适应编码技术能使卫星转发器资源的使用价值最大化。

其次，DVB-S2 应用领域。

DVB-S2 在信道编码和高频调制的设计上，考虑到下面的应用领域。

（1）广播业务（BS）；

（2）交互业务（IS）；

（3）数字电视馈送与 DSNG 组合（DTVC/DSNG）；

（4）其他专业应用（PS）。

再次，DVB-S2 技术措施

DVB-S2 的容量比 DVB-S 平均高 30%，其性能得益于下面的技术措施。

（1）调制模式

四种调制模式中，QPSK 和 8PSK 供广播应用，可将卫星转发器激励到接近饱和的非线性状态。16APSK 和 32APSK 更适应于专业场合，要求转发器工作于半线性状态，虽然功率效率有些下降，但输出码率得到大的提高。

（2）滚降系数

DVB-S 的低通滤波器滚降系数 $\alpha=0.35$，DVB-S2 中增加了可选的 $\alpha=0.25$ 和 $\alpha=0.20$，可提高带宽利用率。

（3）前向误码校正（FEC）

（一）DVB-S2 系统构成

DVB-S2 的系统构成包括模式适应、TS 流适应、FEC 编码、比特到星座点映射和调制等几大部分，如图 10-4 所示。

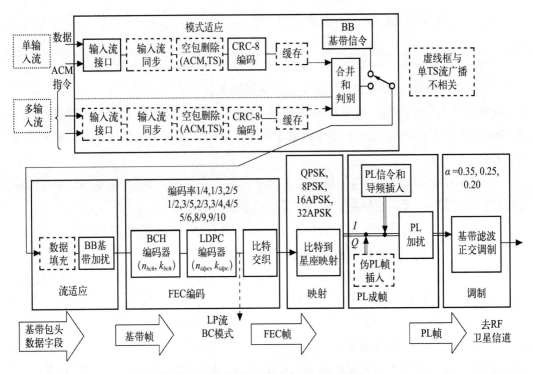

图 10-4　DVB-S2 系统构成方框图

1. 模式适应

模式适应部分与系统的具体应用相关联，例如，虚线框是属于多输入流应用的。图中，包括输入流接口、输入流同步（可选）、空包删除〔仅适用于 ACM（自适应信道编码和调制）和 TS 流〕、CRC-8 编码（供接收机对数据包进行误码检测，仅适用于打包输入流）及输入流合并（仅适用于多输入流模式）和判别。对于 CCM（恒定信道编码和调制）和单 TS 流，模式适应部分仅保留输入流接口（实现 DVB-AS1 或 DVB-SP1 到逻辑比特的变换）和 CRC-8 编码。

2. 流适应

流适应部分实施数据填充（多输入流场合下）以完成基带帧，并实行基带加扰。输出为基带帧数据。

3. FEC 编码

FEC 编码包括 BCH 外编码和 LDPC 内编码（编码率 1/4，1/3，2/5，1/2，3/5，2/3，3/4，4/5，5/6，8/9，9/10 共 11 种可选）。

4. 映射

根据应用情况，实现 QPSK、8PSK、16APSK 或 32APSK 的星座映射；另外，在 QPSK 和 8PSK 星座图中采用格雷码映射。

5.PL（物理层）成帧

PL 成帧实现与 FEC 帧相同步，并实施伪 PL 帧插入、PL 信令插入和导频符号插入（可选），以及能量扩散用的 PL 加扰等处理。

6.基带滤波和正交调制

基带滤波为升余弦平方根的低通频谱整形，滚降系数 $\alpha = 0.35$、0.25 或 0.20。正交调制依照映射的星座图产生出 RF 信号。

（二）DVB-S2 的系统配置

DVB-S2 在广播业务、交互业务、DSNG（数字卫星新闻采集）和专业业务等不同应用场合下的系统配置情况如表 10-4 所示。

表 10-4　系统配置与应用场合

系统配置		广电业务	交互业务	DSNC	专业业务
QPSK	1/4，1/3，2/5	可选	标定	标定	标定
	1/2，3/5，2/3，3/4，4/5，5/6，8/9，9/10				
8FSK	3/5，2/3，3/4，5/6，8/9，9/10	标定	标定	标定	标定
16APSK	2/3，3/4，4/5，5/6，8/9.9/10	标定	标定	标定	标定
32APSK	3/4，4/5，5/6，8/9，9/10	可选	标定	标定	标定
CCM		可选	标定	标定	标定
VCM		可选	可选	可选	可选
ACM		不用	标定[2]	可选	可选
FEC 帧（常规帧）	64 800 比特	标定	标定	标定	标定
FEC 帧（短帧）	16 200 比特	不用	标定	标定	标定
单 TS 流		标定	标定[1]	标定	标定
多 TS 流		不用	可选[2]	不用	可选
单通用流		标定	标定	标定	标定
多通用流		不用	可选[2]	不用	可选
$\alpha = 0.35, 0.25, 0.20$		标定	标定	标定	标定
输入流同步		不用，例外[3]	可选[3]	可选[3]	可选[3]
空包删除		不用	可选[3]	可选[3]	可选[3]
伪帧插入		不用，例外[3]	标定	标定	标定

注：[1][2][3] 的说明见正文。

（三）DVB-S2 子系统规范

下面说明图 10-4 所示的 DVB-S2 系统中的各个子系统。

1. 模式适应子系统

图 10-4 中给出模式适应子系统实现从输入接口时数据字段输入流判别的信号处理。

（1）输入接口

本规范中，由接口对系统作出界定，系统接口特性如表 10-5 所示。

表 10-5　系统接口特性表

接口位置	接口类别	接口类型	连接方向	TS 流
发送站	输入	MPEG-1，4TS 流	来自 MPEG IMUX	单或多 TS 流
发送站	输入	通向 TS 流	来自数据信源	单或多 TS 流
发送站	输入	ACM 指令	来自码率控制单元	单 TS 流
发送站	输出	70/140MHz IF，L 波段 IF、FF	去往 RF 装置	单或多 TS 流

（2）输入流同步

DVB-S2 调制器中的数据处理会使用户信息产生变化的传输延时，由输入流同步器提供合适的处理来保证恒定比特率（CBR）和打包输入流有恒定的端到端传输延时。

（3）空包删除

对于 ACM 模式和 TS 流输入数据格式，应能识别其中的空包（PID=8191D）并予以删除，这能减小传输码率和提高误码纠错能力。接收机中，可在原来的空包处重新插入被删除的空包。

（4）CRC-8 编码

如果 UPL=0D（连续通用流），CRC-8 编码电路应不加修正地转送该输入流。如果 UPL ≠ 0D，则输入流为前端有一个同步字节的 UP 包（长度为 UPL 比特）序列（若原始流不包含同步字节，加入 0D 值的同步字节）。

对 UP 包的有用部分（同步字节除外）进行 8 比特的 CRC 编码，多项式为：

$$g(x) = (x^5 + x^4 + x^3 + x^2 + 1)(x^2 + x + 1)(x + 1)$$
$$= x^8 + x^7 + x^6 + x^5 + x^4 + x^3 + x^2 + 1$$

CRC-8 编码器的输出是下式的余数。

CRC-8=余数 $[x^8 u(x)/g(x)]$

式中，$u(x)$ 是有用输入序列（UPL-8 个比特）。

CRC-8 编码器框图及得到的 UPL 序列如图 10-5 所示。

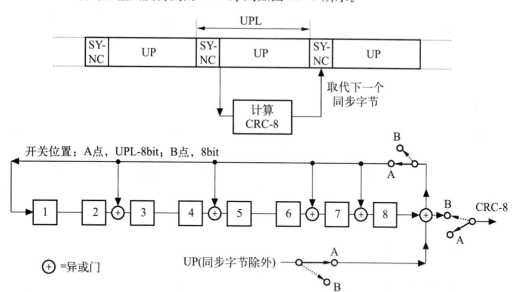

图 10-5　CRC-8 编码器及 UPL 序列

(5) 合并器和判别器

模式适应的输出流格式如图 10-6 所示。

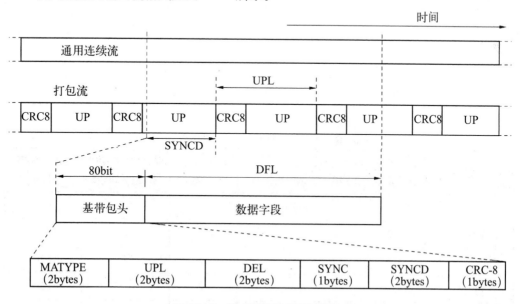

图 10-6　模式适应输出端的流格式

(6) 基带包头插入

基带包头长度 10 个字节，插在数据字段之前用以描述数据字段格式。

2. 流适应子系统

图 10-4 中的流适应子系统有两个作用，一是根据数据流情况实施数据填充，二是对填充后达到恒定长度（K_{bch}，未 BCH 编码的块长比特数）的基带帧实施加扰，编码参数如表 10-6(a)(b) 所示。

表 10-6

(a) 编码参数（常规 FEC 帧，$n_{ldpc}=64800$bit）

LDPC 编码率	BCH 未编码块长 K_{bch}	BCH 编码块长 N_{bch} LDPC 未编码块长 k_{ldpc}	BCH 纠正误码数 l	LDPC 编码块长 n_{ldpc}
1/4	16008	16200	12	64800
1/3	21408	21600	12	64800
2/5	25728	25920	12	64800
1/2	32208	32400	12	64800
3/5	38688	38880	12	64800
2/3	43040	43200	10	64800
3/4	48408	48600	12	64800
4/5	51648	51840	12	64800
5/6	53840	54000	10	64800
8/9	57472	57600	8	64800
9/10	58192	58320	8	64800

(b) 编码参数（短 FEC 帧，$n_{ldpc}=16200$bit）

LDPC 编码率	BCH 未编码块长 K_{bch}	BCH 编码块长 N_{bch} LDPC 未编码块长 k_{ldpc}	BCH 纠正误码数 l	有效 LDPC 编码率 $k_{ldpc}/16200$	LDPC 编码块长 n_{ldpc}
1/4	3072	3420	12	1/5	16200
1/3	5232	5400	12	1/3	16200
2/5	6312	6480	12	2/5	16200
1/2	7032	7200	12	4/9	16200
3/5	9552	9720	12	3/5	16200
2/3	10632	10800	10	2/3	16200
3/4	11712	11880	12	11/15	16200

续表

LDPC 编码率	BCH 未编码块长 K_{bch}	BCH 编码块长 N_{bch} LDPC 未编码块长 k_{ldpc}	BCH 纠正误码数 l	有效 LDPC 编码率 k_{ldpc} / 16200	LDPC 编码块长 n_{ldpc}
4/5	12432	12600	12	7/9	16200
5/6	13152	13320	12	37/45	16200
8/9	14232	14400	12	8/9	16200
9/10	N/A	N/A	N/A	N/A	N/A

由表 10-6 可见，第 3 列与末一列数值之比即是 LDPC 码的编码率值 (k/n)，表中，N_{bch} 是 BCH 编码后的码长 (n, k)，K_{ldpc} 和 n_{ldpc} 含义相同。

（1）数据填充

数据填充是在数据字段 DFL 后填充 K_{bch}–DFL–80 个"0"比特，使帧适应输出为恒定长度的 K_{bch} 比特。广播业务场合下，DFL=K_{bch}–80，因而不必填充，如图 10-7 所示。

图 10-7　帧适应中的数据填充

（2）基带加扰

基带加扰处理与 DVB-S 相同，PRBS 生成多项式为 $g(x)=1+x^{14}+x^{15}$，在每个基带帧开始时 15 个移存器的初始化值为 100101010000000。

3．FEC 编码

FEC 编码包括 BCH 编码、LDPC 编码和比特交织，输入流是基带帧（K_{bch} 比特），输出流是 FEC 帧（n_{dpc} 比特），如图 10-8 所示。

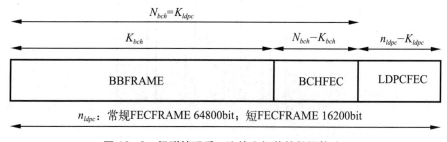

图 10-8　级联编码后、比特交织前的数据格式

　　BCH 码的校验比特（BCHFEC）附加在基带帧后面，LDPC 码的校验比特（LDPCFEC）又附加在 BCHFEC 后面。

　　（1）BCH 编码；

　　（2）LDPC 编码；

　　（3）比特交织（适用于 8PSK、16APSK 和 32APSK）。

　　基带包头的 MSB 首先读出，但 3/5 编码率的 8PSK 例外，基带包头的 MSB 在第 3 个读出。

　　8PSK 和常规 FEC 帧的比特交织（3/5 编码率除外）如图 10-9 所示。

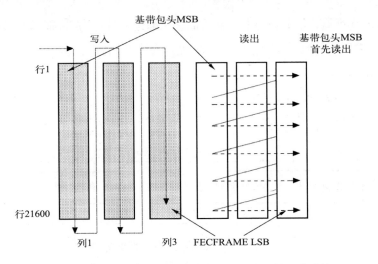

图 10-9　8PSK 和常规 FEC 帧的比特交织（3/5 编码率除外）

　　8PSK 和常规 FEC 帧的比特交织（仅 3/5 编码率）如图 10-10 所示。

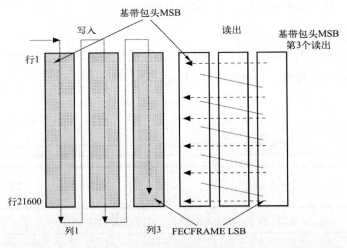

图 10-10　8PSK 和常规 FEC 帧的比特交织（仅 3/5 编码率）

每种块交织的格式如表 10-7 所示。

表 10-7　比特交织结构

调制	行数（n_{ldpc}=64800）	行数（n_{ldpc}=16200）	列数
8PSK	21600	5400	3
16A PSK	16200	4050	4
32A PSK	12960	3240	5

交织深度（比特数）即如第 2、3 列所示。

4. 比特映射入星座图

输入序列是 FEC 帧，输出序列是 XFEC 帧（复数或矢量 FEC 帧），由 64800/n 或 16200/n 个调制符号组成。每个调制符号为 $(I、Q)$ 格式的复合矢量，或是 $e < \Phi$ 的极坐标矢量。

（1）比特到 QPSK 星座图的映射

QPSK 中通常采用格雷码的 QPSK 调制，如图 10-11 所示。

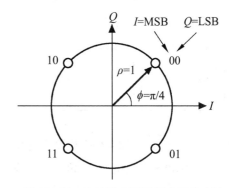

图 10-11　比特到 QPSK 星座图的映射

（2）比特到 8PSK 星座图的映射

当叠加在调相波上的噪声不使得矢量角度超出 ±n/8 时，能正确解调符号，如图 10-12 所示。

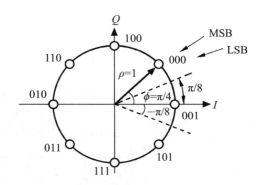

图 10-12　比特到 8PSK 星座图的映射

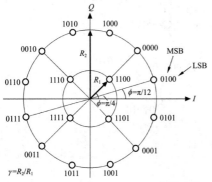

图 10-13 比特到 16APSK 星座图的映射

（3）比特到 16APSK 星座图的映射

16APSK 调制是兼有调幅和调相的调制，这里两个同心圆的星座图构成 16APSK，如图 10-13 所示。

内圆半径 R_1，圆周上均匀分布四个星座点，外圆半径 R_2，圆周上均匀分布 12 个星座点。R_2/R_1 比值 γ 应符合规范，如表 10-8 所示。

表 10-8　16APSK 的最佳星座图半径比 γ（线性通道）

编码率	调制／编码频谱效率，bit／s／Hz	γ
2/3	2.66	3.15
3/4	2.99	2.85
4/5	3.19	2.75
5/6	3.32	2.70
8/9	3.55	2.60
9/10	3.59	2.57

（4）比特到 32APSK 星座图的映射

32APSK 调制由三个同心圆构成，如图 10-14 所示。

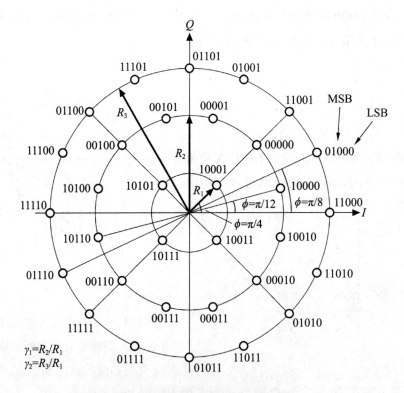

图 10-14　比特到 32APSK 星座图的映射

三个圆的半径为 R_1、R_2、R_3，圆周上分别均匀分布 4、12、16 个星座点。比值 $\gamma_1 = R_2/R_1$ 和 $\gamma_2 = R_3/R_1$ 应符合规范，如表 10-9 所示。

表 10-9　32APSK 的最佳星座图半径比 γ_1、γ_2（线性通道）

编码率	调制／编码频谱效率，bit／s／Hz	γ_1	γ_2
3/4	3.74	2.84	5.27
4/5	3.99	2.72	4.87
5/6	4.15	2.64	4.64
8/9	4.43	2.54	4.33
9/10	4.49	2.53	4.30

（5）MAPSK 的特点

多进制的 MASK 与多进制的 MPSK 调制系统，在系统带宽一定的条件下它们的传输码率高于二进制，也就是说，多进制调制系统的已调制频谱效率（bit／s／Hz）高。

前述的 MQAM 实际就是 MAPSK 的一种特例。采用哪种调制方案更好，取决于两种星座图中星座点间最小距离哪个较大。

两个星座图中圆的半径都标为 γ，意思是两者的最大功率（或幅度）相同，据此可比较两者的优劣。

16PSK 中，相邻星座点的距离为：

$$d_1 \approx 2\gamma \sin\frac{\pi}{16} = 0.39\gamma$$

16QAM 中，相邻点的水平或垂直距离为：

$$d_2 = \frac{\sqrt{2}\gamma}{L-1}$$

L 为水平或垂直方向上的电平数，现 $L=4$，因此：

$$d_2 = \frac{\sqrt{2}\gamma}{4-1} = \frac{\sqrt{2}\gamma}{3} = 0.47\gamma$$

5. 物理层成帧（PL 成帧）

图 10-4 中，映射子系统后面是 PL 成帧子系统方框，通过下面的处理使 XFEC 帧输入形成加扰的 PL 帧输出，如图 10-15 所示。

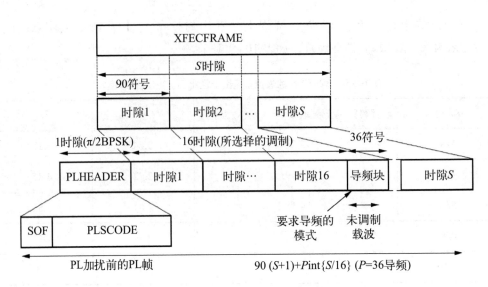

图 10-15 物理层 (PL) 帧的输出格式

当没有 XFEC 帧 (复数或矢量 FEC 帧, 64800/n 或 16200/n 个符号组成) 处理和传输时, 由生成的伪 PL 帧插入填补。

将 XFEC 帧判别其整数的恒定长度时隙 S 个 (每个 S 包含 M=90 符号), S 值如表 10-10 所示。

表 10-10 每 XFEC 帧内时隙 S 的数目

η_{MOD} (bit/s/Hz)	$n_{ldpc}=64800$(常规帧)		$n_{ldpc}=16200$(短帧)	
	S	η% 无导频	S	η% 无导频
2	360	99, 72	90	98, 90
3	240	99, 59	60	98, 36
4	180	99, 45	45	97, 83
5	144	99, 31	36	97, 30

表 10-10 中, PL 成帧效率 $n=90S/[90(S+1)+Pint\{(S-1)/16\}]$, 式中 $P=36$, int{} 为取整函数。

(1) 伪 PL 帧;

(2) PL 信令;

(3) 导频插入;

(4) 物理层加扰。

6．基带成形和正交调制

升余弦平方根函数由下式表示：

$$H(f) = \begin{cases} 1 & |f| < f_N(1-\alpha) \\ \dfrac{1}{2} + \dfrac{1}{2}\sin\dfrac{\pi}{2f_N}\left(\dfrac{f_N-|f|}{\alpha}\right)^{\frac{1}{\alpha}} & f_N(1-\alpha) < |f| < f_N(1+\alpha) \\ 0 & |f| > f_N(1+\alpha) \end{cases}$$

式中，$f_N = 1/(2T_s) = Rs/2$ 为奈奎斯特频率。

正交调制时，用 $\sin 2\pi f_0 t$ 和 $\cos 2\pi f_0 t$ 分别与同相分量 I 和正交分量 Q（经滤波的基带信号）相乘（f_0 为载波频率），将两个乘积信号相加便形成已调制的输出信号。

（四）纠错性能

在 AWGN 影响下，DVB-S2 信道的 QEF（准无误码，单路节目 5Mbit/s 解码器每小时内不能纠正的差错事件小于一个）所需的 Es/No（dB）（Es 为每个传输符号的平均能量，$Es/No = Eb/No + 10\lg n$，n 为表 10-11 中的频谱效率）如表 10-11 所示。

表 10-11　QEF PER=10^{-7} 的 Es/No（AWGN 信道）

调制模式	频谱效率 n（sps/Hz）	理想 E_s/N_0(dB)FECFRAME，长度=64800bit	调制模式	频谱效率 n（sps/Hz）	理想 E_s/N_0(dB)FECFRAME，长度=64800bit
QPSK1/4	0，490243	-2，35	8PSK5/6	2，478562	9，35
QPSK1/3	0，656448	-1，24	8PSK8/9	2，646012	10，69
QPSK2/5	0，789412	-0，30	8PSK9/10	2，679207	10，98
QPSK1/2	0，988858	1，00	16APSK2/3	2，637201	8，97
QPSK3/5	1，188304	2，23	16APSK3/4	2，966728	10，21
QPSK2/3	1，322253	3，10	16APSK4/5	3，165623	11，03
QPSK3/4	1，487473	4，03	16APSK5/6	3，300184	11，61
QPSK4/5	1，587196	4，68	16APSK8/9	3，523143	12，89
QPSK5/6	1，654663	5，18	16APSK9/10	3，567342	13，13

续表

调制模式	频谱效率 n (sps / Hz)	理想 E_5/N_0(dB) FECFRAME，长度＝64800bit	调制模式	频谱效率 n (sps / Hz)	理想 E_5/N_0(dB) FECFRAME，长度＝64800bit
QPSK8/9	1，766451	6，20	32APSK3/4	3，703295	12，73
QPSK9/10	1，788612	6，42	32APSK4/5	3，951571	13，64
8PSK3/5	1，779991	5，50	32APSK5/6	4，119540	14，28
8PSK2/3	1，980636	6，62	32APSK8/9	4，397854	15，69
8PSK3/4	2，228124	7，91	32APSK9/10	4，453027	16，05

（五）后向兼容模式

后向兼容（BC）模式是指在单路卫星信道中传输两种 TS 流：第一种是 HP（高优先）TS 流，符合原来 DVB-S 的规范；第二种是 LP（低优先）TS 流，仅供 DVB-S2 兼容接收机解码使用。

后向兼容的实施方法有以下两种：方法一分层调制；方法二分级调制。

分级调制方式后向兼容的简要框图如图 10-16 所示。

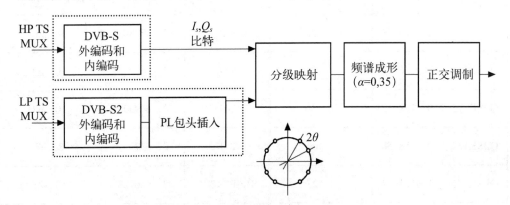

图 10-16 后向兼容的分级调制框图

其第一支路为符合 DVB-S 规范的 HP TS 流，第二支路为符合 DVB-S2 规范的 LP TS 流，自本书第 328 页图 10-4 中 FEC 编码子系统内 LDPC 编码器后引出（虚线所示）。

分级调制时采用非均匀式 8PSK 星座图，调制中的 LP DVB-S2 信号是经 BCH 和 LDPC 级联编码的，LDPC 的编码率为 1/4、1/3、1/2 或 3/5，LP 流的生成应按照图 10-4 的框图，而图 10-16 中的分级映射应按每符号 3 比特映射为 8PSK 星座图。

（六）不同纠错能力的 SDTV 和 HDTV 的合用

DVB-S2 系统可以通过多 TS 流传输多种广播业务，如图 10-17。

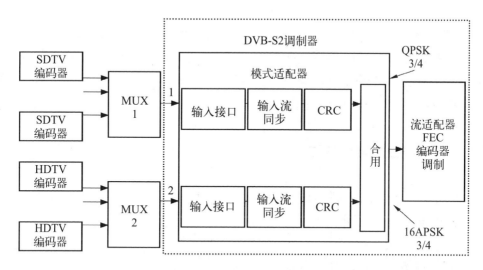

图 10-17　SDTV 流和 HDTV 流的 VCM 合用

图 10-17 中，假定传输符号率为 27.5Mbit/s（Mbaud），MUX1 的调制采用 QPSK、3/4 编码率，比特率为 12Mbit/s，用于 SDTV，MUX2 的调制采用 16APSK、3/4 编码率，比特率为 40Mbit/s 用于 HDTV，它们的 C/N 要求分别为 5dB 和 5.5dB。

第二节　有线数字电视系统

我国制定的行业标准 GY/T170-2001《有线数字电视信道编码与调制规范》等效采用以 DVB-C 为基础的国际标准 ITU-T J.83 建议书《电视、声音和数据业务有线分配的数字多节目系统》，并参考国际标准 IEC 60728-9《电视和声音信号的有线分配系统第九部分：用于数字已调制信号的有线分配系统接口》。

我国 AVS+ 编码复用：

AVS+ 技术在有线数字电视系统中的应用主要有以下两种情况：

情况一：有线网络中采用 MPEG-2 或 H.264 进行节目传输。

当有线电视前端接收的节目源为 AVS+ 码流时，有线电视前端将对该码流进行转码，将其转码为 MPEG-2 或 H.264 码流，再将转码后的码流及该前端接收的 MPEG-2 节目码流进行复用、加扰、调制等环节处理，通过有线电视网络传输。

在系统终端，MPEG-2/H.264 有线电视机顶盒接收有线电视信号并进行 MPEG-2 或 H.264 解码。

情况二：有线网络中采用 AVS+ 进行节目传输。

当有线电视前端接收的节目源为 MPEG-2 码流时，有线电视前端将对该码流进行转码，将其转码为 AVS+ 码流，再将转码后的码流与该前端接收的 AVS+ 节目码流进行复用、加扰、调制等环节处理，通过有线电视网络传输。在系统终端，AVS+ 有线电视机顶盒接收有线电视信号并进行 AVS+ 解码。

一、有线数字电视的传送层

有线数字电视的信道编码输入是信源编码器的 MPEG-2 传送层数据流输出，其数据流结构如图 10-18 所示。

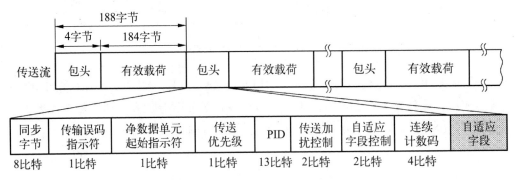

图 10-18 MPEG-2 传送层数据流结构

图 10-8 中，传送层由 188 字节的数据包组成，其中前 4 字节为包头，包头的第一个字节是同步字节，包头的其余三个字节用于业务识别、加扰控制和自适应字段控制等。

输入至信道编码器的 188 字节数据包首先组织成由每 8 个数据包构成的数据帧，称为传送层数据帧，其帧结构如图 10-19 所示。

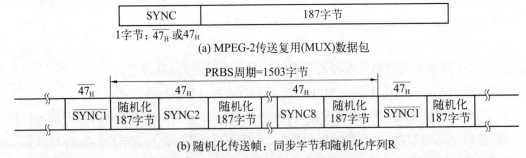

(a) MPEG-2传送复用(MUX)数据包

(b) 随机化传送帧：同步字节和随机化序列R

图 10-19 有线前端构成的原理框图

二、有线前端的构成和工作原理

有线前端即指有线数字电视广播系统中的信道编码和高频调制部分，如图 10-20 所示。

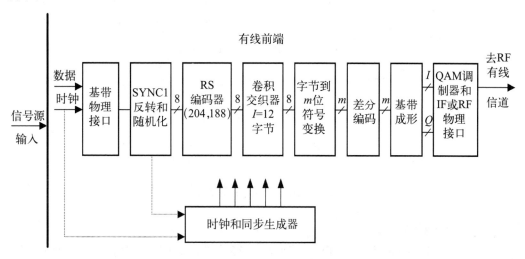

图 10-20　有线前端构成的原理框图

其输入来自本地 MPEG-2 节目源、分配链路或再复用系统，其输出去往高频有线信道。后面各小节将叙述前端内的数字信号处理流程。

（一）基带物理接口

图 10-20 中的第一个方框是基带物理接口，其作用跟卫星数字电视系统的复用适配一样，也是使传送流的数据结构与信号源格式相匹配。

（二）同步反转和数据随机化

1. 同步反转

如前面所述，为了标识每个数据帧中第 1 个数据包的出现，其同步字节以 47H 的反码 $\overline{47_H}$ 传输，同步反转（SYNC1 反转）即完成此作用，接收端能据此区分数据帧的界限。

2. 数据随机化

数据随机化也称频谱成形或数据加扰或能量扩散，其作用跟卫星数字电视系统的能量扩散一样。

数据随机化的实现方法是用 PRBS 一个（伪随机二进制序列）发生器产生一个 PRBS 流，与输入数据流的逐个比特进行 XOR（异或）运算，如图 10-21 所示。

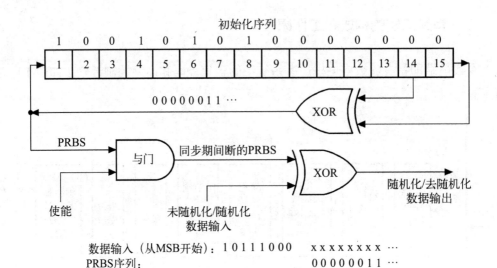

图 10-21　数据随机化与去随机化原理电路

（三）RS 编码

系统中的 RS 编码是在每 188 字节后加入 16 字节的 RS 码（204，188，t=8）。监督码组的码生成多项式为：

$$\prod_{i=0}^{15}(x+a^i)=(x+a^0)(x+a^1)\cdots(x+a^{15})$$

式中，$a=02_{HEX}$。

本原域生成多项式为：

$$G(256)=x^8+x^4+x^3+x^2+1$$

（四）卷积交织

为提供抗突发干扰的能力，在 RS 编码后采用字节为单元的交织，称为字节交织或卷积交织，交织深度 $I=12$ 字节，$204=17\times12$。采用基于 Forney 方法的交织电路，它由以字节为单元的 FIFO 移位寄存器组成，有 0～11 共 12 条支路，如图 10-22 所示。

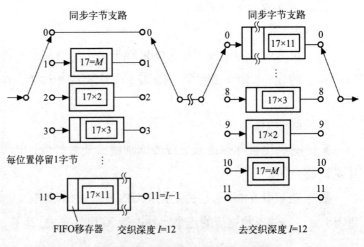

图 10-22　卷积交织器和去交织器

（五）字节到 m 比特符号的映射变换

实际系统中，有线数字电视一般采用 64QAM 调制，如果传输介质性能极好，也可以采用 128QAM 甚至 256QAM 调制，在保证必要低的误码率 BER 值下能使信道传输达到更高的码率，容纳更多的节目数量。相同的频道带宽下，256QAM 比之 64QAM 传输码率可增大一倍。

（六）差分编码

在前面电视信号传输的内容中介绍过 MQAM 调制，并以 16QAM 为例示明了调制器电路和 16QAM 星座点与码元间的关系。有线数字电视系统的 MQAM 调制采用了此种星座图配置方式。

对于字节到 m 比特符号变换器的输出，无论 m=4~8（对应于 16QAM~256QAM）中的哪一整数值，都将它的前两个最高位比特 A_k 和 B_k 进行差分编码，得到 I_k 和 Q_k，随后在实施 QAM 调制时 I_kQ_k=00，10，11，01 决定了星座图中星座点的象限位置。其余的 q=m-2 个比特形成 2^q 个星座点，在四个象限内各配置一组，如图 10-23 所示。

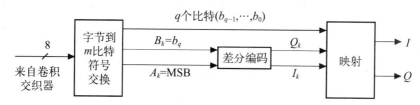

q=2,16QAM时；q=3,32QAM时；q=4,64QAM时；q=5,128QAM时；q=6,256QAM时

图 10-23　QAM 调制中两个最高位差分编码

A_k、B_k 生成 I_k、Q_k 的差分编码表如表 10-12 所示。

表 10-12　A_k、B_k 生成 I_k、Q_k 真值表

前一输入	A_{k-1}	0				0				1				1			
	B_{k-1}	0				1				1				0			
当前输入	A_k	0	0	1	1	0	0	1	1	0	0	1	1	0	0	1	1
	B_k	0	1	1	0	0	1	1	0	0	1	1	0	0	1	1	0
当前输出	I_k	0	0	1	1	1	0	0	1	1	1	0	0	0	1	1	0
	Q_k	0	1	1	0	0	0	1	1	1	0	0	1	1	1	0	0

具体的差分编码逻辑式依照上表可运算出下列式子，这也是图 10-20 中"差分编码"框内的逻辑电路功能。

$$I_k = \overline{(A_k \oplus B_k)} \cdot (A_k \oplus I_{k-1}) + (A_k \oplus B_k) \cdot (A_k \oplus Q_{k-1})$$

$$Q_k = \overline{(A_k \oplus B_k)} \cdot (B_k \oplus Q_{k-1}) + (A_k \oplus B_k) \cdot (B_k \oplus I_{k-1})$$

此外，2^q 个星座点在不同象限内还有不同的位置配置，满足 $\pi/2$ 旋转不变性的要求。

（七）基带成形

在 16、32 和 64QAM 调制下有线传输中可达到的符号率和它们占用的具体带宽值（MHz）如表 10-13 所示。

表 10-13　有线网 8MHz 内的数据传输参数

有用比特率 R_0（TS 流）（Mbit/s）	RS（204，188）编码后的总比特率 R'_0	符号率（Mbaud/s）	占用带宽（MHz）	调制方式 MQAM	每符号比特数（bit/Symbol）
38.1	41.34	6.89	7.92	64	6
31.9	34.16	6.92	7.96	32	5
25.2	27.34	6.84	7.86	16	4

（八）数字信号电平

我国的行业标准 GY/T170-2001《有线数字电视广播信道编码与调制规范》中对数字已调制信号的射频电平作出规定，将数字 QAM 调制的功率电平（RMS）相对于模拟 VSB 调制的功率电平（峰值），设定为 -5dB~0dB。

（九）数字频道载频位置

QAM 调制采用抑制载波的双边带正交平衡调幅（DSB-SC），故而被调制载波应处于中频频带或高频频道的中央频率位置上，即 $f_0 = (f_{max} + f_{min})/2$，已调制信号频谱左右对称，能量分布较均匀。

（十）QAM 调制器特性要求

有线前端构成中，信道编码和字节到 m 比特符号变换之后的重要电路是 QAM 调制器，其性能十分影响有线数字电视系统的质量，行业标准 GY/T170 中给出的 QAM 调制特性如表 10-14 所示。

表 10-14　QAM 调制器特性要求

调制	64QAMπ/2 旋转不变编码；QAM 调制器（发射端）与 QAM 解调器（接收端）均应支持 64QAM
载波频率	适合于 8MHz 间隔，处于频道频带的中央
载波频率精度	对于频率范围上限处测量的 64QAM，精度为 +/-20ppm
频率范围	87MHz~1GHz； 接收机能工作于指定的整个频率范围内
符号率	STB 应至少支持 6MBaud/s~6.952MBaud/s，符号率范围内的数据速率。对于支持用于上行控制的带内信令的系统，该值应是 8kBaud/s 的整数倍
相位噪声	<-75dBc/Hz@1kHz <-85dBc/Hz@10kHz <-100dBc/Hz@100kHz 及以上
信号码元编码	差分正交编码和正交格雷码编码
发射频谱限带	升余弦平方根特性；滚降系数：$\alpha = 0.15$
调制 I/Q 幅度失衡	<0.2dB
调制 I/Q 时间差	<0.02T（T=符号周期）
调制正交失衡	<1.0°
RF 物理接口输入的接收电平（下行带内信道）	50dBμV~80dBμV（RMS）（75Ω）
解调器输入的 C/N（白噪声）	640QAM：≥30dB@BER<1×10-12(纠错后) （即 40Mbit/s 时每 7 小时一个未纠正的差错）
数字 QAM 信道（RMS）与模拟 VSB 信道（峰值）间的功率电平差	-10dB~0dB

三、有线数字电视接收机

（一）有线数字电视接收机的构成

有线数字电视接收机的电路功能是对有线前端信号处理实施逆处理，其整体电路也称为有线 IRD（集成接收解码器），输出信号为 MPEG-2 传送复用包（TS 流）和时钟。如果接收端不是一体化的有线数字电视接收机，则 IRD 实际上做成机顶盒（STB）形式供用户使用。

有线数字电视接收机的电路构成如图 10-24 所示。

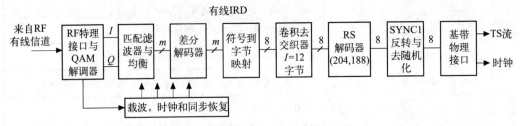

图 10-24　有线数字电视接收机构成框图

（二）有线数字电视的反向上行传输

有线数字电视系统的一大特性和优点是易于实现前端与用户间的双向交互传输，向用户提供方便的视频点播（VOD）、信息查询、电视购物以及上网浏览等功能。数字交互电视系统总体上由有线前端、双向网络和用户终端三大部分构成。

频率划分方面，上行信道的频段有高分割、中分割和低分割三种方式，高分割的上行频率范围为 5MHz～87MHz，中分割为 5MHz～65MHz，低分割为 5MHz～42MHz。我国采用中分割方式，频段划分标准如表 10-15 所示。

表 10-15　有线电视系统的频段划分

符号	频段（MHz）	业务内容
R	5～65	上行传输
X	65～87	过渡带
FM	87～108	调频广播
A	108～550	模拟电视
D1	550～750	数字电视
D2	750～1000	数据通信

上行信道调制类型有 DQPSK、QPSK 或 16QAM 可选；符号率和对应的-3dB 带宽如表 10-16 所示。

表 10-16　上行信道的符号率和带宽

符号率（kbaud）	160	320	640	1280	2560
-3dB 带宽（kHz）	200	400	800	1600	3200

实现上行传输除了在机顶盒的电缆调制解调器（CM）中必须有 QPSK/QAM 调制

器硬件外，还必须有符合媒体访问控制（MAC）协议的软件模块。软件系统在上行传输和下行传输中均至关重要。

四、MPEG-2 数据信号接口

（一）同步并行接口（SPI）

同步并行接口用于在中、短距离内传输数据率可变的 MPEG-2TS 流，由 TS 流中的字节时钟实现数据信号同步传输。物理链路采用 25 芯的同轴电缆，接插件为 25 针 D 型超小型连接器，电信号为平衡型输出、输入的低压差分信号（LVDS），并行传输系统的示意图如图 10-25 所示。

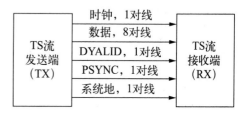

图 10-25　MPEG-2 TS 流并行传输系统

其中的 12 对都是双绞线，另有一根电缆屏蔽线。25 针连接器的引脚安排如表 10-17 所示。

表 10-17　25 针连接器信号线分配表

引脚	信号线
1	时钟 A
2	系统地
3	数据 7A（MSB）
4	数据 6A
5	数据 5A
6	数据 4A
7	数据 3A
8	数据 2A
9	数据 1A
10	数据 0A
11	DVALID A
12	PSYNCA
13	电缆屏蔽

引脚	信号线
14	时钟 B
15	系统地
16	数据 7B（MSB）
17	数据 6B
18	数据 5B
19	数据 4B
20	数据 3B
21	数据 2B
22	数据 1B
23	数据 0B
24	DVALID B
25	PSYNC B

传输数据为 188 字节或 204 字节的 TS 流包，204 字节时后面 16 个字节可以是填充字节或者 RS 编码纠错字节，如图 10-26(a)(b)(c) 所示。

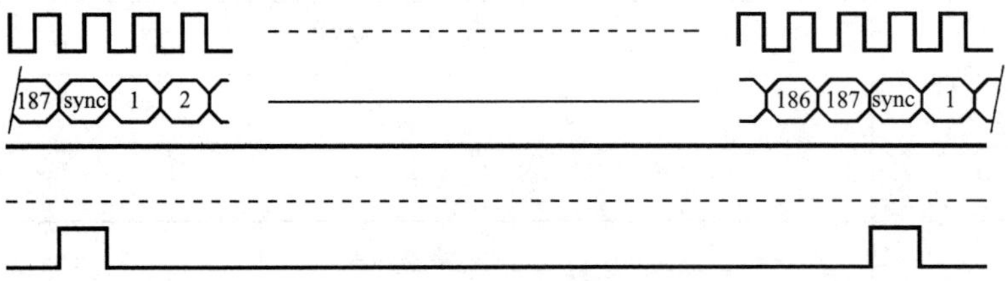

(a) 188字节包的传输格式

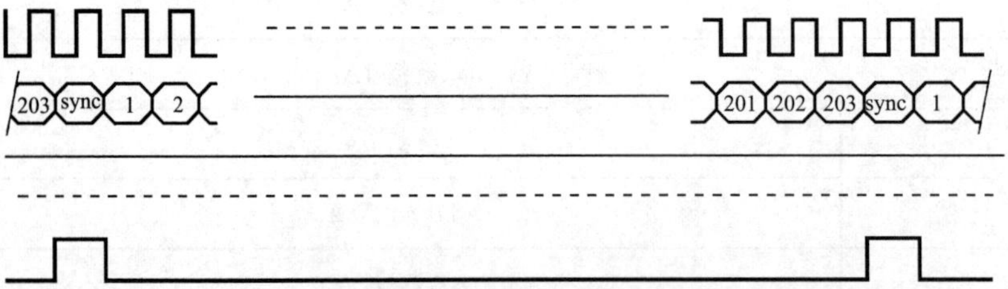

(b) 204字节包的传输格式(188个数据字节及16个填充字节)

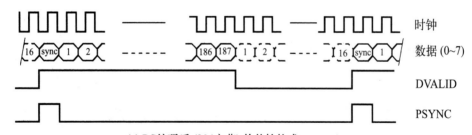

(c) RS编码后(204字节)的传输格式

图10-26　SPI的三种TS流包信号格式

11个平衡输出和平衡输入的线路驱动器和线路接收器间的连接如图10-27所示。

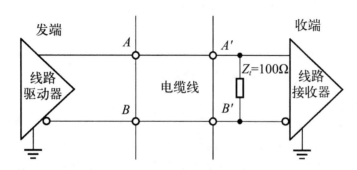

图10-27　驱动器与接收器间的连接

A端电位高于B端电位时代表逻辑"1",反之为逻辑"0"。

(二)同步串行接口(SSI)

同步串行接口(SSI)是同步并行接口(SPI)的变形,它对SPI的数据流实施并/串转换和进行双相编码后通过单芯线缆(电缆或光缆)向外传输。

使用电缆和光缆为传输线的SSI-C和SSI-D传输链路如图10-28(a)(b)所示。

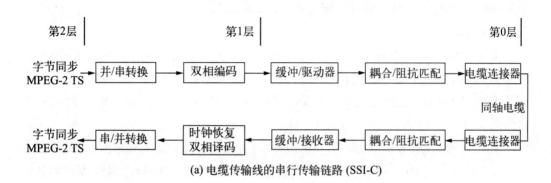

(a) 电缆传输线的串行传输链路 (SSI-C)

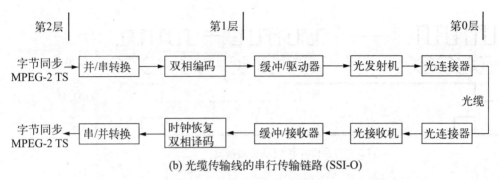

(b) 光缆传输线的串行传输链路 (SSI-O)

图 10-28　电缆和光缆为传输线的 SSI 系统

由图 10-28 可见，在 SSI-C，SSI-D 中实现压缩视频或压缩音频的信号处理设备间点对点链接时，其信号链路上信号协议分为第 2 层、第 1 层、第 0 层三层结构。

1. 第 2 层

第 2 层信号协议以 MPEG-2 TS 流包作为基本信息单元，其中包含数据包同步字节，而数据包格式包括图 10-26 中的三种格式。

2. 第 1 层

第 1 层的作用一是借助 SYNC1(47H) 或 $\overline{\text{SYNC1}}$、$\overline{47\text{H}}$（指 RS 编码的包）识别三种信号格式，二是实现 8 比特字节的并/串转换（MSB 位先传输），三是将 NRZ 绝对码通过双相编码变换成隐含时钟信息的相对码（类似于演播室数字分量图像信号比特并行接口转换成比特串行接口时的处理），然后将串行比特流传输至第 0 层通路上。

3. 第 0 层

第 0 层为电缆或光缆传输物理层，规定了两种点对点的链接规范。

(1) 电缆介质

电缆介质有下列特性：标称阻抗 75Ω；单位长度的信号插入损耗随数据率增高而增大，数据率低时容许电缆长度较长，根据电缆的类型不同可达到 100m～200m；连接器为 BNC 型接插头；线路驱动器输出峰－峰电压规定为 1V±0.1V。

(2) 光缆介质

光缆介质可以是单模光纤或多模光纤，ITU-T 规定了光发射器与光接收器之间串行数据传输用光纤的规范：单模光纤规范为 ITU-T G.654 或 G.652；多模光纤为 ITU-T G.651；光纤连接器为 IEC 874-14 中的 SC 型连接器。传输距离可达到几千米。

我国广播电视行业标准 GY/T 130—1998《有线电视用光缆入网条件》中规定，有线电视系统内采用 B1 类单模光纤，并根据光纤的衰减常数 (dB/km) 规定 A 级和 B 级光纤的两种要求，如表 10-18 所示。

表 10-18 A 级和 B 级光纤参数

光纤等级	波长 1310nm	波长 1550nm	衰减不均匀度
A	≤ 0.36	≤ 0.38	≤ 0.10dB
B	≤ 0.22	≤ 0.24	≤ 0.10dB

（三）异步串行接口（ASI）

异步串行接口（ASI）在实际中应用较普遍，是许多 MPEG-2 数据流处理设备大多配置的一种接口，它采用像 SDI 接口一样恒定的传输速率 270Mbit/s，但它容许不同设备的原始数据流速率不是 270Mbit/s（小于该值），由传输设备填充入专用数据字符（逗号 K28.5，001111 1010 或 110000 0101）予以补足。ASI 接口的传输链路可采用电缆或光缆，并且也分为第 2 层、第 1 层和第 0 层三层，如图 10-29(a) (b) 所示。

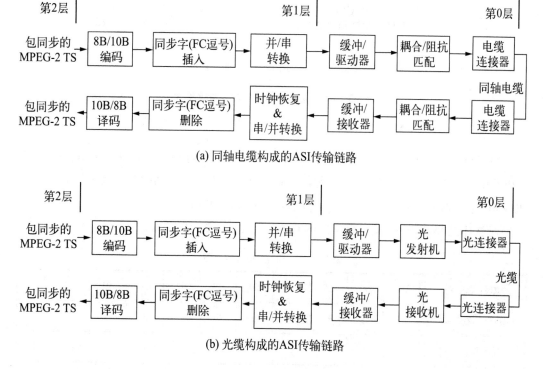

(a) 同轴电缆构成的ASI传输链路

(b) 光缆构成的ASI传输链路

图 10-29 电缆和光缆为传输线的 ASI 系统

1. 第 2 层

第 2 层是 ASI 接口的输入层，采用 MPEG-2 TS 流数据包作为基本信息单元，TS 流包可以是连续字节的数据块（即数据包中无同步字节），也可以是用于填充的专用数据字符 K28.5，或者是连续字节和填充字符的任意组合，如图 10–30(a)(b)所示。

8bit/10bit编码的
MPEG传送包
1880个比特

填充数据的专用
字符K28.5
$n \times 10$bit

(a) 带数据包的传输格式(以188字节为例)

8bit/10bit编码的MPEG传送包 (1880个bit)
和填充字符 ($n \times 10$bit)

8bit/10bit编码   填充字符
MPEG字节   K28.5

(b) 带突发数据的传输格式(以188字节为例)

图 10–30 数据字节和填充字符传输格式

2. 第 1 层

MPEG–2 TS 流包的字节原本为 8 比特，现在为适应 SDI 中 10 比特码字、270Mbit/s 的传输速率和附加传输差错控制能力，在第 1 层传输中首先将 8 比特字节编码成 10 比特码字，编码采用不包含直流成分的 8bit/10bit 传输码。

对具体的 8bit/10bit 编码表作出的基本规定如表 10–19 所示。

表 10–19   8bit/10bit 编码表

原数据字节	d7	d6	d5		d4	d3	d2	d1	d0
8bit 信息字符	H	G	F		E	D	C	B	A
10bit 传输字符	a	b	c	d	e	i		f	g	h	j

表 10–19 中假设原数据字节为 d7, d6~d1, d0，其 8 比特信息字符以 HGF EDCBA 表示，编码后的 10 比特传输字符以 abcdei fghj 表示，比特 a 先传输。

根据表 10–19 中的约定，(删减的) 8bit/10bit 编码表如表 10–20(a)(b) 所示。

表 10-20　（删减的）8bit 编码表

数据	比特	当前 RD-	当前 RD+
DX.Y	*HGF EDCBA*	abcdei fghj	abcdei fghj
D0.0	000 00000	100111 0100	011000 1011
D1.0	000 00001	011101 0100	100010 1011
D2.0	000 00010	101101 0100	010010 1011
D3.0	000 00011	110001 1011	110001 0100
D4.0	000 00100	110101 0100	001010 1011
D5.0	000 00101	101001 1011	101001 0100
D6.0	000 00110	011001 1011	011001 0100
D7.0	000 00111	111000 1011	000111 0100
D8.0	000 01000	111001 0100	000110 1011
D9.0	000 01001	100101 1011	100101 0100
D10.0	000 01010	010101 1011	010101 0100
⋮	⋮	⋮	⋮
D27.6	110 11011		001001 0110
D28.6	110 11100		001110 0110
D29.6	110 11101		010001 0110
D30.6	110 11110		100001 0110
D31.6	110 11111		010100 0110

表 10-20 （删减的）10bit 编码表

数据	比特	当前 RD-	当前 RD+
DX.Y	*HGF EDCBA*	abcdei fghj	abcdei fghj
D16.1	001 10000	011011 1001	100100 1001
D17.1	001 10001	100011 1001	100011 1001
D18.1	001 10010	010011 1001	010011 1001
D19.1	001 10011	110010 1001	110010 1001
D20.1	001 10100	001011 1001	001011 1001
D21.1	001 10101	101010 1001	101010 1001
D22.1	001 10110	011010 1001	011010 1001
D23.1	001 10111	111010 1001	000101 1001
D24.1	001 11000	110011 1001	001100 1001
D25.1	001 11001	100110 1001	100110 1001
D26.1	001 11010	010110 1001	010110 1001
⋮	⋮	⋮	⋮
D27.7	111 11011	110110 0001	001001 1110
D28.7	111 11100	001110 1110	001110 0001
D29.7	111 11101	101110 0001	010001 1110
D30.7	111 11110	011110 0001	100001 1110
D31.7	111 11111	101011 0001	010100 1110

表 10-20 中，DX.Y 中的 X 是 EDCBA 的十进制值，Y 是 HGF 的十进制值。RD-，RD+ 的选用取决于 RD（游程不等性）的计算，以维持直流平衡。

3. 第 0 层

第 0 层为物理层，它规定传输介质、驱动器、接收器和传输速率，物理接口有电缆和光缆两种，基本速率 270Mbit/s，第 0 层链路的 S 和 R 点的参数应符合规范，如图 10-31 所示。

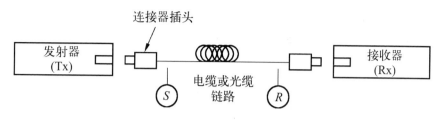

图 10-31　第 0 层串行链路及参考点

五、4K 电视传输

4K 电视的分辨率为 3840×2160，其清晰度是全高清 $1920 \times 1080(2\text{K})$ 的 4 倍，要在现有 64QAM 的调制器中传输，MPEG-2 和 H.264 满足不了信源压缩编码要求，必须采用 H.265 进行压缩编码。

目前有线数字电视传输采用 QAM 调制方式，理论上支持多个调制等级，调制等级数 $M=2^m$（m 为每个符号的比特数，$m=3$、4、5、6、7、8、9 等），即分别对应 8QAM、16QAM、32QAM、64QAM、128QAM、256QAM、512QAM 等。一般调制等级越低，抗干扰能力越强，对网络要求越低，但频谱利用率越低；调制等级越高，频谱利用率越高，但抗干扰能力越弱，对网络要求越高。为兼顾网络质量和频谱利用率，我国高清（2K）标清同播的有线数字电视 QAM 调制器的调制等级一般选为 64，即采用 64QAM 调制方式。

64QAM 调制器处理的有效码率：

$$符号率 \times (\log_2 Mod) \times (188/204) = 6.875 \times \log_2 64 \times (188/204) = 38\text{Mb/s}$$

式中，Mod 为调制等级。

如果要保持原有 MPEG-2 或 H.264 编码设备的投资，可在优质网络前提下将 QAM 调制器"进阶"，如从 64QAM 升到 128QAM 甚至更高，终端则相应调整或自动识别。

有线电视分配网的巨大带宽优势决定了它是传输 4K 电视较理想的网络，但目前一般都传输了 100 多套标清（可称为 0.5K）和 20 多套高清（2K）节目，4K 电视必须要考虑与它们混合传输的问题。另外，如果要节省带宽，需采用比 H.264 更高效的 H.265 压缩方式，这就需要更换支持 H.265 芯片的机顶盒或一体机。

目前典型的地级市有线电视中，全高清（2K）一般采用 H.264 编码，编码率约为 11Mbps，采用 64QAM 调制器；0.5K 标清采用 MPEG-2 编码，编码率约为 6Mbps，采用 64QAM 调制器；4K 电视的清晰度是 2K 电视的 4 倍，若采用 H.264 编码，编码率约为 $11 \times 4 = 44\text{Mbps}$，故理论上存在两种传输方案。

（一）H.264 编码+高阶 MQAM（M>64）调制

这种方案加入现有前端如图 10-32 所示。

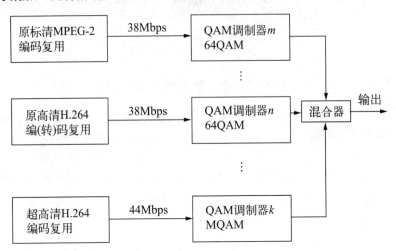

图 10-32　H.264 编码+高阶 MQAM（M>64）调制加入前端

图中，在调制器 m、n 的基础上增加了调制器 k，调制等级由以下参数：

$6.875 \times (\log_2 M) \times (188/204) > 46 (=44+2，2Mbps 为 EPG、CA 等辅助比特流)$，
$M=2^n (n \in N)$，求得 $M=256$。

（二）H.265 编码+64QAM 调制

因为 H.265 的编码率约为 H.264 的一半，因此 4K 电视经 H.265 编码后，码率为
44/2=22Mbps，为节约资源，还可复用 1 路全高清节目（11Mbps），如图 10-33 所示。

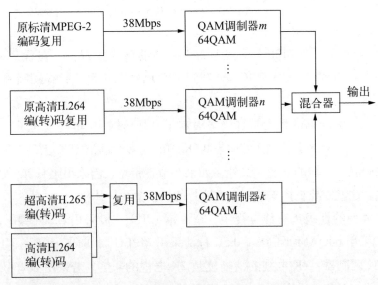

图 10-33　1 个 64QAM 调制器传 1 路 4K 电视和 1 路 2K 电视

第三节　地面数字电视系统

目前国际上有四种地面数字电视制式，DVB-T、ATSC、ISDB-T 和中国的数字电视地面传输标准 DTMB。

一、DVB-T 数字电视系统

DVB-T 的信道编码和调制系统框图如图 10-34 所示。

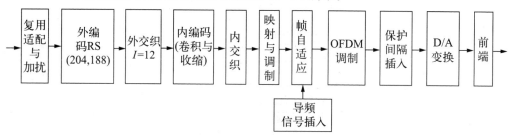

图 10-34　DVB-T 信道编码和调制框图

输入端是视频、音频和数据复用而成的 TS 传送流，每个 TS 包由 188 字节组成，经过一系列信号处理后输出 COFDM 调制的载波信号。

前 4 个方框与 DVB-S 相同，信道编码也是 RS（204、188）外编码和卷积内编码，内编码根据需要采用不同的编码率（$\eta=1/2-7/8$），高频调制采用多载波的 OFDM 调制方式，具有抗多径干扰、抗多普勒效应和便于构成单频网（SFN）等特点，所以该制式不仅可以用于固定接收也可用于移动接收。

（一）内交织

DVB-T 中高频载波采用 COFDM 调制方式，在 8MHz 射频带宽内设置 1075(2k 模式) 或 6817(8k 模式) 个载波，将高码率的数据流相应地分解成 2k 或 8k 路低码率的数据流，分别对每个载波进行 QPSK、16QAM 或 64QAM 调制。

在 QPSK、16QAM 和 64QAM 三种调制模式下，收缩卷积码经并/串变换后的输入数据流 $x_0, x_1, \cdots$ 被处理成输出调制符号的映射过程如图 10-35 所示。

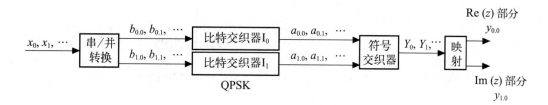

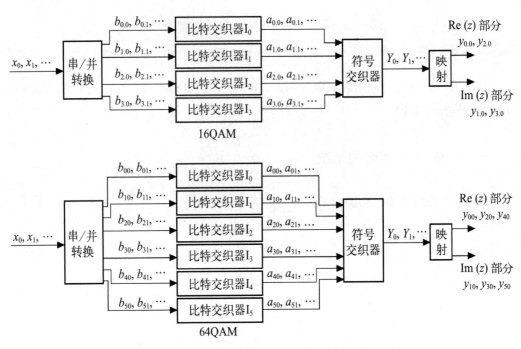

图 10-35　输入比特-输出调制符号的映射

(二) 映射和星座图

COFDM 调制中，由每个 V 比特的符号对每个载波进行相应的调制，$V=2$ 时为 QPSK 调制，$V=4$ 时为 16QAM 调制，$V=6$ 时为 64QAM 调制。为形成相应的调制信号，使 V 比特映射成相应的调制信号星座图，如图 10-36(a) (b) (c) 所示。

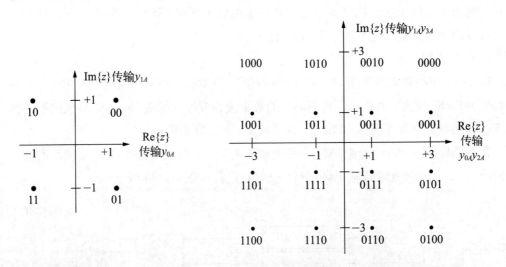

(a) QPSK星座图 (传输比特顺序 $y_{0A}y_{1A}$)　　　　(b) 16QAM星座图 (传输比特顺序 $y_{0A}y_{1A}y_{2A}y_{3A}$)

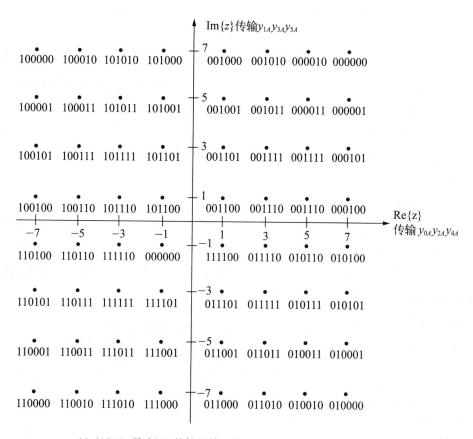

(c) 64QAM星座图 (传输比特顺序$y_{0A}y_{1A}y_{2A}y_{3A}y_{4A}y_{5A}$)

图 10-36　三种模式的映射和星座图

(三) COFDM 调制方式

COFDM 是数字通信中的多载波方式，OFDM 是正交频分复用的英文缩写，全部载波频率有相等的频率间隔，它们是一个基本振荡频率的整数倍。

为了抗多径干扰，每个 OFDM 调制信号必须加保护间隔，保护间隔长度一般大于传输多径信号的传播延时。填充保护间隔可采用不同的方法，第一种是零值填充的 (Zero-padding) 的保护间隔，简称为 Z-OFDM；第二种则是被广为应用的循环前缀填充 (Cyclic-Prefix) 保护间隔，简称为 C-OFDM。

就地面开路接收时的传输信道种类而言，有三种信道模型：

1. 高斯信道

这是天线接收信号只受到高斯噪声 (随机噪声，白噪声) 干扰的信道模型。

2. Ricean 信道

这是天线接收信号接收到直达波之外还接收到多个反射波的信道模型，它对应于使用室外屋顶天线时还会接收到高楼等来的许多多径反射波。

3. 瑞利信道

其接收天线接收不到直达波，只接收到许多反射波，对应于用室内天线接收或室外便携和移动接收；接收点直视不到发射天线，只有大楼、山丘等来的诸多反射波。

（四）保护间隔

（五）帧自适应、导频和 TPS 信号

在 OFDM 调制之前有"帧自适应"和"导频及 TPS 信号"两个信号处理框，下面分别说明。

1. 帧自适应

帧自适应是指 OFDM 帧的构成，它是在 OFDM 符号的基础上组成的。所谓 OFDM 符号，前面已指出，是 2k 或 8k 模式中在持续期 T_S 内由 N 个频率的已调制载波综合成的信号。2k 模式中 $N=1705$，8k 模式中 $N=6817$。2k 模式和 8k 模式的 OFDM 参数如表 10-21 所示。

表 10-21　2k 模式和 8k 模式的 OFDM 参数

参数	2k 模式	8k 模式
载波数 N	1705	6817
最小载波序号 K_{min}	0	0
最大载波序号 K_{max}	1704	6816
符号有效持续期 T_S	224μs	896μs
载波间隔 $\Delta f = 1/T_S$	4464Hz	1116Hz
K_{min} 至 K_{max} 间的带宽	7.61MHz	7.61MHz

2. 导频

OFDM 中对每个载波的调制都是抑制载波的，接收端的解调诸如对于 QAM 的相干解调是需要基准信号的，在这里称为导频信号，它们在 OFDM 符号内分布于不同的时间和频率上，具有已知的幅度和相位。有两种导频类型：连续导频和散布导频。

① 连续导频

② 散布导频

③ TPS 信号

3. 超帧内 TS 包数目

定义 4 个 OFDM 帧组成一个超帧，在超帧内可以传输整数个 204 字节的 RS 码 TS

包，无论信道内码编码率和调制模式如何，OFDM 超帧内 TS 包数目如表 10-22 所示。

表 10-22 OFDM 超帧内 TS 包数目内码

内码 编码率	QPSK		160QAM		640QAM	
	2k	8k	2k	8k	2k	8k
1/2	252	1008	504	2016	756	3024
2/3	336	1344	672	2688	1008	4032
3/4	378	1512	756	3024	1134	4536
5/6	420	1680	840	3360	1260	5040
7/8	441	1764	882	3528	1323	5292

（六）COFDM 的射频功率谱

由于各个载波的调制符号有不同的 Ak 值，因此，总的功率谱密度不是恒定的，根据各个载波不同的 Ak 值，8MHz 内功率谱是起伏的而不是很平坦的，如图 10-37 所示。

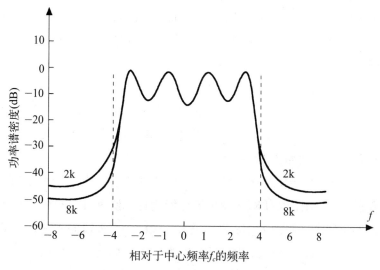

图 10-37 COFDM 已调波的功率谱

二、ATSC 数字电视系统

美国的 ATSC 数字电视系统是 1988 年由 FCC（美国联邦通信委员会）提出设想，历经多年，于 1996 年正式批准的地面数字电视广播标准，名称为"ATSC 数字电视标准"。

ATSC 信道编码与调制流程如图 10-38 所示。

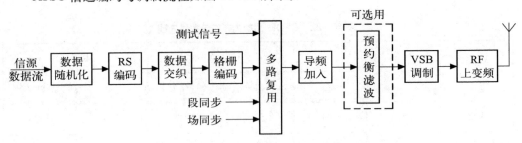

图 10-38　ATSC 信道编码与调制框图

(一) 数据随机化与 RS 编码

ATSC 中采用的生成多项式 $G(x)$ 如图 10-39 所示。

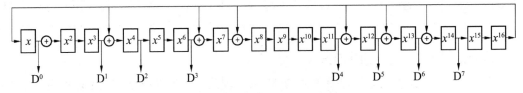

图 10-39　ATSC 采用的加扰框图

图 10-39 中表明了由 8 个抽头输出的随机字节，它们通过 8 个异或门分别与输入流中每一个字节的 8 个比特作高位对高位、低位对低位的异或运算，实现数据随机化。

由图可见，生成多项式的表达式为：

$$G(x) = x^{16} + x^{13} + x^{12} + x^{11} + x^7 + x^6 + x^3 + x + 1$$

在帧结构安排中，将 188 个字节中每一字节分成四个 2 比特的符号 (symbol)，共有 752 个符号。其第一个同步字节 (4 个符号) 不进行扰码，进行扰码的是随后的 748 个符号。ATSC 的帧结构如图 10-40 所示。

图 10-40 表明，初始化是在每场内第 2 段的同步字节 (在后面它被段同步数据取代) 期间实施的。初始化后，PRBS 发生器连续运行，使每段内的有效数据加扰，但在后面加入 RS 纠错码期间阻断 PRBS 序列进入异或门，并在段同步和场同步期间也阻断 PRBS 序列进入异或门，也就是，虽然 PRBS 发生器初始化后连续运行，但只对每场的有效数据起加扰作用。

(二) 数据交织

RS 编码之后是数据交织，数据交织是在不附加纠错码字的前提下用改变数据码字 (以比特或字节为单元) 传输顺序的方法来提高接收端去交织解码时的抗突发误码能力。

ATSC 中的数据交织为字节交织。由交织原理可知，交织深度 I 值越大，抗突发误码的能力越强。ATSC 中交织电路如图 10-41 所示。

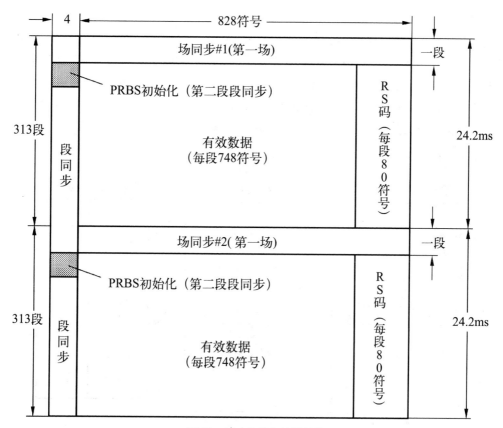

图 10-40　ATSC 的帧结构图

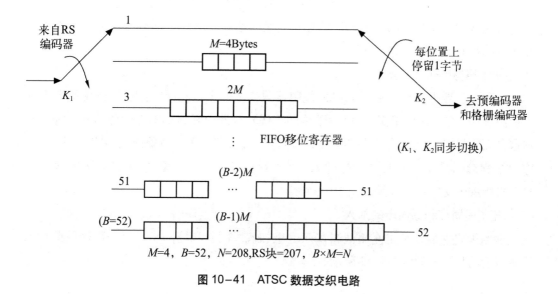

$M=4$，$B=52$，$N=208$, RS块$=207$，$B×M=N$

图 10-41　ATSC 数据交织电路

(三) 格栅编码

信道编码中，为了充分提高抗误码的纠错能力，通常采用两次附加纠错码的 FEC 编码。RS 编码属于第一个 FEC, 187 字节后附加 20 字节 RS 码，构成 (207,187)RS 码，这也可以称为外编码。第二个附加纠错码的 FEC 一般采用卷积编码，它可以称为内编码。外编码和内编码结合一起，称之为级联编码。级联编码后得到的数据流再按规定的调制方式对载频进行调制，完成信道编码和载频调制的整个信号处理。

ATSC 中，TCM 编码框图如图 10-42 所示。

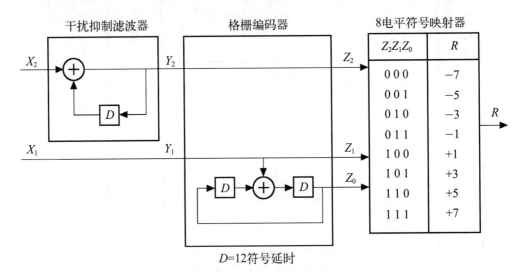

D=12符号延时

图 10-42   ATSC 的格栅编码器

图 10-42 分为干扰抑制滤波器 (预编码器)、格栅编码器和 8 电平符号映射器三部分。

由梳状滤波器组成的预编码器的作用是为了避免与 NTSC 同频道信号间发生干扰如图 10-43 所示 (见第 367 页)。

(四) 格栅编码交织器

原理上，数据交织器后面的格栅编码器只需要一个，然而，虽然格栅编码器有助于抗白噪声干扰 (随机干扰)，但对于脉冲干扰和突发误码其抗御性能并不好。为了改善这方面的性能，以及为了使接收端的格栅解码器电路简化，编码器中采用了 12 个同样的格栅编码器并行地工作，它们接受经过块交织的、交织深度 I=12 符号的数据符号。格栅编码交织器的框图如图 10-44 所示。

(五) 段同步和场同步的加入

格栅编码之后是多路复用框图，在这里加入段同步和场同步。每一数据段前加入段同步后的数据段如图 10-45 所示。

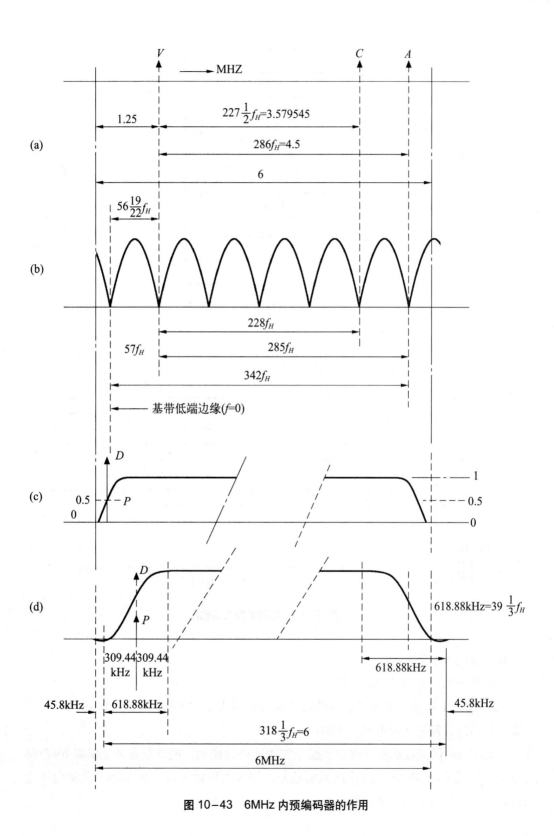

图 10-43　6MHz 内预编码器的作用

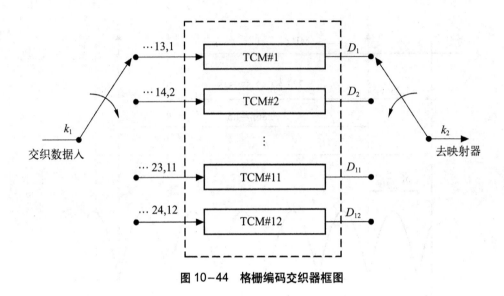

图 10-44　格栅编码交织器框图

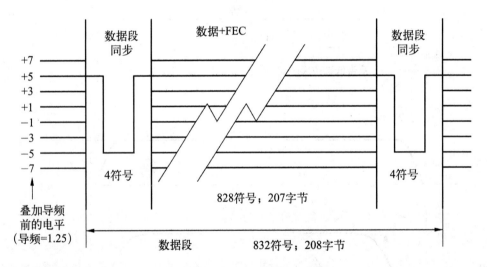

图 10-45　段同步加入数据段

场同步段有下列作用：

一是给出每个数据场的起始信息；

二是 PN511 向接收端提供信道特性均衡用的训练序列数据，使接收端得到时变的信道特性信息，及时实现解码信道的特性均衡；

三是 PN63 供接收端实现重影补偿中作测试序列使用，能补偿延时范围在 63 个符号内即时间为 $63 \times 93 = 5.86\mu s$ 内的重影信号，接收机设计人员可在 $5.86\mu s$ 总量内任意分配前重影和后重影的校正范围；

四是最后 12 符号供接收机中的梳状滤波器（干扰抑制滤波器）使用；

五是可用于接收信号信噪比的测量；

六是可供接收机中的相位跟踪电路用来使电路复位、并确定跟踪环路参数。

场同步数据的加入如图 10–46 所示。

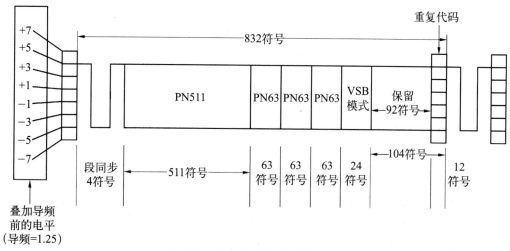

图 10–46　场同步数据的加入

（六）导频的加入

ATSC 中高频调制采用 8VSB 即 8 电平残留边带调幅方式，它不同于 NTSC 中高频调制的 VSB 残留边带调幅方式，后者的 6MHz 载波在已调波带宽内载波本身是不抑制的，载频位置距频道下端 1.25MHz，而 ATSC 的 8VSB 中载波本身是抑制的，载频位置距频道下端 0.31MHz，如图 10–47 所示。

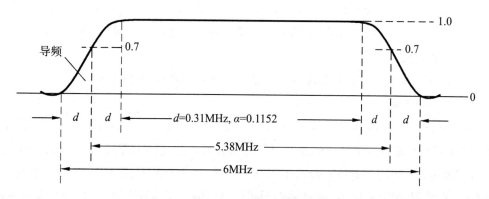

图 10–47　8VSB 已调波的频带图

图 10–47 中 α 为滚降系数。

接收端若收不到载波信息将无法进行解调，发送端对此的做法是在多路复用器后的导频加入级加入一个小幅度同相位（即正值）的导频信息，实际是在复用数据中加上1.25的小值直流电平。

（七）上变频器和射频载波偏置

8VSB发射机像通常那样采用两级调制方式：第一次将数据信号调制到一个固定中频上，第二次再上变频到所需的电视频道上。

当同频道干扰严重时，可采用载频精密偏置技术。

另一种情况是ATSC-ATSC同频道干扰，这时，精密偏置能防止自适应均衡器工作中可能出现的不收敛。

三、我国数字电视地面广播传输标准

具有自主知识产权的中国数字电视地面广播传输系统标准——GB20600-2006《数字电视地面广播传输系统帧结构、信道编码和调制》，于2006年8月18日正式批准成为强制性国家标准，2007年8月1日起实施。以下简称为DTMB。

DTMB是由国家组织的数字电视特别工作组负责起草，由全国广播电视标准化技术委员会归口并测试，国家质量监督检验检疫总局、国家标准化管理委员会批准发布的。

DTMB规定了数字电视地面广播传输系统信号的帧结构、信道编码和调制方式。该标准实现了关键技术创新，形成了多项有自主知识产权的专利技术，主要关键技术有：能实现快速同步和高效信道估计与均衡的PN序列帧头设计和符号保护间隔充填方法、低密度校验纠错码（LDPC）、系统信息的扩频传输方法等。

DTMB支持4.81Mbit/s~32.486Mbit/s的净荷传输数据率，支持标准清晰度电视业务和高清晰度电视业务，支持固定接收和移动接收，支持多频组网和单频组网。

（一）系统综述

数字地面数字电视广播传输系统是广播电视系统的重要组成部分。

我国AVS+编码复用：

地面数字电视系统前端接收来自卫星或光纤的节目，如果节目源是AVS+码流，则将其直接进行复用、调制和地面发射等环节处理，通过地面无线信道传输；如果节目源是MPEG-2码流，则将其转码为AVS+码流，再将转码后的AVS+码流进行复用、调制和地面发射等环节处理，通过地面无线信道传输。在系统终端，AVS+地面电视机顶盒接收地面无线数字电视信号并进行AVS+解码。

DTMB系统主要完成从MPEG-TS流到地面电视信道传输信号的转换，其组成框图如图10-48所示。

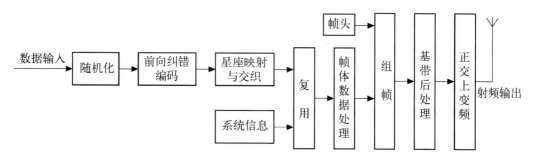

图 10-48 DTMB 系统的组成框图

（二）扰码与前向纠错码（FEC）

1. 扰码

为了保证传输数据的随机性以便于传输信号处理，输入的 MPEG-TS 码流数据需要用扰码进行加扰。扰码是一个最大长度的二进制伪随机序列。该序列线性反馈移位寄存器生成，如图 10-49 所示。

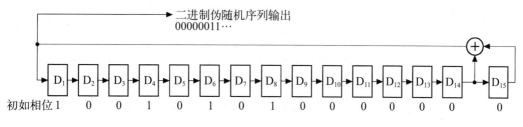

图 10-49 扰码器框图

其生成多项式为：

$$G(x) = 1 + x^{14} + x^{15}$$

该 LFSR 的初始状态定义为：100101010000000。输入的比特流与 PN 序列进行逐位模二加后产生数据扰乱码。扰码器的移位寄存器在信号帧开始时复位到初始相位。

2. 前向纠错码（FEC）

扰码后的比特流接着进行前向纠错编码 FEC。有三种码率的前向纠错编码，如表 10-23 所示。

表 10-23 三种码率的前向纠错编码

	块长（比特）	信息（比特）	编码效率
码率 1	7488	3008	0.4
码率 2	7488	4512	0.6
码率 3	7488	6016	0.8

FEC 由外码（BCH）和内码（LDPC）两部分级联实现。

（三）符号星座映射与符号交织

1. 符号星座映射

（1）64QAM 映射

其星座图如图 10-50 所示。

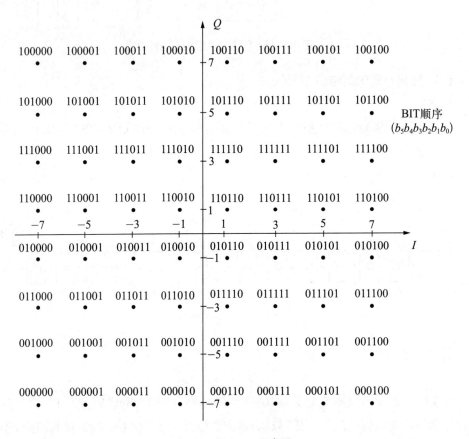

图 10-50　64QAM 星座图

（2）32QAM 映射

其星座图如图 10-51 所示。

（3）16QAM 映射

其星座图如图 10-52 所示。

（4）4QAM 映射

其星座图如图 10-53 所示。

（5）4QAM-N R映射

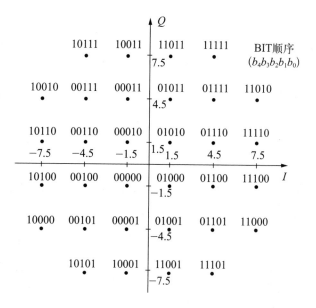

图 10-51　32QAM 星座图

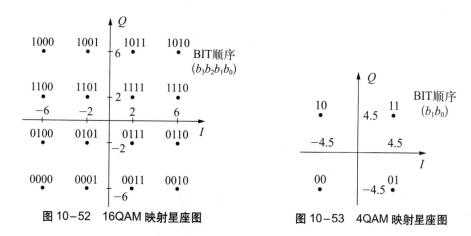

图 10-52　16QAM 映射星座图　　　　图 10-53　4QAM 映射星座图

2. 符号交织

(1) 时域符号交织

时域符号交织是在多个信号帧的基本数据块之间进行的。数据信号(即星座映射输出的符号)的基本数据块间交织采用基于星座符号的卷积交织编码。其中变量 B 表示交织宽度(支路数),变量 M 表示交织深度(延迟缓存器尺寸)。进行符号交织的基本数据块的第一个符号与支路 0 同步。交织/解交织对的总延时为 $MB \times (B-1) \times B$ 符号时间。

有两种交织模式:

模式 1(短交织):$B = 52$,$M = 240$ 符号,交织/解交织总延迟为 170 个信号帧;

模式 2(长交织):$B = 52$,M = 720 符号,交织/解交织总延迟为 510 个信号帧。

（2）频域交织

频域交织仅在多载波 C=3780 模式下使用。频域交织为帧体内的符号块交织，交织大小等于子载波数 3780，目的是将调制星座点符号映射到信号帧帧体（帧体部分包含 36 个符号的系统信息和 3744 个符号的数据，共 3780 个符号）包含的 3780 个有效子载波上。

（四）复帧

数据结构的特点是以"帧"为基本单元，包括帧头（确知信息）、加强保护的系统信息以及经高效编码保护的数据信息。

数据帧结构分为信号帧，超帧、分帧、日帧四层结构，如图 10-54 所示。

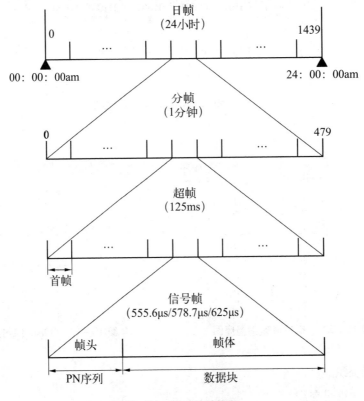

图 10-54　数据帧结构图

信号结构是周期的，并与自然时间保持同步。

1. 帧结构的顶层为日帧（Calendar Day Frame，CDF）

日帧以一个公历的自然日为周期进行周期性重复，由 1440 个分帧构成，时间为 24 小时。在北京时间 00：00：00AM，日帧被复位，开始一个新的日帧。

2. 分帧的时间

长度为 1 分钟，包含 480 个超帧。

3. 超帧的时间

长度定义为 125ms, 8 个超帧为 1 秒, 这样便于与定时系统 (例如 GPS) 校准时间。超帧中的第一个信号定义为首帧, 由系统信息的相关信息指示。

4. 信号帧是系统帧结构的基本单元

(五) 信号帧

为了适应不同应用, 定义了三种可选信号帧头长度。

三种帧头所对应的信号帧的帧体长度和超帧的长度保持不变。信号帧结构如图 10-55(a) (b) (c) 所示。

帧头 (420个符号) (55.6μs)	帧体 (含系统信息和数据) (3780个符号) (500μs)

(a) 信号帧结构1

帧头 (595个符号) (78.7μs)	帧体 (含系统信息和数据)(3780个符号) (500μs)

(b) 信号帧结构2

帧头 (945个符号) (125μs)	帧体 (含系统信息和数据) (3780个符号) (500μs)

(c) 信号帧结构3

图 10-55 信号帧结构

1. 帧头模式 1(PN420)

如图 10-56 所示。

前同步82个符号	PN255	后同步83个符号

图 10-56 帧头模式 1 结构

产生该最大长度的伪随机二进制序列的结构如图 10-57 所示。

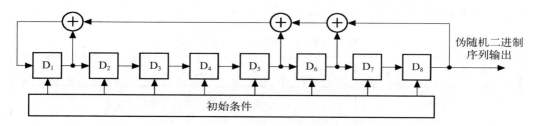

图 10-57 8 阶 m 序列生成结构

2. 帧头模式 2(PN595)

产生该最大长度的伪随机二进制序列的结构如图 10-58 所示。

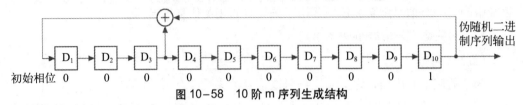

图 10-58　10 阶 m 序列生成结构

3. 帧头模式 3(PN945)

如图 10-59 所示。

前同步217个符号	PN511	后同步217个符号

图 10-59　帧头模式 3 结构

产生该最大长度的伪随机二进制序列的结构如图 10-60 所示。

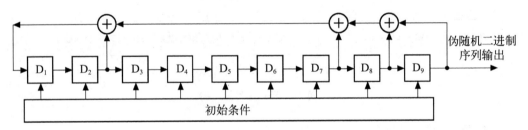

图 10-60　9 阶 m 序列生成结构

(六) 系统信息

发送端应将信道编码的编码效率和射频调制的调制模式等参数以系统信息的形式传输给接收机，使其能正确解调和解码。

这 64 种系统信息在扩频前可以用 6 个信息比特 $(s_5 s_4 s_3 s_2 s_1 s_0)$ 来表示，其中 s_5 为 MSB，定义如下：

$s_3 s_2 s_1 s_0$ 表示编码调制模式，如表 10-24 所示。

表 10-24　系统信息第 3~0 比特定义

前 3~0 比特 $(s_3\ s_2\ s_1\ s_0)$	表示含义
0000	奇数编号的超帧的首帧指示符号
0001	4QAM，LDPC 码率 1

前 3～0 比特 (s_3 s_2 s_1 s_0)	表示含义
0010	4QAM，LDPC 码率 2
0011	4QAM，LDPC 码率 3
0100	保留
0101	保留
0110	保留
0111	4QAM-NR，LDPC 码率 3
1000	保留
1001	16QAM，LDPC 码率 1
1010	16QAM，LDPC 码率 2
1011	16QAM，LDPC 码率 3
1100	32QAM，LDPC 码率 3
1101	64QAM，LDPC 码率 1
1110	64QAM，LDPC 码率 2
1111	64QAM，LDPC 码率 3

s_4 表示交织信息，如表 10-25 所示。

表 10-25　系统信息第 4 比特定义

第 4 比特 (s_4)	表示含义
0	交织模式 1
1	交织模式 2

（七）帧体数据处理

C 有两种载波模式：C=1 单载波模式或 C=3780 多载波模式。

（1）单载波模式；

（2）多载波模式。

（八）基带后处理和射频信号

1. 基带后处理

基带后处理（成形滤波器）采用平方根升余弦（Square Root Raised Cosine，SRRC）滤波器进行基带脉冲成形，SRRC 滤波器的滚降系数为 $\alpha = 0.05$，平方根升余弦滤波器频率响应表达式：

$$H(f) = \begin{cases} 1 & |f| < f_N(1-\alpha) \\ \left\{ \dfrac{1}{2} + \dfrac{1}{2}\cos\dfrac{\pi}{2f_N}\left(\dfrac{|f| - f_N(1-\alpha)}{2}\right) \right\}^{\frac{1}{2}} & f_N(1-\alpha) < |f| \leqslant f_N(1+\alpha) \\ 0 & |f| > f_N(1+\alpha) \end{cases}$$

式中：Ts 为输入信号的符号周期（$1/7.56\mu s$），$f_N = 1/2Ts = Rs/2Rs/2$ 为奈奎斯特频率，α 为平方根升余弦滤波器滚降系数。

2. 射频信号

调制后的 RF 射频信号由下式描述：

$$S(t) = \mathrm{Re}\left\{ \exp(j2\pi F_c t) \times [h(t) \otimes Frame(t)] \right\}$$

其中：$S(t)$ 为 RF 信号，F_c 为载波频率（MHz）；$h(t)$ 为 SRRC 滤波器的脉冲成形函数，$Frame(t)$ 为组帧后的基带信号，由帧头和帧体组成。

（九）基带信号频谱特性和带外谱模板

1. 基带信号频谱特性

形成滤波后基带信号（不插入双导频）频谱模板如图 10-61 所示。

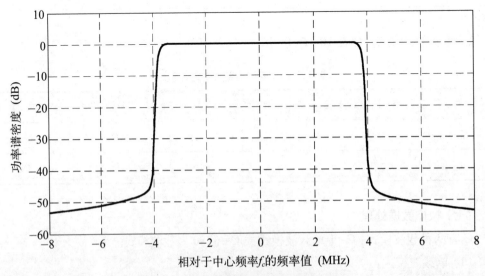

图 10-61　形成滤波后基带信号频谱模板

2. 带外谱模板

数字电视发射机使用的频谱模板应如图 10-62 所示。

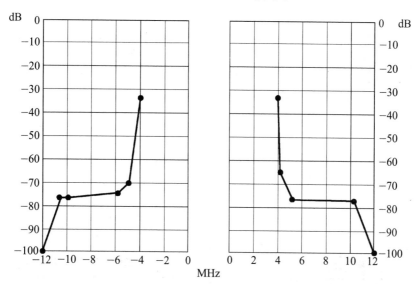

图 10-62　同台数字发射机位于模拟发射机的上邻频或下邻频时的频谱模板

当数字电视信号的相邻频道用于其他服务（如更小发射功率）时，可能需要使用具有更高带外率减的谱模板。在这些严格情况下的频谱模板如图 10-63 所示。

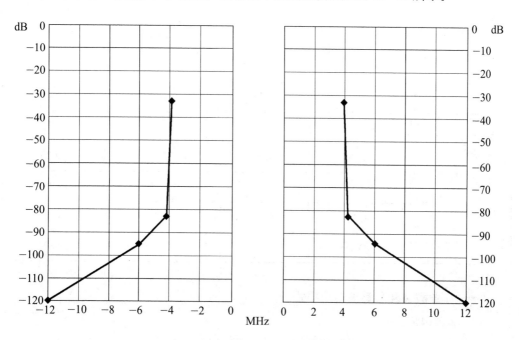

图 10-63　严格条件下的频谱模板

（十）系统净荷数据率

在不同信号帧长度、内码码率和调制方式下，支持的净荷数据率如表10−26所示。

表 10−26　系统净荷数据率（Mbit/s）

信号帧长度		信号帧长度4200个符号		
FEC 码率		0.4	0.6	0.8
映射	4QAM-NB			
	4QAM	5.414	8.122	10.829
	16QAM	10.829	16.243	21.658
	32QAM			27.072
	64QAM	16.243	24.365	32.486
信号帧长度		信号长度4375个符号		
FEC 码率		0.4	0.6	0.8
映射	4QAM-NR			5.198
	4QAM	5.198	7.797	10.396
	16QAM	10.396	15.593	20.791
	32QAM			25.989
	64QAM	15.593	23.390	31.187
FEC 码率		0.4	0.6	0.8
映射	4QAM-NR			4.813
	4QAM	4.813	7.219	9.626
	16QAM	9.626	14.438	19.251
	32QAM			24.064
	64QAM	14.438	21.658	28.877

（十一）单载波和多载波应用模式

1. 单载波调制模式

单载波调制技术是将需要传输的数据流调制到单个载波上进行传送，例如 QAM、

QPSK、VSB 等。

技术实现上单载波应用模式有以下特点：PN595＋单载波＋高效信道编码＋扩频保护系统信息＋低阶星座映射＋双导频＋均衡技术。

（1）帧头模式 2（PN595）采用非循环简洁的伪随机二进制序列作为帧头，有利于信道均衡快速收敛，同时帧头功率与帧体信号的平均功率相同保证了单载波信号的低峰均比特性。

（2）采用 Walsh 正交序列联合扩频序列的方式来保护传输中的系统信息，使得系统信息在多径时变信道时有很强的抗衰落特性。

（3）高效信道编码方案与低阶星座映射的结合既保证了频谱效率又提升了抗信道衰落的性能。

（4）稳定、可靠和准确的系统载波恢复和时钟获得是单载波系统中有良好的固定和移动接收的必要条件，因此，在发射信号内需要另外加入导频信号。

国标中的单载波调制模式中的双导频的频谱图，如图 10-64 所示。

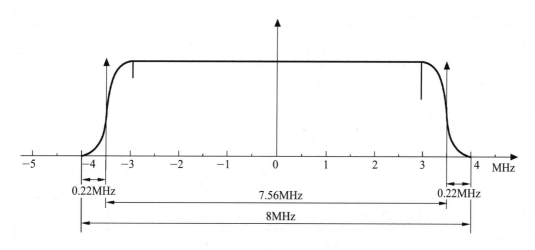

图 10-64　添加双导频后的频谱图

（5）改进的均衡接收技术，在传统的 LMS 算法基础上，依靠简洁数据结构，采用 NR 准正交解映射与均衡结合的算法，突破了单载波抗 0dB 多径、高速移动接收的难题。

2. 多载波调制模式

在我国国标制定的地面数字电视系统中，多载波系统采用了 TDS-OFDM 调制，其主要特点是在每个 OFDM 保护间隔周期性地插入时域正交编码的帧同步 PN 序列，TDS-OFDM 调制按下列步骤进行：

（1）输入的 MPEG-TS 码流经过 FEC 编码处理后，形成在频域内的 DFT 数据块，每个数据块映射成 3780 点的星座符号；

(2) 采用 IDFT 将 DFT 数据块变换成时域内的离散样本，或者说将 3780 点星座符号变换成长度为 3780 的离散样值，称为帧体（500μs）；

(3) 在 OFDM 的保护间隔插入长度为 420 符号（或 945）的 PN 序列作为帧头；

(4) 将帧头和帧体组合，形成时间长度为 555.56μs（或 625μs）的信号帧；

(5) 采用具有线性相位延迟特性的升余弦平方根（SRRC）低通滤波器对信号进行整形，滚降系数 0.05；

(6) 将基带信号进行上变频调制到 RF 载波上。

在我国国标制定的地面数字电视系统中，多载波调制主要的应用模式如表 10-27 所示。

表 10-27　多载波主要应用模式

调制传输	TDS-OFDM		
载波数	3780		
子载波间隔	2kHz		
帧头模式 1(PN420)，信号帧长度 4200 个符号，保护间隔长度 55.6μs（1/9）			
FEC 码率	0.4	0.6	0.8
子载波调制 4QAM	5.414	8.122	10.829
子载波调制 16QAM	10.829	16.243	21.658
子载波调制 64QAM	16.243	24.365	32.486
帧头模式 3(PN945)，信号帧长度 4725 符号，保护间隔长度 125μs（1/4）			
FEC 码率	0.4	0.6	0.8
子载波调制 4QAM	4.813	7.219	9.626
子载波调制 16QAM	9.626	14.438	19.251
子载波调制 64QAM	14.438	21..658	28.877

国标中的多载波系统主要有以下特点：

(1) OFDM 调制保护间隔的新定义；

(2) OFDM 调制时域同步技术。

第四节　IPTV 系统

IPTV 即交互式网络电视，是一种利用宽带网，集互联网、多媒体、通讯等技术于一体，向家庭用户提供包括数字电视在内的多种交互式服务的崭新技术。它能够很好地适应当今网络飞速发展的趋势，充分有效地利用网络资源。

用户在家中可以有三种方式享受 IPTV 服务：1. 计算机；2. 网络机顶盒＋普通电视机；3. 移动终端（如手机、iPad 等）。它能够很好地适应当今网络飞速发展的趋势，充分有效地利用网络资源。IPTV 既不同于传统的模拟式有线电视，也不同于经典的数字电视。因为，传统的和经典的数字电视都具有频分制、定时、单向广播等特点；尽管经典的数字电视相对于模拟电视有许多技术革新，但只是信号形式的改变，而没有触及媒体内容的传播方式。

我国 AVS＋编码复用：

从 2014 年 7 月 1 日起，具有 IPTV 和互联网电视集成播控平台牌照的企业，应将自有平台的新增视频内容优先采用 AVS＋编码格式在 IPTV 网络和互联网（包括移动互联网）上传输、分发和接收。自有平台上存量视频内容应逐步转换为 AVS＋式，IPTV 和互联网电视终端应同步具备相关格式的接收和解析能力。

一、整体架构

IPTV 指在基于 IP 的网络上向用户提供点播或组播方式的视频业务。IPTV 是电视媒体向网络新媒体演化的重要一步，也是三网融合的代表。目前及曾经的与 IPTV 相关的标准化组织和论坛主要包括 ITU、ISO、互联网流媒体联盟（ISMA）、开放移动联盟（OMA）、数字音/视频联盟（DAVIC）、交互式电视联盟（ITV）、宽带业务联盟、Tvanytime、IETF 以及早年的 ATM 论坛等。

IPTV 架构有两种，一种是非基于 NGN 的 IPTV 架构（non−NGN−based IPTV），另一种是基于 NGN 的 IPTV 架构（NGN−based IPTV）。对于基于 NGN 的 IPTV 架构，又根据是否重用 IMS 相关功能部件而分成基于 IMS 的 IPTV 架构（IMS−based IPTV）和非基于 IMS 的 IPTV 架构（non−IMS−based IPTV）。

ITU−T 提出 IPTV 架构支持四大类业务（Y.1901），包括交互业务、娱乐类业务、通信类业务、信息类业务；所提出的 NGN IPTV 功能体系架构高层功能包括终端用户功能（EUF）、应用功能（AF）、内容传送功能（CDF）、业务控制功能（SCF）、管理功能（MF）、内容提供商功能（CPF）和网络功能（NF）。non−IMS−based IPTV 架构在网络控制部分利用了 NGN 中定义的 NACF（网络附着控制功能）和 RACF（资源接纳控制功能）两个子系统。IMS-based IPTV 架构除了在网络控制部分利用了 NGN 中定义的 NACF 和 RACF 两个子系统外，还利用了 IMS 核心网及相关功能实体如 UPSF 等来提供 IPTV 的业务控制功能。

TISPAN 给出的 IPTV 架构与 ITU-T 之间比较相似，大部分功能实体都能相互映射，差异主要包括：ITU-T 对内容分发功能、内容和业务保护功能、内容预处理功能都进行了比较详细的描述，而 TISPAN 没有触及相应的细节；在终端用户侧，ITU-T 分成普通 IPTV 终端和家庭网关功能，而 TISPAN 只是将终端侧统一看作用户终端；ITU-T 给出的应用层功能模块较细化；TISPAN 对 IPTV 相关数据的定义更加细致和深入，并且 TISPAN 已经发布了 IMS-based IPTV、non-IMS-based IPTV 两个架构相关的接口标准。

IPTV 的系统结构主要包括流媒体服务、节目采编、存储及认证计费等子系统，主要存储及传送的内容是以 MPEG-4 为编码核心的流媒体文件，基于 IP 网络传输，通常要在边缘设置内容分配服务节点，配置流媒体服务及存储设备，用户终端可以是 IP 机顶盒+电视机，也可以是 PC。

IPTV 系统架构如图 10-65 所示。

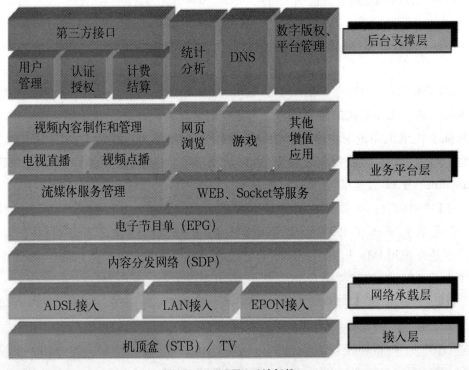

图 10-65　IPTV 系统架构

IPTV 系统布局如图 10-66 所示。

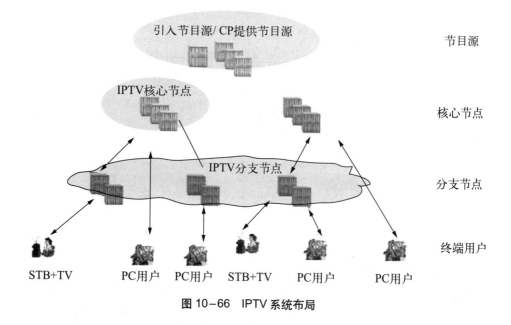

图 10-66　IPTV 系统布局

节目源由广播电视台提供，IP 网络只是传输节目到用户。

IPTV 核心节点如图 10-67 所示。

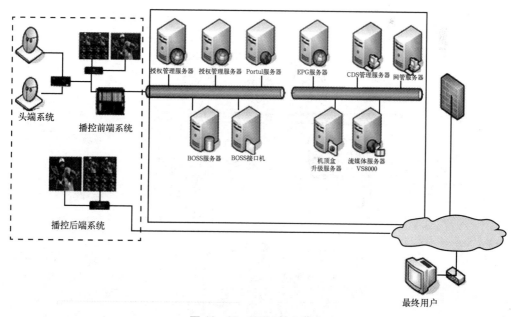

图 10-67　IPTV 核心节点

IPTV 用户接入流程如图 10-68 所示。

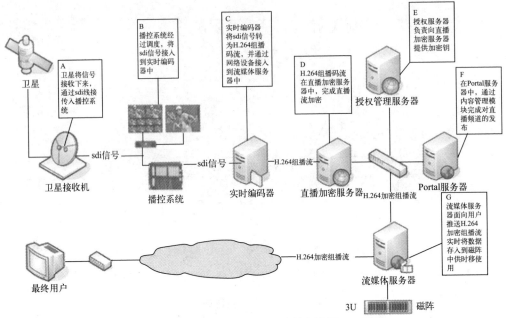

图 10-68　IPTV 用户接入流程

IPTV 直播流程如图 10-69 所示。

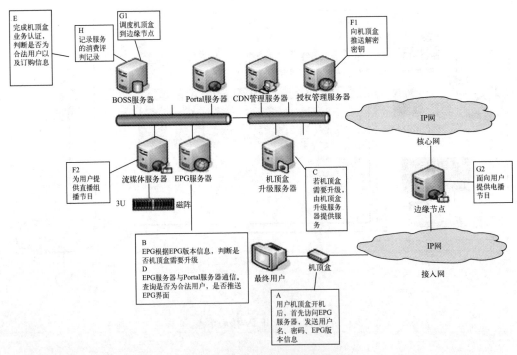

图 10-69　IPTV 直播流程

IPTV 点播流程如图 10-70 所示。

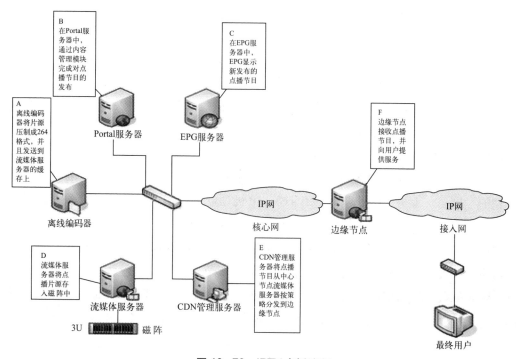

图 10-70 IPTV 点播流程

二、相关技术

IPTV 技术复杂，涉及支撑层、业务层、承载层与接入层的各种技术，涉及音视频编解码技术、流化技术、内容分发技术、组播技术和 DRM 技术等以及多种技术的集成。

IPTV 的基本技术形态可以概括为：视频数字化、传输 IP 化和播放流媒体化，它包括音/视频编解码技术、音/视频服务器与存储阵列技术、IP 单播与组播技术、IP QoS 技术、IP 信令技术、内容分送网络技术、流媒体传输技术、数字版权管理技术、IP 机顶盒与 EPG 技术以及用户管理与收费系统技术等。

IPTV 是利用计算机或机顶盒 + 电视完成接收视频点播节目、视频广播及网上冲浪等功能。它采用高效的视频压缩技术，使视频流传输带宽在 800kb/s 时可以有接近DVD 的收视效果（通常 DVD 的视频流传输带宽需要 3Mb/s），对开展视频类业务如因特网上视频直播、远距离真视频点播、节目源制作等来讲，有很强的优势，是一个全新的技术概念。

传统电视播放存在的问题：传统的电视是单向广播方式，它极大地限制了电视观众与电视服务提供商之间的互动，也限制了节目的个性化和即时化。如果一位电视观众对正在播送的所有频道内容都没有兴趣，他（她）将别无选择。这不仅对该电视观众来说是一个时间上的损失，对有线电视服务提供商来说也是一个资源的浪费。另外，实行的特定内容的节目在特定的时间段内播放对于许多观众来说是不方便的。

IPTV 机顶盒由软件和硬件两大部分组成，机顶盒的硬件包含了主芯片、内存、调谐解调器、回传通道、CA（Conditional Access）接口、外部存储控制器以及视音频输出等几大部分。软件则分成应用层、中间解释层和驱动层三层，每一层都包含了诸多的程序或接口等。

与传统的数字机顶盒相比，IP 机顶盒实现了视频、语音、数据三者的融合，即所谓的三网合一业务（TriplePlay Service）。IP 机顶盒的系统架构包含三个独立的子系统：TV 单元、PC 单元和条件存取（即加密系统、CA）单位。TV 子系统由调频器和视频解码器组成，它们用来处理数字串流信息；CA 子系统让服务商具有控制能力，可以对用户实现管理，能够知道用户在何时收看什么节目；PC 子系统大多是模块式的设计，可以依其需求而增加或减少这个系统中的组件，由于 IPSTB 的目标是要提供互联网的服务功能，故它的 PC 系统方面就得提供 TCP/IP 的堆栈协议，并具有更佳的储存方案。

由此可以看出，IP 机顶盒的功能主要包括以下三方面：

支持现阶段的 LAN 或 DSL 网络传输，接收及处理 IP 数据和视频流；

支持 AVS、MPEG、WMV 和 Real 等视频解码；

支持用户认证功能、通过与 IPTV 系统的交互实现用户的访问控制、计费等管理功能。

思考与练习：

1. 简述卫星信道适配器内各部分的作用。
2. 简述卫星信道采用的载频调制方式。
3. 简述卫星多节目传输的 SCPC 和 MCPC 方式、工作原理、适用场合、优缺点。
4. 简述 DVB–S2 系统的组成及各部分作用。
5. 简述 DVB–S2 的 FEC 编码部分实现数据流处理的过程。
6. 简述有线数字电视传送层数据帧结构、如何区分每个数据帧的划界。
7. 简述有线数字电视前端构成原理。
8. 简述有线数字电视信道编码中数据随机化的作用。
9. 为何要有字节到 m 比特符号的映射变换，以 $m=6$ 为例说明。
10. 简述我国有线数字电视频段划分及其各频段频率范围。

11. 简述 COFDM 信号中插入保护间隔的作用。

12. 何为 8k 和 2k 模式，各适用什么场合，解释其原理。

13. 简述 DTMB 系统的特性。

14. 简述 DTMB 系统的帧结构及其信号帧数据流的构成。

15. 简述 PN 序列的作用。

16. 简述 DTMB 系统的 FEC 编码模式。

17. 简述 DTMB 系统的单载波与多载波调制特点。

18. 简述 IPTV 的系统架构和关键技术。

第十一章　电视信号接收

本章学习提要

1. 电视信号接收天线：室内天线、室外天线、抛物面天线、馈源、高频头。

2. 常用的 3 种器件：馈线、匹配器、功分器。

3. 卫星电视接收机：分类及组成结构。

4. 彩色电视接收机：组成结构及电路作用、CRT、LCD、LED、OLED、立体显示技术。

5. 数字电视接收与业务信息：数字电视机顶盒、数字电视系统中的业务信息（SI）、电子节目指南（EPG）。

根据电视信号的传输方式不同，我们可把电视信号接收分为地面无线电视接收、有线电视接收、卫星电视接收、网络电视接收。卫星电视信号需要用卫星电视接收机解调出视频信号和音频信号后再由电视机还原图像和伴音，模拟地面无线电视信号和模拟有线电视信号相同，可用电视机直接接收，数字地面无线电视信号和数字有线电视信号不同，分别用地面数字电视机顶盒和有线数字电视机顶盒接收，网络电视用 PC、机顶盒+电视机、手机接收。

第一节　电视信号接收天线

天线的定义：天线（antenna）是用于无线电波的发射或接收的一种金属装置，其作用是使高频信号能量与空间电磁波能量进行互相转换。按工作性质可分为发射天线和接收天线；按用途可分为通信天线、广播天线、电视天线、雷达天线等；按工作波长可分为超长波天线、长波天线、中波天线、短波天线、超短波天线、微波天线等；按结构形式和工作原理可分为线天线和面天线等；按天线维数可分为一维天线和二维天线；按使用场合可分为手持天线、车载天线、基地天线三大类。发射天线能将高频信号能量转换为空间电磁波能量，接收天线能将空间电磁波能量转换为高频信号能量。

不同的天线，性能差别很大，主要考虑 4 个参数。

阻抗。不同的天线输入输出阻抗不同，电视常用 75Ω 和 300Ω 两种。

增益。在相同条件下，不同的天线产生的感应电动势大小不同。

频带。不同的天线频带宽度不同，电视天线的频带宽度不小于 8MHz。

方向性。天线对不同方向传来的等能量的电磁波感应出的电动势大小不同。

下面主要介绍电视接收天线：

从空中传来的带有电视信号的电磁波，是通过电视接收天线接收下来，再送入电视机内的。一般来说，在距离电视台或电视转播台较近的地区，电视信号比较强，使用电视机上的拉杆天线就能获得满意的收看效果；在距离电视台或电视转播台较远的地区，电视信号比较弱，要使用室外天线才能获得满意的收看效果。

一、室内天线

接收地面无线电视信号用的室内天线主要是电视机的拉杆天线，它是用来接收甚高频段 1~12 频道中任何一个频道电视节目的。在这 12 个频道中，由于 1 频道频率最低，中心波长最长，为 5.71 米，12 频道频率最高，中心波长最短，为 1.37 米。而实验证明，接收天线的长度为 1/4 波长的 85% 时，接收效果最好，所以一般电视机拉杆天线的长度都设计成 1.2 米左右。在收看电视节目时，拉杆的长度应随不同的频道而有所改变。但是，究竟怎样调节拉杆天线才可以收到质量较好的电视图像呢？有人在使用中往往将其全部拉出，认为越长越好，其实这是不正确的。总的原则应该是：频道越高，拉出的长度越短；频道越低，拉出的长度越长。具体到每个频道，拉杆天线应拉出的长度如表 11-1 所示。

表 11-1 拉杆天线长度与电视频道对照表

频道	1	2	3	4	5	6	7	8	9	10	11	12
长度（米）	1.20	1.02	0.91	0.78	0.72	0.42	0.40	0.36	0.34	0.32	0.30	0.29

拉杆天线分为单拉杆和双拉杆两种，双拉杆天线又称为羊角天线，单拉杆天线的输出阻抗为 75Ω，双拉杆天线的输出阻抗为 300Ω，如图 11-1 所示。

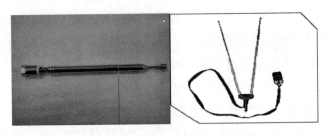

图 11-1　拉杆天线结构图

由于室内门窗、墙壁和家具的反射作用，使得室内电磁波的分布异常复杂。在拉杆天线的长度调整好之后，还要仔细调整拉杆天线的方向和角度，才能得到满意的收看效果。

拉杆天线方向性差、增益低，但价格便宜、使用方便，一般用于电视信号较强、接收环境较好的地方。在电视信号较弱、接收环境不好的地方就要用室外天线。

二、室外天线

接收地面无线电视信号和卫星电视信号时都要用室外天线。

接收地面无线电视信号常用偶极型天线和八木天线。

（一）偶极型天线

偶极型天线具有定向性，是由两个 L 状金属（多为铝或铜）条并放成 T 状而成。T 型的水平部分长度为波长的 1/2，波长若为 12.5cm，则 T 型水平部分长度应为 6.25cm。

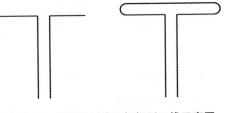

图 11-2　偶极型天线和折偶型天线示意图

偶极型天线属线型天线，如图 11-2 所示。图中，左为线型天线中的偶极型天线，右为折偶型天线。

偶极型天线的输出阻抗为 75Ω，折偶型天线的输出阻抗为 300Ω。

（二）八木天线

八木天线也属线型天线。八木天线由一受激单元、一反射单元和一个或多个引向单元构成。注：实际上反射单元可以由多个单元或一反射面组成。

20 世纪 20 年代，日本东北大学的八木秀次和宇田太郎两人发明了这种天线，被称为"八木宇田天线"，简称"八木天线"。

八木天线有很好的方向性，较偶极天线有更高的增益。

典型的八木天线应该有 3 个振子，整个结构呈"王"字形。与馈线相连的振子称有源振子或主振子，居 3 个振子之中，是"王"字的中间一横。比有源振子稍长一点的振子称反射器，它在有源振子的一侧，起着削弱从这个方向传来的电波或从本天线发射出去的电波的作用；比有源振子略短的振子称引向器，它位于有源振子的另一侧，它能增强从这一侧方向传来的或向这个方向发射出去的电波。

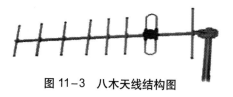

图 11-3　八木天线结构图

引向器可以有许多个，每根长度都要比其相邻的并靠近有源振子的那根略短一点，如图 11-3 所示。

　　引向器越多，方向越尖锐、增益越高，但实际上超过 4、5 个引向器之后，这种"好处"增加就不太明显了，而体积大、自重增加、对材料强度要求提高、成本加大等问题却渐突出。通常情况下有 5 个单元（即有 3 个引向器、1 个反射器和 1 个有源振子）就够用了。

　　每个引向器和反射器都是用一根金属棒做成。无论有多少"单元"，所有的振子，都是按一定的间距平行固定在一根"大梁"上。大梁也用金属材料做成。这些振子的中点要与大梁绝缘吗？不要。原来，电波"行走"在这些约为半个波长长度的振子上时，振子的中点正好位于感应信号电压的零点，零点接"地"，一点也没问题。而且还有一个好处，在空间感应到的静电正好可以通过这些接触点、天线的金属立杆再导通到建筑物的避雷地网去。

　　八木天线的工作原理是（以三单元天线接收为例）：引向器略短于二分之一波长，主振子等于二分之一波长，反射器略长于二分之一波长，两振子间距四分之一波长。此时，引向器对感应信号呈"容性"，电流超前电压 90°；引向器感应的电磁波会向主振子辐射，辐射信号经过四分之一波长的路程使其滞后于从空中直接到达主振子的信号 90°，恰好抵消了前面引起的"超前"，两者相位相同，于是信号迭加，得到加强。反射器略长于二分之一波长，呈感性，电流滞后 90°，再加上辐射到主振子过程中又滞后 90°，与从反射器方向直接加到主振子上的信号正好相差了 180°，起到了抵消作用。一个方向加强，一个方向削弱，便有了强方向性。发射状态作用过程亦然。

　　有源振子是关键的一个单元。有两种常见形态：折合振子与直振子。直振子其实就是二分之一波长偶极振子，折合振子是其变形。有源振子与馈线相接的地方必需与主梁保持良好的绝缘，而折合振子中点仍与大梁相通。

　　经典的折合振子八木天线的特性阻抗约为 300Ω（振子间距约四分之一波长），这就是常见的室外电视接收天线。

　　架设八木天线时，天线的振子是和大地平行好还是与大地垂直好？答案是收、发信双方保持相同"姿势"为好。振子水平时，发射的电波其电场与大地平行，称"水平极化波"，振子与地垂直时，发射的电波属"垂直极化波"。收发双方应该保持相同的极化方式。在 U/V 波段，电视信号都是"水平极化波"，八木天线应为水平架设。

振子的直径对天线性能有什么影响？回答是直径影响振子长度，直径大则长度略短。直径大，天线 Q 值低些，工作频率带宽就大一些。

折合振子是"平躺"在大梁上，其几个边都与其他振子在一个平面上好？还是折合振子的面垂直于大梁，只有其长边和其他振子保持在一个平面上好呢？经典的折合振子八木天线是前者。根据前面所说的工作原理，如果把折合振子平躺在引向器和反射器之间，折合振子就有两个边"插足"，其中的相位关系就更复杂了许多。

八木天线方向性好、增益高，采用平衡式传送电视信号（即双线传送）。

为了获得较好的收视效果，室外电视天线安装一般都要比周围建筑物高出许多。在这种情况下，如果没有采取避雷措施或避雷措施不完善，就很容易引发雷击事故，从而造成财产损失，甚至导致人员伤亡。解决室外电视天线的防雷问题要做到以下三点：一是首先将天线接地；二是安装天线馈线避雷器；三是雷雨天气发生之时最好不要打开电视机，同时应将电源线、天线等插头拔掉（特别是在强雷暴天气发生的时候）。

（三）抛物面天线

接收卫星电视信号常用抛物面天线（俗称"锅"）。卫星电视接收天线利用电波的反射原理，将电波聚焦后，辐射到馈源上的高频头里，然后通过馈线将信号传送到卫星接收机并解码出电视节目。卫星接收天线形式有多种多样，但最常见的有以下三种。

1. 正馈（前馈）抛物面卫星天线

正馈抛物面卫星接收天线类似于太阳灶，由抛物面反射面和馈源组成。它的增益和天线口径成正比，主要用于接收 C 波段的信号。由于它便于调试，所以广泛应用于卫星电视接收系统中。它的馈源位于反射面的前方，故人们又称它为前馈天线，如图 11-4 所示。

正馈抛物面卫星天线的缺点如下：

（1）馈源是背向卫星的，反射面对准卫星时，馈源方向指向地面，会使噪声温度提高。

图 11-4　正馈（前馈）抛物面
卫星天线结构图

（2）馈源的位置在反射面以上，要用较长的馈线，这也会使噪声温度升高。

（3）馈源位于反射面的正前方，它对反射面产生一定程度的遮挡，使天线的口径效率会有所降低。

优点就是反射面的直径一般为 1.2 m~3 m，所以便于安装，而且接收卫星信号时也比较好调试。

2. 卡塞格伦（后馈式抛物面）天线

卡塞格伦是一位法国物理学家和天文学家，他于 1672 年设计出卡塞格伦反射望远镜。1961 年，汉南将卡塞格伦反射器的结构移植到了微波天线上，他采用了几何光学的方法，分析了反射面的形状，并提出了等效抛物面的概念。卡塞格伦天线，它克服了正馈式抛物面天线的缺陷，由一个抛物面主反射面、双曲面副反射面和馈源构成，是一个双反射面天线，它多用作大口径的卫

图 11-5　后馈式抛物面天线结构图

星信号接收天线或发射天线。抛物面的焦点与双曲面的虚焦点重合，而馈源则位于双曲面的实焦点之处，双曲面汇聚抛物面反射波的能量，再辐射到抛物面后馈源上，如图 11-5 所示。

由于卡塞格伦天线的馈源是安装在副反射面的后面，因此人们通常称它为后馈式天线，以区别于前馈天线。

卡塞格伦天线与普通抛物面天线相比较，它的优缺点如下：

（1）设计灵活，两个反射面共有 4 个独立的几何参数可以调整；

（2）利用焦距较短的抛物面达到了较长焦距抛物面的性能，因此减少了天线的纵向尺寸，这一点对大口径天线很有意义；

（3）减少了馈源的漏溢和旁瓣的辐射；

（4）作为卫星地面接收天线时，因为馈源是指向天空的，所以由于馈源漏溢而产生的噪声温度比较低。

缺点是副反射面对主反射面会产生一定的遮挡，使天线的口径效率有所降低。由于其口径都在 4.5m 以上，所以制造成本较高，而且接收卫星信号时调试有点复杂。

3. 偏馈天线

偏馈天线又称 OFF SET 天线，主要用于接收 Ku 波段的卫星信号，是截取前馈天线或后馈天线一部分而构成的，这样馈源或副反射面对主反射面就不会产生遮挡，从而提高了天线口径的效率，如图 11-6 所示。

图 11-6　偏馈天线结构图

从图中可以清楚地看出，偏馈天线的工作原理与前馈天线或后馈天线是完全一样的。一般来说，相同尺寸的偏馈天线和正馈天线接收同一颗卫星电视信号时，因反射的角度不同，偏馈天线的盘面仰角会比正馈天线盘面仰角略垂直约 25°～30°。

偏馈天线的优点是：

(1) 卫星信号不会像正馈天线一样被馈源和支架所阻挡而有所衰减，所以天线增益略比正馈高；

(2) 在经常下雪的区域因天线较垂直，所以盘面一般不会积雪；

(3) 在阻抗匹配时，能获得较佳的"驻波系数"；

(4) 由于口径小、重量轻，所以便于安装、调试。

缺点是在赤道附近的国家，如使用正馈一体成型的天线来接收自己上空的卫星信号，天线盘面必须钻孔，才不致天线盘面积水。

(四) 馈源

馈源又称波纹喇叭，是抛物面天线的重要组成部分，安装在抛物面天线反射面的焦点位置上。

1. 馈源的作用

馈源的作用有两个：一是将聚集在焦点上的电磁波信号转换成电压供高频头处理；二是对接收到的电磁波信号进行极化选择。

2. 馈源的组成

馈源由波纹喇叭 (输入口)、极化变换器 (相移器) 和圆矩波导过渡变换器等组成。其中，波纹喇叭的作用是收集抛物反射面聚集来的电磁波信号；极化变换器的作用是根据其内部相移介质片的不同位置可对不同的极化波进行选择接收；圆矩变换器的作用是将波纹喇叭的圆波导与馈源输出口安装高频头的矩形波导进行匹配连接，如图 11-7 所示。

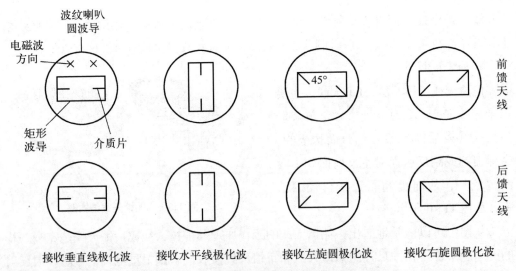

图 11-7　接收不同极化波馈源介质片的位置示意图

3．馈源的类型

根据接收频段和极化方式可分为 C 频段单馈源、Ku 频段单馈源、双极化馈源（能同时接收同一颗卫星转发的水平极化波和垂直极化波）、C 频段和 Ku 频段双馈源（能同时接收同一颗卫星转发的 C 频段和 Ku 频段节目）、多端口馈源（如 C 频段和 Ku 频段双极性 4 端口馈源，可接两个 C 频段高频头和两个 Ku 频段高频头），以及馈源和高频头制作在一起的一体化馈源等。

（五）高频头

高频头又称低噪声下变频器（Low Noise Block Down Converter，LNB），其作用是将天线接收到的下行高频信号进行低噪声放大后再下变频至第一中频信号提供给卫星接收机，如图 11-8 所示。

高频头安装在抛物面天线的焦点上，与馈源连接在一起。如图 11-9 所示。

图 11-8　高频头中频信号输出接口　　　图 11-9　高频头与馈源

高频头内部电路包括低噪声放大器和下变频器，完成低噪声放大及变频功能，即把馈源输出的 4GHz 信号放大，再降频为 950MHz~2150MHz 第一中频信号。

1．高频头的组成

高频头由波导微带变换器、微波低噪声宽带放大器、下变频混频器和第一中频前置放大器等组成，如图 11-10 所示。

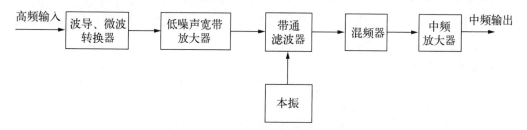

图 11-10　高频头的组成原理框图

2．高频头的类型

按频段可分为 C 频段高频头和 Ku 频段高频头；按极化方式可分为单极化高频头

和双极化高频头；按组合方式可分为 C/Ku 频段复合高频头和与馈源结合的一体化高频头（LNBF）；按信号类型可分为模拟高频头和数字高频头等。

3. 高频头主要技术参数

（1）输入频率范围。C 频段高频头为 3.4GHz~4.2GHz，Ku 频段高频头为 10.7GHz~11.7GHz、11.7GHz~12.2GHz、11.7GHz~12.75GHz 等。

（2）输出频率范围。即第一中频范围，也是接收机的输入频率范围，一般为 950MHz~1450MHz、950MHz~1750MHz、950MHz~2150MHz 等。

（3）本振频率。一般要与接收频段和接收机的输入频率范围匹配。C 频段单极化高频头为 5150MHz，C 频段双极化高频头为 5150MHz（水平极化）和 5750MHz（垂直极化），Ku 频段高频头如表 11-2 所示。

表 11-2　常用的 Ku 频段本振频率

本振频率（GHz）	接收频率范围（GHz）	第一中频范围（MHz）
9.75	10.70~11.20	950~1450
10.25	11.45~11.70	1200~1450
10.75	11.70~12.20	950~1450
11.25	12.20~12.70	950~1450
11.30	11.25~12.75	950~1450

（4）噪声特性。用噪声系数或噪声温度表示，一般越小越好。如 C 频段高频头的噪声温度一般要求在 20K（对应噪声系数 0.3dB）以下，Ku 频段高频头的噪声系数要求在 0.8dB（对应噪声温度 59K）以下。

（5）增益。要求较高，C 频段约为 65db、Ku 频段约为 60db。

（6）本振稳定度及相位噪声。模拟接收要求较低，数字接收要求较高，稳定度 ≤ ±500kHz，噪声＜−85dB/Hz（@10kHz）。

我国采用 11.30GHz。

第二节　常用的三种器件

馈线、匹配器、功率分配器是接收天线与接收机之间常用的三种器件。

一、馈线

在天线与接收机之间的传输线叫馈线。馈线的作用就是把天线接收到的信号以最小的损耗送入接收机，同时不应拾取干扰信号。电视信号的馈线不同于普通传输导线，因为电视信号是高频信号，地面电视信号的频率为 48MHz～960MHz，卫星电视信号的频率为 950MHz～2150MHz，若用普通导线传输，电视信号会向空间辐射，对外干扰大，损耗也大。因此，需用特殊结构的馈线来传输电视信号。

目前电视馈线有两种，即平行扁线和同轴电缆。

平行扁线一般用聚氯乙烯作绝缘材料，线宽为 12.4mm，平行线距为 10.6mm，绝缘厚为 0.6mm，导线直径为 0.96mm，其型号为 SBVD，其特性阻抗为 300Ω。由于平行扁线中两根导线的对地电容相等，因此也称其为平衡式或对称式馈线。平行扁线的特点是容易生产，价格便宜，匹配简单。它的缺点是平行导线周围的电磁场开放，在高频下会辐射电磁波，信号损耗大，因此不适用于 UHF 频段。

在安装平行扁线时注意不要靠近电力线，不要靠近金属体，不要用钉子钉，不要用金属丝捆绑，否则会影响图像质量。由于扁馈线没有屏蔽层，不能像同轴电缆那样把磁场屏蔽住，本身电视信号损耗就大，如果在安装固定时再使用金属丝绑扎，就形成了短路环，大部分信号就损失了，从而使图像模糊不清，甚至收不到图像。另外，如果天线杆是金属的，固定扁馈线时不要紧贴杆体，应该用绝缘物把馈线支起 2cm～3cm，注意了这些才能减少信号损失，获得清晰的电视图像。

馈线越长，损耗越大，所以馈线越短越好，长距离最好选用低损耗的同轴电缆。

常见的同轴电缆又分两种，一种是聚氯乙烯绝缘同轴电缆，型号是 SYV；另一种是泡沫聚乙烯同轴电缆，型号是 SYFV。这两种同轴电缆的特性阻抗都是 75Ω。由于同轴电缆中芯线周围有屏蔽金属网，所以它的抗干扰能力强，信号损耗小，特别适合 UHF 频段使用。

使用同轴电缆时主要应注意匹配问题，很多人换上同轴电缆后电视反而不清楚了，就是没匹配好。一般来说，使用 1/4 波长 75Ω 振子的天线可以直接连接；使用折合振子天线的用户应使用 300Ω/75Ω 阻抗匹配器。电视机的输入也是如此，应接到 75Ω 输入端，如果两者不符也应使用匹配器。

二、匹配器

根据电视高频信号的特点，电视机的输入端都设计成不平衡方式以利于屏蔽，输入阻抗为 75Ω，这样，输出阻抗为 300Ω 的天线与电视机之间必须进行阻抗匹配。例如，折合振子天线和电视机之间必须通过平衡—不平衡变换器（又称匹配器）进行阻抗匹配。

匹配器是在一个双孔小磁芯用双色漆包线并绕 3~4 圈组成的，如图 11-11 所示。

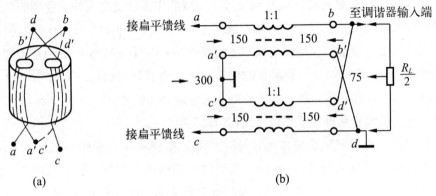

(a)   (b)

图 11-11　匹配器结构图

实际上它是由两个完全相同的传输变压器构成的，从结构上可设计成使变压器的输入、输出阻抗都为 150Ω。将两个变压器的初级串联，阻抗等效为 300Ω，$a'c'$ 点接地；将两个变压器的次级并联，阻抗等效为 75Ω，d 点接地，即可完成 300Ω 向 75Ω 的变换（平衡　不平衡变换）。

三、功率分配器

功率分配器简称功分器，其作用是将来自高频头第一中频信号的功率平分给多台接收机，使同一颗卫星转发的多套广播电视节目能通过一副天线和高频头，供多台接收机同时接收，如图 11-12 所示。

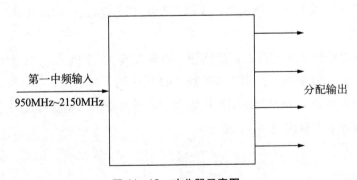

第一中频输入
950MHz~2150MHz

分配输出

图 11-12　功分器示意图

（一）功分器的类型

按电路可分为无源功分器和有源功分器，前者由微带电路、片状电阻和电容等组成，具有一定的分配损耗；后者由高频放大器和分配电路组成，当接收信号较弱时，有源功分器能弥补分配损耗。按输出路数可分为二功分器、四功分器、六功分器、八功分器等。

（二）功分器的技术指标

主要技术指标有工作频率范围、分配损耗（增益）、隔离度等。

无源八功分器的主要技术指标如表 11-3 所示。

表 11-3　无源八功分器的主要技术指标

频率范围（MHz）	40~1000	1000~2400
分配损耗（dB）	9	11
隔离度（dB）	25	25

有源八功分器的主要技术指标如表 11-4 所示。

表 11-4　有源八功分器的主要技术指标

频率范围（MHz）	40—1000	1000—2400
增益（dB）	12	12
隔离度（dB）	25	25
噪声系数（dB）	5	5

第三节　卫星电视接收机

卫星天线接收来自卫星的下行信号，经高频头得到中频信号，送入卫星接收机，经过图像和声音处理输出图像和声音信号，然后直接送给电视机，即可重现图像和声音。

根据用途不同，卫星地面接收站可分为三种类型：个体站、集体站和转播站。这三种类型接收站的卫星电视信号的接收部分都是相同的，不同的仅在于集体站和转播站需要对接收信号进行再调制传输。

若其输出端直接与用户电视机连接，就构成个体接收站，如图 11–13 所示。

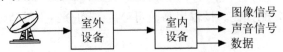

图 11–13　卫星电视个体接收站设备组成图

若室外设备输出经过功率分配后，可以为多个室内设备提供卫星中频信号，各室内设备可以分别进行收看，则为集体接收站，如图 11–14 所示。

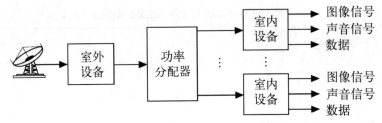

图 11–14　卫星电视集体接收站设备组成图

若为有线电视前端卫星节目地面接收系统，它的前面接收部分与个体站完全相同，不同之处在于其输出的图像和伴音信号不是直接送给电视机，而是再调制到有线电视频道上，并通过有线网络传送给用户，如图 11–15 所示。

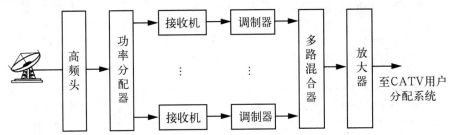

图 11–15　有线电视前端卫星节目地面接收系统框图

若为卫星地面转播站，卫星接收解调后的图像与伴音信号被重新调制到地面电视频道上，并通过功率放大后，从天线上再发射出去，让用户的电视机能直接从空中接收到转发来的卫星电视节目，如图 11–16 所示。

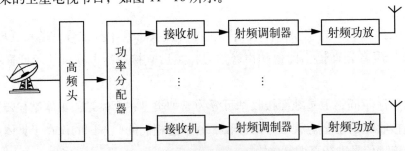

图 11–16　卫星地面转播站系统框图

卫星电视接收机是指将卫星高频头 LNB 输出信号转换为音频、视频信号或者射频信号的电子设备，分为家用型和专业型，如图 11-17 所示。

（a）家用型

（b）专业型

图 11-17　卫星电视接收机外观

模拟卫星电视接收机接收的是模拟信号，目前因为大部分信号均已经数字化，基本已经被淘汰了。

数字卫星电视接收机又称综合接收解码器（Integrated Receiver Decoder，IRD），它接收的是数字信号，是目前比较常用的接收机，又分插卡数字机、免费机、高清机等。

一台最基本的卫星电视接收机，通常应包括以下几个部分：电子调谐选台器、中频放大与解调器、图像信号处理器、伴音信号解调器、前面板指示器、电源电路。插卡数字机还包括卡片接口电路等，如图 11-18 所示。

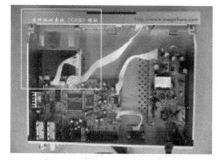

图 11-18　卫星电视接收机电路组成结构图

a. 电子调谐选台器。其主要功能是从 950MHz~2150MHz 的输入信号中选出所要接收的某一电视频道的频率，并将它变换成固定的第二中频频率（通常为 480MHz），送给中频放大与解调器。

b. 中频 AGC 放大与解调器。将输入的固定第二中频信号滤波、放大后，再进行频率解调，得到包含图像和伴音信号在内的复合基带信号，同时还输出一个能够表征输入信号大小的直流分量送给电平指示电路。

c. 图像信号处理器。它从复合基带信号中分离出视频信号，并经过去加重、能量去扩散和极性变换等一系列处理之后，将图像信号还原并输出。

d. 伴音解调器。它从复合基带信号中分离出伴音副载波信号，并将它放大、解调后得到伴音信号。

e. 面板指示器。它将中频放大解调器送来的直流电平信号进一步放大后，用指针式电平表、发光二极管陈列式电平表或数码显示器，来显示接收机输入信号的强弱和品质。

f. 电源电路。它将市电经变压、整流、稳压后得到的多组低压直流稳压电源，为本机各部分及室外单元（高频头）供电。

卫星电视接收机的面板和背板如图 11-19 所示。

面板按钮和指示灯从左至右
依次为：频道指示、信号指示、
锁定指示、上下左右按钮、确定
按钮、菜单按钮。

(a) 面板

(b) 背板

图 11-19　卫星电视接收机的面板和背板

背板接口从左至右依次为：
外壳接地、电源开关、左右声道
平衡输出、环路输出、LNB 输入、
ASI 输出 1、ASI 输出 2、RS232、锁定解锁开关、主视频输出、监视视频输出、左右
声道输出。

数字卫星电视是 20 世纪 90 年代迅速发展起来的，利用地球同步卫星将数字编
码压缩的电视信号传输到用户端的一种广播电视形式。主要有两种方式：一种是将数
字电视信号传送到有线电视前端，再由有线电视台通过有线电视网络传送到用户家
中；另一种方式是将数字电视信号直接传送到用户家中即 Direct to Home（DTH）方
式。与第一种方式相比，DTH 方式卫星发射功率大，可用较小的天线接收，普通家庭
即可使用。同时，可以直接提供对用户授权和加密管理，开展数字电视、按次付费电
视（PPV）、高清晰度电视等类型的先进电视服务，不受中间环节限制。此外 DTH 方
式还可以开展许多电视服务之外的其他数字信息服务，如 INTERNET 高速下载、互动
电视等。

卫星电视接收机与天线、电视机的连接如图 11-20(a) (b) 所示。

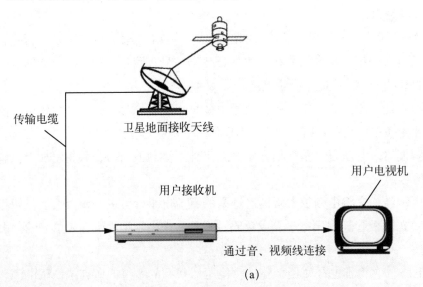

传输电缆

卫星地面接收天线

用户接收机

用户电视机

通过音、视频线连接

(a)

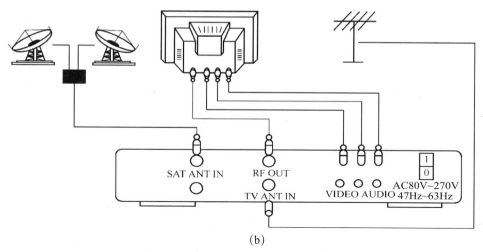

(b)

图 11-20　卫星电视接收机与天线、电视机连接图

第四节　彩色电视接收机

彩色电视接收机简称彩色电视机，是模拟电视信号接收机。

我国彩色电视机采用超外差内载波式接收技术。

超外差是指天线接收到的射频电视信号，经高频放大后与本机产生的本振信号进行混频，得到固定的中频信号。

内载波式是指利用图像中频信号和伴音中频信号在通过检波级时，由于差拍产生第二伴音中频信号的内差方式。

与黑白电视机相比，彩色电视信号比黑白电视信号多了色度信号和色同步信号，所以对彩色电视机的高频和中频电路提出了不同的要求，对扫描电路及高压电路也提出了更高的要求；另外，彩色电视机还多了一个处理彩色全电视信号的解码器，而且，由于采用彩色显像管，还增加了彩色显像管外围电路。

彩色电视机中要处理的信号有亮度信号、色度信号、色同步信号、复合同步信号、复合消隐信号以及伴音信号等几种信号。

一、对彩色电视机的要求

对彩色电视机的要求主要有两点：一是选择性好、灵敏度高；二是具有自动增益控制功能。

（一）选择性好、灵敏度高

传送到电视机输入端的射频电视信号在无线接收时至少有几个频道，包括中央电视台一套、省电视台一套、市电视台一套或两套、县电视台一套等；在有线接收时一般有几十个频道，包括国内所有的卫视节目和本地节目。

无线电视节目少，通常采用隔频传输，按技术要求 VHF 频段至少隔一个频道、UHF 频段至少隔两个频道。

有线电视节目多，通常采用邻频传输。

人们看电视时是要在所有节目中选择一个频道接收，这个频道的信号可理解为"有用"信号，其他频道的信号可理解为"干扰"信号，为了增强"有用"信号、减小"干扰"信号，电视机必须有很好的选择性。如果选择的这个频道的信号很弱，为了得到与强信号频道相同的接收质量，电视机必须有很好的灵敏度。

选择性：电视机准确接收所需电视信号的能力。这种能力越强则选择性越好、反之则选择性差。

灵敏度：电视机接收处理微弱电视信号的能力。这种能力越强则灵敏度越高、反之则灵敏度低。

（二）具有自动增益控制功能

电视机能接收到射频电视信号的强弱变化范围很大，特别是在无线接收时，本地电视台发送的电视信号就很强，而远地电视台发送的电视信号就比较弱，电视发射台越远，到达电视机的电视信号就越弱，这种强弱变化范围可达数百倍。

为使强弱不同的射频电视信号通过电视机接收解调后的视频信号幅度基本相同，必须要求电视机接收解调电路具有自动增益控制（AGC）功能。一般要求控制范围为60dB，即信号强弱变化相差 1000 倍，其中高放 20dB、中放 40dB。

二、彩色电视机的组成

彩色电视机电路包括公共通道、伴音通道、PAL 解码器、显像系统、电源系统、遥控系统等六大部分。

公共通道：包括高频调谐器（俗称高频头）、图像中放电路、同步检波器等电路。

作用——对射频电视信号进行选频、放大、变频、检波等处理得到视频全电视信号和伴音第二中频信号。

伴音通道：主要由伴音中放电路、鉴频电路、输出电路、扬声器等组成。

作用——将伴音第二中频信号进行放大、鉴频、功率放大后，形成音频信号推动扬声器重现声音信息。

PAL 解码器：亮度通道、色度通道、副载波恢复电路、解码矩阵电路。

作用——将彩色全电视信号还原成 R、G、B 三基色信号供显像管重现彩色图像。

显像系统：包括彩色显像管及其附属电路、LCD、PDP、OLED。

作用——实现电–光转换，重现彩色图像。

电源系统：主要由整流滤波电路、开关稳压电路组成。

作用——向整机提供符合要求的各种电源电压。

遥控系统：主要由微电脑控制器（CPU）、遥控电路等组成。

作用——以微电脑为核心，实现对整机各部分正常工作的自动控制，并提供显示信号以方便观看者的调控。

显像管（CRT）电视机电路框图如图 11–21 所示。

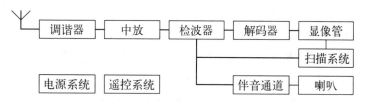

图 11–21 CRT 电视机的基本组成框图

显像管需要扫描系统提供偏转磁场控制电子束扫描形成图像。

LCD、PDP、OLED 等电视机电路框图如图 11–22 所示。

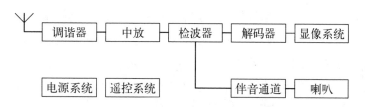

图 11–22 LCD 等电视机的基本组成框图

彩色电视机的接收处理电视信号的过程：

来自天线的射频电视信号通过高频调谐器的选频放大，并经过本振、混频器，变换成中频图像信号，再通过中放电路进一步筛选放大后送至同步检波器进行检波。同步检波器所需的插入载波是由中频图像信号经限幅、选频后，提取出来的等幅中频信号，其频率值为图像载频 38 MHz。同步检波器输出的信号包括：0MHz~6 MHz 的亮度信号、载频为 4.43MHz 的色度信号、复合同步信号以及载频为 6.5 MHz 的第二伴音中频信号等。

同步检波器输出的载频为 6.5MHz 的第二伴音中频信号经过 6.5 MHz 的带通滤波器，再通过伴音中放、鉴频和功放电路，送至扬声器（喇叭）还原成声音。

同步检波器输出的彩色图像信号经 6.5MHz 陷波器，将第二伴音中频信号滤去后（以防止伴音干扰图像），得到彩色全电视信号，进入 PAL 解码器，在解码器内部，该信号又分为三路输出。

第一路经 4.43 MHz 的吸收回路，消除色度信号，取出亮度信号，但该亮度信号的高频分量也有所损失，会影响图像的清晰度。因此，还增加了亮度放大与勾边电路，使亮度信号的高频成分有所提高，再经 0.6 μs 的亮度延时电路，使亮度信号与色差信号同时到达解码矩阵电路。

第二路经过 4.43 MHz 的带通滤波器，滤去亮度信号，取出色度信号及色同步信号，然后经色同步分离器将色度信号及色同步信号分开。色同步分离器的门控开关是来自延时约为 4.4μs 的行同步脉冲。此门控行同步脉冲的时轴中心频率位置正好与色同步信号的中心对准，故门控脉冲到来时，便可取出色同步信号，从而抑制了色度信号。分离出的色同步信号，一方面去控制鉴相器，使它与本机副载波同步，其相位与彩色副载波准确相差 0° 或 90°；另一方面去控制识别、消色检波电路等。一旦逐行倒相的 PAL 开关倒错，便会自动纠正。分离出的色度信号经色度放大器放大后，送到延时解调器，在这里经过"电平均"消除相位误差引起的色调畸变，同时，把色度信号分解为 Fu/Fv 分量，此二分量再送至红色差、蓝色差同步检波器，分别检波出 R–Y 和 B–Y 色差信号，再将两色差信号送至解码矩阵，混合出 R、G、B 三基色信号，经视放输出级分别送到彩色显像管的三个阴极或其他显示屏的驱动电路。

第三路输出（CRT 电视机专用），利用同步分离电路（即幅度分离器）取出行、场复合同步信号，并由微分电路取出行同步脉冲送到鉴相器，使行振荡器与之同步，鉴相器的比较信号是行输出级反馈过来的由行逆程脉冲经积分电路引入的；同时，场同步信号经积分电路去控制场振荡器，使场频与之一致。由于彩色显像管的尺寸与偏转角一般都比较大，易产生枕形失真，因而必须加有枕形校正电路，即让行、场输出电流相互制约后，再送入偏转线圈来进行枕形失真的校正。

另外，彩色电视机中需要提供多种直流电压源，如彩色显像管的阳极高压，中、低压电源等。在实际的 CRT 彩色电视机电路中，一般是直流稳压电源仅供给扫描电路，而其他直流电源均由行输出变压器提供不同幅度的行逆程脉冲电压，经过二极管整流得到。目前，彩色电视机中基本上采用的是开关型稳压电源，因为开关型稳压电源具有体积小、重量轻、效率高、调整范围宽等优点。

三、CRT 显像管

CRT（Cathode Ray Tube）又名阴极射线管，可分为黑白显像管和彩色显像管。

　　显像管是电视接收系统的终端显示器件，它将图像信号还原为光图像。显像管的特性和要求是整个电视机设计的基本依据。例如，扫描光栅的组成、信号通道增益、视频图像信号的极性选择、电视机的功率消耗以及偏转线圈扫描电流特性等，都是根据显像管的特性和要求而定的。此外，电视机的收看质量，图像的清晰度、对比度、灰度、亮度、灵敏度等主要指标及彩色效果好坏都最终表现在显像管上，因此要获得高质量的电视图像，必须有一个高质量的显像管。所以首先必须了解显像管的结构、工作原理及基本参数。

　　经典的 CRT 显像管使用电子枪发射高速电子，经过垂直和水平偏转线圈控制高速电子的偏转角度，最后高速电子击打屏幕上的荧光粉使其发光，通过电压来调节电子束的功率，就会在屏幕上发出明暗不同的光点形成各种图像。

（一）黑白显像管

介绍黑白显像管组成、工作原理、偏转线圈。

1. 黑白显像管组成

　　黑白显像管由玻璃外壳、电子枪、荧光屏三部分组成。显像管内抽成真空，管壳由高强度的玻璃制成，它能承受高压以防爆裂。

　　黑白显像管的结构如图 11-23 所示。

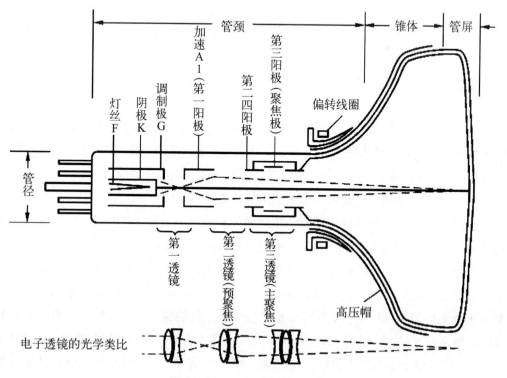

图 11-23　黑白显像管的结构图

显像管内部的电子枪阴极由灯丝加热发出电子束，经强度控制、聚焦和加速后变成细小的电子流，在阳极高压作用下，获得巨大的能量，以极高的速度去轰击荧光粉层，就会发出光亮。

偏转线圈（Deflection Coils）的作用就是帮助电子枪发射的电子束，以非常快的速度对所有的像素进行扫描激发。在显像管内，电子束以一定的顺序，周期性地轰击每个像素，使每个像素都发光；而且只要这个周期足够短，也就是说对某个像素而言电子束的轰击频率足够高，我们就会看到一幅完整的图像。有了扫描，就可以形成画面。

场扫描的速度决定了画面的连续感，场扫描越快，形成的单一图像越多，画面就越流畅。而每秒钟可以进行多少次场扫描通常是衡量画面质量的标准，我们通常用帧频或场频（单位为 Hz，赫兹）来表示，帧频越大，图像越有连续感。

(1) 玻璃外壳

玻璃外壳由管颈、锥体和屏面三部分组成。管颈内有电子枪、屏面由玻璃构成。玻璃锥体是屏面玻璃和管颈的连接部位，它为电子束实现全屏幕扫描提供足够大的空间。锥体内外壁均涂有石墨导电层，其作用如下。

①内壁石墨导电层与高压阳极相连，形成一个等电位空间，以保证电子束高速运动。

②外石墨导电层接地，以防止管外电场的干扰；内石墨导电层可以吸收荧光屏在高速电子轰击下产生的二次电子及管内的杂乱发射光，从而有助于提高图像的对比度。

③内外石墨导电层间形成一个 500pF~1000pF 的电容，可作为第二、四高压阳极的滤波电容。因而在高压供电电路中不必另接高压滤波电容。

(2) 电子枪

电子枪安放在管颈内，用来发射密度可调的电子流，并通过聚焦和加速，形成截面积很小、速度很高的电子束。该电子束在行、场偏转磁场的作用下可形成全屏幕的扫描光栅。电子枪通常由灯丝和 5 个用无磁不锈钢制成的电极组成。

①灯丝（F），通电后加热阴极，使阴极能发射电子。

②阴极（K）呈小圆筒状，筒的顶端涂有发射电子的材料（氧化钡、氧化锶和氧化钙混合物），当阴极被灯丝加热后，阴极表面材料便向外发射电子。

③控制栅极（G）也是圆筒状，它套在阴极外面，圆筒的中间开有一个小孔，以便电子流穿过。通常控制栅极相对阴极加有数十伏的直流负压，形成阻滞电场。改变控制栅极对阴极的负电位大小，就可以直接控制电子流的强弱，从而控制了对应光点的明暗。电子束的截止电压约−30V~−90V 之间。图像信号直接加在控制栅极（正极性图像信号）或阴极（负极性图像信号）上，使扫描电子束强弱随图像信号变化，从而在屏幕上显示出不同灰度层次的图像。

④加速极（第一阳极）A1，其外形像中间开孔的圆盘。它通常加有上百伏正电压，其作用是把阴极电子拉出来，并对飞向屏幕的电子流加速和聚焦。

⑤高压阳极（A2，A4）由两个圆筒状电极组成，A2（第二阳极）与A4（第四阳极）之间在内部相连接，A4通过弹簧片与锥体内壁石墨导电层相连。经高压嘴在A2、A4及内石墨层上接有9kV~16kV高压。一方面，第二、四阳极与第三阳极（聚焦极）组成电子透镜，使电子束在轰击荧光屏之前聚焦；另一方面，在显像管锥体内侧的石墨导电层形成了一个均匀的等电位空间，保证电子束进入此空间后径直地飞向荧光屏，而不产生杂乱的偏离和聚焦。

⑥聚焦极（第三阳极A3）是套在A2、A4之间的金属圆筒电极，通常加有几百伏的直流正电压，调整这个电压大小，可使阴极发射的电子流形成细束，在屏幕上聚焦成一个小点。

（3）荧光屏

荧光屏由屏面玻璃、荧光粉层和铝膜三部分组成。在屏面玻璃的内壁上，沉积一厚度约为10μm、以银作激活剂的硫化锌荧光粉层，它在电子束的高速轰击下发白光。其发光强弱与电子束电流太小及速度高低相对应。为了防止电子束电流太大，使荧光粉层局部过热而降低发光能力，一般限制束电流在100μA以下。为了提高屏幕亮度及减弱闪烁效应，荧光粉应具有余辉特性，但为了防止造成前后两帧图像重叠出现而使清晰度下降，余辉时间不宜过长，应采用余辉时间小于1ms的荧光粉。

在荧光粉层后面蒸发一层厚度约为1μm的铝膜，它的作用有三个：

①铝膜可以挡住内部杂散光，从而提高图像对比度。

②铝膜有利于提高屏幕的最高亮度，它可将荧光屏射向背后去的光线反射回屏幕；并且铝膜接阳极高压，可避免荧光屏积累电子，否则积累的电子所产生的电场将减小电子轰击的能量，使亮度降低。

③铝膜可以保护荧光屏不出现离子斑。因为在高速电子轰击下，显像管内残存的气体将发生电离，其负离子与电子一样受到加速电场的作用射向荧屏。但其质量比电子大几千倍，偏转磁场使它偏转的角度很小，因此这些离子将集中轰击荧光屏中心的小部分区域，使荧光粉层老化，降低发光效率，产生"离子斑"。铝膜的作用是可挡住体积大、速度低的负离子，使之不能穿过铝膜到达荧光屏，而质量小、速度高的电子却极易穿透铝膜射向荧光粉层。

2. 黑白显像管工作原理

显像管产生光栅或显示图像是依靠在栅极（G）与阴极（K）之间施加不同的电压，以控制阴极电流ik（与电子束流方向相反）的大小而实现的。

当无图像信号输入时，栅、阴极间加的是一直流负压（静态栅偏压Ugk0），在偏转磁场的作用下，屏幕各点对应的阴极电流 ik 处处相等，因而屏幕显示的是亮度均匀的光栅。

当有图像信号输入时，栅、阴极间在直流负压的基础上叠加了图像信号电压，通过扫描，屏幕各点对应的阴极电流 ik 随图像信号规律地变化，因而屏幕上就出现了相应的图像。为了正确重现图像，必须根据图像信号的极性选择它输入的电极。比如负极性图像信号应从显像管的阴极输入，这样，原图像越暗对应的图像信号电平就越高，从而抬高了阴极电平而使栅、阴间电压

图 11-24　负像效果

越负阴极电流（电子速流）就越小，则显像管的显示亮度越暗，重现的图像是正确的。如果是正极性的图像信号，则应从显像管的栅极输入，否则会在荧光屏上出现"负像（Negative）"，如图 11-24 所示。

负像呈现一种底片效果，图像的黑白效果为亮暗关系与现实颠倒，图像的彩色效果呈现与原物色彩的补色影像。

根据上述分析，我们用栅-阴极之间电压 U_{gk}（始终为负值）与阴极电流 ik 关系曲线来表征显像管的工作特性，即所谓调制特性，如图 11-25 所示。

调制特性曲线的斜率，即 $\Delta ik / \Delta u_{gk}$，表示显像管的灵敏度，即栅-阴电压对阴极电流的控制能力。图中，E_{gk} 是当阴极电流 ik 为零时的截止电压，即当

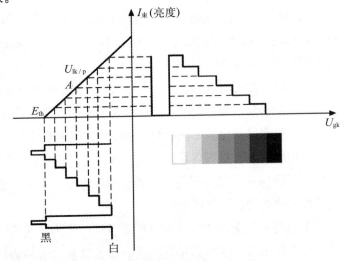

图 11-25　显像管调制特性曲线

$U_{gk}=E_{gk}$ 时，电子束流将被完全抑制，$ik=0$，荧光屏不发光。

理论与实践都证明，阴极电流与栅、阴电压有下面的关系：

$$i_k = k(U_{gk} - E_{gk})^{\gamma}$$

式中，γ 为显像管电光转换特性的非线性系数，其值为 2~3 之间；k 是比例系数，与阴极特性及其他电极构造等因素有关。

显然，阴极电流 ik 随栅、阴电压 U_{gk} 以指数规律变化，即 U_{gk} 对 ik 的控制作用为非线性。当栅极偏压在 $-12\ \text{V} \sim -80\ \text{V}$ 之间时，显像管的控制灵敏度大约每伏几

个微安的数量级。随着栅极负压值减小，阴极电流按指数规律增大。实际上，黑白显像管白色电平所对应的阴极电流 ik 不能超过 150μA~200μA（负电压 U_{gk} 不应小于 –20 V ~–10 V），否则可能会烧坏荧光粉层，并且因 ik 过大造成高压阳极过负载、高压下跌影响聚焦和亮度。

3. 偏转线圈

偏转线圈是 CRT 显像管的重要部件。偏转线圈位于显像管管颈和锥体的连接处。通电后可产生较强的磁场，控制经过加速的电子束在屏幕上作上下左右运动。偏转线圈结构如图 11–26 所示。

偏转线圈由行偏转线圈、场偏转线圈、磁环、中心位置调节器构成，如图 11–27(a) 所示。行偏转线圈分上、下两部分，绕成喇叭形，如图 11–27(b)

图 11–26　偏转线圈外观

所示，两部分采用串联或并联方式。场偏转线圈也分上、下两部分，通常绕成环形，如图 11–27(c) 所示，两部分也采用串联或并联方式。

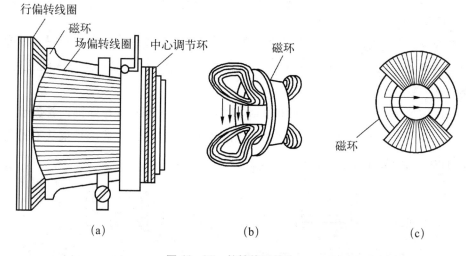

图 11–27　偏转线圈结构

行偏转线圈产生垂直磁场，场偏转线圈产生水平磁场。行场偏转线圈的位置紧贴显像管，上、下两个绕组垂直对称，场偏转线圈套在行偏转线圈外面，也是上、下两个绕组垂直对称。如果行、场偏转线圈互相不垂直时，就会出现平行四边形失真现象，如图 11–28(a) 所示；如果偏转线圈的上、下两个绕组不对称或局部短路时，就会出现梯形失真，如图 11–28(b) 所示；如果偏转线圈匝数分布不均匀就会产生枕形或桶形失真，如图 11–28(c) 和图 11–28(d) 所示。

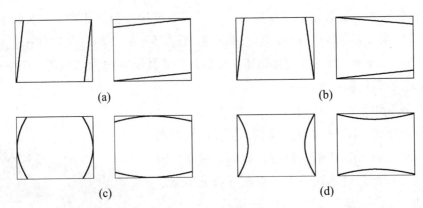

图 11-28　光栅失真

4. 彩色显像管

彩色显像管内有三支电子枪，荧光屏涂有三色荧光粉，还增加了一个荫罩（Shadow Mask）。

彩色显像管的种类较多，有三枪三束彩色显像管、单枪三束显像管、自会聚彩色显像管、大屏幕彩色显像管等。在大屏幕彩色显像管中又可分为超平显像管、纯平显像管、超薄显像管、超净显像管等。

三枪三束彩色显像管也称荫罩管，是较早开发的显像管，它由荧光屏、荫罩、电子枪及玻璃外壳四部分组成。它有三支独立的电子枪，排成品字形，分别发射出红、绿、蓝电子束。

荫罩板置于距荧光屏内表面 10mm 左右的地方，上面有规律地排列着数十万个小圆孔，每个小孔与荧光屏上的一个三色点组相对应。红、绿、蓝电子束从不同角度同时在荫罩孔处相交并通过，如图 11-29 所示。

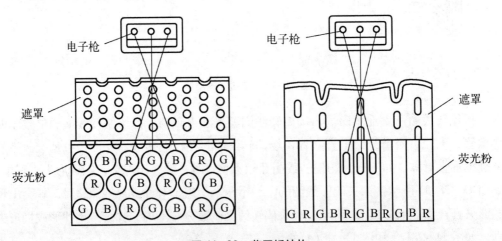

图 11-29　荫罩板结构

　　三枪三束彩色显像管现在采用的很少了，主要是因为它的会聚电路较复杂，调整比较麻烦。

　　单枪三束彩色显像管由一支电子枪发射电子束，它具有三个独立的、按直线排列的阴极，其他各极都是共用的。

　　单枪三束荧光屏上红、绿、蓝荧光粉是以纵向条状涂复在屏上的，在荧光屏的内侧有一金属板，称为分色板，它的作用是使三条电子束只能轰击各自的荧光粉条。

　　单枪三束彩色显像管的优点是会聚调整比三枪三束管简单，而且透过率比三枪三束管高，使其屏幕亮度较高。该管的不足是会聚调整仍然较麻烦，而且生产较困难，不易大规模生产。

　　三枪三束或单枪三束彩色显像管，都属于荫罩式彩色显像管。

　　自会聚彩色显像管是一种新型显像管，它采用了新型荧光粉，并提高了高压，使亮度得到了提高。荧光屏大多数采用黑底管技术，提高了亮度和对比度，改善了电视图像的质量，因而更适合白天观看电视。此外，自会聚彩色显像管还具有功耗低、寿命长、显像快、成本低等优点，如图11-30所示。

图 11-30　自会聚彩色显像管

　　(1) 自会聚彩色显像管的结构

　　自会聚彩色显像管也分为玻璃外壳、电子枪、荧光屏三部分。彩色显像管屏幕上的每一个像素点都由红、绿、蓝三种涂料组合而成，由三束电子束分别激活这三种颜色的荧光涂料，以不同强度的电子束调节三种颜色的明暗程度就可得到所需的颜色，这非常类似于绘画时的调色过程。倘若电子束瞄准得不够精确，就可能会打到邻近的荧光涂层，这样就会产生不正确的颜色或轻微的重像，因此必须对电子束进行更加精确的控制。

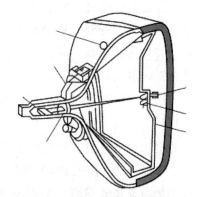

　　自会聚彩色显像管的结构如图11-31所示。

　　(2) 自会聚彩色显像管的特点

　　一字形一体化电子枪、槽孔式荫罩板、纯平形球面荧光屏、自会聚偏转线圈。

　　①一字形一体化电子枪

　　完成电子束的发射、调制、加速、聚焦。三支电子枪呈"一"字形排列，并采用一体化结构，如图11-32所示。

图 11-31　自会聚彩色显像管的结构

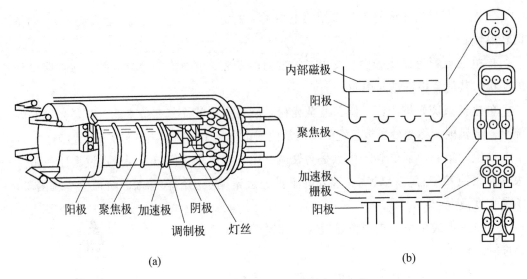

阳极　聚焦极　加速极　阴极
调制极　灯丝

(a)

内部磁极
阳极
聚焦极
加速极
栅极
阳极

(b)

图 11-32　自会聚彩色显像管的电子枪

　　每支电子枪各有阴极、栅极、加速极、聚焦极和高压阳极，除了三个阴极为独立结构外，其余各电极都采用单片三孔或单一圆筒的一体化结构，即在同一个金属片或圆筒上做出三个让电子束通过的小孔，三条电子束受各自的电子光学透镜聚焦。这种结构束与束间的距离取决于制作电极时所用模具的精度，不受装配工艺影响，所以三条电子束定位准确、聚焦一致。一体化结构的电子枪使束与束间的距离很小，会聚误差小，因结构精密、紧凑，管颈可做得很细，既有利于减小会聚误差，又可降低偏转功率，且可消除因热膨胀引起的会聚漂移。

　　②开槽荫罩和短条状荧光粉

　　自会聚管的电子枪也是一字排列的，为了克服单枪三束管缝隙板结构不牢固的缺点，采用了开槽式荫罩板，荫罩孔是相互交错的小长槽孔，如图 11-33 所示。

　　这种结构增加了荫罩板的机械强度和抗热变形性能。荧光屏上的三色荧光粉对应槽形荫罩孔也相互交错成小条状排列。

　　③动会聚自校正型偏转线圈

　　黑白显像管只有一个电子枪，形成一个电子束，不存在会聚的问题。彩色显像管内则有三条电子束同时工作，而且处于不同的几何位置。要使显示的图像颜色正确、色彩鲜艳、清晰，就必须使三条电子束在任何偏转位

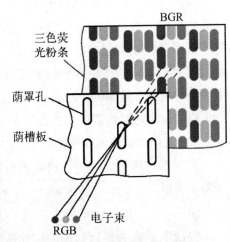

BGR

三色荧光粉条

荫罩孔

荫槽板

电子束

RGB

图 11-33　开槽荫罩和短条状荧光粉

置都能通过荫罩板上同一孔槽，然后打在荧光屏同一像素的各自荧光粉点上，这项工作就称为会聚。

一字形排列的三电子束在均匀偏转磁场作用下偏转，由于显像管偏转中心与荧光屏荫罩板曲率中心不重合，虽然三条电子束在屏幕中心获得会聚，但在四周边沿又将发散开来，而且越向边沿失聚越严重。这种失会聚情况及光栅的几何失真情况如图11-34所示。

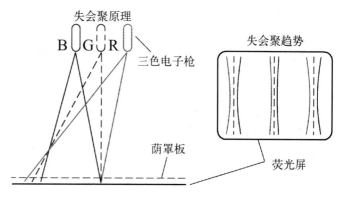

图 11-34　失会聚及光栅

自会聚管除了采用精密一字形排列电子枪外，还采用了一个"动会聚自校正型偏转线圈"，并且出厂前已与显像管配置成一体。它利用非均匀磁场分布来对动会聚误差进行校正。

帧偏转磁场设计成桶形分布是为了校正垂直方向电子束的发散，桶形磁场可分解成水平和垂直两分量，越靠近屏幕边沿，垂直分量越大，如图11-35所示。

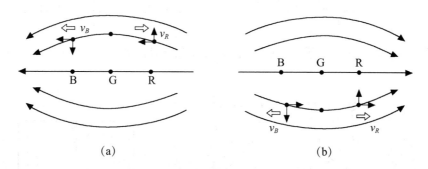

(a)　　　　　　　　　　　　(b)

图 11-35　帧偏转桶形磁场的校正作用

水平分量是其主要部分，担当使电子束作垂直扫描运动的作用，而垂直分量是使电子束作水平方向移动，它起校正作用。

图11-35(a)所示为上半场扫描的情况，垂直分量对两边束来讲是相反的（一个向下，一个向上）。在垂直分量作用下，B电子束向左偏移，R束则向右偏移，这正是图11-34所示失聚情况所需的校正措施，使上部的失会聚得到校正。

图11-35(b)所示为下半场扫描时，偏转电流反向使磁场方向也改变，水平分量改变方向使电子束在下半部运动。垂直分量仍未变，所以仍为B束向左偏移，R束向右

偏移，下部的失会聚也得到校正。

磁场校正前后情况如图 11-36 所示。

图 11-36(a) 为均匀磁场产生失会聚情况，图 11-36(b) 为帧桶形磁场校正后无垂直失会聚的情况。

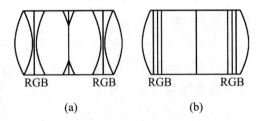

图 11-36　磁场校正前后情况

应当指出，由于帧偏转磁场的桶形分布，两边束位置的磁强度将比中束处稍强，因为在中束断面上的磁通量要小些。这样，中束的垂直偏转幅度稍稍变小而引起附加失真。

行偏转线圈产生的枕形磁场如图 11-37(a)、(b) 所示。

枕形磁场的磁力线分布中间稀一些（磁场强度小），两边较密（磁场强度大）。因此，位于左右的 B、R 两边束处磁场比位于中心的 G 束处强。图 11-37(a) 所示为前半行电子束水平偏转时情形，行偏转磁场方向向下；图 (b) 所示为后半行偏转时，扫描电流改变方向，行偏转磁场方向也变为向上。

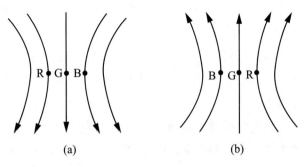

图 11-37　行偏转枕形磁场分布

枕形行偏转磁场作用下电子束进行水平偏转的情况如图 11-38(a)、(b)、(c) 所示。

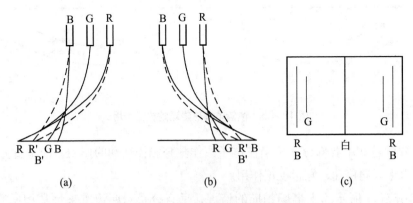

图 11-38　枕形偏转磁场的校正作用

图 11-38(a) 所示为前半行扫描时，实线为均匀磁场形成的失会聚情形。枕形磁场作用下，在左边时 R 束处于中心部分较弱的磁场，使偏转量变小；B 束则处于边缘磁场较强的部位，偏转量变大。设中间 G 束位置仍不变，则 R 束由于偏转量变小而落在

左边 R′ 处，B 束偏转量变大，落在左边 B′ 处。若磁场的枕形程度设计合适，就可使 R′ 和 B′ 点重合，如图 (a) 中虚线。当电子束扫后半行时，如图 (b) 所示，情况也是类似的。水平会聚后的情况如图 (c) 所示。

同样应指出，由于行偏转磁场的枕形分布，两边束位置的磁场较中束位置为强，所以，在水平偏转方向的偏转量中，中间绿电子束的水平偏转幅度也将稍小些。

(3) 自会聚彩色显像管的调整

① 静会聚的调整

彩色显像管设计时，应使三条电子束无扫描时在屏幕中央部位会聚为一点，这就是静会聚。然而，由于电子枪安装和封入时产生的误差，静态时三条电子束不一定能很好的会聚在屏幕中央，这就需要进行静会聚的调整。

自会聚管一般采取将静会聚磁环和色纯磁铁组装在一起的形式，其结构如图 11-39 所示。

静会聚校正是用套在管颈外两对静会聚校正磁环来进行的，它由两片四极磁环和两片六极磁环叠装在一起组成。磁环的构造和作用如图 11-40 所示。

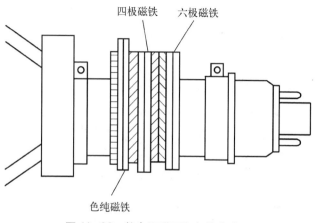

图 11-39　静会聚磁环和色纯度磁环

调整四极磁环可以使红、蓝两个边电子束在上、下、左、右方向上做等量反方向的移动，对中心绿电子束没有什么影响。当磁环上的两个突起耳向左右对称地张开时（左上图），可使红、蓝电子束做反向的左右移动。调节张开角的大小，可以改变左右移动的距离。保持两片四极磁环的相对位置不变，围绕管轴同步旋转（右上图），可以使红、蓝边束做反向的上下移动。这样就可以通过调整四极磁环把红、蓝两边束重合在一起。调整六

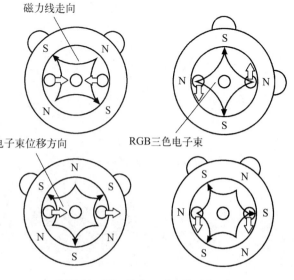

图 11-40　静会聚磁环构造与作用

极磁环可以使红、蓝两边束做等量同方向的移动（见左下图和右下图），通过两个相反方向的开角调整，可以改变移动量；同步旋转则使磁场方向改变，也就改变了两边束移动的方向。因此，调整六极磁环可以使已经重合的红、蓝两个边电子束与绿色中间电子束重合，最终使红、绿、蓝三基色在荧光屏中心部位得到良好的静会聚。

②色纯度的调整

三基色电子束穿过荫罩板孔槽后，必须打在各自的荧光粉点上，而不能打在其他荧光粉点上。例如，当把绿、蓝电子束截止时，应得到一幅纯净的红色光栅，红、绿电子束截止则应得到纯净蓝光栅，红、蓝电子束截止得到纯净的绿光栅，这就是图像的色纯度。若电子束穿过槽孔后有些偏射，例如仅有红电子束时，本应得到

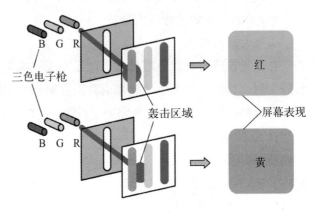

图 11-41　色度不纯

一幅红光栅，但如有一部分偏到绿色荧光粉点上，屏幕上就会显示橙色，就产生色度不纯的误差，如图 11-41 所示。

色纯度校正磁铁由两个双极圆环组成，沿径向充上磁。大突耳表示 N 极，小突耳表示 S 极，如图 11-42 所示。

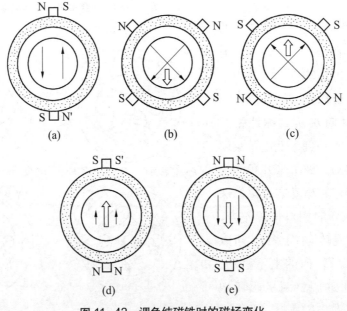

(a)　　　　　(b)　　　　　(c)

(d)　　　　　(e)

图 11-42　调色纯磁铁时的磁场变化

改变两片圆环突耳的相对位置，就可改变环内合成磁场的大小。在调整时如使磁环只作相对转动，如图 11-42(b)、(c) 那样，则将保持大小可变的垂直合成磁场，使电子束只在水平方向上左右移动。图 (d)、(e) 是磁场最强的情况，而图 (a) 则合成磁场为零。调整时若保证两环的相对位置不变，围绕管颈同步旋转，则合成磁场大小不变，方向在变化使电子束移动方向也变化。因此，调节色纯磁铁可使三条电子束以需要的移动量向任意方向移动。

③白平衡调整

彩色显像管要求在任何灰度下三基色荧光粉所合成的光都只呈现黑白图像，而不应出现其他色彩，这就是白平衡。白平衡不好，荧光屏显示彩色图像时就会偏色，产生彩色失真。如果彩色显像管的三条电子束具有完全相同的截止点和调制特性，并且三种荧光粉的发光特性也相同，那么就能达到完全的白平衡。但事实上由于电子枪制造和安装工艺上有误差，三条电子束的特性是不可能一致的。而且三基色荧光粉因选用不同的材料，所以发光特性是不同的。因此，实际中采用调整电路参数的方式来达到白平衡。

④暗平衡调整

三条电子束的调制特性和校正结果如图 11-43 所示。

图 11-43(a) 为三条电子束的调制特性，蓝荧光粉的发光效率最高，而红荧光粉的发光效率最低，所以蓝束光调制特性斜率最大，红束光特性的斜率则较小。各电子束的截止点也是不一样的。因此，若在三个阴极加上相同的黑白灰度阶梯信号，则在低亮度区将产生如图的色彩。为了校正这种效应，

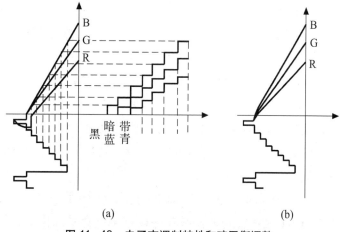

图 11-43 电子束调制特性和暗平衡调整

就必须使它们的截止电压一致，如图 11-43(b) 所示。对于单枪三束管，可以调整显像管三个控制栅极的静态偏置电压。而对于自会聚彩色显像管，则是改变三个末级视放管的发射极直流电位，从而间接地改变显像管的三个阴极直流电位，使三路基色信号的消隐电平分别对准各自调制曲线截止点的方式来达到上述目的。

老式彩色电视机视放矩阵输出电路中的三个微调电阻就是用以调整暗平衡的，整机电路图常标以蓝截止、红截止和绿截止。调整时加黑白灰度条信号，或加彩条信号

并关闭色度旋钮，将亮度调低些。仔细调整这三个微调电阻，使在靠近黑条的低亮区呈现纯净的暗黑色即可。无信号源时对白光栅也可调整，将亮度调低，调整到光栅纯净，若关掉场扫描使呈一条水平亮线则更便于观察。

⑤亮平衡调整

暗平衡的调整已使三条电子束的截止点趋于一致，但在高亮度区域由于电子束调制特性的斜率不同，仍将偏向某种彩色，如图 11-43(b) 所示，因此还需进行亮平衡的调整。因调制特性斜率是无法更改的，所以可设法调整三个色度信号激励幅度的大小比例，以便在高亮度区获得白平衡。在电路上是采取调整末级视放管的负反馈，即改变视放级增益而实现的。由于是相对关系，因此是固定一路的增益，改变另两路视放管的负反馈电阻来完成。

老式彩色电视机视放矩阵输出电路中有两个可调电阻即亮平衡调整用的微调电阻，电路图中常标上红驱动、绿驱动。调整时加彩条信号，将亮度、对比度调大，调整微调电阻使高亮度的白色（彩条中白色带）接近于标准白色。

亮、暗平衡的调整往往互有影响，所以要反复仔细调几次才会获得满意的效果。

采用 I²C 总线控制的彩色电视机取消了视放板上的白平衡微调电阻，可进入程序进行调整。

5.CRT 电视机注意事项

注意避免灰尘过多、电磁场干扰、温度较高、强光照射。

(1) 避免 CRT 电视机工作在灰尘过多的地方

由于 CRT 显像管内的高压 (10kV~30kV) 极易吸引空气中的尘埃粒子，而它的沉积将会影响电子元器件的热量散发，使得电路板等元器件的温度上升，产生漏电而烧坏元件，灰尘也可能吸收水分，腐蚀电视机内部的电子线路等。因此，平时使用时应把电视机放置在干净清洁的环境中，如有可能还应该给电视机购买或做一个专用的防尘罩，每次用完后应及时用防尘罩罩上。

(2) 注意避免电磁场对 CRT 显像管的干扰

CRT 显像管长期暴露在磁场中可能会被磁化或损坏。散热风扇、日光灯、雷电、电冰箱、电风扇等耗电量较大的家用电器的周围或其他如非屏蔽的扬声器或电话都会产生磁场，显像管在这些器件产生的电磁场里工作，时间久了，就可能出现偏色、显示混乱等现象。因此，平时使用时应把电视机放在离其他电磁场较远的地方。

(3) 避免 CRT 电视机工作在温度较高的状态中

CRT 的显像管作为电视机的一大热源，在过高的环境温度下它的工作性能和使用寿命将会大打折扣，另外，CRT 电视机其他元器件在高温的工作环境下也会加速老化的过程，因此，要尽量避免 CRT 电视机工作在温度较高的状态中，CRT 电视机摆放的周围要留下足够的空间，让它散热。在炎热的夏季，最好不要长时间使用，条件允许时，最好把电视机放置在有空调的房间中，或用电风扇吹一吹。

（4）避免强光照射 CRT 显像管

我们知道 CRT 显像管是依靠电子束打在荧光粉上显示图像的，因此，CRT 显像管受阳光或强光照射，时间长了，容易加速显像管荧光粉的老化，降低发光效率。因此，最好不要将 CRT 显示器摆放在日光照射较强的地方，或在光线必经的地方，挂块深色的布帘减轻它的光照强度。

四、LCD 显示

液晶产品其实对我们来说并不陌生，我们常见到的手机、计算器都是属于液晶产品。液晶是在 1888 年由奥地利植物学家 Reinitzer 发现的，是一种介于固体与液体之间、具有规则性分子排列的有机化合物。一般最常用的液晶型态为向列型液晶，分子形状为细长棒形，长宽约 1nm~10nm，在不同电流电场作用下，液晶分子会做规则旋转 90°排列，产生透光度的差别，如此在电源 ON/OFF 下产生明暗的区别，依此原理控制每个像素，便可构成所需图像。

液晶显示屏又称 LCD（Liquid Crystal Display）屏。LCD 屏的构造是在两片平行的玻璃当中放置液态的晶体，两片玻璃中间有许多垂直和水平的细小电线，通过通电与否来控制杆状水晶分子改变方向，将光线折射出来产生画面。

我们很早就知道物质有固态、液态、气态三种型态，如图 11-44 所示。

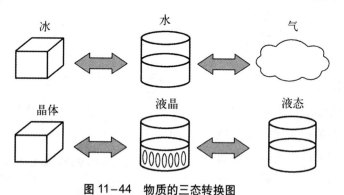

图 11-44　物质的三态转换图

液体分子质心的排列虽然不具有任何规律性，但是如果这些分子是长形的（或扁形的），它们的分子指向就可能有规律性。于是我们就可将液态又细分为许多型态。分子方向没有规律性的液体我们直接称为液体，而分子具有方向性的液体则称之为"液态晶体"，简称"液晶"。

液晶分子可分为三种类型：向列型（Nematic）、胆甾型（Cholesteric）、近晶型（Smectic），如图 11-45 所示。

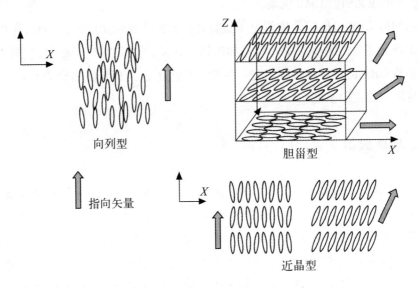

向列型

指向矢量

胆甾型

近晶型

图 11-45　液晶的类型示意图

液晶在电场作用下会改变透光强度，透光强度与外加电压的关系称为电光特性，如图 11-46 所示。

图中，U_{th} 为阈值电压，U_{10} 与 U_{90} 之间透光强度的变化是线性的。

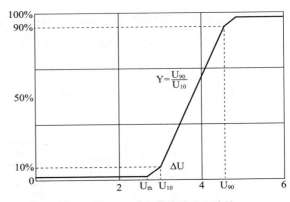

$$Y = \frac{U_{90}}{U_{10}}$$

ΔU

U_{th} U_{10} U_{90}

图 11-46　液晶的电光特性

从液晶显示屏的结构来看，无论是电视机还是电脑，采用的 LCD 显示屏都是由不同部分组成的分层结构。LCD 由两块玻璃板构成，厚约 1mm，其间是液晶材料，如图 11-47 所示。

因为液晶材料本身并不发光，所以在显示屏两边都设有作为光源的灯管，而在液晶显示屏背面有一块背光板（或称匀光板）和

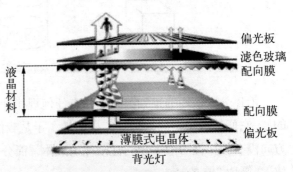

偏光板
滤色玻璃
配向膜

液晶材料

配向膜
偏光板

薄膜式电晶体

背光灯

图 11-47　液晶显示器结构图

反光膜，背光板是由荧光物质组成的，可以发射光线，其作用主要是提供均匀的背景光源。

背光板发出的光线在穿过第一层偏振板之后进入包含成千上万液晶液滴的液晶层。液晶层中的液滴都被包含在细小的单元格结构中，一个或多个单元格构成屏幕上的一个像素。在玻璃板与液晶材料之间是透明的电极，电极分为行和列，在行与列的交叉点上，通过改变电压而改变液晶的旋光状态，液晶材料的作用类似于

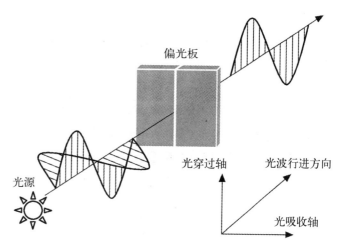

图 11-48　偏光原理示意图

一个个小的光阀。在液晶材料周边是控制电路部分和驱动电路部分。当 LCD 中的电极产生电场时，液晶分子就会产生扭曲，从而将穿越其中的光线进行有规则的折射，然后经过第二层偏振板在屏幕上显示出来。偏光原理如图 11-48 所示。单元格分布如图 11-49 所示。

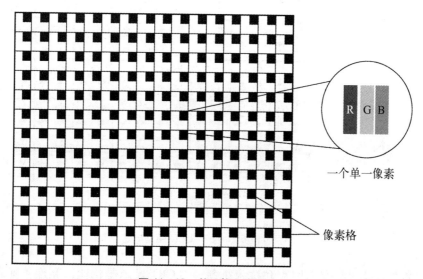

图 11-49　单元格示意图

液晶显示屏按照显示方式不同可分为段码式显示和点阵式显示，按照控制方式不同可分为被动矩阵式 LCD 及主动矩阵式 LCD。

段码显示是最早最普通的显示方式,比如计算器、电子表等。点阵式显示,在MP3、手机、数码相框这些高档消费品中广泛应用。

被动矩阵式LCD在亮度及可视角方面受到较大的限制,反应速度也较慢。由于画面质量方面的问题,使得这种显示设备不利于发展为桌面型显示屏,但由于成本低廉的因素,市场上仍有部分显示屏采用被动矩阵式。被动矩阵式LCD又可分为TN-LCD(Twisted Nematic-LCD,扭曲向列LCD)、STN-LCD(SUper TN-LCD,超扭曲向列LCD)和DSTN-LCD(DoUble layer STN-LCD,双层超扭曲向列LCD)。

目前应用比较广泛的主动矩阵式LCD,也称TFT-LCD(Thin Film Transistor-LCD,薄膜晶体管LCD)。TFT液晶显示屏是在画面中的每个像素内安装晶体管,可使亮度更明亮、色彩更丰富及更宽广的可视面积,如图11-50所示。

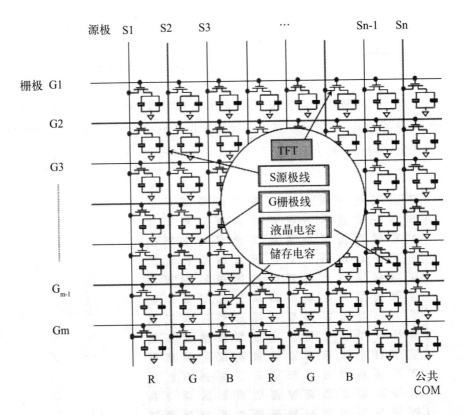

图11-50 TFT-LCD驱动电路

液晶显示技术也存在弱点和技术瓶颈,与CRT显示器相比,亮度、画面均匀度、可视角度和反应时间上都存在明显的差距。其中反应时间和可视角度均取决于液晶面板的质量,画面均匀度和辅助光学模块有很大关系。

对于液晶显示器来说,亮度往往与其背板光源有关。背板光源越亮,整个液晶显示器的亮度也会随之提高。而在早期的液晶显示器中，因为只使用两个冷光源灯管，往往会造成亮度不均匀等现象，同时明亮度也不尽如人意。一直到后来使用四个冷光源灯管产品的推出，才有很大的改善。

信号反应时间也就是液晶显示器的液晶单元响应延迟。实际上就是指液晶单元从一种分子排列状态转变成另外一种分子排列状态所需要的时间，响应时间愈小愈好，它反应了液晶显示器各像素点对输入信号反应的速度，即屏幕由暗转亮或由亮转暗的速度。响应时间越小则使用者在看运动画面时不会出现尾影拖曳的感觉。

液晶显示器的背光技术：

在电子工业中，背光是一种照明的形式，常被用于 LCD 显示上。背光式和前光式不同之处在于背光是从侧边或是背后照射，而前光顾名思义则从前方照射。背光主要用来增加在低光源环境中的照明度和液晶电视屏幕上的亮度，其光源可能是白炽灯泡、电光面板（ELP）、发光二极管（LED）、冷阴极管（CCFL）等。电光面板提供整个表面均匀的光，而其他的背光模组则使用散光器从不均匀的光源中来提供均匀的光线。

背光可以是任何一种颜色，单色液晶通常有黄、绿、蓝、白等背光。而彩色显示采用白光，LED 背光被用在小巧、廉价的 LCD 面板上。它的光通常是有颜色的。电光面板经常被使用在大型显示上，冷阴极管被用在电脑显示屏上，白炽背光则在需要高亮度时被使用，但是其缺点则是白炽灯泡的寿命相当有限，而且会产生相当多的热量。LED 背光可增进 LCD 显示的色彩表现。LED 光是经由三个特别的 LED 所产生出来，提供相当吻合 LCD 像点滤色器自身的色光谱。

近年来，背光源发展很快，不断有新技术、新产品推出，LED 背光逐步进入产业化，有了一定的规模，相比 CCFL 冷阴极荧光灯管（Cold Cathode FlUorescent Lamp），LED 有着明显的节能优势。

液晶显示屏的技术参数：

1. 可视面积

液晶显示屏所标示的尺寸就是实际可以使用的屏幕范围。例如，一个 15.1 英寸的液晶显示器约等于 17 英寸 CRT 屏幕的可视范围。

2. 可视角度

液晶显示屏的可视角度左右对称，而上下则不一定对称。举个例子，当背光源的入射光通过偏光板、液晶及取向膜后，输出光便具备了特定的方向特性，也就是说，大多数从屏幕射出的光具备了垂直方向。假如从一个非常斜的角度观看一个全白的画面，我们可能会看到黑色或是色彩失真。一般来说，上下角度要小于或等于左右角度。如果可视角度为左右 80°，表示在始于屏幕法线 80° 的位置时可以清晰地看见屏幕图像。但是，由于人的视野范围不同，如果没有站在最佳的可视角度内，所看到的颜色和亮度将会有误差。现在有些厂商就开发出各种广视角技术，试图改善液晶显示屏的视角特性，如：IPS（In Plane Switching）、MVA（Multidomain Vertical Alignment）、TN+FILM。这些技术都能把液晶显示屏的可视角度增加到160°，甚至更多。

3. 点距

我们常问到液晶显示屏的点距是多大，但是多数人并不知道这个数值是如何得到的，现在让我们来了解一下它究竟是如何得到的。举例来说，一般14英寸LCD的可视面积为285.7mm×214.3mm，它的最大分辨率为1024×768，那么点距就等于：可视宽度/水平像素（或者可视高度/垂直像素），即285.7mm/1024=0.279mm（或者是214.3mm/768=0.279mm）。

4. 色彩度

LCD重要的指标当然是色彩表现度。我们知道自然界的任何一种色彩都是由红、绿、蓝三种基本色组成的。LCD面板上是由1024×768个像素点组成显像的，每个独立的像素色彩是由红、绿、蓝（R、G、B）三种基本色来控制。大部分厂商生产出来的液晶显示屏，每个基本色R、G、B达到6位，即64种表现度，那么每个独立的像素就有64×64×64=262144种色彩。也有不少厂商使用了所谓的FRC（Frame Rate Control）技术以仿真的方式来表现出全彩的画面，也就是每个基本色R、G、B能达到8位，即256种表现度，那么每个独立的像素就有高达256×256×256=16777216种色彩了。

5. 对比值

对比值是定义最大亮度值全白除以最小亮度值全黑的比值。CRT显示器的对比值通常高达500∶1，以致在CRT显示器上呈现真正全黑的画面是很容易的。但对LCD来说就不是很容易了，由冷阴极射线管所构成的背光源很难去做快速的开关动作，因此背光源始终处于点亮的状态。为了要得到全黑画面，液晶模块必须把由背光源发散的光完全阻挡住，但在物理特性上，这些元件并无法完全达到这样的要求，总是会有一些漏光发生。一般来说，人眼可以接受的对比值约为250∶1。

6. 亮度值

液晶显示屏的最大亮度，通常由冷阴极射线管（背光源）来决定，亮度值一般都在 $200 \sim 250\,\mathrm{cd/m^2}$ 之间。液晶显示屏的亮度略低，会觉得屏幕发暗。虽然技术上可以达到更高亮度，但是这并不代表亮度值越高越好，因为太高亮度的显示屏有可能使观看者眼睛受伤。

7. 响应时间

响应时间是指液晶显示屏各像素点对输入信号反应的速度，此值当然是越小越好。如果响应时间太长了，就有可能使液晶显示屏在显示动态图像时，有尾影拖曳的感觉。

一般的液晶显示屏的响应时间在 20ms～30ms 之间。

五、LED 显示

发光二极管（Light Emitting Diode，LED）是一种由半导体制作的二极管，也是一种电—光转换型固体显示器件。它是由 P 型半导体和 N 型半导体相连接而构成的 P–N 结结构。在 P–N 结上施加正向电压时（P 型接正、N 型接负），就会产生少数载流子的注入，少数载流子在传输过程中不断扩散，不断复合而发光。利用 P–N 结少数载流子的注入、复合发光现象所制得的半导体器件称做注入型发光二极管。使用不同的半导体材料，我们可以得到不同波长的光。在发光二极管中，辐射可见光的发光二极管称做可见光发光二极管。

可见光发光二极管主要应用于显示技术领域。而辐射红外光的发光二极管称做红外发光二极管，它主要应用于光通信等情报传输和情报处理系统。

可见光 LED 显示屏（LED panel），是一种通过控制半导体发光二极管的显示方式，用来显示文字、图形、图像、动画、行情、视频、录像信号等各种信息的显示屏幕，如图 11–51 所示。

图 11–51　LED 显示屏

由可见光 LED 组成的平板显示器件是一种主动发光的小型固体发光器件。与其他的平板显示器件如 LCD、PDP（等离子显示）、ELD（电致发光显示）、VFD（真空荧光显示）以及 CRT 等显示器件相比，它具有独特的优点，其亮度高，可靠性高，驱动电压低（约 2V），寿命长，响应速度快，工作温度范围宽，便于分时多路驱动。

LED 具有可靠性高的优点，使得它显示出更大的优越性。为此，在平板显示器件中占有重要的一席之地。LED 于 1968 年问世以来，先是用做指示器、指示灯。继而发展到小尺寸或低分辨率的矩阵显示。用做停车灯和闪光灯信号、汽车刹车信号灯（高亮度 LED）、室内外信息牌、广告牌以及交通用信号警示灯等。发光二极管还可用作办公自动化设备、遥控仪器和摄像机中自动聚焦装置上的灯源等。

LED 的产品型式有。单管式笔划型、矩阵型、矩阵模块等。按发光色又可分为单色、红色、绿色显示。采用拼接方式可制作大面积显示墙，现已得到广泛应用，如图 11–52(a)、(b) 所示。

(a) 室内型　　　　　(b) 室内型

图 11–52　大面积 LED 显示屏（墙）

LED 显示屏与 LCD 显示屏相比，LED 在亮度、功耗、可视角度和刷新速率等方面，都更具优势。LED 与 LCD 的功耗比大约为 1∶10，而且更高的刷新速率使得 LED 在视频方面有更好的性能表现，能提供宽达 160° 的视角，可以显示各种文字、数字、彩色图像及动画信息，也可以播放电视、录像、VCD、DVD 等彩色视频信号，多幅显示屏还可以进行联网播出。有机 LED 显示屏的单个元素反应速度是 LCD 液晶屏的 1000 倍，在强光下也可以照看不误，并且适应零下 40℃ 的低温。利用 LED 技术，可以制造出比 LCD 更薄、更亮、更清晰的显示屏，拥有广泛的应用前景。

六、OLED 显示屏

OLED（有机发光二极管）利用了电子发光的特性：当电流通过时，某些材料会发光。而且从每个角度看，都比液晶显示清晰。

（一）OLED 的结构

OLED 最简单的形式由一个发光材料层组成，嵌在两个电极之间。输入电压时载流子运动，穿过有机层，直至电子空穴并重新结合，达到能量守恒并将过量的能量以光脉冲形式释放。这时其中一个电极是透明的，可以看到发出的光，通常由铟锡氧化物（ITO）组成。

OLED 显示材料：光的颜色与材料有关。一种方法是用小分子层工作，例如铝氧化物。另一种方法是将激活的色素嵌入聚合物链，这种聚合物非常容易溶化，可以制成涂层。

OLED 效率更高：电子流和载流子通常是不等量的，这意味着，占主导地位的载流子穿过整个结构层时，不会遇到从相反方向来的电子，能耗投入大，效率低。如果一个有机层用两个不同的有机层来代替，就可以取得更好的效果：当正极的边界层供应载流子时，负极一侧非常适合输送电子，载流子在两个有机层中间通过时，会受到阻隔，直至会出现反方向运动的载流子，这样，效率就明显提高了。很薄的边界层重新结合后，产生细小的亮点，就能发光。如果有三个有机层，分别用于输送电子、输送载流子和发光，效率就会更高。

OLED 和液晶显示屏（LCD）最大的不同在于，有机发光二极管本身就是光源。在液晶显示中，输入电压不同，微小的液晶会改变方向，它们会使从背景光源发出的白色光穿过或挡住，这一原理也使视角受到了限制。从侧面看效果很差，或根本看不出来。液晶显示如果由于发光的颜色错误会出现像素差错，而在有机发光二极管中这种错误几乎不会出现。

OLED 和液晶显示一样，有机发光二极管也有主动和被动阵列的变化。

在被动阵列有机发光二极管中，受电压影响，通过行数和列数显示像素的位置。而在主动阵列的有机发光二极管中，电子的回流面积作为感光底层，每个像素至少可以通过两个晶体控制。

OLED 技术可以分为小分子和高分子两种主要类型，其结构也并不相同。但是，无论是小分子 OLED，还是高分子 OLED 在薄而透明的具有导电性能的氧化铟锡 (ITO 膜) 阴极与金属阳极之间都有一个有机发光材料层——这是一种类似于汉堡包形状的、夹心蛋糕式的结构。这个结构层中包括了：空穴传输层 (HTL)、发光层 (EL) 与电子传输层 (ETL)。

其中，阴阳两极构成一个标准的晶体二极管的结构，具有单向导电性，OLED 发光本质是电流驱动的。当电力供应至适当电压时，正极空穴与阴极电荷就会在发光层中结合，产生光亮，依其发光层配方不同产生红、绿和蓝 RGB 三原色，构成基本色彩。

具体而言，当组件受到直流电 (Direct Current；DC) 所衍生的顺向偏压时，外加电压能量将驱动电子 (Electron) 与空穴 (Hole) 分别由阴极与阳极注入组件，当两者在传导中相遇、结合，即形成所谓的电子–空穴复合 (Electron–Hole Capture)。——实际上真正移动的是电子，电子对空穴的填充，可以看做是空穴的移动：这也是典型的 PN 结晶体管工作方式。

电子移动过程中，电子填充到空穴位置的整个过程，相当于电子获得能量 (电能) 并飞离原来原子的附属，然后被空穴捕获，并释放出原来获得的能量 (光能)。这一过程中若电子自旋 (Electron Spin) 和基态电子成对，则为单重态 (Singlet)，其所释放的光为所谓的荧光 (Fluorescence)；反之，若激发态电子和基态电子自旋不成对且平行，则称为三重态 (Triplet)，其所释放的光为所谓的磷光 (Phosphorescence)。

无论是荧光还是磷光状态，当电子的状态位置由激态高能阶回到稳态低能阶时，其能量将分别以光子 (Light Emission) 或热能 (Heat Dissipation) (OLED 物质分子团的振动) 的方式放出，其中光子的部分可被利用当作显示功能，如图 11-53 所示。

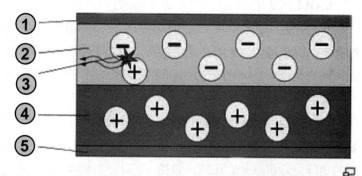

OLED 基本结构：1. 阴极 (−)；2. 发光层 (Emissive Layer, EL)；3. 阳极空穴与阴极电子在发光层中结合，产生光子；4. 导电层 (Conductive Layer)；5. 阳极 (+)

图 11-53　OLED 结构

431

OLED 的发光过程如图 11-54 所示。

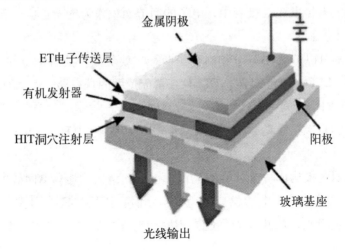

金属阴极
ET电子传送层
有机发射器
HIT洞穴注射层
阳极
玻璃基座
光线输出

图 11-54　OLED 的发光过程

OLED 的发光过程可以分为以下几步：

a. OLED 设备的电池或电源会在 OLED 两端施加一个电压。

b. 电流从阴极流向阳极，并经过有机层（电流指电子的流动）。

c. 阴极向有机分子发射层输出电子。

d. 阳极吸收从有机分子传导层传来的电子，这可以视为阳极向传导层输出空穴，两者效果相等。

e. 在发射层和传导层的交界处，电子会与空穴结合。

f. 电子遇到空穴时，会填充空穴（它会落入缺失电子的原子中的某个能级）。

g. 这一过程发生时，电子会以光子的形式释放能量。

h. OLED 发光。

其中，光的颜色取决于发射层有机物分子的类型；光的亮度或强度取决于施加电流的大小。电流越大，光的亮度就越高。OLED 分子是依靠接收的空穴电子对的数目来发光，电流大意味着同时移动的电子和空穴数目多——这是一种典型的电流驱动模式。

（二）OLED 驱动

一般来说，OLED 完整的驱动显示系统，除了由像素单元电路构成的矩阵显示屏以外，还应该包括驱动 IC（行、列控制/驱动电路）、单片机控制电路等，如图 11-55 所示。

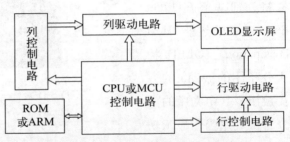

图 11-55　OLED 驱动显示系统构成

OLED 驱动方式分为无源 OLED（PMOLED）驱动方式和有源 OLED（AMOLED）驱动方式。无源 OLED 属于电压驱动型，驱动方式比较简单，驱动视电流决定其灰阶，在小尺寸、普通显示产品上，分辨率和画质不错，但要实现大尺寸、同时要减少电量消耗、延长电池使用时间，就必须考虑使用有源 OLED 驱动方式了。有源 OLED 属于电流驱动型，电流整流性较无源 OLED 驱动方式佳，且不易产生漏电。同时使用低温多晶硅（Poly-si）TFT 技术时，电流可以产生阻抗较低的小型 TFT，符合现今 OLED 显示器大尺寸、大屏幕的需求。

六、立体显示技术

与二维显示相比，立体显示技术的诞生解决了虚拟现实领域的视觉显示问题，能在一定程度上给观察者以身临其境的感受，可以真实地重现客观世界的景象，表现图像的深度感、层次感和真实性，它的应用领域非常广泛，如医学、建筑、科学计算可视化、影视娱乐、军事训练、视频通信等。

人们早就知道两眼视差在立体感中起到的巨大作用，利用这一作用制作立体图像的历史也很早。窥视镜方式的立体照片于 19 世纪 80 年代问世，众所周知的视差栅 Par-allax Barrier 方式和条形透镜（LenticUlar Lens）方式也在 20 世纪初作为立体照片提出了方案。动画立体显示的研究也早就在进行，立体电影在 1889 年的巴黎万国博览会上问世后，就开始研究立体照片方式、偏振光眼镜方式等各种眼镜方式的立体显示。全息图像被认为是终端的立体显示，它的基本原理发明于 1948 年。可以说，立体显示的基本思路在 20 世纪中叶就已经基本形成。

（一）立体显示原理

立体显示是利用人眼的三维立体视觉特性来产生立体图像的。

1. 三维视觉特性

人们通常总是双目观看物体，而由于两只眼睛视轴的间距约 65mm，左眼和右眼在看一定距离的物体时，所接收到的视觉图像是不同的，因而大脑通过眼球的运动、调整，综合了这两幅图像的信息、产生立体感。在单用左眼和右眼观看物体时，所产生的图像移位感觉称为视差。左眼和右眼最小的图像移位感觉值是用视觉深度阈值来表示的，视觉深度阈值如图 11-56 所示。

β_1 和 β_2 各为 P 点与 Q 点至左右眼之间的夹角。经实验测定夹角为 10″~20″。若该值再小，人眼就会失去视差感觉。这就是为什么人们在看远处景物时，不易判断物体前后位置，缺乏立体感的原因，所以说人的立体视觉是有限度的。由图 11-56 得下式：

$$\beta_1-\beta_2=\alpha_1-\alpha_2\approx [a/D]-[a/(D+\Delta D)] \approx a \Delta d/D^2 \ (rad)$$

公式中，a 为两眼的视轴间距；D 为视距深度辨别阈。当 $\beta_1=20''$，$a=65mm$ 时，眼睛正前方有视差感的距离为 $0.67km$。在没有任何工具下，人眼可看到立体物体的最远距离不超过 $1km$。

人的立体视觉还不是绝对靠视差。一只眼睛的人同样能判断物体深度和距离，但主要是靠光线明暗，物体的相对尺寸、清晰程度、运动速度等来进行判断的，例如，只有一只眼睛的人在观看物体获得立体感的过程中，往往是通过。把头稍稍偏侧一下，来获得 2 个或 2 个以上位置的图像信息存储于头脑。即使头不偏，但因为背景中不同距离和层次的物体的运动，如人走动、汽车行使、树木摇晃、流水……也会获得 2 个或 2 个以上位置的图像信息。把眼球视线凝视于一点或一小区域后，利用眼睛上下左右转动来对物体上下、左右、前后扫描观察，以便使物体能在眼球运动、肌肉做功过程中，获得多幅稍有差别的物体图像信息。通过长期以来所积累的观察事物的经验进行判断等就足可获得立体感。从而可见，两只眼睛观察观看同一物体的视觉信号，可以获得立体感；而用一个眼睛对同一物体从两个稍有差别的观察点来获得图像信息，也能使人获得立体感。双目立体视觉如图 11-57 所示。

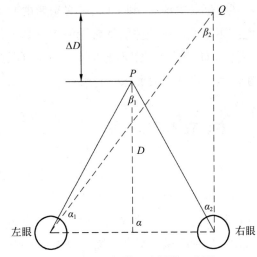

图 11-56　视觉深度阈值示意图

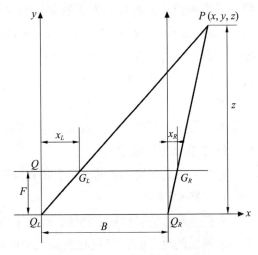

图 11-57　双目立体视觉示意图

图中，设有两个完全相同的摄像机，两个图像平面位于同一平面 Q，两机坐标轴平行，与 x 轴重合，两机在 x 方向间距为基线 B。场景中特征点 P 在两个图像平面中的投影点 GL、GR 称为共轭对，即一个投影点是另一个对应。两幅图重叠后，共轭对之间位置差 $XL-XR$ 为视差。设坐标系原点在左透镜中心，依据相似三角形关系有：

$$X/Z=XL/F \ 和 \ (X-B)/Z=XR/F$$

求得：$Z=BF/(XL-XR)$

由此可见，物体的深度信息就是通过视差来恢复的，视差越大说明物体离透镜的距离越近；反之，则越远。利用有双镜头的立体摄像机即可获得立体图像。

2. 立体视觉形成

立体电视是以人的双眼立体视觉机理为依据的，立体视觉形成示意图如图 11-58 所示。

通过双眼水晶体和黄斑中心的左右视轴在水平方向上的间距叫目基，约为 58mm~72mm。当双眼观察近距离景物时，如景物处于 S 点位

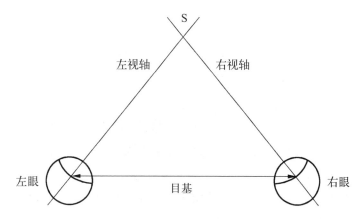

图 11-58　立体视觉形成示意图

置，左右视轴就在该处交叉会聚，眼球就会通过不断改变水晶体曲率和瞳孔的大小来适应变化的景物。由于目基的存在，左眼与右眼对同一景物的某一细节即位置、角度等的观察点是不同的，因此从微观角度来说，景物细节的图像在两眼视网膜上的投射点是不同的，即观察到的是两个图像，大脑通过眼球的运动，调整综合这两幅图像的信息，就会形成反映景深的立体视觉。

根据实测，人眼视差检测极限约为 5″~10″ 的角度。若该值再小，人眼就失去了视差感觉。实验表明，人眼有正常视差感的距离为 250m 左右，当视距超过此数值后，不易判断景物的前后位置，失去了立体感。可见立体电视系统应是人眼双目视觉效应的直接模拟。

人眼的立体视差是绝对靠视觉，一只眼睛同样能判断景物的深度和距离，但主要靠光线明暗、物体的相对尺寸、清晰程度、运动速度以及眼球的转动等来进行判断。不过这是依据单眼即时视差原理构成的另一种立体电视系统了。

3. 立体电视制式

根据人眼立体视觉的特性，实现立体电视可分为两大制式。

（1）视差制式立体电视

利用两眼的视差特性，使一对视差信号的两幅图像同时出现在屏幕上，让两眼分别观看这两幅图像来获得立体感觉。

图 11-59　立体高清摄像机

具体做法是在发送端用两台摄像机，模拟人的左、右两眼进行摄像，产生一对视差图像信号，编码成一路信号进行传送，如图 11-59 所示。

接收端解码成两路信号，在屏幕上同时显示两幅图像，由人的两眼分别观看，从而获得立体感。

视差制式立体电视必须佩戴特种眼镜。

(2) 时差制式立体电视

利用一只眼睛也能获得立体感的特性，将一对视差信号的两幅图像先后轮流显示在屏幕上，从而获得立体感觉。

在发送端也是利用两部摄像机获得一对视差图像信号，用一条信道以适当速率顺序交替传送。在接收端使这一对视差信号所形成的两幅图像，按发送端传送的顺序，先后轮流显示在屏幕上，人眼就能看见立体彩色图像。

时差制式立体电视不需要佩戴特种眼镜，用普通彩色电视机就可以看到立体彩色图像。关键是要在前端系统进行必要的改造和添置设备。

4. 立体电视成像技术

立体显示的关键技术是视频显示。视频显示 40Hz 以下将形成频闪，使节目不能观看；80Hz~100Hz 将能正常显示；达到 140Hz 是最理想的。随着 100Hz 电视机的出现，频闪问题将不复存在。

立体电视的立体信号有多种规格，如表 11-5 所示。

表 11-5　立体信号规格

参　　数	规　　格
支持立体节目格式	P3D（立体一）、W3D（立体二）、C3D 转换立体
C3D 支持输入信号	TV/AV、PAL/NTSC YpbPr、576I/50Hz、480I/60Hz、576P/50Hz、480P/60Hz、720P/60Hz
P3D 支持输入信号	TV/AV、PAL/NTSC YpbPr、576I/50Hz、480I/60Hz、576P/50Hz、480P/60Hz、720P/60Hz
W3D 支持输入信号	TV/AV、PAL/NTSC YpbPr、576I/50Hz、480I/60Hz、576P/50Hz、480P/60Hz、720P/60Hz
P3D 推荐输入信号	PAL、576I/50Hz、576P/50Hz、720P/60Hz
W3D 推荐输入信号	NTSC、480I/60Hz、480P/60Hz、720P/60Hz
立体景深调节	8 级、0，1，2…7，7，6，5…0 循环（C3D 缺省为 7，P3D/W3D 缺省为 0）

(1) 视差制式成像技术

方法有色分法、光分法（偏振光法）、时分法、全息法等。

色分法。又称为补色法。在接收机屏幕上用两种互补的颜色分别显示供左右两眼观看的图像。观看时要戴有色眼镜，使左眼只能看到一种单色图像，右眼只能看到这种单色图像的补色图像，两幅图像在大脑中能合成一幅彩色立体图像。

光分法。将左右两幅图像分别用偏振方向正交的两路偏振光投射到人眼，观看时戴上一副能透过偏振光的眼镜，使两眼分别看到各自所需的图像。显示器由两个显像管组成，在每个显示屏前加一块只能透过一个方向偏振光的偏光板，两个显示屏的夹角为 90°，它们发出的偏振光通过与两个显示屏都成 45°角的半反射镜投射到观看者的眼镜上，形成立体图像。

时分法。以一定速度轮换传送左右眼图像，显示屏上也轮换显示左右眼图像。观看者需戴一副液晶眼镜，眼镜用一个与发送端同步的开关控制，当左眼图像出现时，左眼镜的液晶透光，右眼镜的液晶不透光；相反，当右眼图像出现时，右眼镜的液晶透光，左眼镜的液晶不透光。左右两眼只能看到各自所需的图像。

以上方法都需戴眼镜观看，容易引起眼睛疲劳，因此观看时间不能过长。

全息法。是一种采用全息摄像的三维立体电视技术，这种立体电视节目可以从各个角度观看，甚至可以围成一个圈观看。

（2）时差制式成像技术

这是一种很有发展前途的立体电视技术，只在电视台进行必要改造，而在接收端不用眼镜，用普通电视机就可以接收立体电视节目。

立体化技术的研究热点是不戴立体眼镜即可观看立体节目的"自动立体显示技术"。立体化技术应不依靠视觉假像，而让图像随着观察角度的不同而变化，从任何角度都能看到立体图像。

（3）全息成像技术

全息技术最早用在照相上，是利用光的干涉原理，把物体特有的光波信息记录在感光材料上，经过显影定影处理后，得到一张全息图。这张全息图上是没有图像的，要想看到图像，就要使光波重现。重现的图像与原物一模一样，如同透过窗口观看外面的景物一样。移动眼睛可以看到物体的不同侧面，观看前后不同距离的景物时，效果更加出色。

全息电视是智能控制型、大屏幕平板式、高像质数字式、环绕多声道保真立体声、多功能综合型立体电视系统。

5.立体电视显像制式

立体电视显像端必须分别显示左右两个图像，确保左眼只能看见左图像，右眼只能看见右图像。

（1）偏光双路制

由两台普通摄像机并列摄像，并分两路进行信号传送，在接收端用两个显像管分别显示两路视差图像信号。由于这两路信号在摄像时，镜头前装有互为正交的两个偏振镜，所以在观看时只要戴上一副互为正交的偏振眼镜，就可以使左右两眼分别只看到左右摄像机摄取的图像信息了。由于采用两个显像管，所以其结构较为特殊。

两个显像管被放置成互相垂直，图像依靠一种半透明的镀膜反射玻璃进行图像合成，这样即可使观看者的双眼通过偏光眼镜分别观看两个显像管的图像了。

偏光双路制的缺点是要占用两个传送通道（或电缆），因此该系统的工作带宽比普通电视要宽一倍。又由于要用两个显像管，并需要专门的镀膜玻璃和偏光眼镜，因此结构较复杂。

这种方式不能兼容现有电视系统。

（2）混合编码制

采用左、右两台稍稍分开的摄像机同时进行拍摄，并使两台摄像机的信号保持同步。视频输出分解为 RE、GE、BE 和 R（右）、G（右）、E（右），并将 RE、G（右）、E（右）三路信号进行混合编码，形成 PAL 制彩色电视信号，然后发送出去。接收端使用普通电视机接收。在信号传送过程中可用现有广播电视设备进行处理、存储、特技制作以及传输、接收、显示。观看时只需戴上红色和青色的滤色眼镜，便可以看到立体彩色图像了。

基本原理。取左路摄像机的 R 信号（其中包含了左路图像的几何信息和红色色度信息），再取右路摄像机的 G、B 信号（其中包含了右路图像的几何信息和绿色、蓝色色度信息），然后对两路 R、G、B 信号进行混合编码，形成 PAL 制彩色全电视信号。当戴上红色和青色的滤光镜观看屏幕时，来自左右两个不同角度的两幅图像的几何信息在大脑视觉神经中构成立体几何图像。进入左眼的红色信息和进入右眼的绿色、蓝色信息在大脑视觉神经中恢复景物色彩，从而形成完整的彩色立体图像。

这种方式能兼容现有电视系统。

（3）滤色眼镜

镜片玻璃选用高透射率的光学玻璃。

左眼为红色滤色镜，右眼为青色滤色镜（绿色+蓝色）。

镜架采用封闭式，以便消除背景光在镜片上造成的光干扰影响。

6. 立体电视显示技术

目前世界上居于前列的立体显示技术有。美国 DTI 公司的"自动双重拷贝（Auto Stereoscopics）"技术、飞利浦-夏普公司的"三维液晶显示（3D LCD）"技术、三洋电机的"图像分割棒（Image Splitter）"技术和三星电子的"多透镜"技术等。

（1）自动双重拷贝技术

美国 DTI 公司将 LCD 的像素矩阵分成奇数列和偶数列，奇数列上只是显示左眼可以看到的图像，偶数列则显示专门针对右眼的图像，人脑根据这两幅图像的微小差异来获得三维视觉享受。这种技术的关键在于 DTI 3D 显示器采用的特殊结构。

LCD 显示器无法自主发光，要实现显示就必须借助背光将像素照亮才行，如果背光照不到，屏幕就会呈现黑屏状态。如果能精确控制背光的射向，再加上光学设备的辅助，就可以实现奇数列图像和偶数列图像分别被左眼和右眼所看到。DTI 沿着这个思路，在标准 LCD 背光板与 LCD 液晶板之间添加了一个额外的光学仪器扭曲向列型（TN：Twisted Nematic）板，该 TN 板上的垂直区块会根据显示任务的情况来照亮奇数或偶数的区块，并以 60 帧/s 的速度高速刷新。此外，在 TN 板与 LCD 板之间还有一个特殊的透镜单元，通过透镜的折射可以让指定的图像进入到左眼或右眼。这样，人的大脑就会以为是在看一个具有深度的真实世界。

飞利浦–夏普公司的技术方案也采用 TN 板液晶开关来控制背光的通断，但两幅图像产生的机理以及透镜的位置都与 DTI 的方案有所不同。

（2）3D–LCD 显示技术

飞利浦–夏普公司的 3D–LCD 显示器的关键部分可以分成 4 层结构。最上部为关键的光学凸透镜层，再依次是顶部玻璃基板、LCD 单元层和底部基板。从正面看，所看到的就是纵向密布的许多凸透镜柱，紧密地附着在顶部玻璃基板上。LCD 单元层中每一个格子代表一个像素，每个像素又包含一定数量的子像素。而每个像素表示的是所显示物体的一个立体点，会分别落在观察者左眼或右眼上。由于光学凸透镜的焦距刚好落在 LCD 单元层上，这样，外界的平行光线经过凸透镜后可以聚焦在 LCD 单元层，光线的方向不同，聚焦在 LCD 单元层的位置就不同。根据光路可逆原理，每个 LCD 像素所发出的光经过凸透镜的折射后都会变成可进入人眼的平行光。不同子像素发出的光线方向不同，通过对透镜的精确设计可以让这些光线分别被用户的左眼或右眼所观察，这样就可以看到非常真实的立体效果。

（3）图像分割棒技术

三洋电机是在画面上设计多个条状遮光的"图像分割棒（Image Splitter）"，使用户的左眼和右眼只能看到指定的图像。三洋电机开发专门的"头部跟踪系统"，可以自动侦测到用户头部的位置，并且根据反馈信息来调整"图像分割棒"，这样即使用户的头部移动到了 3D 可视区域之外，显示器也会自动调整"图像分割棒"的开口，让用户获得不折不扣的立体视觉。三洋电机还将"图像分割棒"和液晶面板在纵向上分为 16 个区域，根据用户所处的位置来调整各个区域的"图像分割棒"以及液晶面板，使前后方向的立体可视范围得到扩大。

（4）多透镜技术

三星公司借助多透镜（Lentic Ular Lens）技术来控制左右图像的射向。多透镜屏由一排垂直排列的半圆形柱面透镜组成，由于每个柱面镜头的折射作用，使右眼图像聚焦于观看者的右眼，左眼图像聚焦于观看者的左眼，由此产生立体视觉，如图 11-60 所示。

三星公司多透镜的特点是产生的图像丰富真实，较适合大屏幕显示，加之运用最精密的成形手段，可使每个透镜的截面达到微米级，可支持更高的分辨率。而借助先进的数字处理技术，又可以将色度亮度干扰大为减少，有效提高立体图像的质量。这些技术手段，使制造出基于多透镜技术的高清晰立体电视机成为可能。

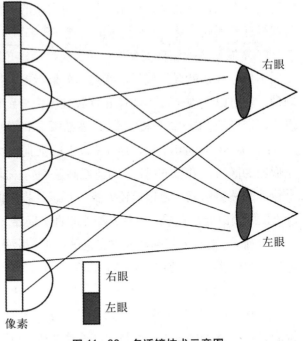

图 11-60　多透镜技术示意图

（5）全景立体技术

美国 ActUality Systems 公司开发的 "Vol Umetric 3D Display" 是一种可 360°全景任意观看的 3D 显示器。其主体部分是一个直径为 10 英寸的球形显示器，可以从任意角度，水平 360°，垂直 270°观看完全虚拟现实的真实效果。使用一套特殊的光学机械系统实现立体显示，所显示的 3D 图像由 9000 万像素构成。生成这样真实的 3D 物体需要使用专门的渲染算法。

7. 立体电视系统

立体电视系统主要由新型立体摄像机和立体显示设备组成。

（1）立体摄像机

立体摄像机具有双镜头、综合计算机、测控、图像处理技术，拍摄过程符合人的视觉机理。

（2）立体显示设备

立体显示设备。分时或同时输入左右图像，采用光学技术，实现左右图像以正确的视差投射到人的双眼，不用戴眼镜即可在屏幕前直接看到立体图像。

全制式彩色立体电视接收机一般技术标准。既有普通电视机的全部功能，又可接收时分制立体电视节目；扫描频率可支持 100Hz~120Hz、50Hz 逐行扫描、60Hz 逐行扫描；具有将平面电视图像转换成立体电视图像的功能；内置大功率红外信号发生器，发射距离远，发射角度大；观众可以佩戴红外遥控液晶眼镜观看立体节目，轻便舒适；内置嵌入式浏览器，内置 56bit/s Modem 和 10M 以太网卡；屏幕尺寸为 32 英寸，具有 16：9、4：3 两种显示切换；电源。电压 150V~260V，50Hz；最大电源功率为 230W。

高清晰立体电视机采用高清晰电视信号处理器，将视频信号的模拟和数字处理功能集成到单一芯片之中，使用逐行精细扫描技术，提供数字影院般绚丽的电视画面。支持国际标准的高清晰视频信号输入，采用纯平精密显像管，逐点再现精彩画面。

高清晰立体电视机采用高清晰立体电视处理模块，支持两种空分立体节目格式，支持将普通电视节目实时转换成立体效果。在高清晰的 720P 以上输入信号，更能提供完美的立体显示效果。

高清晰立体电视机采用半透明的图形化菜单界面，操作简洁，方便实用。数字电视机顶盒的广泛使用、输入电视机的信号种类多的特点，提供了"一键机顶盒""一键高清晰""一键计算机"的快捷遥控按键。一种典型高清晰立体电视机参数如表 11-6 所示。

表 11-6　高清晰立体电视机参数

参　　数	规　　格
接收频道范围	VHF：1~12、UHF：13~57、有线电视增补频道
接收制式	PAL（SECAM）：BG、DK、I 和 NTSC-M
输入视频制式	PAL、NTSC
Y/C 支持视频制式	PAL、NTSC
YPbPr 支持格式	576I/50Hz、480I/60Hz、576P/50Hz、480P/60Hz、720P/60Hz、1080I/60Hz
VGA 端口支持格式	640×480/60Hz、800×600/60Hz、1024×768/60Hz
节目存储容量	256 个节目号（0~255）
九画面频道扫描	支持
支持扫描格式	60Hz 逐行（60P）、50Hz 逐行精密显示（50P）、100Hz 无闪烁（100I）
图形化菜单	支持（在 100I 和立体显示状态无效）
16：9 比例变换	支持（在 YPbPr 输入信号有效）
静止画面	支持
开机拉幕	支持

参　数	规　格
关机拉幕	支持（在 TV 状态有效）
定时开机/关机	支持
机顶盒快捷键	支持（AV2-TV-AV2 循环）
高清晰快捷键	支持（YUV-TV-YUV 循环）
计算机快捷键	支持（VGA-TV-VGA 循环）
精密扫描快捷键	支持（进入 50P）
天线输入阻抗	75Ω（不平衡）
视频输入阻抗	75Ω
视频输入电压	1.0Vpp
音频输入阻抗	47kΩ 以上
音频输入电压	200mV 以上
伴音输出功率	2×5W（左右声道）
电源	交流 220V/50Hz
功耗	低于 180W
工作温度范围	-10℃～45℃
外形尺寸	810mm×500mm×670mm
显像管尺寸	对角线 73cm（29 英寸）、宽高比 4∶3、16∶9
整机重量	50kg（毛重）

8. 全息电视技术

(1) 全息电视

全息电视（Holographic Television Holotv，HTH）又称为三维虚拟电视、全息立体电视。

全息的定义为"一个系统原则上可以由它的边界上的一些自由度完全描述"。全息是基于黑洞的量子性质提出的一个新的基本原理。

全息技术是实现真实的三维图像的记录和再现的技术。由全息技术描绘的图像称为全息图或全息图像。与其他三维图像不一样的是全息图提供了视差。视差的存在使得观察者可以通过前后、左右、上下移动来观察图像的不同形象，好像有个真实的物体在那里一样。立体电视 STV 和全息电视 HTV 正走进现实。

（2）全息电视特点

①形象逼真。

②高清晰。观察一个 DNA 结构，前后左右上下清晰逼真，如同自己是其中一分子。

③多角度。全息影像技术已经可以让一幅静止的画面以三维形式呈现在人的视觉空间。坐在客厅的一把椅子上，面朝大屏幕电视，无论想从哪个角度观看哪个角落播放的剧情，电视都可以满足要求。电视画面还有纵深感和立体效果，产生身临其境的感觉，剧中人物完美得如同真人活动在身边。有的可水平 360°、垂直 180° 观看。

④穿透力。全息技术能在时间、空间上创造影像，极具穿透力，富有变化。任何一个人都可利用全息技术，在虚无的空间创造一个虚拟的影像；任何一个人都可瞬间变出和消失一架波音 737 或从长城里钻进钻出。全息影像技术应用到军事可虚拟一架战机、一艘战舰，甚至一个基地、一个战场。

（3）全息电视技术应用

①三维全息电视。观看篮球赛，不能将赛场的全部场景尽收眼底，但大屏幕全息电视，就能看到整个赛场，而且不必离开座椅就能改变视角和视野范围。

美国达拉斯实验室的哈罗德·加纳是德克萨斯大学西南医学研究中心的医学博士、等离子物理学家和生物化学家。他制造的样机是世界上第一台真正能显示全息影像的三维电视。

哈罗德·加纳最早接触到广泛应用在高端视频投影机上的数字微镜芯片（DMD）。加纳研究的最大突破在于用激光取代了传统的投影灯泡来照射 DMD。他使用 DMD 来分解一系列二维的干涉图案，再将图像反射出去，产生三维全息图像。

加纳研制出一种由多层超薄液晶面板组成的显示装置，液晶面板会随着电流的不同在透明和不透明两种状态之间以极快的速度转换，从而形成全息图案。由于转换的速度远高于人眼的反应速度，看到的就是连续而清晰的画面了。

加纳的方法传送三维电视信号所占用的带宽不会比现在的电视信号多。用二维干涉图案的方式来传送三维图像，可以直接利用现有的电视网络。只要制作全息图像的节目内容，用一系列摄像机从不同的角度拍摄，再合成全息图像。

② Holoscreen 全息电视。2007 年 1 月，美国 CLARO 推出一款全息技术是透明玻璃的三维立体电视——Holoscreen。Holoscreen 运用全息技术，不同于现有的任何一款电视，是全息技术与视觉审美的无暇结合的产物，是立体电视的一个里程碑，电视显

示技术的大革命。

Holoscreen 全息电视有显示器、后置投影机和一套激光音效系统，其中有两个大玻璃音效发生器。

Holoscreen 投影机相当于光波信息记录仪，显示器用来显示全息图。Holoscreen 整个屏幕由 10mm 厚的玻璃制成，面积为 1.5m×1.0m 长方形。屏幕外面有一透明的材料覆盖，面积比显示屏稍大一点，为 610mm×814mm，显示的画面是在半空中。

Holoscreen 接收所有输入格式。电视、DVD、录像、个人计算机、笔记本。

Holoscreen 有独特的特点。透明的显示可以与周围的环境很好地结合起来。只要是能想到的，如木头、金属、石头、织品、皮革制品等，不论是什么环境，都能保证有很好的亮度与清晰的图像。

③ Perspecta 全息电视。位于美国马萨诸塞州的 Favalora 创造的 Perspecta 1.9 全息电视是一款真正的全方位三维全息电视。Perspecta 系统由直径 25cm 的白色聚合体屏幕制成，安装在 1m 高的黑色盒子上，方便人们围绕它观看。它看起来像一个水晶球。

Perspecta 1.9 屏幕外围包裹着一层透明的聚碳酸酯外壳，并以每秒 12 转的速率旋转。

实现全息的方法就是通过一个高速旋转的屏幕，让屏幕在面向各个不同方向的时候显示一个物体不同角度的图像。无论走到这个物体的哪个角度，都能看到对应物体的不同角度的映像。

用激光取代了传统的灯泡来照射 DMD，使用 DMD 来分解一系列二维干涉图像，再将图像反射出去，产生三维全息图像。Perspecta 的特点是真正实现 360°观看，横向 360°观赏角度，垂直 180°观赏角度，展示景物不同侧面的状态，绝对身临其境的感觉。

(二) 立体显示分类

立体显示的分类，既有按照如何利用两眼视差、辐辏、运动视差、焦点调节等人眼空间直觉机能来分类的方法，也有从立体显示硬件构成来考虑按照显示信息来分类的办法。视差信息方式是显示从多个视点所拍摄的视差图像的方式。各视点图像所具有的信息和普通的二维图像完全相同，而三维坐标信息并不是直接记录的。现在已经提出的立体显示方案几乎都属于这一类，可以分为眼镜方式和非眼镜方式 (不戴眼镜)。眼镜方式和非眼镜方式又可以按左右图像的显示方式分为空间切割方式和时间切割方式。

眼镜方式中，具有代表性的空间分割方式有窥视镜方式、偏振光眼镜方式、立体照片方式、普耳弗里奇方式，如图 11-61 所示。

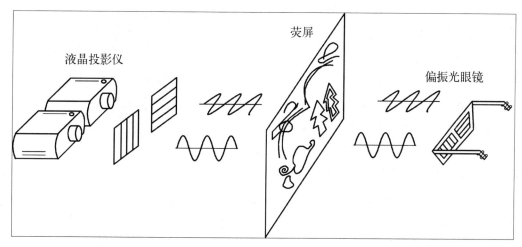

图 11-61　偏振光眼镜方式

头盔 Heasdset Mode Disploy 显示器（HMD）方式按其构造属于窥视镜方式。时间分割方式中，快门眼镜方式已经广为人知，它也有偏振光眼镜方式。由于这些眼镜方式在原理上都是由左右眼观看两种视差图像，所以两眼式是其基本方式。如果结合观看者头部位置检测对图像进行切换，可以隔成能像多眼式那样观看的"HMD"方式等。这类方式正在进行大力研究。

非眼镜方式有视差栅方式、条形透镜方式、全息光学单元（HOE）方式、光源切割方式、积分照相方式等，如图 11-62 所示。

光源切割方式既可以是空间切割，也可是时间切割。这些非眼镜方式中，观看者所看到的图像是随观看位置而变的，能看到不同图

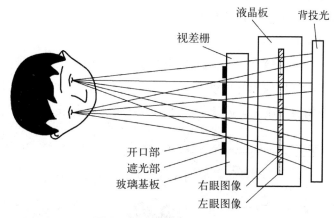

图 11-62　视差栅方式

像的区域数取决于视差图像的个数。也可以按照视差图像个数的多少分为两眼式和多眼式，其原理相同。

非眼镜方式又称为裸眼方式。裸眼立体显示器是利用人两眼具有视差的特性，在不需要任何辅助设备（如 3D 眼镜、头盔等）的情况下，即可获得具有空间、深度的逼真立体影像。画中事物既可以凸出于画面之外，也可以深藏于画面之中，如图 11-63 所示。

色彩艳丽、层次分明、活灵活现、栩栩如生，是真正意义上的三维立体影像。裸眼立体影像具有真实生动的表现力、优美高雅的环境感染力、强烈震撼的视觉冲击力。这种新、特、奇表现手法的影像产品，广泛应用到广告传媒、展览展示、婚纱摄影、科研教学、游戏娱乐、工业设计、建筑、手机等多个行业。裸眼立体影像产品的出现是影像领域的一次质的飞跃，是影像领域的一项技术革命。

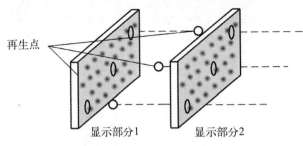

图 11-63　裸眼立体影像

纵深信息方式是给 x、y 坐标所表示的二维信息加上纵深坐标 z，并将再现空间内的三维坐标信息全部予以显示，如图 11-64 所示。

截面再生方式是其主要方式，但因其信息量大而未得到充分开

图 11-64　DFD 立体显示方式

发，与此相反，有一种给各二维像素信息加上纵深位置来作为立体信息的方式，这种方式在纵深方向上没有拥挤的图像信息，只需要非常少的信息量即可实现。我们把这种方式称之为纵深再生方式，Depth-FUsed 3-D（DFD）方式和可变焦点方式是其代表性的方式。

波面信息方式与以上两类方式有本质的区别。视差信息方式和纵深信息方式都是显示器件像素与再生点一一对应，而波面信息方式可以说各个点的信息记录在记录面的所有位置上，这就是全息，如图 11-65 所示。

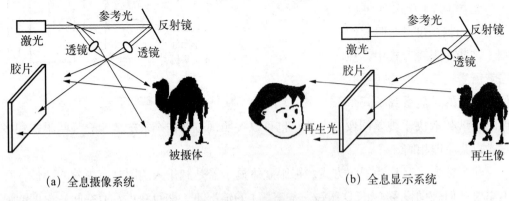

(a) 全息摄像系统　　　　　　　　　　　　　　(b) 全息显示系统

图 11-65　波面信息方式

信息再生的时候，通过整个记录面所发出的衍射光的干涉来再现图像。由于信息

量大，实用化还需要一段时间。但它的图像质量非常好，正在被作为理想立体显示器而继续研究。

在 2010 年上海世博会上有一款新颖的裸眼立体电视机，它名为"i3Space"，意思是"我的三维空间"。它的更加新颖之处不只是裸眼立体，而是可以让观看者互动。它不仅可以让你抓住鱼儿，还可以驱走你不喜欢的鲨鱼，真实感相当强。这款电视机是如何让你不仅有逼真的视觉，还具有逼真的触觉呢？这得借助于新奇的互动传感技术。这款立体电视机配备了 6 个动作探测摄像头，用于监视用户的手指；而手指上安装有夹子状传感器，可和电视机的互动装置相连，如图 11-66 所示。

图 11-66　套在手指上的传感器

当用户手指触摸或碰击图像时，摄像头会监测到手指的运动方向和运动模式，传感器会把手指的力度、伸曲度等数据传输给电视机，电视机根据用户的手指动作让图像做出反应。比如，当鱼儿游过来的时候，用户伸出手指，鱼儿可能受到惊吓跑开了；如果用户两手合作，并且动作准确的话，就可以捉住鱼儿。同时，传感器可以进行双向数据传输。也就是说，电视机不但可以通过传感器感受到手指的动作，也可以让手指感受到图像的质感。比如，当鱼儿游过来时，你双手合作抓住了鱼儿，图像中不但出现鱼儿挣扎的场景，你还可以感受到鱼儿的滑腻润湿的体表。电视机如何能让人有这种奇特感受呢？原来电视机中还有一台微型电脑，它可以处理传感器传输的信息，知道用户在干什么，并产生相应的反馈信息给用户。这种信息可转化为细微的电流，通过夹子传感器上密密麻麻的针眼式触点刺激用户的手指神经末梢，让用户的头脑里产生一种摸到了鱼的感觉。

图 11-67　试验者把立体地球图像揪掉一块

此外，用户还可以做出拉扯和压缩的动作，让图像产生变形。比如，一幅立体地球图像在使用者的操控下被压扁和拉伸，有时甚至可以抠下一块来，令人感觉图像中那个地球就像是一个橡胶球。研究人员声称，这种互动电视机不仅仅是用于娱乐，还可以有一些实际用途，比如设计师可以把自己设计的立体影像投射到电视机上，并"亲手"进行修改；雕塑家和画家也可以用这种电视机来修正自己的作品。在一些医院中，医生在正式手术前可以用立体互动电视机做一次虚拟手术，防止正式手术时出错，这对培养实习医生也是大有好处的，如图 11-67 所示。

这款电视机还有一个好处是可以多人配合观看，从不同的角度看到的立体图像居然不完全相同。这是因为电视机中有多个投影装置，可以产生多角度的影像，这样在对图像进行互动时，可以多人进行合作。这在玩互动游戏中的好处是显而易见的，多名游戏者可以面对一台电视机共同合作完成一款游戏。

立体互动电视的未来可用于设计、雕塑、绘画、手术、帮助视觉障碍者、钓鱼等，如图11-68所示。

研究人员表示，现在的传感器只是一个夹子的形状，而且是套在手指上，给人的感觉还比较有限。将来有望开发出手套状的传感器，这样在捉立体图像中的鱼儿时不只是两个指头

图 11-68　立体互动电视的未来

捏住，而且可以用手握住。更加先进的设计是穿上传感衣服。这样一来，两地的朋友在通过立体电视机聊天时，不但可以握手，而且可以拥抱。可以想象，在不久的将来，立体互动电视机将改变人们的娱乐、工作和交际。

第五节　数字电视接收与业务信息

数字电视接收设备不仅包含了解调、信道解码、解复用和信源解码等数字电视的核心技术，还要具有条件接收控制、交互操作、增值业务服务和多媒体用户数据处理等功能，因此，数字电视接收设备是一个比较复杂的系统。

数字电视接收设备可以分为数字电视接收机、数字电视机顶盒及电视显示器三大类。

一、数字电视机顶盒

机顶盒的概念从广义上说是以电视机为显示终端的信息接收和处理设备，目前在市场上有接收数字电视的机顶盒和接入 Internet 的 WebTV 机顶盒。

根据信号传输介质的不同，数字电视机顶盒可分为：数字卫星电视机顶盒、数字地面电视机顶盒和数字有线电视机顶盒。下面主要介绍数字有线电视机顶盒。

（一）数字有线电视机顶盒

数字有线电视机顶盒不仅可以接收数字有线电视广播信号和模拟有线电视广播信

号，还可以进行数据广播、Internet 接入、视频点播及 IP 电话等业务。

普及型机顶盒主要功能为：支持基本的数字视音频和数字音频广播接收、条件接收系统、基本电子节目指南以及软件在线更新等功能。

（二）有线电视机顶盒结构

机顶盒包括硬件和软件两部分。

硬件系统提供数字电视机顶盒的硬件平台，实现电视信号的接收和视音频的解码。软件系统提供操作界面的实现、数据广播业务的实现，以及机顶盒和 Internet 的互联等。

有线电视机顶盒系统构成如图 11-69 所示。

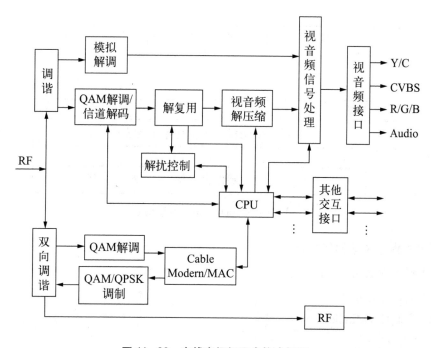

图 11-69　有线电视机顶盒构成框图

机顶盒由高频头调谐器、解调器、信源解复用器、MPEG-2 解码器、视频处理器、音频 D/A、嵌入式 CPU 系统和外围接口、条件接收模块等组成。具有交互功能的机顶盒则需要回传通道。

1. 硬件系统

（1）调谐和解调；

（2）解复用；

（3）解压缩；

（4）视音频信号处理与接口；

(5) 模拟视音频信号接收；

(6) 线缆调制解调器 (Cable Modem)；

(7) CPU 系统；

(8) 加解扰模块。

2. 软件系统

在数字电视技术中，软件技术占有重要的位置。除了视音频的解码由硬件实现外，包括电视内容的实现、操作界面的实现、数据广播业务的实现，直至机顶盒和个人计算机的互联以及和 Internet 的互联都需要由软件来实现。机顶盒软件系统结构如图 11-70 所示。

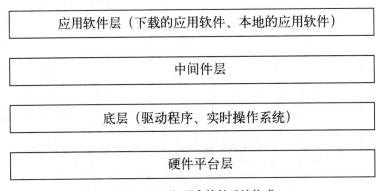

图 11-70　机顶盒软件系统构成

可见软件系统结构将其分为四层：

(1) 硬件驱动层软件；

(2) 实时操作系统；

(3) 中间件 (Middleware)；

(4) 应用软件。

(三) 数字电视 CA 系统基本构成

在数字电视广播上，不仅能够实现传统的电视广播业务，还可以衍生出多种增值业务，如付费电视、视频点播和网上游戏等。

为了确保这些新业务的实现，不仅需要有一个安全可控的综合管理业务平台，更重要的是要有一个安全、开放的条件接收 (Conditional Access) 系统，简称为 CA 系统。

CA 系统包括系统管理，网络技术，加解扰技术，加解密技术，复用技术，调制技术，机顶盒技术及智能卡技术等，是一个综合的系统。CA 系统同时也涉及用户管理、节目管理、收费管理等数据库方面的应用技术。

数字电视 CA 系统结构如图 11-71 所示。

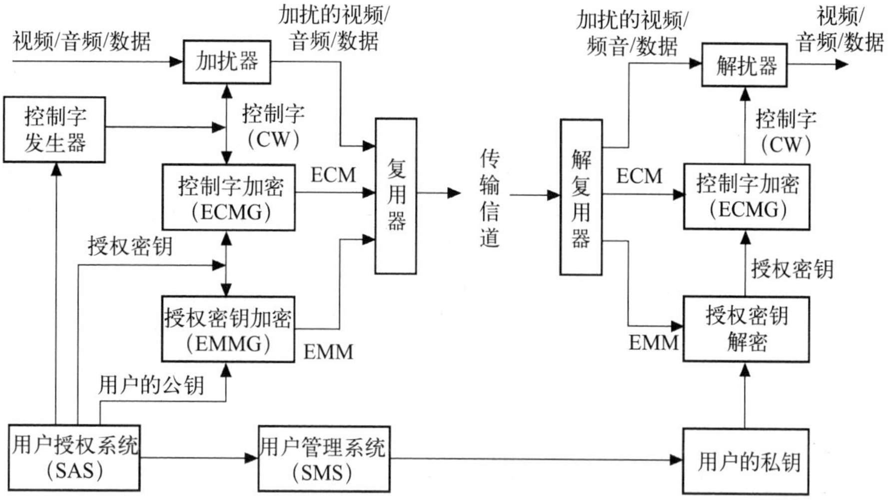

图 11-71　数字电视 CA 系统结构框图

CA 系统采用多重密钥传送机制将控制字安全地传送到经过授权的客户端。

1. 用户管理系统

主要对用户和智能卡进行管理，包括管理和编辑用户信息，所有客户端的地址号、智能卡号、证书和用户设备信息，同时还处理用户的节目预定信息、用户授权信息、财务信息等，并将这些信息转换成 EMM 信息。

2. 加扰

加扰（Scramble）是 CA 系统的重要组成部分。

还有控制字（CW）发生器；

业务密钥（SK）；

个人分配密钥（PDK）；

授权控制信息发生器（ECMG）；

授权管理信息发生器（EMMG）；

解扰过程。

(四) 同密和多密模式

在数字电视广播中，在网络中采用同一种条件接收系统是不符合开放的市场需要的。为了使网络中的 CA 系统具有良好的开放性，DVB 组织制定了两大类 CA 工作模式：一类是同密（Simulcrypt）工作模式，主要规定了条件接收系统和 MPEG-2 压缩、复用系统之间的接口规范；另一类是多密（Multicrypt）工作模式，规定了机顶盒与 CA 模块之间的接口，即通用接口（Common Interface）。

451

1. 同密模式（Simulcrypt）

DVB对此规定了通用的加扰算法。支持同密标准的CA系统结构如图11-72所示。

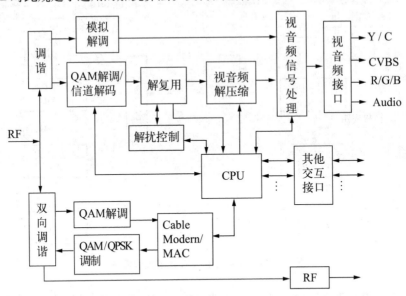

图 11-72　同密模式的 CA 系统框图

2. 多密模式

机卡分离机顶盒框图如图 11-73 所示。

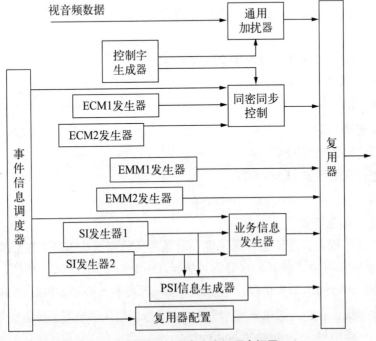

图 11-73　机卡分离机顶盒框图

二、数字电视广播系统中的业务信息（SI）

（一）数字电视广播系统中的业务信息定义

1. 数字电视广播系统模式

数字电视广播系统的定义主要包括：地面广播、有线电视广播和卫星广播系统。一个典型的数字电视广播系统框图如图 11-74 所示。

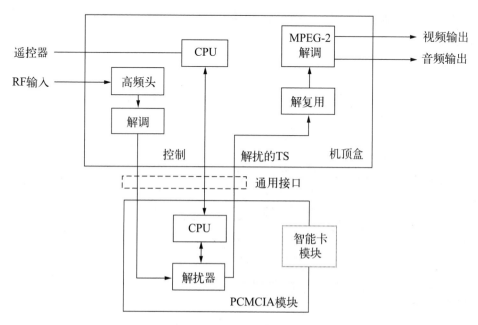

图 11-74 数字电视广播系统框图

其中，复用流定义为：将一路或多路业务的所有数据合成一路物理通道内的一个码流。

网络定义为：可以传送一组 MPEG-2 传送流（TS）的一个传输系统。例如，某个有线电视系统中的所有数字频道。

业务信息定义为：用于描述传送系统、业务内容和广播数据流的计划/时间表等的数据。它包括 MPEG-2 的 PSI 信息及独立定义的扩展部分。

2. 业务群结构

为了便于编码控制，在数字电视广播的业务信息中把所传送的业务分为业务群、业务、节目、事件和组件。其定义为业务群（bouquet）：业务群是由同一业务提供商在市场中提供的一系列业务的集合。

业务（Service）：是在广播者的控制下按照时间表分步广播的一系列节目的集合。

节目（Programme）：是由广播者提供的一个或多个连续的事件的集合。例如，新闻广播，娱乐广播。

事件（Event）：是由一组给定了起始时间和结束时间、属于同一业务的组件的集合。例如，一场足球比赛的半场、新闻快报或娱乐表演的一部分。

组件（Component）：是共同构成事件的一个或多个实体。例如，视频、音频、图文等。

（二）业务信息（SI）的总体结构

数字视频广播中的业务信息包括两大部分：第一部分是由 MPEG-2 定义的节目特定信息（PSI）；第二部分是由 SI 标准定义的业务信息。业务信息的总体结构图如图 11-75 所示。

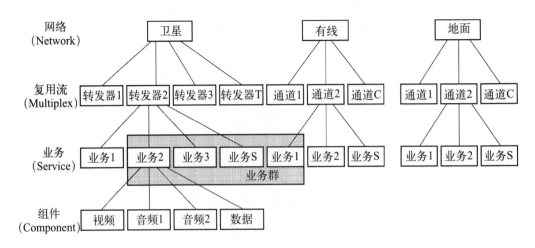

图 11-75　业务信息（SI）总体结构图

（三）MPEG-2 定义的节目特定信息（PSI）

在 MPEG-2 系统标准中定义了节目特定信息（Program Specific Information，PSI），PSI 信息主要由以下 7 种类型的表构成。

节目关联表（Program Association Table，PAT）；

节目映射表（Program Map Table，PMT）；

条件接收表（Conditional Access Table，CAT）；

网络信息表（Nerwork Information Table，NIT）；

传送流描述表（Transport Stream Description Table，TSDT）；

专用段（private_section）；

描述符（Descripter）。

（四）SI 标准定义的业务信息

而在实际数字电视广播的应用中，业务信息不仅要提供现行复用流的信息，还需要提供其他复用流中的业务和事件信息。

SI 标准定义了这些信息的编码。SI 标准定义的业务信息主要由以下 9 个表构成：

业务群关联表（Bouquet Association Table，BAT）；

业务描述表（Service Description Table，SDT）；

事件信息表（Event Information Table，EIT）；

运行状态表（Running Status Table，RST）；

时间和日期表（Time and Date Table，TDT）；

时间偏移表（Time Offset Table，TOT）；

填充表（Stuffing Table，ST）；

选择信息表（Selection Information Table，SIT）；

间断信息表（Discontinuity Information Table，DIT）。

（五）业务信息表的传输

在 SI 信息中，表（table）是一种概念性的机制，它是对业务信息的一种结构性的描述。在实际应用中各种业务信息表被分成一个或若干个段表示，然后插入到 TS 包中。

段（Section）；

段到传送包（TS）的映射；

包识别符（PID）。

SI 信息的重复传送及加扰规定。

用于传送业务信息段的 TS 包的 PID 值如表 11-7 所示。

表 11-7　业务信息的 PID 分配

表	*PID* 值
PAT	0×0000
CAT	0×0001
TSDT	0×0002
预留	$0 \times 0003 \sim 0 \times 000F$
NIT，ST	0×0010
SDT，BAT，ST	0×0011
EIT，ST	0×0012
RST，ST	0×0013

续表

表	PID 值
TDT，TOT，ST	0×0014
网络同步	0×0015
预留使用	0×0016~0×001B
带内信令	0×001C
测量	0×001D
DIT	0×001E
SIT	o×001F

（六）描述符（descriptor）

1. 描述符可能应用的位置

SI 标准中定义的主要描述符，其中＊表示该描述符最有可能插入在该表中。标签（descriptor_tag）是一个 8 位字段，用于标识不同的描述符，如表 11-8 所示。

表 11-8　描述符插入位置的主要内容

描述符	标签	NIT	BAT	SDT	EIT	TOT		SIT
网络名称描述符	0×40	*						
业务列表描述符	0×41	*	*					
填充描述符	0×42	*	*	*	*			*
卫星传送系统描述符	0×43	*						
有线传送竹编描述符	0×44	*						
场逆程教数据描述符	0×45					*		
场逆程图文电视描述符	0×46					*		
业务群名称描述符	0×47		*	*				*
业务描述符	0×48			*				*
有效国家描述符	0×49		*	*				*

续表

描述符	标签	NIT	BAT	SDT	EIT	TOT		SIT
链接描述符	0×4A	*	*	*	*			*
准视频点播参考描述符	0×4B			*				*
时移业务描述符	0×4C			*				*
短事件描述符	0×4D				*			*
展事件描述符	0×4E							*
时移事件描述符	0×4F							*
组件描述符	0×50							*
马赛克描述符	0×51						*	*
流标识描述符	0×52						*	
条件接收标识描述符	0×53		*	*	*			*
内容描述符	0×54				*			*
家长分级描述符	0×55				*			*
图文电视描述符	0×56						*	
电话描述符	0×57			*	*			*
本地时间偏移描述符	0×58					*		
字幕描述符	0×59						*	
地面传送系统描述符	0×5A	*						
多语种网络名称描述符	0×5B	*						
多语种业务群描述符	0×5C		*					
多语种业务描述符	0×5D			*				*
多语种组件描述符	0×5E				*			*
专用数据说明符描述符	0×5F	*	*	*	*			*

描述符	标签	NIT	BAT	SDT	EIT	TOT		SIT
业务转移描述符	0×60					*		
短平滑缓冲区描述符	0×61				*			*
频率列表描述符	0×62	*						
传送流片段描述符	0×63			*	*			*
数据广播描述符	0×64							*
条件接收系统描述符	0×65					*		
数据广播标识描述符	0×66					*		
传送流描述符	0×67							
数字卫星新闻采集描述符	0×68							
节目传送控制描述符	0×69				*			
AC3 描述符	0×6A					*		
辅助数据描述符	0×6B					*		
单元列表描述符	0×6C	*						
单元频率链接描述符	0×6D	*						
公告支持描述符	0×6E	*						

2. 组件描述符

组件 (Component) 是构成事件的基本单元, 组件描述符用于标识组件流如视频、音频或数据的类型, 以及对基本流的描述。

组件描述符中主要包括以下参数。

流内容 (Stream_content): 由 4 比特位表示, 给出了码流的类型。例如, 当该值为 1 时表示该码流是视频, 为 2 时表示该码流为音频, 为 3 时表示该码流为数据。见表 11-9。

组件类型 (Component_type): 由 8 比特位表示, 给出视频、音频或数据组件的类型, 如表 11-9 所示。

表 11-9　流内容和组件类型主要内容

流内容	组件类型	描述
0×02	0×01	音频，单声道
0×02	0×02	音频，两路单声道
0×02	0×03	音频，立体声（2 声道）
0×02	0×04	音频，多语言，多声道
0×02	0×05	音频，环绕声
0×02	0×40	服务于视觉障碍者的音频描述
0×02	0×41	服务于听力障碍者的音频
0×03	0×01	图文字幕
0×03	0×02	相关的图文
0×03	0×03	VBI（行逆程）数据
0×03	0×10	数字电视广播字幕（普通），无显示器宽高比限制
0×03	0×11	数字电视广播字幕（普通），显示器宽高比为 4:3
0×03	0×12	数字电视广播字幕（普通），显示器宽高比为 16:9
0×03	0×13	数字电视广播字幕，显示器宽高比为 2.21:1
0×03	0×20	数字电视广播字幕（听力障碍者用），无显示器宽高比限制
0×03	0×21	数字电视广播字幕（听力障碍者用），显示器宽高比 4:3
0×03	0×22	数字电视广播字幕（听力障碍者用），显示器宽高比 16:9
0×03	0×23	数字电视广播字幕（听力障碍者用），显示器宽高比 2.21:1

3. 内容描述符

内容描述符的目的是为事件提供清楚的信息描述，主要包括以下参数：

一级节目内容分类 content_nibble_level_1：它由 4 比特位表示。

二级节目内容分类 content_nibble_level_2：它由 4 比特位表示，给出了每个大类中的小类。如表 11-10 所示。

表 11-10　节目内容分类

一级	二级	描述
表演/游戏：		
0×3	0×0	表演/游戏（普通）
0×3	0×1	智力游戏/智力竞赛
0×3	0×2	杂技
0×3	0×3	脱口秀
体育：		
0×4	0×0	综合体育
0×4	0×1	特别节目（奥运会、世界杯等）
0×4	0×2	体育杂志
0×4	0×3	足球/篮球/排球
0×4	0×4	乒乓球/羽毛球/网球
0×4	0×5	团体性运动
0×4	0×6	田径
0×4	0×7	自行车/赛车
0×4	0×8	水上运动
0×4	0×9	冬季运动
0×4	0×A	马术
0×4	0×B	拳击/武术/摔跤
0×4	0×C	棋牌

续表

一级	二级	描述
0×7	0×6	电影/电视文化
0×7	0×9	新媒体
0×7	0×A	艺术/文化杂志
0×7	0×B	时尚
社会/政治/经济:		
0×8	0×0	社会/政治/经济（普通）
0×8	0×1	杂志/报道/资讯/证券
0×8	0×2	经济/社会咨询
0×8	0×3	名人专题
教育/科学/专题:		
0×9	0×0	教育/科学/专题（普通）
0×9	0×1	自然/动物/环境
0×9	0×2	技术/自然科学
0×9	0×3	医疗/生理/心理
0×9	0×4	探险
0×9	0×5	社会科学
0×9	0×6	继续教育
0×9	0×7	语言
电影/电视剧/戏剧:		
0×1	0×0	电影/戏剧（普通）
0×1	0×1	侦探/恐怖片

一级	二级	描述
0×1	0×2	冒险片/战争片
0×1	0×3	科幻
0×1	0×4	喜剧
0×1	0×5	肥皂剧
0×1	0×6	言情
0×1	0×7	古典/历史
新闻时事:		
0×2	0×0	新闻时事（普通）
0×2	0×1	新闻/天气预报
0×2	0×2	新闻杂志
0×2	0×3	资料
0×2	0×4	讨论/访谈/辩论
表演/游戏:		
0×3	0×0	表演/游戏（普通）
0×3	0×1	智力游戏/智力竞赛
0×3	0×2	杂技
音乐/舞蹈:		
0×6	0×0	音乐/舞蹈（综合）
0×6	0×1	流行
0×6	0×2	严肃音乐/古典音乐
0×6	0×3	民俗音乐/民族音乐
0×6	0×4	爵士乐

一级	二级	描述
0×6	0×5	歌舞剧/歌剧
0×6	0×6	芭蕾舞
0×6	0×7	戏剧/曲艺
文化艺术(非音乐):		
0×7	0×0	文化艺术(综合)
0×7	0×1	表演艺术
0×7	0×2	高雅艺术
0×7	0×4	大众文化/传统艺术
0×7	0×5	文学
0×7	0×6	电影/电视文化
0×7	0×9	新媒体
0×7	0×A	艺术/文化杂志
0×7	0×B	时尚
儿童/青少节目:		
0×5	0×0	儿童/青少节目(综合)
0×5	0×1	幼儿节目
0×5	0×2	少儿节目
0×5	0×3	青年节目
0×5	0×4	信息/教育
0×5	0×5	卡通/木偶戏
0×A	0×0	休闲/业余爱好(普通)
0×A	0×1	旅游

一级	二级	描述
0×A	0×2	手工
0×A	0×3	车趣
0×A	0×4	健身
0×A	0×5	烹饪
0×A	0×6	广告/购物
0×A	0×7	园艺

4. 有线传送系统描述符

有线传输系统描述符描述了有线电视传输系统的有关信息，主要包括以下参数：

频率 (frequency)：由 32 比特位表示，以 MHz 为单位给出频率的值。

前向纠错外码 (FEC_outer)：由 4 比特位表示，给出了有线电视传输系统中信道编码的前向纠错外码编码方案。当该值为 0001 时表示无 FEC 外码、当为 0010 时表示 FEC 外码为 RS (204/188)。

调制方式 (modulation)：由 8 比特位表示，给出了有线电视传送系统的调制方式。如表 11-11 所示。

表 11-11　有线调制方式

调制方式（十六进制）	描述
0×00	未定义
0×01	16QAM
0×02	32QAM
0×03	64QAM
0×04	128QAM
0×05	256QAM
0×06~0×FF	预留使用

符号率（symbol_rate）：由 28 比特位表示，给出了系统传输符号率的值，单位为 Msymbol/s。

前向纠错内码（FEC_inner）：由 4 比特位表示，给出了前向纠错编码（FEC）内码方案（见表 11－12）。

表 11－12　前向纠错码内码方案

前向纠错内码　位 3210	描述
0000	未定义
0001	卷积码率 1/2
0010	卷积码率 2/3
0011	卷积码率 3/4
0100	卷积码率 5/6
0101	卷积码率 7/8
1111	无卷积编码
0110~1110	预留使用

三、电子节目指南（EPG）

EPG 是用户通过机顶盒收看电视节目和享受信息服务时所使用的导航菜单。

EPG 可以分为两大类：基本 EPG 和扩展 EPG。

（一）基本 EPG 的功能

基本 EPG 指内容和形式都比较简单的电子节目指南，只有文本内容，没有图片和视音频内容，主要包含以下基本功能：

节目预告；

当前播出节目浏览；

节目附加信息；

节目分类；

节目预订；

家长分级控制。

(二) 基本 EPG 的生成

EPG 系统的实现是一个比较复杂的工程性问题，概括起来主要有以下几个关键技术：发端的 SI 数据的组织和生成，接收端 SI 数据的接收和解析，接收端 SI 数据库的建立，EPG 界面的显示等。其中有些是用硬件实现的，如 SI 数据的接收和解析；有些则用软件实现，如 SI 数据库的建立和 EPG 界面的显示。

在使用 SI 信息生成 EPG 的方式中，信息来源主要有以下几个方面：

第一，MPEG-2 中定义的节目特定信息 PSI 中的表和描述符，如 NIT，PAT，CAT 及 PMT 等。

第二，数字视频广播中的业务信息 SI 中定义的表和描述符如 SDT,TDT 及 EIT 等。

第三，附加专用描述符。

利用 SI 信息生成 EPG 的过程如图 11-76 所示。

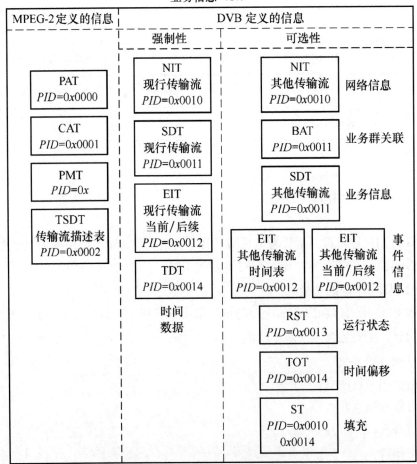

图 11-76　SI 信息生成 EPG 框图

基本 EPG 的显示形式是由接收机中的 EPG 应用决定的，发送端只提供必须的信息条目，比较容易实现。

（三）扩展 EPG

扩展 EPG 是指支持各种多媒体内容，功能更加强大的电子节目指南，例如增加更详细的节目介绍，节目特征图片和关联节目索引等。

思考与练习：

1. 天线的主要参数有哪些？

2. 拉杆天线的长度与电视频道有什么关系？

3. 什么是八木天线？它由哪些部分组成？

4. 卫星电视接收天线有哪些部分组成？有哪几种类型？

5. 馈源和高频头的功能各是什么？

6. 什么是馈线？常用馈线有哪几种类型？

7. 匹配器和功分器的作用各是什么？

8. 什么是卫星电视接收机？它由哪些部分组成？

9. 什么是超外差式？什么是内载波式？

10. 画图说明彩色电视机的组成。

11. 说明高频头的作用和组成。

12. 彩色显像管中荫罩板起什么作用？

13. 自会聚管有什么特点？

14. 自会聚管的帧偏转磁场呈怎样形式的分布？行偏转磁场呈怎样形式的分布？简述它们的作用原理。

15. 什么是静会聚？自会聚管怎样调整静会聚？

16. 什么是色纯度？自会聚管怎样调整色纯度？

17. 维持彩色显像管正常工作需哪些电压？

18. 什么是白平衡？如何实现暗平衡和亮平衡？

19. 简述彩色液晶显示器件的基本构造，简述 LCD 显示灰度图像和彩色图像的工作原理。

20. 简述 LED 显示原理。

21. 简述 OLED 显示原理。

22. 简述立体显示原理与分类。

23. 彩色电视测试卡图的主要内容有哪些？

24. 简述数字电视机顶盒的基本功能及其种类。

25. 简述中间件的定义及其作用。

26. 简述 CA 在数字电视中的作用。

27. 什么是同密和多密？

28. 什么是 PSI 信息？由哪几个表组成？

29. 什么是 SI 信息？简述其在数字电视中的作用。

30. SI 信息由哪几个部分组成？ SI 信息能在传输中被加扰吗？

31. 简述 EPG 在数字电视中的作用。

第十二章　智能电视

本章学习提要

1. 智能电视概述：智能电视的定义、智能电视的特征。

2. 智能电视的组成：硬件组成、软件组成。

3. 智能电视的应用场景：应用商城，电视购物、电视娱乐、电视教育、电视多屏互动。

4. 电视与手机的互动：系统功能、核心组件。

5. 智能电视操作系统：TVOS 简介及发展历程、TVOS 标准化体系。

6. 智能电视未来技术的展望：显示技术升级、成为智能家庭中心。

随着互联网时代的快速发展，电视行业也发生了翻天覆地的变化，从传统的普通电视被动接收节目，到现在的智能电视主动搜索内容，无论是产品特色还是内容的多样性都在与时俱进。

第一节　智能电视概述

电视机的概念在科技浪潮中不断变化：从最初的模拟电视发展到数字电视用了 40 年，再到高清电视只用了 4 年，高清电视向互联网电视的迈进只用了 2 年，从互联网电视到智能电视只用了 1 年。智能电视可以说是科技进步浪潮下的历史必然。在电脑、手机、平板电脑都普遍智能化的环境下，电视大屏的智能化，也是势不可挡。

一、智能电视的定义

智能电视是具有全开放式平台，通过互联网应用技术，集影音、娱乐、游戏等功能于一体的电视产品。用户可自行安装和卸载软件、游戏等第三方服务程序，满足消费者的个性化需求，目前已经成为电视的潮流趋势。可以说智能电视是继移动互联网智能手机之后的又一重要的家庭大屏娱乐终端。

作为曾经家庭娱乐的唯一终端，目前电视面临着电脑、手机等的竞争。市场被蚕食已是不争的事实。对传统电视厂商而言，如何在硬件、软件、平台、服务、内容等多方面提升性能和品质，是当务之急。

因为电视大屏市场的前景巨大，部分 IT 和互联网企业也开始探索新的智能电视商业模式；在国外，苹果、谷歌、微软等公司已经在电视领域进行了诸多实践，比如Apple TV、Google TV 等。国内有联想、乐视、小米、微鲸、阿里等各类企业开始涉足互联网电视领域，都相继推出了不同的智能电视产品。

汇集高新科技的智能电视领域，就像一块块散发着诱人香气的"巨型蛋糕"吸引着各大企业积极开拓，进而推动整个电视行业的变革与发展。跨界竞争的推动力，也必将使电视行业蒸蒸日上。

互联网电视是把电视机接上宽带线，可以上网；智能电视是在互联网电视基础上搭载了开放式操作系统和操作平台；云电视是在智能电视基础上运用云计算、云存储等技术对现有应用进行升级的智能化云设备。云电视拥有海量存储、远程控制等众多应用优势，并能实现软件更新和内容的无限扩充，可见云电视本身是智能电视，但并不是所有智能电视都是云电视，简单地说，"智能电视＋云生态系统＝云电视"。

二、智能电视的特征

智能电视的特征有如下几点：

1. 宽带互联网接入能力；

2. 信息数据流获取与运用；

3. 专项应用程序；

4. 网络通信社交功能；

5. 与移动终端的连接与互动。

第二节 智能电视的组成

智能电视由硬件和软件两部分组成，硬件包括芯片、网卡、显示器、视音频接口、外壳等；拥有基于 Android 或者 Windows 系统的智能电视才能确保源代码的开放性和通用性，才可以保证海量的应用程序产出，保证用户权益。智能电视需要搭载语音识别及控制模块，采用先进的手势和姿态识别与控制技术并具有触控功能的智能操作系统，实现真正的自然、智能化的人机交互。

智能电视应该具备电视点播、搜索、应用商店、人性化的人机交互体验、多屏互动（电视与手机的大小屏互动）、大数据智能推荐、个性化千人千面的推荐。

智能电视的组成如图 12-1 所示。

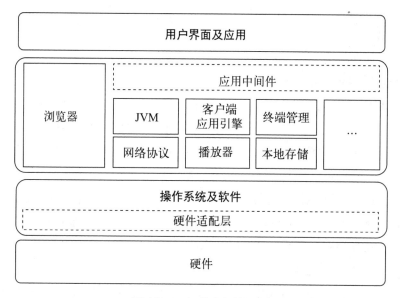

图 12-1　智能电视的组成

图 12-1 中：硬件层包含满足实现 IPTV 业务需求的硬件设备，例如网卡、USB、IR、HDMI、FLASH、DDR、图形加速、AV 解码器，等等；硬件适配层包含所有硬件的驱动程序；操作系统一般为 Linux 或 Android 操作系统；浏览器层提供 HTML 页面显示，JS 运行环境的浏览器提供对网络通信协议、TR069、DLNA、Airplay、播放、认证、升级等支持的库，主要包含应用中间件、JVM、客户端应用引擎、终端管理、网络协议、播放器、本地存储等；用户界面及应用层一般通过 H5 页面或者原生安卓页面进行展示，是用户直接感知和使用的图形化界面，可以实现用户交互，是用户体验的直接入口。

一、硬件组成

电视硬件主要包括电视主板（含外接音视频接口、USB 接口、RF 射频接口、控制接口等）、电源板、背光模块、显示屏幕、音箱、按键板、IR 模块等，如图 12-2 所示。

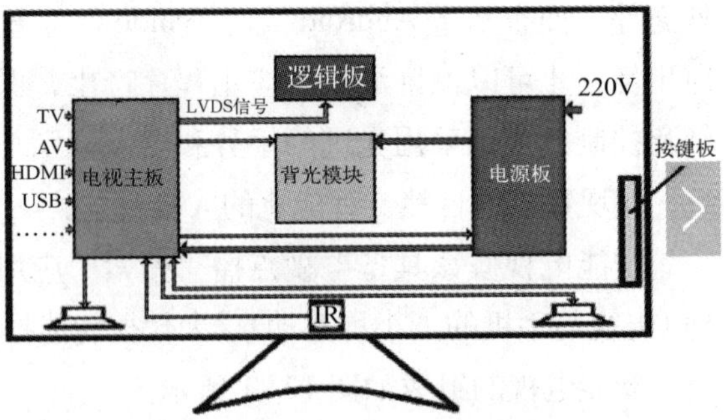

图 12-2　智能电视硬件组成

二、软件组成

智能电视开展视频业务要在取得合法资质的前提下，在智能硬件基础上安装软件组件，才构成了智能电视的整体软件架构。

（一）电视软件的基础架构

包括应用服务框架、统一播放器、应用商城、软探针、门户 EPG 以及其他应用 APK（第三方应用）。其中：应用服务框架组件主要包括：UPNP 遥控互动服务、首应用（包含引导、开通、登录功能）、本地播放应用、设置应用、在线升级应用、U 盘升级应用、XMPP 消息应用、输入法应用、门户 APK 下载应用、安装应用、DLNA 应用、终端诊断应用、支付应用、屏保应用、宽带提速服务、支持第三方应用接口 jar 包、Wimo 协议 so 库（Wireless Mobile Multimedia Transmission Protocol 移动终端无线多媒体传送技术是支持高清音视频无线传输的技术协议）。

（二）智能电视软件分类

智能电视软件主要包括影音、游戏、K 歌、教育、应用商城以及其他第三方用户自行安装的应用，如图 12-3 所示。

（三）ROM 集成过程

目前机顶盒软件的更新包括两种方式：

第一种 APK 自升级，此升级方式主要由应用商城统一管理对其分发的内容进行升级。第二种是 ROM 的固件升级，此升级方式主要涉及关于底层应用和比较大的

图 12-3　智能电视软件分类

版本迭代升级。第一种方式升级相对灵活，周期短；第二种方式升级适配周期较长，对用户体验影响较大，但是升级成功后，更稳定可靠。

ROM 集成过程如图 12-4 所示。

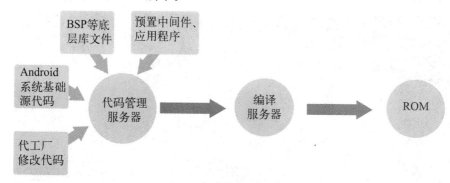

图 12-4　ROM 集成过程

第三节　智能电视的应用场景

主流应用有电视应用商城、电视购物、电视娱乐、电视教育、电视多屏互动。

一、电视应用商城

电视应用商城是对智能电视软件进行统一管理和分发的统一入口。目前市场上比较常见的应用商场包括：当贝市场、沙发管家、奇珀市场等。各家电视厂家也会做自己的应用商城，对自研软件和自主引入的第三方 APK 软件进行管理。

体验：应用商城处于应用分发的核心环节，应用展示、搜索、下载、安装的用户体验至关重要。

品类：电视应用商城应该从影视、教育、游戏、音乐、生活几个方面着手打造应用生态。

运营：应用商店的运营已经从简单的应用集合到应用的场景化推荐和重运营的阶段，电视应用商城因为遥控器的操作不方便，所以更需要加强运营。

操作：与操作系统深度定制、免安装、静默安装、手机多屏互动安装会是应用商城的未来发展方向。

服务对象：电视应用商城应该打通应用提供商、广告商、牌照方产业链，同时服务好用户。

支付：充分利用好话费支付的便捷性，同时支持第三方支付。

咪咕应用商店如图 12-5 所示。

图 12-5　咪咕应用商店

二、电视购物

智能电视的电视购物，不同于传统的直播频道电视购物，它具有类似于手机端购物的主动性和便捷性，随着多屏互动，语音操作，移动支付时代的到来，通过电视购物也逐渐成为一部分电视用户的选择。目前各大电商公司也都纷纷布局电视购物，包括苏宁易购、阿里巴巴、京东等。

苏宁易购电视购物页面如图 12-6 所示。

图 12-6　苏宁易购电视购物页面

电视淘宝页面如图 12-7 所示。

图 12-7　电视淘宝页面

京东商城电视购物页面如图 12-8 所示。

图 12-8　京东商城电视购物页面

三、电视娱乐

电视娱乐一般包括：电视 K 歌、电视游戏，电视视频点播、直播、轮播等多种形式。智能电视因为采用智能操作系统，一般可以安装各种娱乐类软件，如图 12-9 所示。

图 12-9　电视娱乐页面

四、电视教育

电视教育目前主要采用寓教于乐的方式，儿童教育是目前电视教育的主流，中小学教育也有很多公司布局该领域。比较出名的贝瓦儿歌、拉贝少儿、新东方、义方教育等，如图 12-10 所示。

图 12-10　电视教育页面

五、电视多屏互动

依托 TV 视频客户端作为多屏互动的载体，通过手机、TV 端、牌照方平台集成多屏互动 SDK，实现手机与新平台的互联互通、多屏互动，如图 12-11 所示。

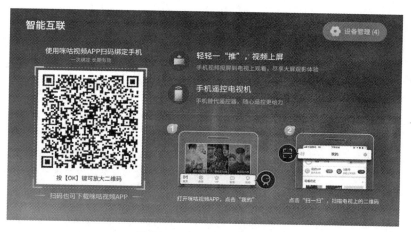

图 12-11　电视多屏互动

第四节　电视与手机的互动

手机控制电视的应用场景是连接用户与电视非常重要的智能交互场景，也是未来智慧家庭重要的一环。

多屏互动指的是运用 DLNA、Airplay 协议等，通过 WiFi 网络连接，在不同多媒体终端上（如常见基于 IOS、Android 等不同操作系统上的不同智能终端设备，如手机、PAD、TV 等之间），可进行多媒体（音频、视频、图片）内容的传输、解析、展示、控制等一系列操作，可以在不同平台设备上同时共享展示内容，丰富用户的多媒体生活。

多屏互动主要涉及到如下概念：

DLNA（由索尼、英特尔、微软等发起成立，旨在解决个人 PC、消费电器、移动设备在内的无线网络和有线网络的互联互通技术）。

Airplay（由美国苹果公司推出的无线技术）。

近场投屏：在同一 WiFi 下实现的近距离投屏。

远场投屏：可以通过 4G 网络控制的远距离投屏。

一、系统功能

多屏互动，是指打通多屏之间的消息通信、内容媒资、用户体系，从而实现功能互动、内容互动和业务互动。

多屏互动功能及举例如表 12-1 所示。

表 12-1 多屏互动功能及举例

互动功能分类	核心功能举例
多屏业务互动	扫码登录、语音搜索、跨屏续播、千人千面、跨屏权益
多屏内容互动	手机投屏、手机拉屏、节目预约、多频道同看
多屏功能互动	扫码绑定、手机遥控器（5 向键模式、数字键盘模式、滑鼠模式）、语音控制、文字输入、截屏、示屏、分享、同屏控制

各功能定义如下：

扫码登录：手机端扫码 TV 端二维码，一键授权用户登录。

语音搜索：代替遥控器，通过手机语音搜索电视端内容，直达电视播放详情页，智能交互。

跨屏续播：手机互动播放历史和 TV 互动播放历史互通。

千人千面：通过手机收集用户个性化观看信息，通过大数据统计同步用户行为到电视端，电视端根据用户账号信息关联，实现电视端的千人千面展示。

跨屏权益：实现电视端订购用户和手机端订购用户双屏权益的互通。

手机投屏：将手机内容无缝投放到电视上观看，实现小屏看完大屏继续看。

手机拉屏：将电视内容无缝拉回到手机上观看，实现大屏看完小屏继续看。

节目预约：手机进行节目预约，指定时间在电视进行节目播放。

多频道同看：TV 端多路直播流同时播放，手机可以快捷配置多路直播至 TV 播放。

扫码绑定：用手机扫码电视端二维码，使手机与电视端进行绑定、建立关联。

手机遥控器：代替物理遥控器对电视进行遥控，快捷便利。

语音控制：对手机说话对电视进行控制操作。

文字输入：通过手机代替电视输入文字，快捷便利。

截屏：手机操作截取电视当前屏幕，可以保存图片或进行朋友圈分享。

录屏：手机操作录制电视当前屏幕小视频或者 gif 动态图，可以保存图片或在朋友圈分享。

分享：可以将截屏或者录屏后的内容，分享出去，实现社交传播。

同屏控制：将 TV 显示的画面同步镜像到手机端，通过手机进行操控，快捷便利。

二、核心组件

多屏互动平台作为实现手机客户端和OTT电视端之间大小屏互动的多屏能力平台，提供多屏用户关联、多屏行为关联、多屏内容关联、多屏交互关联、多屏消息及多屏看单功能，如表12-2所示。

表12-2　多屏互动平台功能

系统名称	主要功能点
多屏用户中心	提供手机用户id和电视用户id的关联映射和id兑换
多屏行为系统	提供手机电视融合足迹和收藏行为数据的查询
内容关联系统	提供手机电视内容的引入和内容id的映射以及关联内容的查询
多屏交互系统	二维码配置、多屏家庭关系的维护
多屏消息系统	提供手机电视之间的消息通信，消息类型包括扫码关联、投屏拉屏、遥控器等
多屏看单系统	提供手机电视经过大数据计算后的智能推荐数据

多屏互动平台对外提供标准接口，对接视频平台和OTT平台。

多屏系统包括三大模块，如表12-3所示。

表12-3　多屏系统三大模块

三大模块名称	模块主要作用
多屏互动SDK	用于多屏终端之间消息互通 与终端系统层面、播放器、语音等功能组件互通
多屏互动消息平台	互动消息转发 多屏关联管理
多屏互动关联平台	内容映射 用户映射 关联运营 用户互动数据关联

三大模块的多屏互动架构图如图 12-12 所示。

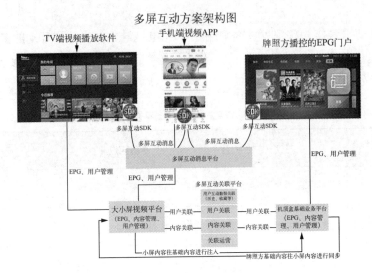

图 12-12　多屏互动方案架构图

多屏互动平台交互图如图 12-13 所示。

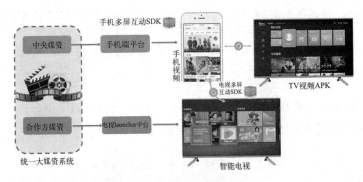

图 12-13　多屏互动平台交互图

第五节　智能电视操作系统

　　智能电视操作系统（TVOS）研究是一项关系到广播电视文化安全和战略发展的关键性、基础性工作，是智能电视业务和智能电视终端的关键支撑技术。在广播电视传统媒体和新兴媒体加速融合发展趋势下，组织研发并推广应用我国自主智能电视操作系统，对于确保广播电视文化安全、把握智能电视产业发展主导权、支撑广播电视数字化网络化智能化快速可持续发展，意义重大。

国家广播电视总局科技司组织由国家广播电视总局广播科学研究院、华为技术有限公司等 110 多家单位组成的 TVOS 工作组，以创新的产学研联合攻关机制，研发出智能电视操作系统 TVOS。

一、TVOS 简介及发展历程

TVOS 系统全称 Next Generation Broadcasting Network TVOS（智能电视操作系统 Television Operating System），是运行在电视接收终端等终端之上，具备管理系统资源（包括硬件、软件及数据资源）、控制程序执行、支撑应用软件运行等功能的系统软件，是国家新闻出版广电总局科技司带头研发的基于 Linux 和安卓系统的一套应用于网络电视的操作系统，是专门针对电视终端的操作系统。2013 年 12 月 26 日发布了 TVOS1.0，2015 年 12 月 26 日发布了 TVOS2.0，2018 年 1 月 31 日发布了 TVOS3.0。

TVOS 最新发布版本为 3.2，除了发布 TVOS 的社区版本，TVOS 工作组还发布了 TVOS 的东方有线、江苏有线、华数集团、湖北有线、浙江绍兴、内蒙古广电网络、贵州广电网络、新疆广电网络的商用版本并投入规模应用，目前已经启动 TVOS 4.0 的研发工作。

TVOS1.0 发展历程如图 12-14 所示。

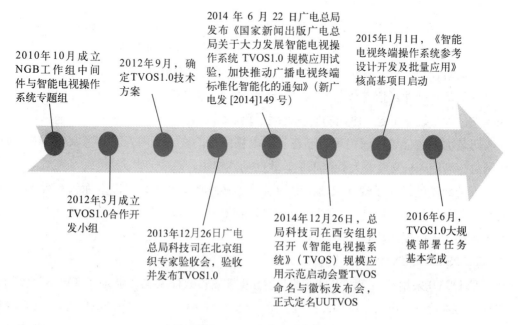

图 12-14　TVOS1.0 发展历程

TVOS2.0 发展历程如图 12-15 所示。

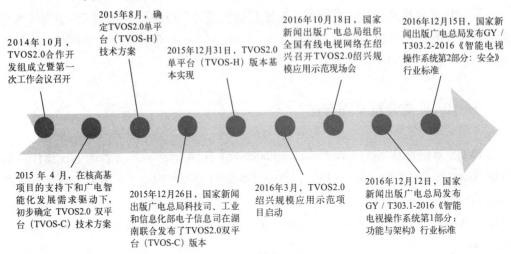

图 12-15 TVOS2.0 发展历程

TVOS2.0 与 Android、IOS、Meego、Tizen 等的最大相同之处就是，都是以 Linux 为内核构建而成，都是基于 Linux 内核在屏蔽了不同芯片硬件平台导致的差异性基础上构建了支撑不同应用平台的机制，从而形成了能使智能终端智能化的智能操作系统。这一方面是因为 Linux 的开放性和通用性；另一方面是由于单纯以 Linux 作为终端的操作系统难以满足终端智能化要求的缘故。

TVOS2.0 具有以下特点：

一是突破了对直播、点播、互联网电视和跨屏互动等各种形态和格式的媒体进行统一协同处理的关键技术，构建了功能强大的全媒体协同处理机制。

二是结合统一的全媒体处理机制要求，打造了自主高效的 HTML5 引擎。

三是基于硬件可信安全之星环境，针对 DCAS 业务保护、China DRM 内容保护和在线支付等，建立了统一协调的安全处理手段。

四是面向智能媒体网关等多形态智能电视终端的要求，内置了智慧家庭服务、媒体网关、智能人机交互、大数据采集等软件功能模块。

五是成功地搭建了视频通信、电视游戏等多款增值业务，可以全面、有效地支撑有线、无线、卫星、IPTV、互联网电视等机顶盒、一体机以及相应融合终端和媒体网关等各种智能电视终端形态。

TVOS 3.0 vs TVOS2.0：

TVOS3.0 采用了与 TVOS2.0 相同的技术路线和软件架构，继承了 TVOS2.0 所有的软件架构特点、应用程序编程接口、组件接口、HAL 接口和 TEEHAL 接口，以及继承了 TVOS2.0 的所有功能。采用了与 TVOS2.0 相同的安全技术体系，继承了 TVOS2.0

的安全机制、安全架构、基础安全能力、基本安全功能。

TVOS3.0 主要新增功能有：在基础功能方面，升级了内核；媒体引擎支持 4K P60 直播、点播和多路播放；新增了应用管理、电源管理、设备管理、权限管理、应急广播等组件；对应用框架接口、组件接口、HAL 接口的代码实现进行了优化，并对相关接口进行了扩展；增加了对 IPv6 的支持，实现了对 IPv4/IPv6 双协议栈支持；人机交互，增加智能语音引擎和键值定义规范化，以及与智能音箱实现智能互联；条件接收，融合 CA，同时支持 DCAS 和传统 CA；数字版权管理，增加了对组播场景支持，补充了 Web 应用框架接口；安全支付，支持多种支付方式，支持支付宝、微信；动态调整系统工作频率，并将暂不需要的工作区域掉电，实现绿色节能。

在安全方面，TVOS2.0 已于 2018 年 1 月份支持中国信息安全测评中心的 EAL3 级测试。TVOS3.0 在 TVOS2.0 的基础上，自主开发了权限管理组件，结合 SELinux 进一步完善了对系统资源的访问控制。提供了公共的加解密接口，为新增安全业务提供了基础能力支撑。TVOS3.0 支持 REE/TEE 架构，支持融合 CA，支持 ChinaDRM，支持安全视频通路，支持安全启动，支持完善的权限管理，支持扩展新的安全业务。

二、TVOS 标准化体系

（一）总体要求

总体要求如表 12-4 所示。

表 12-4　TVOS 总体要求

系统功能要求	数字电视直播要求	支持遵循 GB/T 17975.1—2010 和 GB/T 28161—2011 的数字电视直播节目播放。
	视频点播要求	支持遵循 GY/T 258—2012 的视频点播节目播放。
	互联网电视要求	支持对互联网电视集成播控平台播发的互联网电视节目播放。
	本地媒体播放要求	支持智能电视终端本地存储介质内的媒体文件播放。
	媒体处理要求	a）支持数字电视直播、数字电视点播、互联网电视、IPTV、本地视音频和跨屏视音频等不同媒体形态的播放处理； b）支持 MPEG2、MPEG4、AVS（GY/T 257.1—2012）、AVS+、AVS2、H.264 和 H.265 等视频格式的解码； c）支持 MPEG Audio LayerII 和 LayerIII、AAC、AC3 和 DRA（GB/T 22726—2008）等音频格式的解码； d）支持 HTTP、HLS 和 RTSP 等流媒体协议的解析和处理； e）支持 MP4、MKV 和 AVI 等流媒体文件格式的解析和处理； f）支持基于 ChinaDRM 内容保护的加密媒体文件的播放； g）支持基于 GY/T 255—2012 的加密数字电视节目流的播放。

系统功能要求	EPG	支持遵循 GB/T 28160—2011 的 EPG 节目信息的解析和呈现。
	多屏互动支持要求	支持遵循 DLNA 协议的多屏互动功能。
	智能家居	智能家居组件应实现对智能家居设备发现、连接建立和操控的管理。
	终端管控	终端管控组件应实现对智能电视终端信息和参数的查询、统计、设置、监控和上报等功能，包括恢复出厂设置、终端重启设置、软件升级触发、网络诊断触发等。
	数据采集	支持智能电视终端状态、业务应用和用户行为等信息的数据采集和上报功能。
	应用软件支持要求	智能电视操作系统双平台软件版本 (TVOS-C) 支持 Java 应用和 Web 应用，包括基于 HTML5 的 Web 应用。 智能电视操作系统单平台软件版本 (TVOS-H) 支持 Web 应用，包括基于 HTML5 的 Web 应用。
	可升级支持要求	支持通过广播传输通道和宽带 IP 传输通道进行远程系统安全升级，支持本地系统安全升级。
系统架构要求		应符合第 5 章所定义的软件架构以及 TVOS-C 或 TVOS-H 软件平台要求。
软件代码树要求		TVOS 代码采用层级的目录管理方式，一级目录包括应用程序软件代码目录、功能接口单元软件代码目录、核心功能组件软件代码目录、硬件平台相关软件代码目录、内核软件代码目录、平台特有软件代码目录等； TVOS-C 软件代码和 TVOS-H 软件代码应置于同一 TVOS 代码树下，其中，TVOS-C 软件代码和 TVOS-H 软件代码中不重用的软件代码放置于平台特有软件代码目录下对应的子目录中，TVOS-C 软件代码和 TVOS-H 软件代码中重用的软件代码按照代码树目录分类要求分别放置于对应的目录下。
系统接口要求		系统接口包括系统应用接口、功能组件调用接口和硬件适配调用接口。 系统应用接口包括 Java 应用接口和 Web 应用接口；Java 应用接口应遵循 GY/T 267—2012 中 NGB-J 相关应用接口要求，兼容 Android API 相关要求；Web 应用接口应遵循 GY/T 267—2012 中 NGB-H 接口要求和 HTML5 相关应用接口要求。 核心功能组件调用接口应能既支持 Java 应用功能接口单元又支持 Web 应用功能接口单元的调用。 系统硬件适配调用接口应屏蔽底层不同硬件的差异，支持功能组件通过统一的接口对不同硬件的功能调用。

续表

系统安全要求		应符合智能电视操作系统安全的要求。
TVOS 对硬件配置的基本要求		对于 TVOS-C 软件，智能电视终端的闪存等 NVM 存储容量配置不低于 1GB，RAM 存储容量配置不低于 1GB，CPU 双核以上，频率不低于 1GHz。 对于 TVOS-H 软件，智能电视终端的闪存等 NVM 存储容量配置不低于 256MB，RAM 存储容量配置不低于 512MB，CPU 频率不低于 600MHz。
性能要求	开机时间要求	对于加载 TVOS-C 的系统，在基本的软硬件配置下，从加电开机到出现第一个开机画面的时间不大于 5s。从加电到出现正常图像和伴音的时间不超过 50s。 对于加载 TVOS-H 的系统，在基本的软硬件配置下，从加电开机到出现第一个开机画面的时间不大于 5s。从加电到出现正常图像和伴音的时间不超过 45s。
	直播频道切换时间要求	对于加载 TVOS-C 的系统，在基本的软硬件配置下，高清节目频道之间相互切换时间不大于 2s。 对于加载 TVOS-H 的系统，在基本的软硬件配置下，高清节目频道之间相互切换时间不大于 2s。

（二）标准体系

TVOS 标准体系分为七个部分：功能与架构、安全、应用编程接口、硬件抽象接口、功能组件接口、可信执行环境接口、符合性测试。限于篇幅的原因，本书重点介绍第一部分功能与架构，其他部分以登录智能电视操作系统 TVOS 工作组网站进行下载。网址为 http：//www.uutvos.org.cn/index.php/zh/doc-zh-cn。

智能电视操作系统 TVOS 由 REE 部分和 TEE 部分组成。

TVOS REE 部分应采用层次化、模块化软件架构，由内核、硬件抽象（HAL）、功能组件、执行环境、应用框架等 5 个功能软件层以松耦合方式构建，各功能软件层由多个软件模块以松耦合方式构成。

TVOS TEE 部分由 Secure OS、TEE HAL 和 Trusted App 构成。

TVOS 软件功能架构如图 12-16 所示。

TVOS 内核层应实现基础操作系统功能，包括进程调度、内存管理、虚拟文件系统、网络协议栈、进程间通讯、安全策略和硬件驱动等系统资源的抽象、管理和分配功能，为上层软件提供基础操作系统服务。TVOS 硬件抽象层（HAL）应实现对 TVOS 硬件平台能力的抽象封装，对同一类型硬件设备采用统一的抽象封装模型，为上层软件对硬件平台能力的访问和控制提供统一的调用接口。

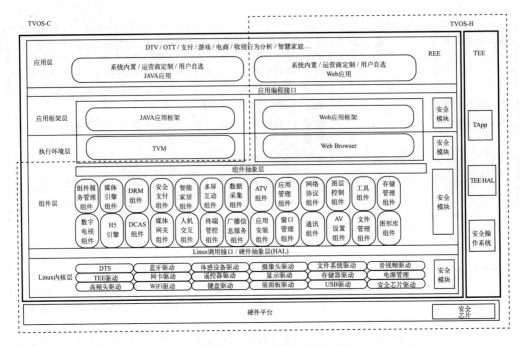

图 12-16 TVOS 软件功能架构

TVOS 功能组件层应实现智能电视操作系统核心功能，为各类应用提供公共服务能力支撑；应包括媒体处理、数字电视、DRM、DCAS、安全支付、智能家居、人机交互、终端管控、应用管理、窗口管理等共用功能组件模块；各共同功能组件模块应采用客户端-服务端模式实现，其中服务端和客户端运行在不同的进程空间，且使用相同的进程间通信机制实现跨进程通信，服务端负责实现相应组件功能并通过硬件抽象层调用内核层软件模块和底层硬件；共用功能组件模块应同时支持 JAVA 应用和 Web应用。

TVOS 执行环境层应实现应用软件和应用适配软件的解释执行环境，支撑 JAVA应用和 Web 应用的加载和运行，JAVA 应用执行环境为 TVM，Web 应用的执行环境为Web Runtime。TVOS 应用框架层应实现 JAVA 应用和 Web 应用与功能组件模块的接口封装适配，JAVA 应用框架包括 NGB-J 功能接口单元和兼容其他 JAVA 应用的接口单元，Web 应用框架包括 NGB-H 功能接口单元和 HTML5 功能接口单元。

TVOS 应通过共用内核层和 HAL 层软件，以共用功能组件模块为基础，采用添加其他功能组件模块、拼接或裁剪 JAVA 应用框架和 Web 应用框架的方式，构建 TVOS-C 或 TVOS-H 平台。TVOS-C 平台应同时支持 JAVA 应用和 Web 应用，TVOS-H 平台应仅支持 Web 应用。

TVOS 的组件种类和功能如表 12-5 所示。

表 12-5 TVOS 的组件种类和功能

组件种类	组件功能
组件服务管理器组件	组件服务管理器组件应集中管理系统内所有组件，提供对 TVOS 组件注册的功能；应能检查组件是否为有效注册，包括检查组件是否合法、检查组件是否重复注册、检查组件是否可分配足够 Binder 内存资源；并为其他软件模块和应用程序提供查找组件并获取组件客户端的功能。组件服务管理器组件是提供组件管理功能的特殊组件，并遵循 TVOS 组件模型。
数字电视组件	数字电视功能组件模块应实现用于各类数字电视广播协议 PSI/SI 数据和数据广播协议数据的搜索、过滤、获取、解析、存储和管理，实现对解调设备的调谐解调控制，为相关应用提供功能接口，为数字电视直播等相关应用提供接口和相应能力支撑，与媒体引擎组件、DCAS 组件和 DRM 组件等配合协同，支持相关应用完成电视直播、节目导视、电视图文广告、视频点播、节目录制和时移、数据广播、频道预览等数字电视业务功能。数字电视功能组件应支持对 GB/T 17975.1—2010 和 GB/T 28161—2011 标准所定义的协议和表格解析，应实现对有线、地面无线和卫星等多模数字电视终端的支持。
媒体引擎组件	媒体引擎功能组件模块应实现对各类媒体音视频格式和协议的解析，与底层硬件协同实现各类媒体音视频播放、录制、转发，包括数字电视直播和点播、互联网电视、IPTV、游戏音视频和本地媒体文件等相关视音频格式的解码和音视频播放功能。数字电视直播应支持非加扰和加扰的数字电视直播码流播放功能，支持切台、音量设置和窗口设置等播控功能。数字电视点播应支持 VOD 点播码流播放功能，支持节目播放、暂停、恢复、停止、快进、快退、选时和音量设置等播控功能。互联网电视应支持非加密和加密的 OTT 码流播放功能，支持节目播放、暂停、恢复、停止、快进、快退、选时和音量设置等播控功能。本地媒体文件播放应支持本地媒体文件多音视频格式的音视频播放，支持节目播放、暂停、恢复、停止、快进、快退、选时和音量设置等播控功能。
H5 引擎	H5 引擎组件应实现 H5 网页的下载、解析、渲染、排版、呈现和脚本执行等功能；应与应用管理组件协同实现 Web 应用的挂起、中止和销毁等功能；应与窗口管理组件协同实现输入等事件转发功能；应实现与 DTV 组件、DCAS 组件、DRM 组件、媒体引擎组件和人机交互等其他组件的适配和调用；对上应为 Web Runtime 提供统一的 H5 引擎接口，对下应具备调用 HAL 硬件抽象接口的能力。 H5 引擎组件应支持 HTML5、JAVAScript 和 CSS 等 W3C 相关标准，并实现对 Web 应用框架层相关 JS API 接口的适配，包括 NGB-H、DCAS API 和广播信息服务 API 等的适配。
DRM 组件	DRM 组件应实现对 DRM App 注册、注销和运行状态的管理，实现 DRM App 与 DRM TApp 之间的消息传递，实现媒体引擎组件与 DRM App 和 DRM TApp 之间的消息传递，支持 DRM App 和 DRM TApp 与媒体组件协同实现对加密媒体流的解密，为应用框架层功能接口单元和功能组件层的其他组件提供 DRM 调用接口。
DCAS 组件	DCAS 组件应与 DTV 组件协同实现带内传输条件接收授权控制信息和授权管理信息的接收和转发，应与相关网络协议栈模块协同实现带外传输条件接收授权管理信息的接收和转发，应为 DCAS App 与 DCAS TApp 提供信息交换通道，应支撑媒体引擎组件与 DCAS App 和 DCAS TApp 实现信息交互，实现对 DCAS App 的注册和管理，应支持 CA 版本、Chip ID 和授权状态等 CA 相关信息的查询，以及 OSD 显示和指纹显示等信息的接收和转发。

组件种类	组件功能
安全支付组件	安全支付组件模块应实现订单签名、用户账号密码安全输入、支付校验码安全输入和验证等安全支付相关功能，为安全支付 App 和安全支付 TApp 提供信息和数据交换通道，为 JAVA 和 Web 应用框架提供调用接口。安全支付组件应支持基于不同支付系统的支付应用 App 和支付应用 TApp。
智能家居组件	智能家居组件应实现对智能家居设备发现、连接建立和操控的管理；提供对第三方智能家居互联协议的转换和适配接口，支持对第三方智能家居互联协议的扩展，实现对相应智能家居设备的管理；实现对智能家居设备 WiFi 网络参数的配置。 应支持 AllJoyn 等第三方智能家居互联协议，支持 AirKiss 等网络参数配置协议，支持标准蓝牙协议。
人机交互	人机交互组件应实现对遥控器、键盘、鼠标、游戏手柄和移动终端等输入设备的输入信息处理；对语音操控输入和传感器输入的信息处理；对基于游戏的触屏输入与游戏手柄输入的适配；对上层软件模块和其他组件提供调用接口。
多屏互动组件	多屏互动组件应实现手机、平板、电视等多设备间图片和视音频多媒体内容的传送和播控操作，实现跨设备的屏幕 UI 操控，应支持 UPNP、DLNA 和 Miracast 等协议。
终端管控	终端管控组件应实现 TR069 协议族报文的解析与封装，实现对智能电视终端信息和参数的查询、统计、设置、监控和上报等功能，包括恢复出厂设置、终端重启设置、软件升级触发、网络诊断等.
数据采集组件	数据采集是负责实现 TVOS 智能终端业务和用户行为等相关信息数据采集和上报的功能组件。
广播信息服务组件	广播信息服务组件应与数字电视组件协同，实现广播信息服务的监测、接收和处理，支撑应急广播、信息服务、广告、OSD 文本更新等相关业务。 广播信息服务组件应能通过 DTV 组件监控 BAT 表、NIT 表和过滤广播信息服务的 Section 数据。 广播信息服务组件应能通过 DCAS 组件获取终端对应的 CA 用户标识，并以此为判据，实现终端应急广播和广告等信息的精准接收。
ATV 组件	ATV 组件应实现搜台、频道管理、通道管理及 TV 相关设置参数管理等功能，为相关应用提供接口和相应能力的支撑。搜台包括自动搜台和手动搜台；频道管理包括频道切换及频道存储；通道管理包括通道切换及相关信息获取；TV 相关设置参数管理包括图像和声音等基本参数的设置及存储。
应用安装组件	应用安装组件应实现对 JAVA 和 Web 应用程序包的解析；实现 JAVA 和 Web 应用程序包的安全验证，包括完整性和合法性验证及权限审查等；实现 JAVA 和 Web 应用的安装、卸载和更新等功能；提供对 JAVA 和 Web 应用安装信息的查询；支撑应用管理组件实现对已安装应用的管理。

续表

组件种类	组件功能
应用管理组件	应用管理组件应实现对 JAVA 和 Web 应用注册、注销和运行等的管理，实现对 JAVA 和 Web 应用的启动、停止、暂停、恢复和退出等运行状态生命周期管理，包括对应用相关功能单元的运行状态生命周期管理；实现不同软件模块间和不同应用间的通信机制，包括广播消息和定向消息机制；实现不同软件模块间和不同应用间的数据共享机制，包括共享数据的提供方式、目标数据的寻找方式和跨进程高效数据获取方式，以及数据变化的通知机制；支撑应用的相关功能单元通过窗口管理组件创建相应的窗口，并支撑应用的功能单元与窗口管理组件的对应窗口建立跨进程通信；支撑应用安装组件实现应用的安装和更新。
窗口管理组件	窗口管理组件应与应用管理组件协同实现应用程序窗口的创建，实现应用程序窗口的显示和状态管理，实现对应用程序窗口输入事件的接收及向相应应用程序功能单元的分发，实现与相关应用程序功能单元的消息传递，实现应用程序窗口的安全管理机制。

第六节　智能电视未来技术的展望

随着相关厂商对触摸、语音、语义、手势、体感等新型交互方式的不断探索，相关技术得到飞速发展，人机交互方式越来越多样化。除了传统的电视遥控之外，语音控制、手势操作、人脸识别、触摸控制等交互方式都将不断发展并日益成熟。

一、显示技术升级

随着智能电视的显示技术升级，显示方式越来越多样化。

8K 超画质已经悄然成为旗舰产品标配，分辨率是 2K 电视的 16 倍、4K 电视的 4 倍，更清晰的细节、更细腻的画质、更炫丽的色彩、更逼真的临场感和沉浸体验，无限接近体验与现实之间的边界，配套的产业链开始落地布局，国家政策扶持，内容、制作、传输、终端等产业链条各环节的问题会得到不断解决并趋向成熟。OLED、QLED、Mini LED、Micro LED、激光电视等新型显示技术也逐渐在各大品牌电视厂商中开始应用。

二、5G 和 AI 推动下的 IOT 电视开始成为智能家居中心

随着 AI 与 IOT 的技术发展逐渐普及，如"智慧家庭""智能人居""智能生态"等

概念逐渐成为新时尚。以 5G 和 AI 做背书，IOT 的发展前景非常光明，电视以具备显示与更好交互的天然优势。在 IOT 时代，极有可能被赋能成为互联生态的中心、智能家居生活的中心和内容生态的重要出口。实现互联互通，形成互联生态，提高电视多场景应用的实用性、多元化与使用价值。畅想未来的家居生活场景，用户可以通过语音交互电视控制全屋设备，电视不仅仅是观影设备，而是家电管家、生活助手甚至胜任私人助理等多样角色。

思考与练习：

1. 什么是智能电视？
2. 简述智能电视的组成。
3. 智能电视应用场景有哪些？
4. 电视与手机的互动功能有哪些？
5. TVOS 的功能有哪些？
6. 智能电视的未来技术有哪些？